Linux

一线运维师实战经验独家揭秘 轻松入门

陈德全 著

中国青年出版社

图书在版编目（CIP）数据

Linux轻松入门：一线运维师实战经验独家揭秘 / 陈德全著. -- 北京：中国青年出版社，2021.1
ISBN 978-7-5153-6192-5

I. ①L... II. ①陈... III. ①Linux操作系统 IV. ①TP316.85

中国版本图书馆CIP数据核字（2020）第191329号

主　　编　张　鹏
策划编辑　张　鹏
执行编辑　田　影
责任编辑　王　昕
封面设计　乌　兰

Linux轻松入门
一线运维师实战经验独家揭秘
陈德全 著

出版发行：中国青年出版社
地　　址：北京市东四十二条21号
邮政编码：100708
电　　话：（010）59231565
传　　真：（010）59231381
企　　划：北京中青雄狮数码传媒科技有限公司
印　　刷：天津旭非印刷有限公司
开　　本：787 x 1092　1/16
印　　张：23
版　　次：2021年1月北京第1版
印　　次：2021年1月第1次印刷
书　　号：ISBN 978-7-5153-6192-5
定　　价：128.00元（附赠独家秘料，含语音视频教学、随书代码文件及海量实用资源，关注封底公众号获取）

本书如有印装质量等问题，请与本社联系
电话：（010）59231565
读者来信：reader@cypmedia.com
投稿邮箱：author@cypmedia.com
如有其他问题请访问我们的网站：http://www.cypmedia.com

Linux是一套可以免费使用和自由传播的操作系统，是一套基于POSIX和Unix的多用户、多任务、支持多线程和多CPU的操作系统。Linux支持主流的Unix工具软件、应用程序和网络协议，支持32位和64位的硬件，继承了Unix以网络为核心的设计思想，是一个性能稳定的多用户网络操作系统。Linux诞生于1991年，现在广泛应用于服务器、桌面、移动终端、嵌入式系统、云基础设施和云实例等领域。

Linux是完全开源的，现有数百种发行版本，普遍被使用的版本有大约十二种，本书从中选取了在服务器和开发平台上占有率很高的CentOS和Ubuntu两个版本。书中使用的虚拟软件VirtualBox是一款开源的免费虚拟机软件，支持多种操作系统平台。本书从策划阶段就对要写的内容深思熟虑，希望能打造成读者拿来就能读、一读就懂，并且学了就能用的实用书籍。本书首先从Linux的概述讲起，使读者对Linux操作系统、发行版本以及在各个领域的发展有一个全面的认识。接着对安装CentOS和Ubuntu两种版本的Linux系统以及初始化设置等操作进行详细地讲解。这也是本书的一大特色，即对CentOS和Ubuntu进行对比解说，这对于正在使用其中一个版本同时又想了解另一个版本应用的读者来说非常方便。然后对Linux的启动与退出、文件管理、用户管理、执行脚本与任务、系统与应用程序管理、磁盘管理、网络管理、系统维护以及安全策略等，分别都以图文的方式进行了细致地讲解。本书由重庆幼儿师范高等专科学校陈德全老师编写，全书共计约55万字。读者可以在自己的电脑中创建虚拟环境，构建虚拟主机和网络的连接并划分网络环境，以验证本书中介绍的内容。

本书没有传统教科书的说教，只有网友轻松的闲聊，读来轻松有趣。虽然是入门书，但内容非常丰富，涵盖了Linux应用的各个方面，是零基础学习Linux的诀窍书。

大家在学习过程中，如果有什么意见或建议，欢迎关注封底公众号“不一样的职场生活”一起学习交流。为了帮助读者更加直观地学习本书，可以直接在“不一样的职场生活”微信公众号对话窗口回复关键字“61925”，获取本书学习资料和语音教学视频的下载地址。

本书在编写过程中力求谨慎，但因为时间和精力有限，不足之处在所难免，敬请广大读者批评指正。

编　者

Contents 目录

Chapter 01 讨论方向——Linux概述

Chapter 02 讨论方向——Linux的安装与设置

Chapter 03

讨论方向——Linux的启动和停止

Chapter 04

讨论方向——文件管理

Chapter 05 讨论方向——Linux用户管理

Chapter 06 讨论方向——Shell脚本与任务

Chapter 07 讨论方向——系统与应用程序管理

Chapter 08 讨论方向——磁盘管理

Chapter 09 讨论方向——网络管理

Chapter 10 讨论方向——系统维护

Chapter 11

讨论方向——安全策略

Chapter

01

讨论方向——Linux概述

公　告

大家好！这里是“Linux初学者联盟讨论区”，欢迎各位的到来。在这里会有各种大神带你了解Linux的世界，你可以学到很多关于Linux的技能。快快来这里集合吧，让大神带你学习、带你飞！

我们这次讨论的主题是Linux概述方面的问题，你可以了解有关Linux入门方面的知识，欢迎各位积极发言。本次主要讨论方向是以下3点。

01 Linux操作系统

02 Linux的发行版本

03 Linux在各个领域的发展状况

Linux操作系统

大家好，欢迎来到这里讨论有关Linux操作系统方面的问题。对于刚入门的Linux爱好者来说，这里是你不可错过的学习交流乐园。

现在，手机和电脑已经成为我们生活和工作的必需品。各种各样的软件为我们提供了丰富的功能，比如发送邮件、浏览网页等。你知道吗?其实这些软件无一例外地需要硬件（计算机的组成部分）的支持。硬件本身拥有非常复杂的结构。你知道计算机中都有哪些硬件吗？计算机中的硬件分为很多种类，比如CPU、内存和硬盘等，它们的结构和功能也各不相同。但是如果只有硬件而没有软件，计算机将无法发挥它巨大的作用。

这里要介绍的操作系统（Operating System，缩写为OS）可以有效地利用各种硬件的功能与性能，使开发者能够更好地开发应用程序。OS会提供软件接口给开发者开发软件，这样一来，就可以开发出许多功能丰富且易于使用的软件了。只有开发出了软件，普通用户才可以使用计算机进行办公、娱乐等活动。我们都知道优秀的OS能够提高开发人员的开发效率，同样也可以让用户花费更少的精力学习使用所需的功能。你知道的操作系统都有哪些呢？Linux操作系统的优越性体现在哪里呢？把你的疑问留在讨论区里，自会有小伙伴为你解答。快来加入我们吧！

发帖：大家好，我是一个刚入门的Linux小白。我想知道操作系统有什么作用呢？

最新评论

冰点 1#

小白你好！你可能比较熟悉的操作系统就是Microsoft Windows了吧！简单来说，操作系统（OS）由一些具备各种功能的程序构成，这些程序可以管理计算机中的所有硬件。也就是说，硬件的所有操作必须通过OS实现。操作系统中的内核主要负责管理计算机硬件方面的资源调用，包括CPU的利用、存储器的管理、外部设备的管理、文件系统的管理和硬件的中断等有关硬件的一切事情。现在你可能还不太明白文件系统、存储管理等概念，这些问题我们会在之后的讨论区中有所涉及，到时候你可以关注一下。不过这并不影响你理解OS的作用。

计算机只能使用内核提供的功能，内核提供了各种各样的接口和程序库为开发者使用，而普通用户只需要使用开发出来的应用程序就好了。如果没有其他的应用程序作为辅助，OS是无法执行其他功能的。应用程序与用户有关，它是为了实现用户的特定目的而开发的与用途相适应的软件。至于硬件，与用户的关系不大。

说了这么多，不如来一张图片让你更加直观地了解OS与应用程序、硬件之间的关系，如右图所示。看这张图片中OS的位置，你能明白操作系统的作用了吗?

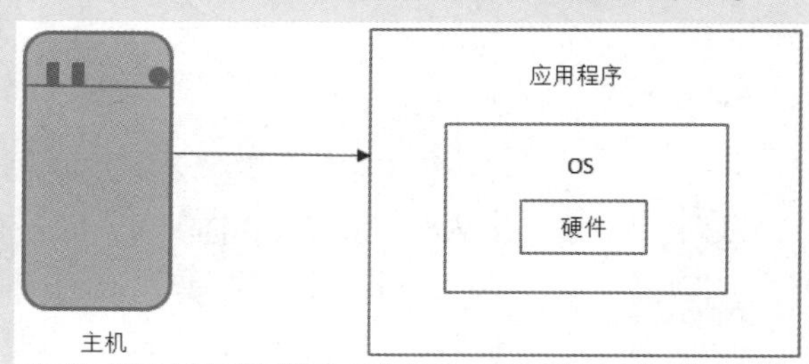

原帖主	2#
	很好，非常感谢！我是一个Linux初学者，第一次来到这里，这对我来说很有帮助。

发帖：新手来报到，Linux操作系统很复杂吗？它由哪些部分构成？

最新评论

FreeLinux	1#
	整体来说，Linux操作系统是复杂的，它由Linux内核、程序库和用户程序接口组成。系统的底层是由硬件和Linux内核进行交互的，用户程序接口通过调用程序库来请求内核的服务。你可以参考下面这张图片来了解Linux操作系统的构成。

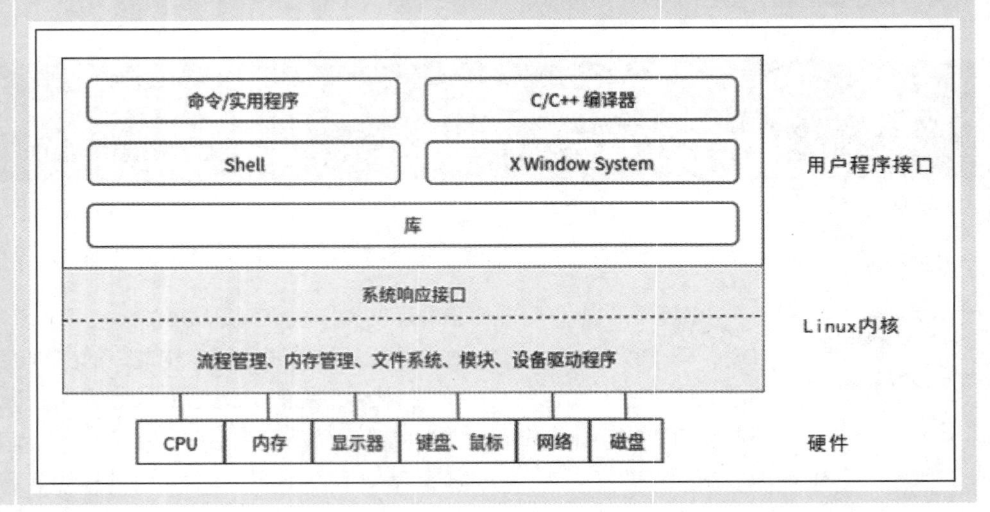

原帖主	2#
	感觉这张图片好复杂啊，有些看不懂。求大神指教！

1号大胡子	3#
	只看这张图你可能还不理解这个系统的构成，这对于初学者来说，的确很容易一头雾水。那我来给你简单介绍一下图片中的名词吧！ ● Linux内核：这是Linux系统的核心，它提供了OS最基本的功能程序，例如CPU的调用、内存管理、进程管理等。你可以发现，硬件与操作系统中的内

核关系比较大，软件运行在操作系统上面，所以软件与内核的关系也比较密切。OS的启动就是从Linux内核被读取后由内核引导系统开始的。

- 模块：Linux在开发过程中，为了应对随时加入的程序代码，开发人员把一些功能从内核中独立了出来，需要的时候再加载到内核中。Linux的这种方式逐渐发展成为具有模块化的功能。如果有新的硬件驱动，就可以对其进行模块化。这种模块化的思想在程序开发过程中非常重要，也非常便利。
- 库（程序库）：程序库为程序的开发提供了必要的函数支持和通用的资源，在Linux系统的开发中，主要使用GNU开发的库以及X.Org开发的X库等。
- X Window System：这是一个图形用户接口程序，它由MIT和第三方共同开发研究。X Window System的工作方式与Microsoft Windows有着本质的区别，Microsoft Windows的图形用户界面与系统紧密相连，而X Window System实际上是Linux系统内核上运行的一个应用程序。
- Shell：由于计算机的硬件被内核管理着，而内核又是被保护的状态，所以普通用户只能通过Shell和内核沟通互动，然后让内核完成所需要的任务。通过Shell可以输入命令与内核沟通，内核接收到命令后，可以按照命令控制硬件工作。
- 命令/实用程序：Linux提供了很多供用户使用的命令，这些命令可以用来管理磁盘、网络以及系统中的用户等。在Linux桌面环境中，还提供了用于办公的文字处理和表格软件、具有高级功能的图形编辑软件、可以发送邮件的工具等。

这里先给你介绍这么多吧！解释太多又该迷糊了。😂在之后的学习中，你会慢慢了解这其中真正的含义。

原帖主 4#

收藏起来，感谢大神分享。

Linux的发行版本

对Linux操作系统有一定的了解之后，我们来聊聊Linux的发行版本吧。从最初的Linux成型到现在我们看到的各种版本的Linux，这其中有很多励志又有趣的故事，如果你感兴趣的话，可以去了解一下。

初期的Linux内核是由芬兰人Linus Torvalds在1991年编写并上传到网络上供大家下载的，后来又有很多志愿者投入到Linux内核的开发中，经过不断的强化和发展，终于在1994年完成了Linux内核的正式版本Version 1.0，之后又开发了Version 2.0、Version 3.0等内核版本。但是仅有Linux内核还不能称为Linux操作系统，还需要由源代码生成的可执行文件、程序库、为用户提供接口的Shell等诸多软件才能将Linux视为完整的OS。

为了让普通用户可以使用到Linux，很多的企业和组织将Linux内核与可运行的软件程序整合集成后作为OS发布，这个发布的Linux系统包括Linux内核、可运行的软件和可以安装的程序等，我们将发布的Linux系统称为Linux发行版。随着Linux的不断发展，每一个Linux发行版都有不同的版本。在之后使用Linux系统的时候，你需要明确自己的Linux发行版版本。

新手入门如何选择发行版？各种发行版又有什么特点？对于这类问题，我们将在接下来的讨论区中为你解答。有相关疑惑的新手可以过来看看，说不定这里就有你要的答案。

发帖：Linux操作系统中的软件是什么样子的？这些软件是如何分类的？

最新评论

TheKing 1#

你的这个问题其实就是问软件的类型，在Linux操作系统中主要有自由软件和开源软件，现在我们使用的很多自由软件或者开源软件几乎都得益于GNU计划。那么，什么是GNU计划呢？GNU计划是1983年9月由美国人Richard Stallman发起的，目的是创建一套完全自由的操作系统。Linux就是免费且可以自由使用的操作系统。

软件一般分为三种类型，分别是自由软件、开源软件和再造软件。下面带你了解一下这三种软件的特点和区别。

为了保证软件可以被用户自由地使用、复制和修改，所有使用了GPL版权声明的软件都被称为自由软件。那么GPL又是什么呢？GPL（GNU General Public License，GNU通用公共许可证）是一个被广泛使用的自由软件许可协议。自由软件强调的是自由而不是免费，也就是说你可以自由地使用、再发行、学习和修改这个软件。自由软件主要有下面几个特点：

- 用户可以获取软件的源代码，根据自己的需求使用这个自由软件。
- 用户可以自由地使用、复制、修改和再发行这个自由软件。
- 用户再发行的时候，也必须是基于GPL授权声明的，不可以单独销售这个软件或者取消GPL的授权。

GPL的这种版权声明保证了软件的自由度，达到共享和发展软件的目的。自由软件强调用户拥有如何使用软件的自由。我把自由软件的特点整理成一张图片，方便你对比了解，如下图所示。

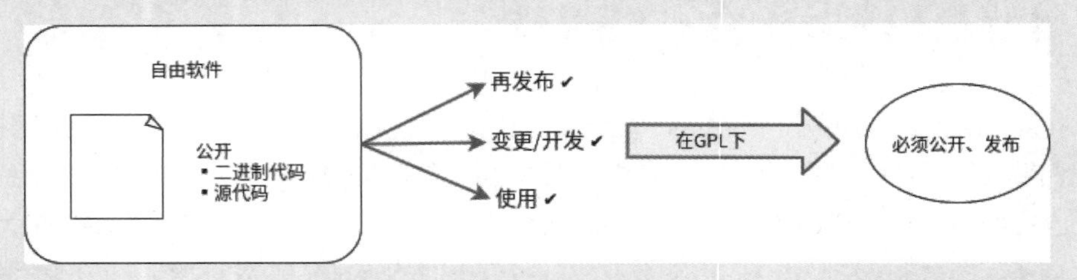

说完自由软件，我再来介绍一下开源软件，新手总是会混淆这两种软件类型。为了解决一些商业公司对是否投入自由软件的疑虑，开放源代码促进会（Open Source Initiative，OSI）提出了开源软件这一新的名词。注意，并不是允许读取源代码的软件就是开源软件，开源软件有下面几个特点：

- 用户可以获取和修改这个软件的源代码。
- 用户可以再发布软件，并且程序的代码可以被销售。再发布的软件允许使用相似的授权，软件再发布的时候允许使用与原本软件不同的名称。
- 不可以限制个人或团体的使用权限以及在某些领域的应用权限。

与自由软件相比，开源软件在授权方面会比较宽松一些。比如开源软件的全部或者其中一部分代码可以作为其他软件的一部分，且其他的软件不需要使用相同的授权再发布，这一点与自由软件的差别比较大。关于开源软件我也整理了一张图片，如下图所示。你可以和自由软件对比一下，看看区别在哪里。

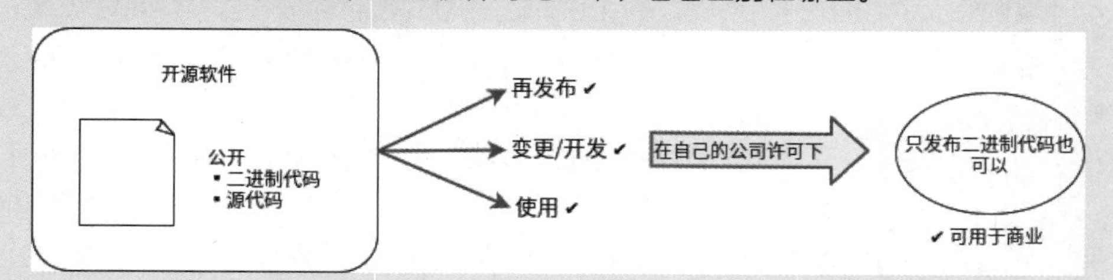

除了上面介绍的两种软件类型，还有一种再造软件，也可以叫作专有软件。与之前两种类型的软件相比，这种软件不会公开自己的源代码，只公开二进制代码。这种专有软件是由专人负责维护的，其他人是不可以修改或者复制的。当然，也是不可以进行再发布的。在部分Linux发行版中，有时会包含专有软件，如果擅自将原程序软件复制散布，恐怕会涉及到版权纠纷，所以需要特别注意。专有软件也有三个特点需要你了解一下：

- 用户只可以使用这个软件，没有经过发布者的同意，不可以修改或复制。
- 用户不可以对这个软件进行再发布。
- 用户获取专有软件是需要付费的。

你会发现这种软件的灵活度不如之前两种类型的软件，用户无法按照自己的要求修改这个软件的程序。如果存在安全漏洞，也需要花费一段时间来消除这种安全隐患。发布公司只是有偿地提供二进制代码。在我们使用的Windows或者其他操作系统中运行的收费软件都是专有软件。我也整理了一张有关专有软件特点的图片，你可以与前两张对比学习，如下图所示。

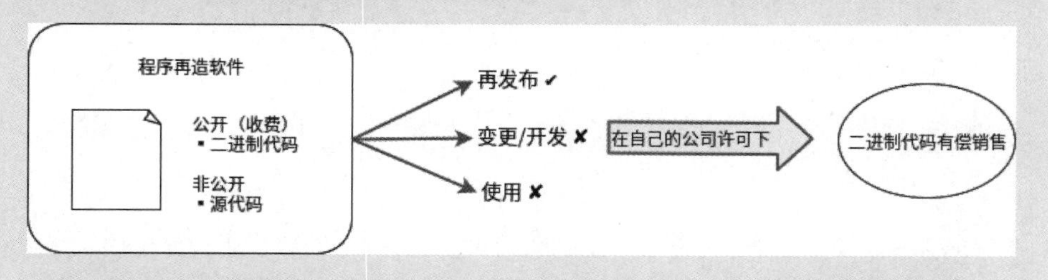

这三种软件类型介绍完了，说了这么多，希望可以帮助你理解软件分类。

原帖主 2#

大神，你介绍得好详细啊！我本来还迷糊着呢！被你这么一介绍，现在明白了不少内容。感谢！

发帖：现在有这么多Linux发行版，我该如何选择？它们之间有什么区别？

最新评论

CoolLoser 1#

Linux发行版确实很多，对于初学者来说，选择一个适合自己的版本很重要。随着Linux的不断发展，出现了很多不同的Linux发行版，比如Red Hat、CentOS、Debian、Ubuntu、SUSE Linux等。这么多发行版是不是都不相同呢？对于这一点，不需要过于担心。因为开发商在开发这些Linux发行版时，会遵循相同的标准规范，只不过每一个开发商在开发的过程中，都会有自己独特的设计存在。

其实每一种发行版的差异性并不大，Linux发行版主要分为两种类型，一种是使用RPM的方式安装软件，比如Red Hat、CentOS、SUSE Linux等；另一种是使用dpkg的方式安装软件，比如Debian、Ubuntu等。

对于初学者来说，CentOS是一个很不错的选择，它是基于Red Hat Enterprise Linux（Red Hat企业版，RHEL）开发的一种Linux发行版，是完全开源的，并且以RPM软件管理方式为主。另外，Ubuntu也是初学者不错的选择，它是基于Debian开发的一种Linux发行版。Ubuntu桌面版具有非常友好的用户界面，以dpkg软件管理方式为主。CentOS和Ubuntu的对比如下图所示。

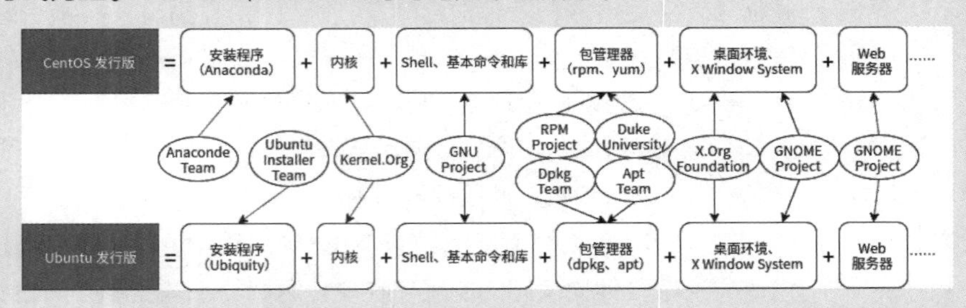

Linux发行版虽然多，但是总体差异并不大，你可以根据自己的喜好和使用目的选择合适的版本，这也是Linux主要的特征之一。内核、程序库、基本命令这些都是Linux发行版中必备的组件，各个发行版主要的区别在于软件包的管理方式和桌面环境。

原帖主 2#

明白！那软件包的管理方式和桌面环境的区别主要体现在哪里？

大圣 3#

大圣来也！我来回答你的这个问题。先说说软件包的管理方式吧。我看到上面有小伙伴已经提到了两种主要的软件包管理方式：RPM软件包管理方式和dpkg软件包管理方式。

RPM（Red Hat Package Manager）最初是由Red Hat公司开发的，后来因为这个软件包管理工具使用起来太方便了，所以逐渐成为了主流的软件包管理方式。dpkg（Debian Packager）最早是由Debian Linux社群开发出来的，只要是基于Debian的其他Linux发行版大多数使用这个软件包管理方式。

其实这两种软件包管理方式多多少少会产生一些软件依赖性问题。那么什么是软件依赖性呢？虽然每一个软件包之间是相互独立的存在，但是软件包中的软件或多或少地会依赖其他软件包的支持，比如安装软件A时还需要安装软件B和C，而安装软件B时又需要安装软件D。这种软件之间的依赖关系如果手动解决的话，会变得非常繁琐，所以我们在Linux中安装软件包时，使用yum和apt等在线升级命令能够自动帮助我们判断软件包与其他软件包之间的依赖关系，然后自动安装或升级软件包。两种软件包的差异如下表所示。

发行版代表	软件包格式	软件包管理命令	在线升级命令
Red Hat	rpm格式	rpm命令	yum(dnf)命令
Debain	deb格式	dpkg命令	apt(apt-get)命令

这里我列举了具有代表性的RedHat和Debian发行版的软件包格式与管理命令，希望对你有帮助。

现在我再来谈谈Linux的桌面环境吧！Linux发行版的桌面环境会为用户提供文件管理器、Web浏览器、邮件工具、编辑器以及系统管理工具等。不同的Linux发行版，它们桌面环境的设计风格也有所差异。常见的桌面环境有KDE、GNOME、Xfce、DDE、Cinnamon等等。这些桌面环境各有侧重，有的设计美观，有的非常简约。对于初学者来说，在刚开始接触Linux时可能会不适应它的桌面环境的设计风格。

原帖主

我知道根据Linux版本的不同，各种发行版的外观、操作性以及资源的消耗量也会有所不同，那这么多Linux发行版的应用方向都有哪些呢？

tony_80

Linux发行版可以根据用途以及面向的用户群的不同粗略地分类为服务器和台式机，面向个人或企业，如右图所示。

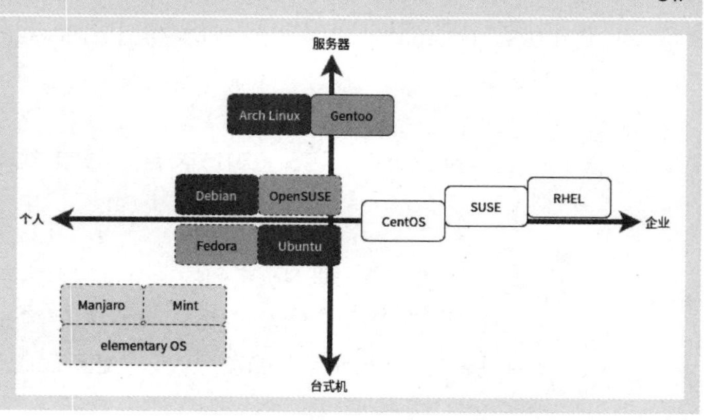

Arch Linux发行版在安装时要求用户有一定的Linux基础，这款发行版不适合新手用户入门，不过作为服务器，却是很好的选择。Debian以及衍生的发行版适合初学者入门学习，它采用GNOME作为默认的桌面环境，提高了Ubuntu的可定制性，用户可以换主题、换图标等等；Ubuntu的桌面环境非常适合初学者上手操作；RHEL非常稳定并且有专业的技术支持服务，对于企业来说，这是一个不错的选择；CentOS与RHEL一样非常稳定，CentOS属于非商业的发行版，初学者选择CentOS作为入门Linux的学习将是一个非常好的选择。其实Linux发行版的主流分支还有很多，比如Gentoo、Fedora、Linux Mint、Manjaro等。

三人行 6#

我根据5楼提供的图片整理了几个有关Linux发行版对比的表格供你参考。下面这个表格是两种面向企业的Linux发行版的对比信息。

发行版	最新版本	最新版本发布日期	包管理方式	标准桌面环境	说　明
Red Hat Enterprise Linux	8.1	2019年11月	RPM	GNOME3	1.可以使用其他桌面环境，如KDE 2.使用yum命令升级软件包 3.使用RPM软件包管理方式
SUSE Linux Enterprise Server	15	2018年7月	RPM	GNOME3	1.有服务器版本和桌面版本 2.可以使用专有的GUI管理工具YaST 3.使用SUSE独有的zypper命令（而非yum命令）更新软件包

前面有讨论过，在面向一般用户的发行版中，我们将使用RPM包管理方式的发行版大致归为Red Hat系列。下面这个表格是几个Red Hat系列的面向一般用户的发行版的对比信息。

发行版	最新版本	最新版本发布日期	标准桌面环境	说　明
CentOS	8.1	2020年1月	GNOME3	1.RHEL的克隆版本 2.在Red Hat公司的支持下开发的项目
Fedora	31	2019年10月	GNOME3	1.RHEL的开发版 2.桌面环境还可以使用KDE、Xfce、MATE等
openSUSE	Leap 15.1	2019年5月	安装时选择	1.openSUSE有两个版本，分别是Leap和Tumbleweed 2.Leap是稳定版本，Tumbleweed表示滚动更新（不定期发布）

在了解Red Hat系列的几个发行版之后，再来看几个Debian系列的发行版吧。在面向一般用户的发行版中，我们将使用dpkg包管理方式的发行版大致归为Debian系列。Debian系列的发行版信息如下表所示。

发行版	最新版本	最新版本发布日期	标准桌面环境	说　明
Ubuntu	20.04	2020年4月	GNOME3	1.该项目是基于Debian发行的免费操作系统 2.桌面环境有GNOME、Unity等
Debian	10	2019年7月	安装时选择	1.是一套完全免费自由的操作系统 2.桌面环境有GNOME、KDE、Cinnamon、LXDE、LXQt等
Linux Mint	19.3	2019年12月	安装时选择	1.基于Ubuntu的发行版本 2.桌面环境有Cinnamon、MATE等
elementary OS	5.0	2018年10月	Pantheon	1.基于Ubuntu的桌面发行版 2.桌面环境漂亮

这里我还要向你介绍一类发行版，那就是使用独立包管理方式的发行版。它们都是以滚动更新的方式发布最新版本的发行版，如下表所示。

发行版	最新版本发布日期	包管理方式	说　明
Gentoo Linux	滚动更新	Protage	1.不属于Red Hat系列和Debian系列的独立发行版 2.面向开发人员和网络职业人员 3.可以面向各种用途进行定制
Arch Linux	滚动更新	pacman	1.不属于Red Hat系列和Debian系列的独立发行版 2.面向高级Linux用户 3.可以从光盘镜像或者从FTP服务器安装
Manjaro Linux	滚动更新	pacman	1.基于Arch Linux的操作系统 2.多种桌面环境（Xfce、KDE、GNOME、Cinnamon、MATE等）可以使用

多种选择，任君挑选。

原帖主　　7#

原来选择适合自己的Linux版本还有这么多讲究呢！非常感谢各位大神的耐心讲解，让我了解了这么多不同的Linux发行版。比心！点赞！

发帖：有没有数据表现Linux发行版的使用情况?

最新评论

plan007 1#

如果你想了解更多Linux发行版的信息，我这里整理了一份2020年4月份W3Techs.com网站（https://w3techs.com）上有关Linux发行版的使用统计数据，你可以参考一下，如下图所示。

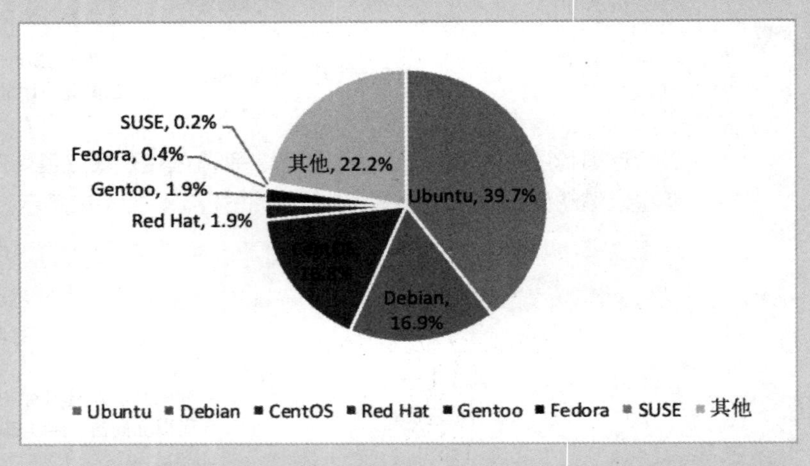

从这份数据中可以看到Ubuntu以39.7%的使用率占据了第一位，第二位是Debian，第三位是CentOS，其次是Red Hat、Gentoo等。近年来，Ubuntu以越来越优秀的桌面环境吸引了越来越多的用户加入。怎么样？够明确吧！

怀挺_Go 2#

我这里也有一份云市场中有关镜像获取的统计数据，这是2020年4月份的统计数据，反映出不同版本镜像的点击量。这些数据由The Cloud Market（云市场）网站（https://thecloudmarket.com）提供，如下图所示。

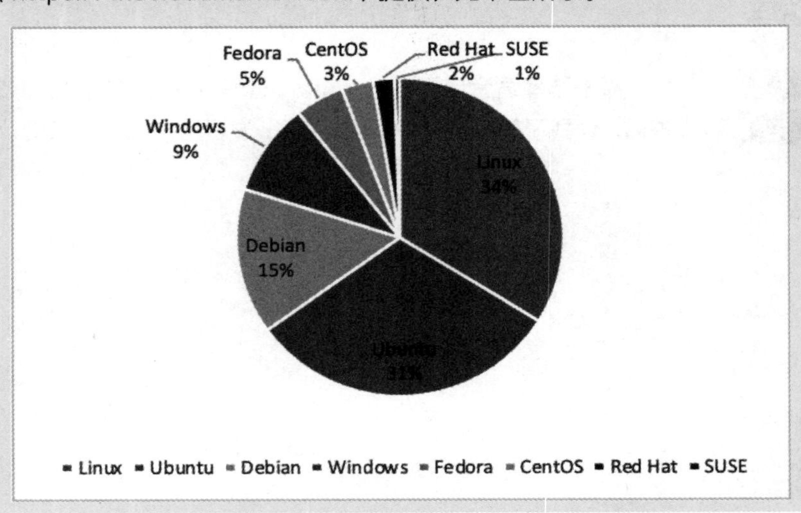

从镜像获取的数据中不难看出，Linux位于第一位，Ubuntu是第二位，第三位是Debian，第四位是Windows。接下来是Fedora和CentOS等。我这个数据也挺直观的，不知道我们提供的这些数据是否让你更明白？

原帖主 3#

原来选择适合自己的Linux版本还有这么多讲究呢！大家分享的数据很有用，我可以从不同的数据来源全面了解Linux的使用情况。非常感谢各位大神的耐心讲解，让我了解了这么多不同的Linux发行版。赞一个！

大圣 4#

大家都是有图有真相，我也来给你看一个根据人气度排名的数据吧！我这份数据是DistroWatch.com网站（https://distrowatch.com）提供的最近三个月各个Linux发行版人气的排名情况，如下图所示。你也可以去这个网站浏览一下，这里有各种Linux发行版的信息。

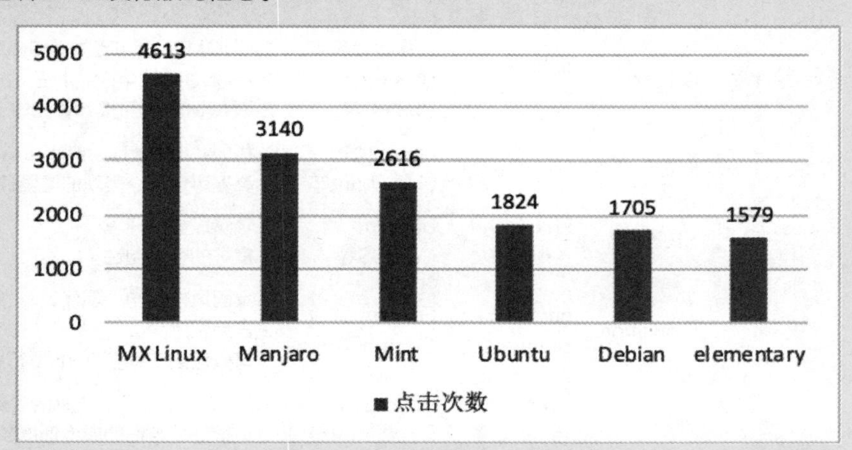

这个数据是通过对使用同一IP地址访问Linux发行版网站每天的点击量进行的人气度的排名统计。通过这份数据可以看出MX Linux是第一位，Manjaro是第二位，第三位是Mint，第四位是Ubuntu，其次是Debian等其他版本。

原帖主 5#

我发现不同网站排名的侧重点是不一样的，看来要选择一款适合自己的Linux发行版还是需要了解各方面的数据信息。

大圣 6#

是的，这些数据只是供你选择时参考的。对于初学者来说，选择一款适合自己的版本还是很重要的。

发帖：各位大神，我看到前面讨论区有谈到各种桌面环境，可不可以详细解释一下？

最新评论

查无此人 1#

对于新手小白来说，要从这么多桌面环境中进行选择确实是一件挺头疼的事情。随着Windows的普及，人们已经习惯了图形化界面的操作，这促使Linux社区对桌面环境进行了改革。现在，Linux已经有各种各样的图形化桌面供我们选择了。

相信在前面的讨论区你也看到了一些桌面环境，比如GNOME、Xfce等等。从一些数据的调查结果可知，GNOME和KDE是目前Linux的主流桌面环境，其他的一些桌面环境也得到了很多的应用。

在这里我也像前面的小伙伴一样给你列了一个表格，里面介绍了几种不同风格的桌面环境，如下表所示。

桌面环境	模拟终端	可使用的Linux发行版	说　明
GNOME	gnome-terminal	大多数发行版，如CentOS、Ubuntu等	1.GNOME的最新版本为GNOME3 2.在GNOME3中GNOME-Shell成为图形用户界面 3.GNOME3的可操作性和设计发生了很大的改变
KDE	konsole	openSUSE、Linux Mint等	1.和GNOME一样，KDE可以在很多发行版中使用 2.高度可定制、美观的桌面环境
Xfce	xfce4-terminal	Ubuntu、CentOS等	1.轻量级桌面环境 2.良好的可定制性
Cinnamon	gnome-terminal	Fedora、Gentoo等	1.桌面风格简约、现代 2.占用资源少 3.可以应用在很多Linux发行版中
MATE	mate-terminal	Ubuntu、Linux Mint等	1.从GNOME2衍生出来的轻量级桌面环境 2.可很好地与旧的或者速度较慢的计算机兼容
Pantheon	pantheon-terminal	elementary OS	1.elementary OS的桌面环境 2.设计美观，操作简单 3.基于GNOME的相关组件

下面是不同风格的桌面环境，可以让你更直观地看到桌面环境的设计风格。elementary OS的Pantheon桌面环境如下左图所示。Linux Mint的Cinnamon桌面环境如下右图所示。

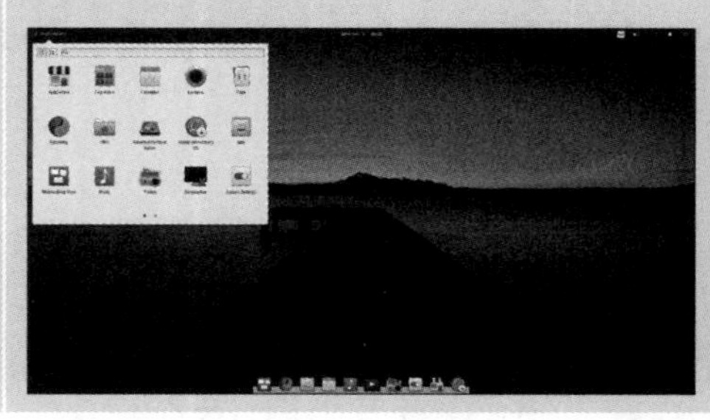

接下来的这两个桌面环境都是GNOME，Ubuntu的桌面环境如下左图所示。CentOS的桌面环境如下右图所示。

怎么样？是不是每一种Linux发行版的桌面环境都各有特色？

原帖主 2#

嗯，是的。没想到只是Linux的各种桌面环境就已经有这么多风格了，大神，我更不知道要选择哪一种了。

山顶洞人 3#

不要担心，介绍这么多有关Linux发行版的桌面环境，其实是想让你更加全面地了解Linux操作系统。Linux的各种发行版面向的人群是不同的，不过鉴于你是初学者，建议你使用CentOS或者Ubuntu，尝试从这两种发行版入手。

发帖：小伙伴们有谁知道GUI和CUI?

最新评论

默默 1#

我知道，这是操作OS的两种方法。GUI是一种基于图形用户界面的应用程序，通过鼠标操作图形界面，就像你使用Windows系统那样直观地操作设置界面。CUI是一种基于控制台用户界面的应用程序，它通常不支持鼠标，用户通过键盘输入命令，计算机接收后执行。这种方式需要你在桌面环境提供的终端模拟器中输入Linux的各种命令执行操作。

下面这两张图片是在Linux系统中管理IP地址的情况。通过GUI的方式会更加直观，如下左图所示。但是从终端输入命令管理IP地址等信息会更加有效率，如下右图所示。

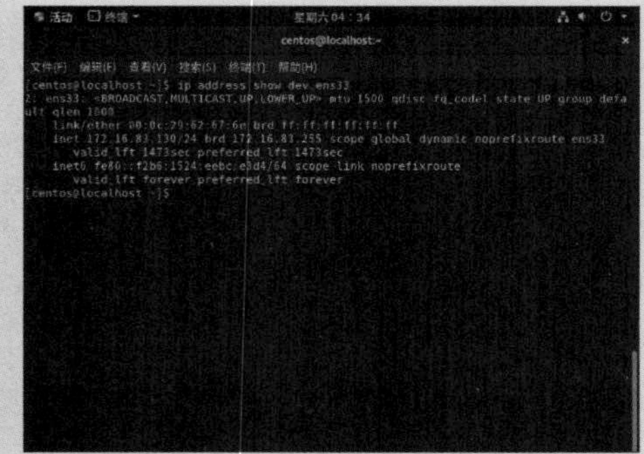

从终端登录服务器环境如下左图所示。从控制台登录服务器环境如下右图所示。

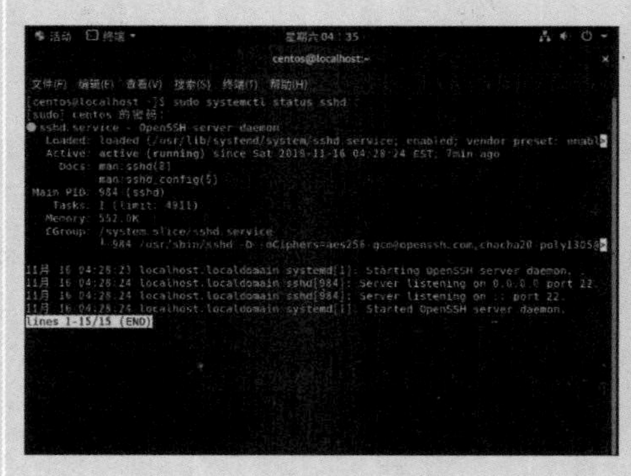

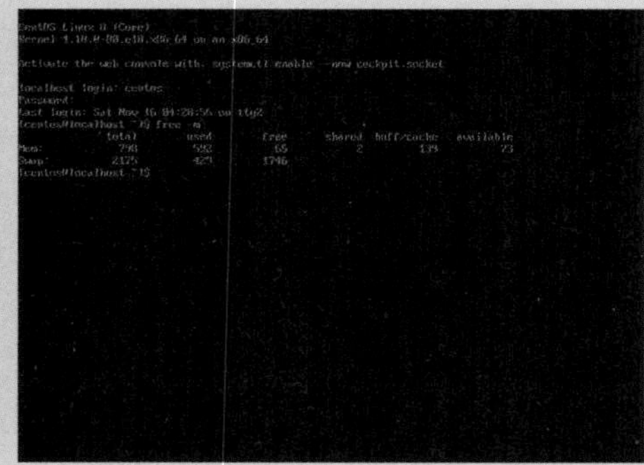

刚开始，你可能会不适应这种使用命令输入的方式管理Linux系统。不过，等你深入学习之后，你会慢慢发现这种方式才是更加有效的管理方式。而且对于服务器来说，一般不需要安装桌面环境，或者安装了桌面环境也不使用。这是因为当用户通过网络管理设备时，桌面环境会增加网络传输的流量，消耗一定的性能，所以使用CUI管理操作系统可以省去不必要的进程，节省服务器的存储空间。

原帖主 2#

感觉这种命令输入的方式好难啊！不过这里有这么多小伙伴可以为我这种初学者耐心讲解，我又有信心能学好Linux了。

Linux在各个领域的发展状况

对于Linux的初学者来说，通常会感到疑惑的是Linux系统具体可以用于哪些方面、具体可以做些什么。随着开源软件在世界范围内的影响力日益增加，Linux操作系统在各个领域的发展也越发成熟和稳定。因此，初学者在正式学习Linux操作系统之前有必要了解它在社会中扮演着什么样的角色、有着什么样的地位。对于这一问题，各位讨论区的小伙伴可以畅所欲言。

发帖：Linux应用在哪些领域？我们平时能接触到吗？

最新评论

tony_80 1#

其实，我们日常生活中接触到的电子产品比如手机、平板电脑等都有涉及到Linux，只是你不知道而已。在移动设备中广泛使用的Android操作系统就是创建在Linux内核之上的。这么一说，是不是感觉你天天都在用Linux？

Linux具有良好的可移植性和强大的定制功能，成本还比较低，这些特点使得Linux在嵌入式系统方面得到了广泛的应用。我们平常使用的家电产品、数码相机这些设备中也嵌入了Linux系统，只是你并不会接触到这些内层的东西。Linux就在我们身边，平时可以注意观察一下。

原帖主 2#

经你这么一说，瞬间感觉Linux无处不在啊。

zplinux 3#

对呀！现在Linux发展得越来越迅速了。另外，Linux在服务器市场的占比也越来越重，政府、交通、电信、金融等领域的服务器都会用到Linux。现在很多企业都在使用Linux架设服务器，这样不仅可以降低成本，还可以提高服务器的稳定性和可靠性。

原帖主 4#

谢谢各位的分享，感觉再不学习就落伍了。

小白来啦 5#

我也是新手小白，不久之前才开始学习Linux。有什么问题都可以在这里请教大神，这里的人都很有耐心。

如何学习Linux基础知识

对于刚入门的新手小伙伴来说，如何学习Linux成了困扰你的难题。不用担心，这里将会为你介绍一些学习Linux的方法，准备好了吗？

- 要了解一些计算机的基础知识。不一定要深入，但是要知道一些基本概念。学习Linux首先需要从安装Linux操作系统和一些基本的命令开始。
- 要注重实践！实践！实践！重要的事情说三遍。只懂理论知识而不上机实践，是学习Linux的大忌。你只有不断地重复上机实践，才会有自己的体会和新的收获。
- 选择一本好用的Linux书籍。希望本书可以带你入门，帮助你有效地学习Linux的各种技能。
- 如果在学习Linux的过程中遇到了解决不了的问题，首先要学会查看输出的问题描述，从问题出现的源头查起。你需要学会查看系统中的各种配置文件和日志文件，再有不会的问题可以上网搜索解决。

学好Linux不是一朝一夕的事情，要先把Linux的基础知识学扎实了，才能继续学习更高阶的内容。后面还有更多精彩的内容等着你来！

大神来总结

大家好！欢迎来到“大神来总结”的环节，在这里会有大神为你总结小伙伴们讨论的各种内容的精华，赶快过来看看吧！

- 要明白操作系统和内核各自扮演的角色。
- 搞清楚自由软件、开源软件和再造软件这三种软件的特点。
- 了解两种软件包的管理方式和各自代表的Linux发行版。
- 大致了解各种桌面环境的特色。

百学须先立志，有了这些关于Linux的入门知识，相信在之后的Linux技能学习中，你会有更加明确的学习目标，不会迷失方向。

Chapter

02

讨论方向——Linux的安装与设置

公　告

哈喽！大家好，欢迎来到我们的“Linux初学者联盟讨论区”。对Linux有了基本的认识之后，或许你的疑问更多了。快到这里来吧！这里有各位大神和一起学习的小伙伴在等你。

接下来我们要讨论的主题是Linux的安装与设置，大家有任何疑问都可以在下方提问，或许你要的答案就在这里！欢迎各位Linux爱好者加入。本次主要讨论方向是以下5点。

01 通过VirtualBox创建虚拟环境

02 安装CentOS系统

03 安装Ubuntu系统

04 系统的初始化设置

05 SSH远程登录

通过VirtualBox创建虚拟环境

扫码看视频

各位讨论区的小伙伴，大家好！如果你对创建虚拟环境有疑问，欢迎到这里和小伙伴们交流学习。在计算机中，虚拟化是一种资源管理技术，现在硬件虚拟化技术发展得已经越来越成熟了。虚拟化技术可以帮助我们在计算机中虚拟出几台逻辑独立的系统，这样我们在学习Linux系统时就可以获得与主机相同的环境了。

我们可以使用虚拟化软件来创建虚拟环境，对于初学者来说，如果你使用的计算机操作系统是Windows的话，VirtualBox这个虚拟化软件是一个不错的选择。关于如何使用这个软件创建虚拟环境等相关问题，相信在下面的讨论区里你会找到答案。

发帖：小白求助，怎么使用VirtualBox制作虚拟主机？

最新评论

智人001	1#

说到VirtualBox这个软件，我还是有些了解的，这可是一款强大的免费的开源虚拟机软件，有眼光。你要使用VirtualBox制作虚拟主机，首先你得去官方网站（https://www.virtualbox.org）下载它的安装包。进入官方网站后，单击左侧的Downloads超链接进入下载界面。如果你的主机是Windows的话，就选择Windows hosts下载适合Windows系统的VirtualBox安装包。如果你的主机是其他的操作系统，那你就需要对应你的操作系统来选择适合的安装包文件。

看你是初学者，在这里我把VirtualBox的安装过程也向你介绍一下吧！我下载的版本是VirtualBox 6.0.14，下载好VirtualBox的安装包之后，双击启动安装程序，这时候安装向导就出来了，如下左图所示。如果跳出警告界面，就直接单击“是”按钮继续安装，如下右图所示。

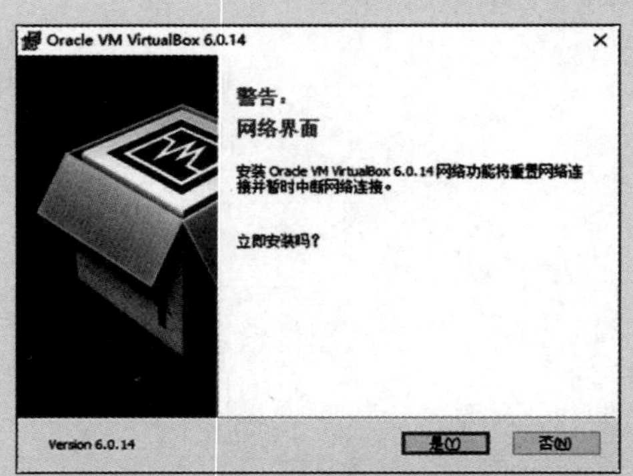

如果你看到“安装完成”这样的界面，那恭喜你，直接单击“完成”按钮就完成VirtualBox这个虚拟机软件的安装了，如下图所示。默认情况下是安装完成后直接运行这个软件，如果你不想这样的话，可以取消勾选“安装运行Oracle VM VirtualBox 6.0.14”这个复选框。

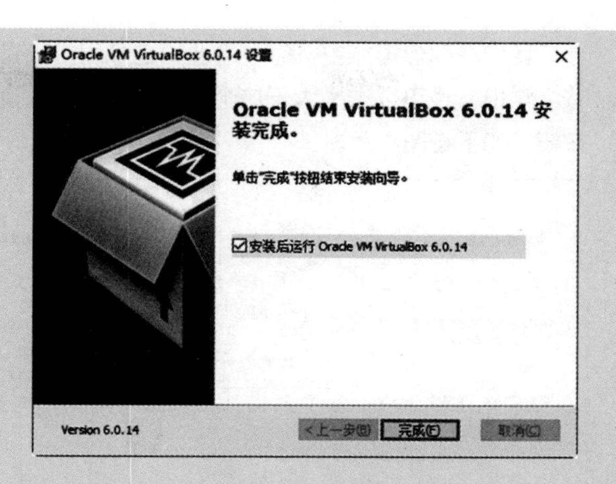

你先试试安装这个软件，安装成功之后，我再给你介绍怎么使用这个软件创建虚拟主机😜。

原帖主 2#

感谢大神的指导，我已经按照你讲解的步骤成功安装了VirtualBox这个软件。求大神传授创建虚拟主机的秘籍。🙏

智人001 3#

哈哈！😂秘籍在此！你启动VirtualBox之后，单击“新建”按钮，启动新建虚拟主机的向导，就能创建一个新的虚拟主机，如下图所示。

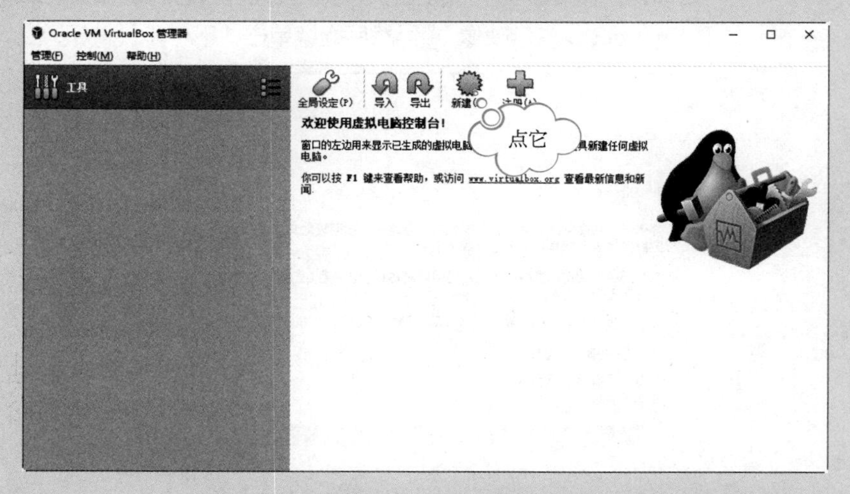

我们创建的VirtualBox虚拟机拥有与物理机基本相同的虚拟硬件配置，包括内存、显卡、硬盘、声卡以及网卡等，很神奇吧！

在弹出的对话框中输入你的虚拟主机名称，然后选择虚拟主机的存储路径，虚拟主机的类型选择Linux。如果你后续选择CentOS这个发行版，那“版本”这里就选择Red Hat（64-bit）；如果是Ubuntu这个发行版，就选择对应的Ubuntu版本。完成这些设置之后，单击“下一步”按钮，如下左图所示。

我们在创建虚拟主机时，需要给它分配内存空间。你可以选择默认的内存大小1024MB，也可以选择大于这个数值的内存。设置好内存后，继续单击“下一步”按钮，如下右图所示。

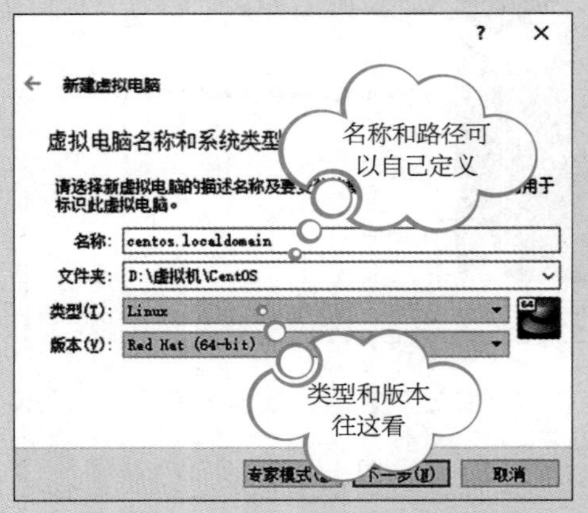

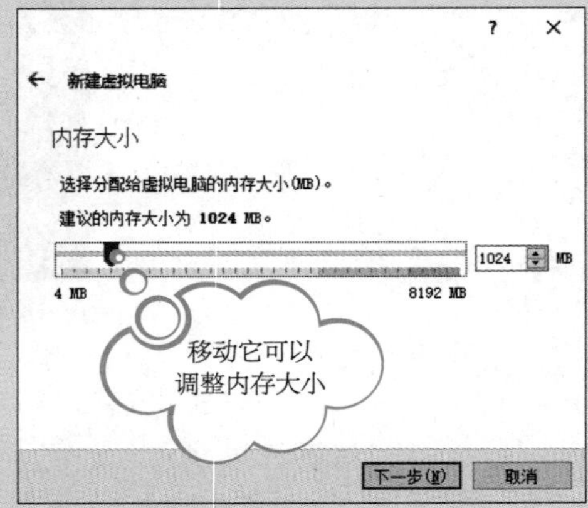

现在到了虚拟硬盘的设置阶段。内存有了，怎么能少得了硬盘呢！😁可以看到这里有三个选项，一般情况下选择第二个选项。如果你预先创建了虚拟硬盘，那这里你可以选择第三个选项，并在下拉列表中选择已有的虚拟硬盘。这里我们勾选“现在创建虚拟硬盘”单选按钮，然后单击“创建”按钮，如下左图所示。

接下来就要选择虚拟硬盘的文件类型了，这三个选项你可能都看不懂，不要紧，我来给你简单说明一下这三个选项都是啥意思，如下右图所示。第一个“VDI（VirtualBox磁盘映像）”是VirtualBox专有的文件类型；第二个“VHD（虚拟硬盘）”是微软Virtual PC的虚拟硬盘文件类型；第三个“VMDK（虚拟机磁盘）”是VMware专有的虚拟硬盘文件类型。很明显，我们这里要选的就是第一个“VID（VirtualBox磁盘映像）”，然后继续单击“下一步”按钮。

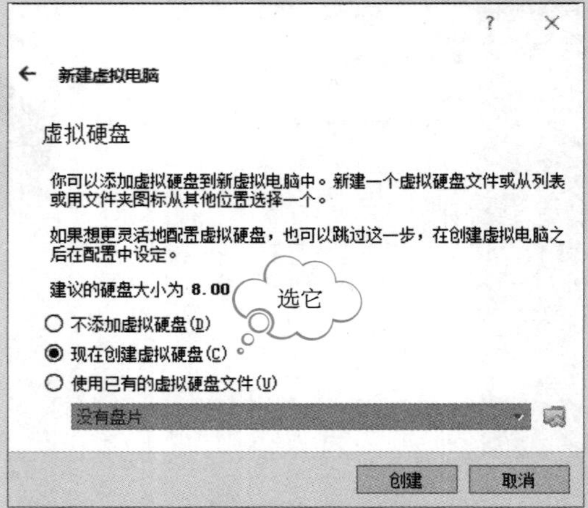

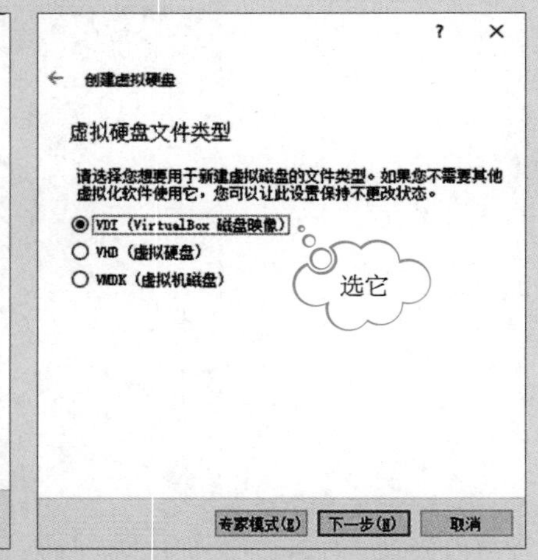

接下来是选择虚拟硬盘文件动态分配还是设置固定值，这里选择“动态分配”，单击“下一步”按钮继续创建，如下左图所示。别着急，一步一步来。

前面已经为虚拟硬盘设置了文件类型和分配方式，接下来就是选择文件的存储位置和大小了。你可以选择默认的存储路径，也可以指定一个存储路径。虚拟硬盘的大小可以选择默认值8GB，也可以设置更大的数值，如下右图所示。

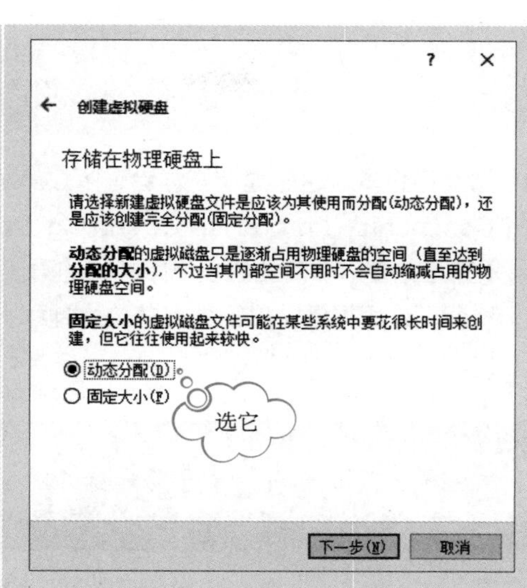

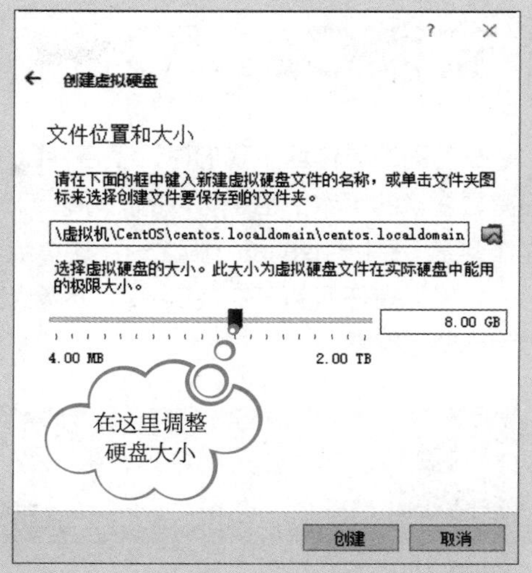

设置好上面的一切，就潇洒地单击“创建”按钮吧！之后你就可以在Oracle VM VirtualBox管理器的左侧看到你创建的虚拟主机了，如下图所示。

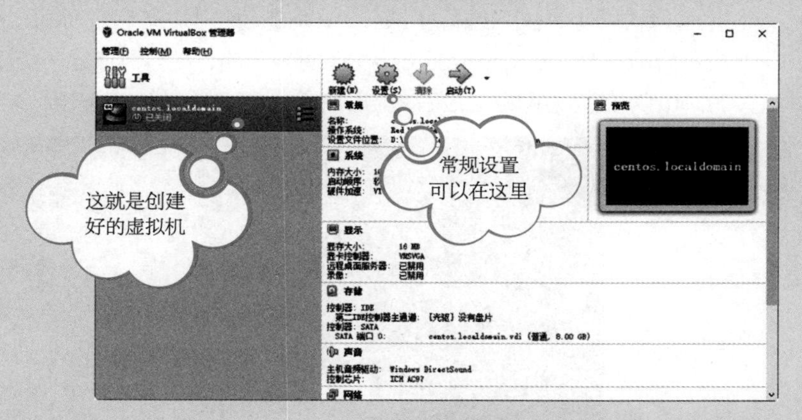

默认情况下，VirtualBox为虚拟机设置了一个CPU。看到那个“设置”按钮了吗？有关虚拟机的设置操作都可以在这里进行，比如系统、显示、存储、声音、网络、串口等多个方面。以上就是使用VirtualBox创建虚拟主机的全过程，快去动手实践吧！我等着看你的学习成果！

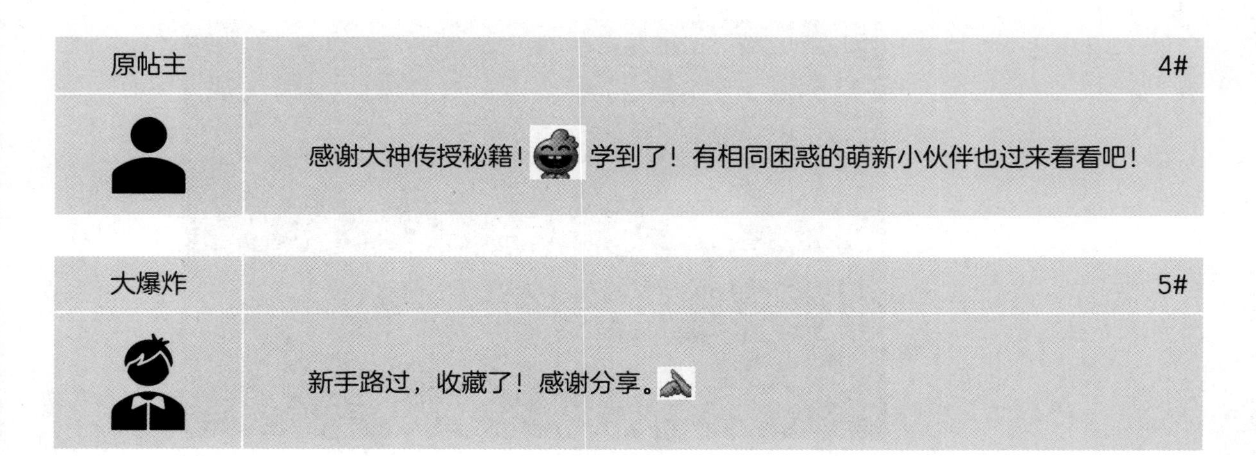

原帖主	4#
	感谢大神传授秘籍！学到了！有相同困惑的萌新小伙伴也过来看看吧！

大爆炸	5#
	新手路过，收藏了！感谢分享。

安装CentOS

在前面的讨论区中我们讨论了各种Linux的发行版本，这里建议初学者选择CentOS。当然，如果你有更喜欢的版本，也是可以的。CentOS（Community Enterprise Operating System，社区企业操作系统）是Linux的发行版之一。这个版本是完全免费、非商业的发行版，它的稳定性是有保障的。

如果你有任何关于安装CentOS的疑问，欢迎到这里提问。这里会有各位大神和一起学习的小伙伴们为你解答疑惑。

发帖：我想在虚拟主机中安装CentOS，但是我不知道怎么选择镜像文件，求指教！

最新评论

Yoho　　1#

看情况你是处在学习安装CentOS的萌新小白阶段。你可以去CentOS的官方网站（http://www.centos.org）上面去下载。说得再详细一点吧！你输入网址进入CentOS的官方网站之后，单击Get CentOS Now这个按钮，如下图所示。

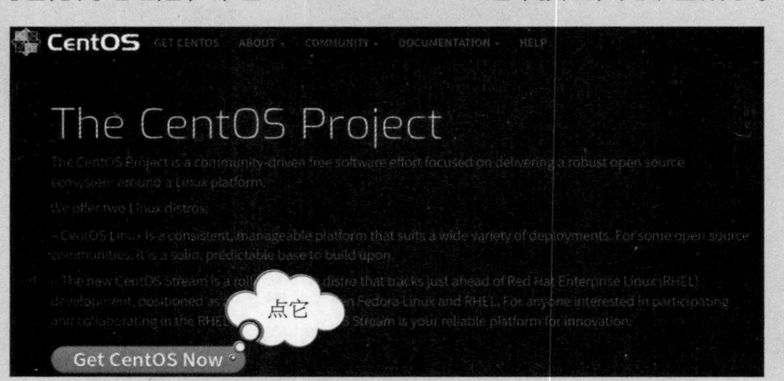

接着你会看到下面这两个按钮，如果你要安装的是标准配置，那建议你选择第一个按钮CentOS Linux DVD ISO，如下图所示。第二个CentOS Stream DVD ISO按钮表示滚动更新的配置。

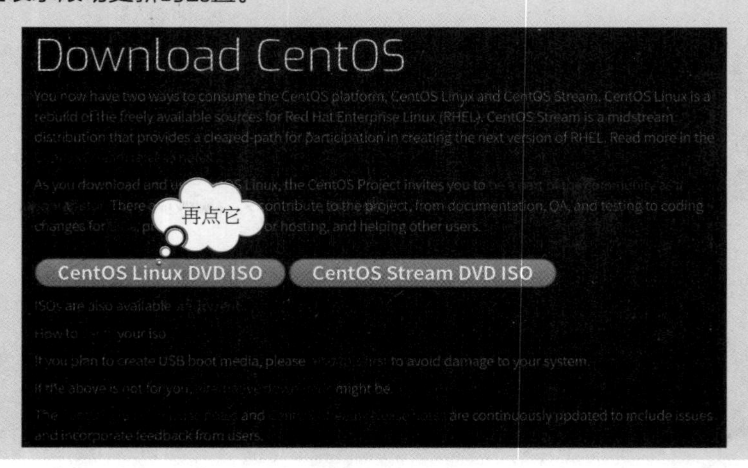

选择第一个按钮之后，就进入镜像文件下载的界面了。这里有各种镜像文件的链接，你可以选择最上面的那条链接下载最新版的CentOS镜像文件，如下图所示。

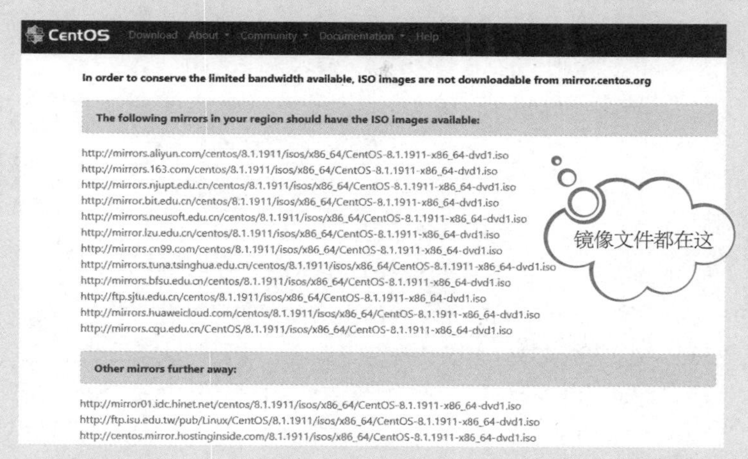

镜像文件是以iso结尾的文件，一般都比较大，CentOS镜像文件大概在7GB左右。镜像文件的版本会定期更新，你的主机至少需要2GB的内存，不过建议你至少使用4GB内存的主机。如果你的计算机是64位，那你就选择下载64位的镜像文件。

原帖主 2#

感谢指路！get了。

发帖：我创建了虚拟主机，也下载了镜像文件，那如何安装CentOS呢？

最新评论

背锅侠 1#

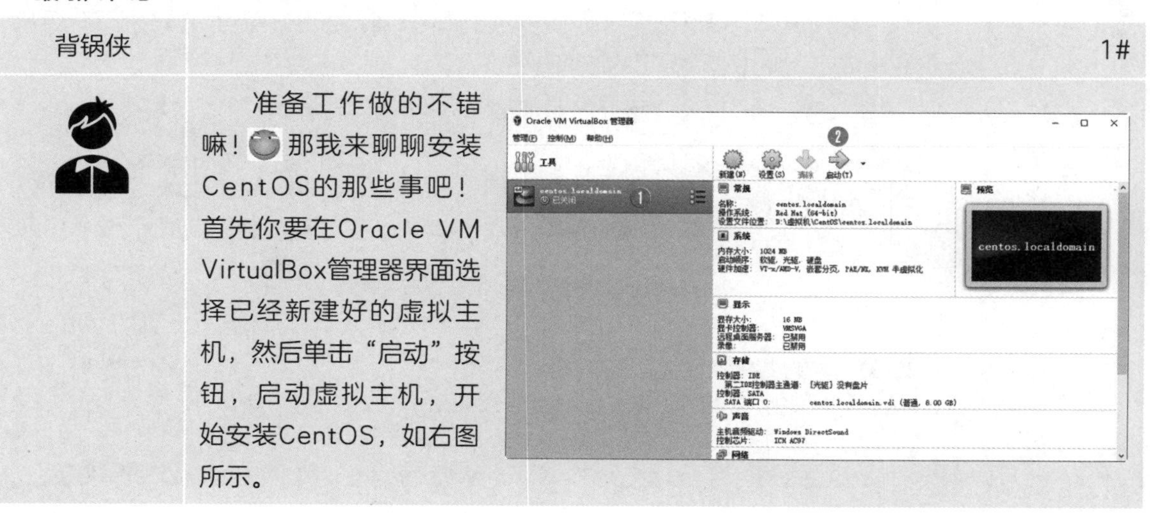

准备工作做的不错嘛！那我来聊聊安装CentOS的那些事吧！首先你要在Oracle VM VirtualBox管理器界面选择已经新建好的虚拟主机，然后单击“启动”按钮，启动虚拟主机，开始安装CentOS，如右图所示。

接下来就是选择启动盘，这个时候你之前下载好的镜像文件就派上用场了。❶单击下拉列表框右侧的文件夹小图标，选择你下载的镜像文件作为启动盘，并单击“启动”按钮，如右图所示。

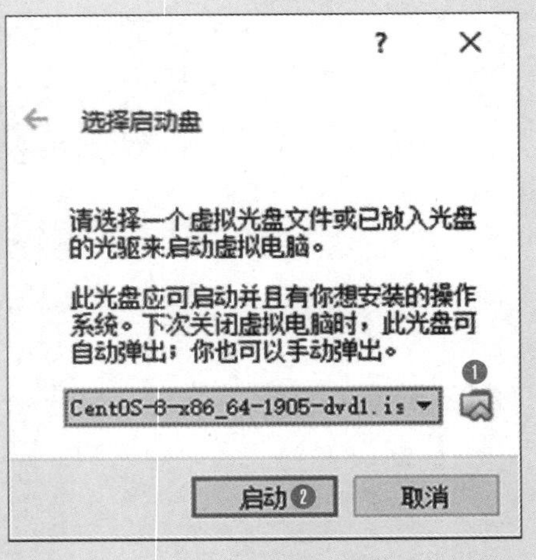

之后你会进入CentOS的安装界面，这里有三个选项，选择第一个选项会直接进入安装阶段，不会检查你的安装介质；第二个选项会先检查你的安装介质再进入安装阶段；第三个选项表示除错模式，当你的磁盘出现异常时，可以选择这个选项。这里默认选择第二个选项启动安装程序，你也可以通过键盘的上下键来选择不同的选项，如下图所示。

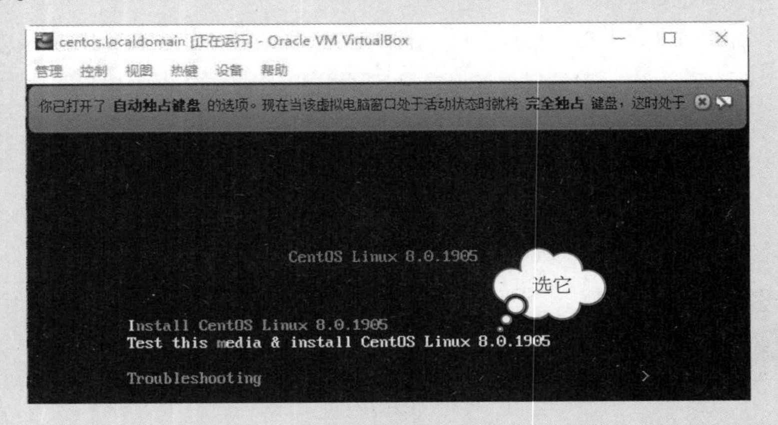

开始进入安装程序的第一个设置项就是选择你需要的语言环境，这里建议选择你比较熟悉的简体中文，然后单击“继续”按钮，如下左图所示。当然，如果之后你想修改语言环境也是可以的。如果需要释放在虚拟机中的鼠标，按Ctrl键就可以了。

在接下来的“安装信息摘要”设置界面可以设置“安装目的地”、“网络和主机名”、“软件选择”等设置项，如下右图所示。看到界面下方橙色的提示条了吗？它的意思就是让你先从带标记的选项开始设置。

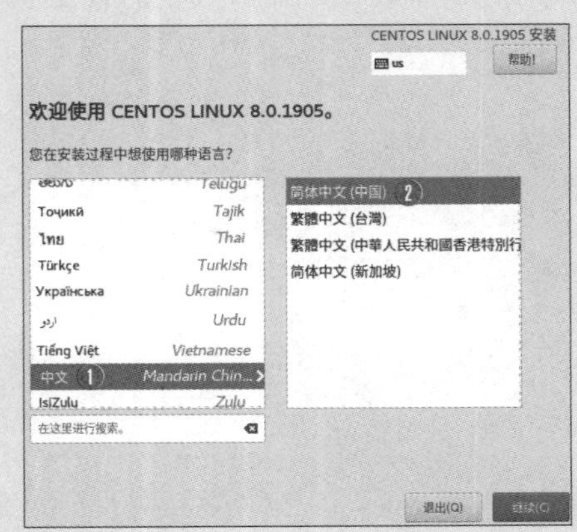

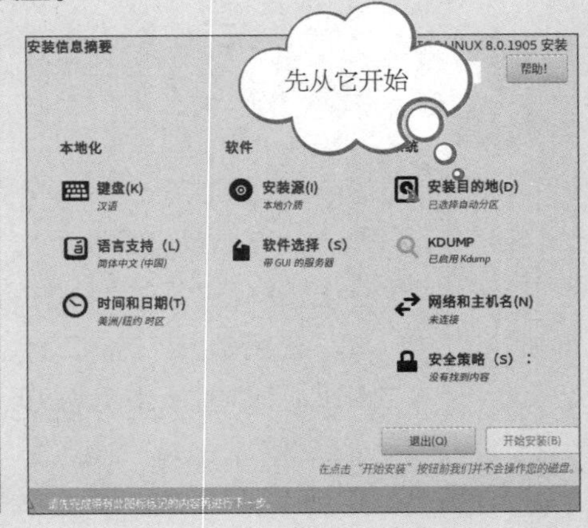

OK，那就先从“安装目的地”开始吧！其实这里就是需要确认磁盘和存储配置，关于磁盘分区这里先采用默认的分区方式，等到你对Linux有了一些新的认识之后再进行分区，所以单击左上角的“完成”按钮就可以了，如下左图所示。接下来就是设置“网络和主机名”，点进去后你可以在这里修改主机名、打开网络，完成这些操作后单击“完成”按钮，如下右图所示。

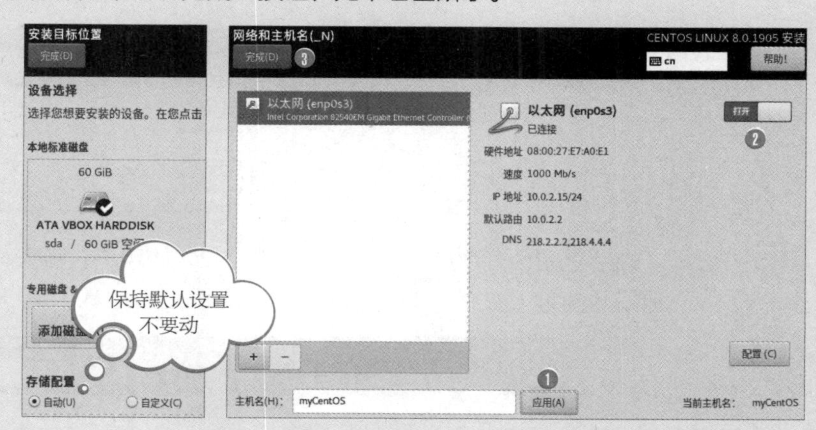

另外需要确认的一项是“软件选择”，默认情况下“软件选择”的基本环境选择的是“带GUI的服务器”，意思是可以使用图形用户界面，如下左图所示。

上面介绍的这些设置都是默认设置，基本上没有过多地修改什么内容。在你对Linux有了一些认识之后，可以在后续的操作中修改这些相关的设置，比如修改网络设置、安装软件等等。这些都设置好之后，就可以单击界面右下角的“开始安装”按钮了，如下右图所示。

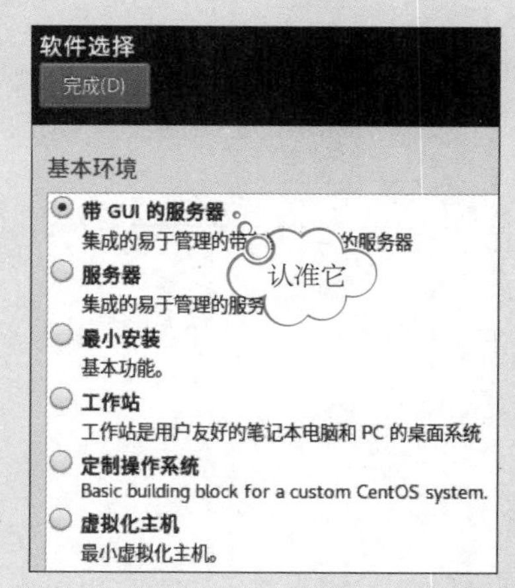

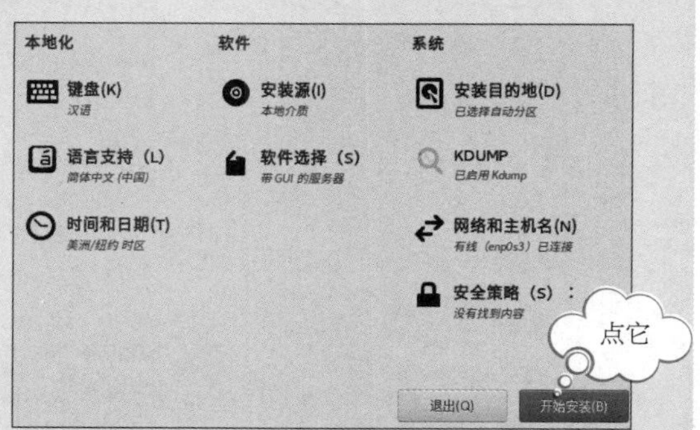

进行到这里还有两个重要的设置，划重点啦！😊那就是root密码的设置和创建普通用户，如右图所示。root用户在系统中有最大的权限，所以必须为它设置一个复杂一点的密码。为系统创建一个普通用户也是很有必要的。

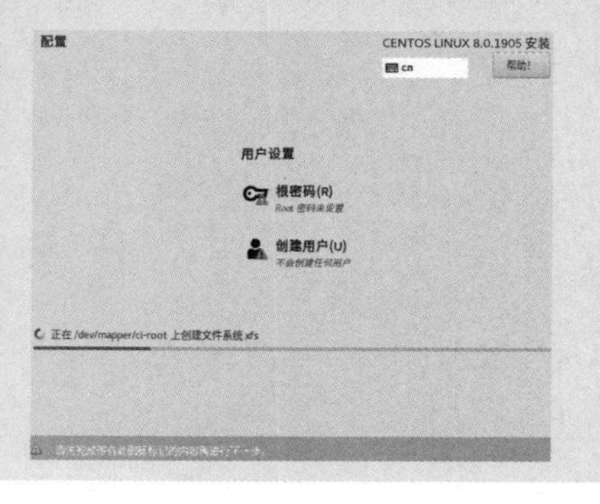

一般情况下，只有在进行需要root权限的操作时才会切换root身份，平常操作使用普通用户的身份登录即可。

单击“根密码”这个选项为root设置密码，密码要尽量包含英文字母大小写、数字和特殊字符，比如我设置的这个密码是Linuxbasic2019，注意要输入两次密码。完成设置后单击左上角的“完成”按钮，如下图所示。

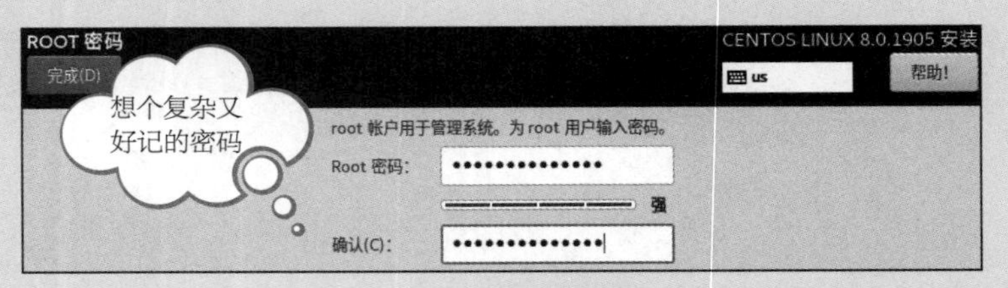

之后就是创建用户了，输入一个符合要求的用户名和密码，如下图所示。这里的密码也要输入两次，我设置的密码是CentOS@2019。

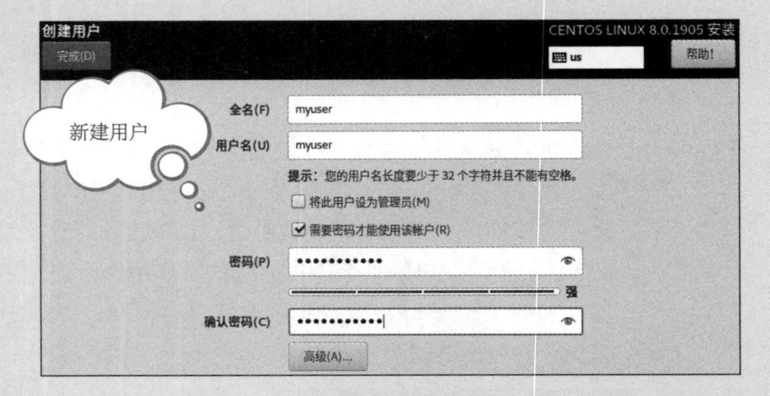

这两项都设置完成之后，界面右下角会提示CentOS Linux已成功安装，直接单击“完成配置”按钮就可以了。之后会有重启的提示，你按照提示重启就可以了，如下图所示。

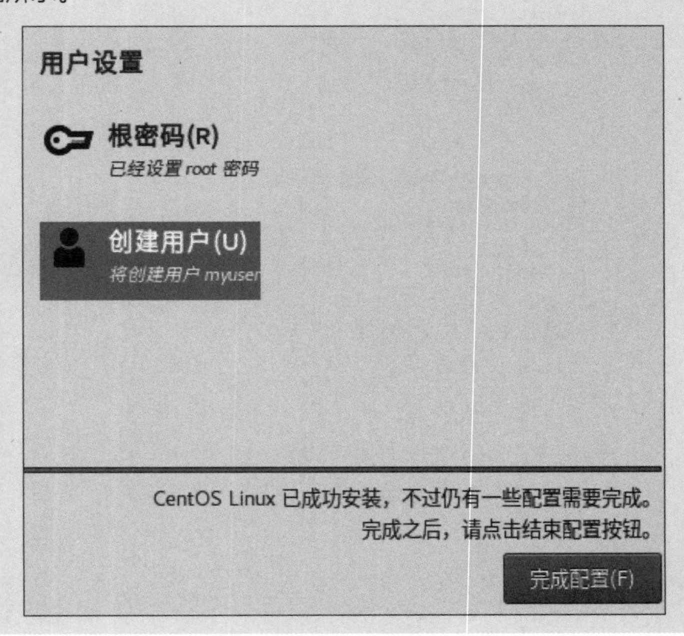

如果重启之后仍然进入了初始安装界面，那就需要设置一下启动顺序了。你需要先把初始安装界面关掉，然后在“Oracle VM VirtualBox管理器”界面单击“设置”按钮，在左侧的列表中选择“系统”选项，这时候你就可以在右侧面板中看到设置启动顺序的选项了。选中“硬盘”并单击旁边的向上按钮，把它调整到第一位，如右图所示。这个时候你再启动你的虚拟主机就OK了。

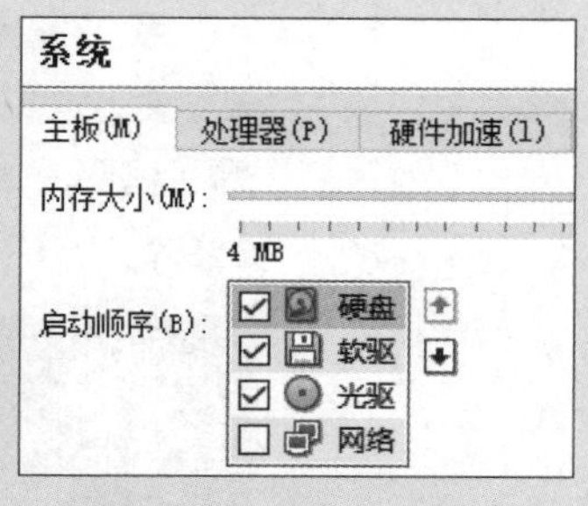

重新启动之后需要你确认许可证，直接单击License Information这个文字链接即可，如下左图所示。然后勾选“我同意许可协议”复选框，并单击“完成”按钮，如下右图所示。到这里系统的初始配置基本上已经完成了。

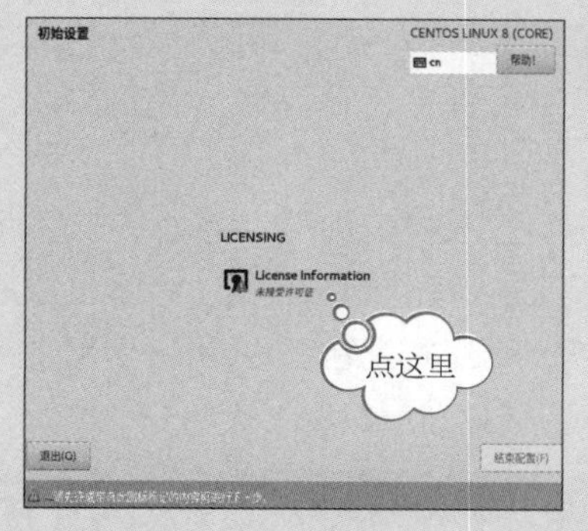

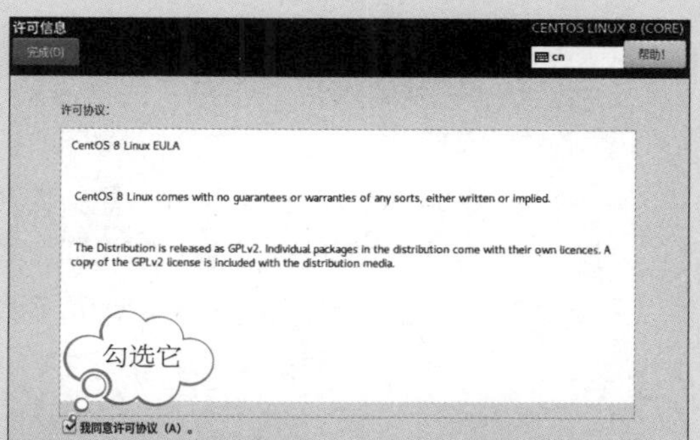

同意了这个协议之后，界面的右下角会出现一个“结束配置”按钮，单击它，你就可以进入系统登录界面了。相信之后的登录界面对你来说就不是什么难事了。第一次登录的时候你可以使用root用户，这样方便后续的设置和操作。

原帖主 2#

感谢指导！偶然发现的这个讨论区，小伙伴们都很热情。我已经按照大神的指导成功创建了系统。下面就是我的登录步骤，我把自己的登录过程记录下来在这里分享给其他刚入门的小伙伴。有需要的小伙伴赶快看过来吧！

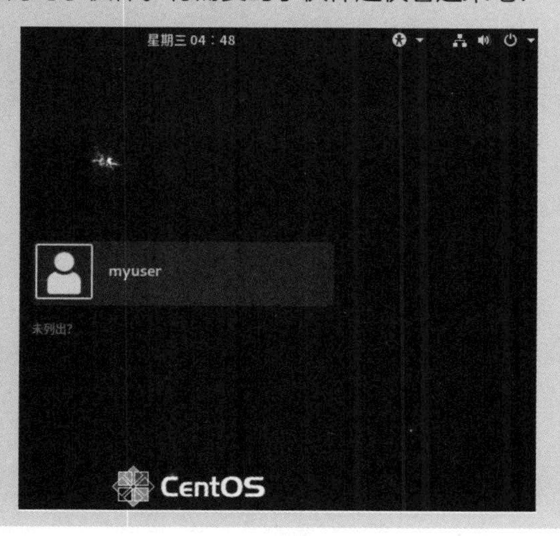

我根据大神的指点创建了myuser用户，刚开始没找到使用root用户登录的方法，然后我试着单击了“未列出？”这个链接，如上图所示。在这里可以输入用户名和密码，先输入root的用户名，如下左图所示。之后再输入root的密码，并单击“登录”按钮，就成功登录系统了，如下右图所示。

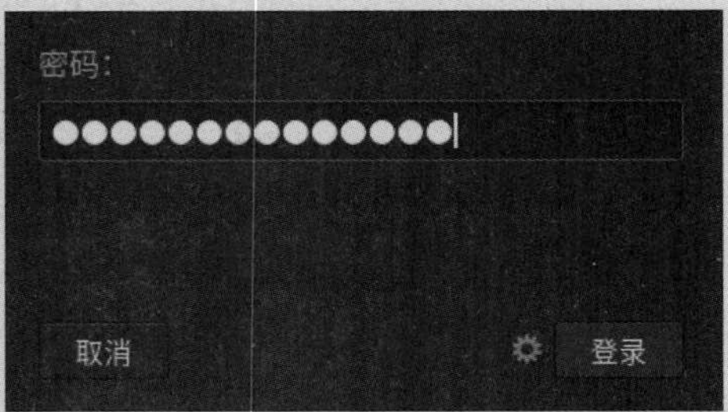

登录后会有一些初始设置，如汉语输入法选择和其他一些基本设置。我选择的是默认设置，如果之后有需要改动的地方，等我掌握更多技能之后再进行设置也可以。

看，这就是CentOS的默认桌面，如下图所示。系统的软件程序可以通过单击桌面左上角的“活动”找到，桌面右上角有电源按钮、音量设置、有线连接设置等选项。第一次成功安装Linux系统，要正式开始我的Linux学习之路啦！各位走过路过的小伙伴不要错过。

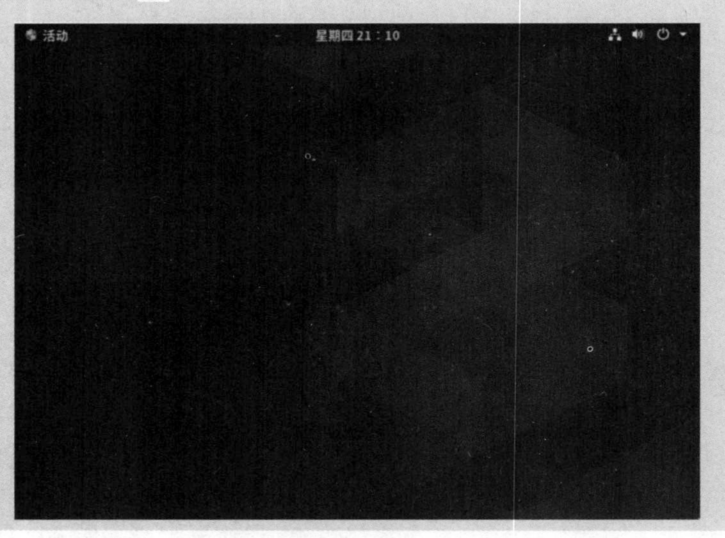

小白来啦　3#

感觉CentOS的默认桌面很简洁，和Windows的风格完全不同。我也要去试一试。

安装Ubuntu

在这里再向大家介绍一个Linux的发行版——Ubuntu，这是一个以桌面应用为主的Linux操作系统，里面几乎包含了所有常用的应用软件。Ubuntu也是免费开源的操作系统，它拥有庞大的社区力量可以获得技术支持与服务。

扫码看视频

前面讨论的CentOS是以RMP包管理方式为主，这里介绍的Ubuntu是以dpkg包管理方式为主。大家可以对这两种具有代表性的版本进行讨论。如果你有任何疑问或者你知道这两种版本的区别和联系，欢迎来到这里和小伙伴们分享。

发帖：我想使用Ubuntu学习Linux，请问怎么找到合适的镜像文件？

最新评论

mzsoft_624 1#

你可以到Ubuntu的官方网站（https://www.ubuntu.com）下载镜像文件。进入官方网站的首页之后，单击Download旁边的下拉按钮会出现不同版本供你选择，其中有Ubuntu Desktop（Ubuntu桌面版本）和Ubuntu Server（Ubuntu服务器版本）。Ubuntu桌面版本面向一般用户，使用GUI的安装方式，采用GNOME作为默认的桌面环境。Ubuntu服务器版本使用最小配置安装系统，面向服务器，使用CUI的安装方式。作为初学者，建议你选择Ubuntu Desktop，如下图所示。

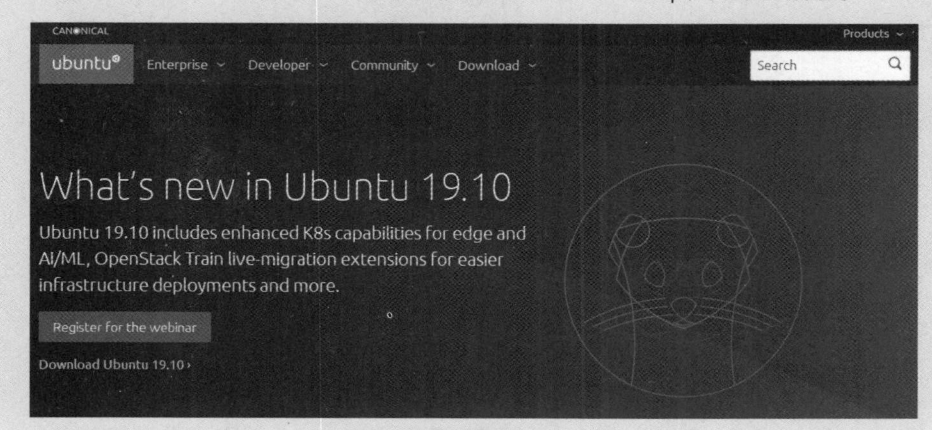

在下载界面你可以选择下载最新版本，也可以选择之前的版本。

原帖主 2#

多谢小伙伴指路。

发帖：听说Ubuntu的安装方式和CentOS不太一样，有哪位大神可以指教一二吗？

最新评论

FreeLinux 1#

确实是不一样。相信你看到前面讨论区的内容已经学会创建虚拟主机的方法了，别忘记在创建虚拟主机时要选择Ubuntu版本。启动创建好的虚拟主机就开始进入Ubuntu的安装界面了。Ubuntu中首先需要设置的也是语言，这里建议选择“中文（简体）”，然后单击“安装Ubuntu”按钮，如下图所示。

紧接着就是设置键盘布局，这里当然是选择汉语啦，如下图所示。

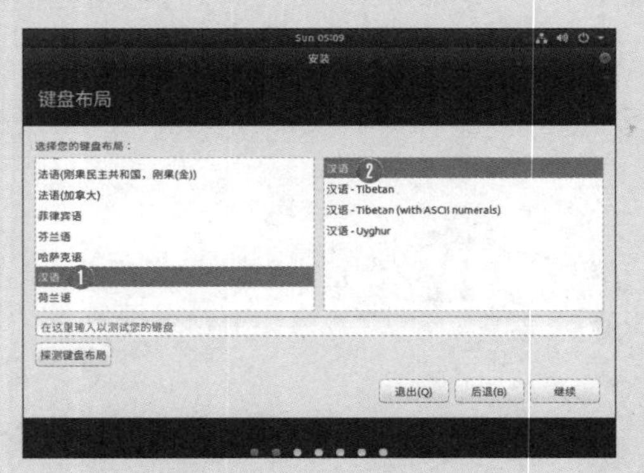

之后你会来到“更新和其他软件”的设置界面，这里选择“正常安装”，然后单击“继续”按钮，如下图所示。

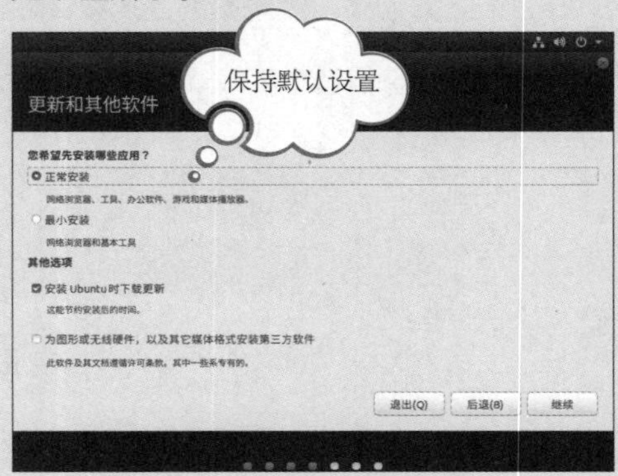

在“安装类型”设置界面有四个选项，这里选择第一个选项“清除整个磁盘并安装Ubuntu”，这也是默认选项，如下图所示。

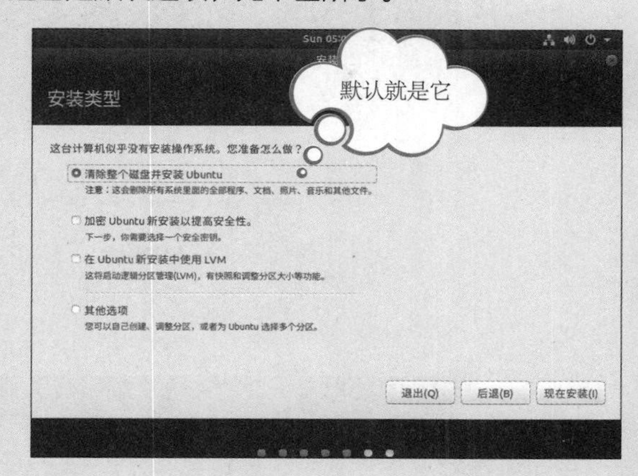

如果弹出“将改动写入磁盘吗？”对话框，你直接单击“继续”按钮就可以了，如下图所示。

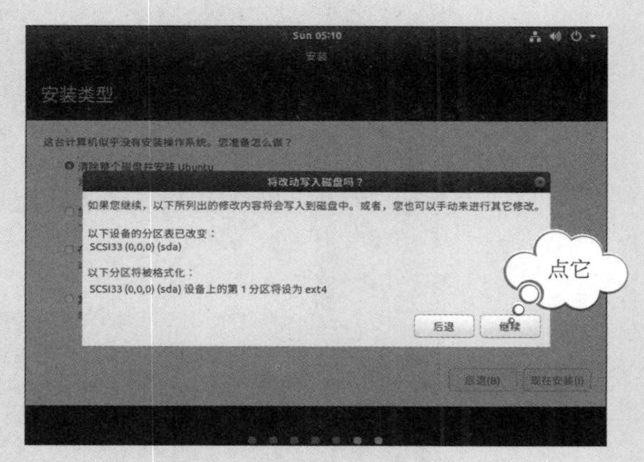

接下来就是选择时区了，时区默认选择Shanghai，然后单击“继续”按钮，如下图所示。之后就是创建用户的阶段了，在CentOS的安装阶段也有创建用户的步骤。

这里同样需要为Ubuntu创建一个登录用户，除了需要输入用户名和密码之外，还需要输入计算机名，比如你可以输入ubuntu.localdomain或者myhost等任何符合要求的名字，如下图所示。

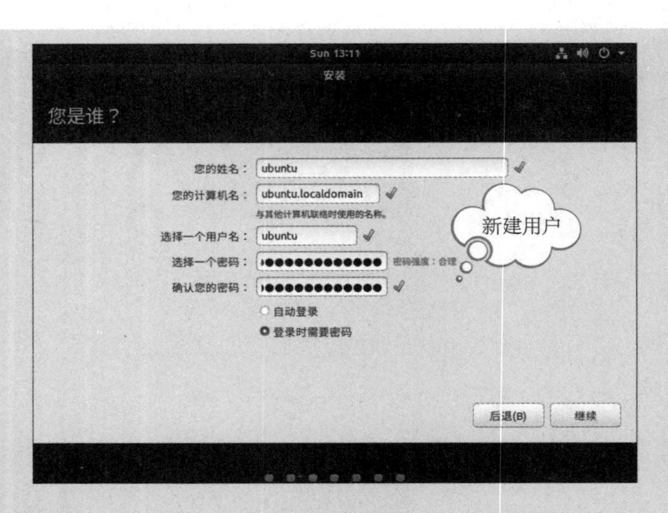

用户设置好之后，就可以重启系统了。提示安装完成之后，单击“现在重启”按钮，如下图所示。重启之后就会进入登录界面了。

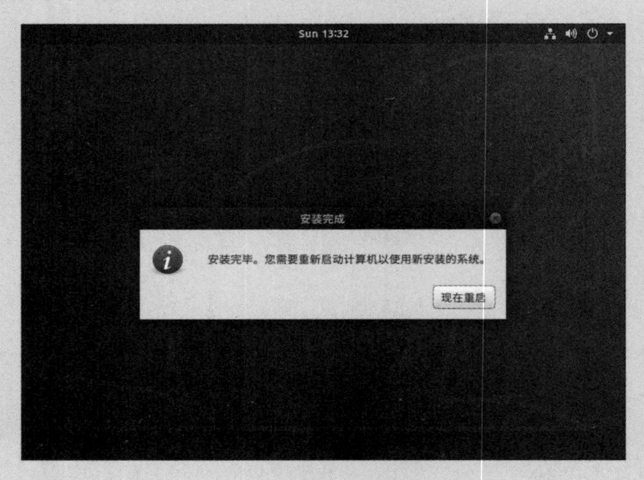

你可以试着安装Ubuntu，然后和CentOS的安装过程对比一下。现在给你介绍的安装过程都没有涉及到分区，考虑到分区的概念对初学者来说有点难度，所以等你掌握了Linux的基础知识之后，再来谈分区就会容易很多。

另外还要提醒你一点，Ubuntu登录系统和CentOS有些不同。CentOS系统需要使用root登录系统获得最大的管理权限，而Ubuntu登录系统时使用的用户是之前在安装过程中创建的普通用户。在Ubuntu中如果需要管理员权限，可以在执行的操作命令前面加上sudo命令。这里你先了解一下，等你正式接触Linux命令之后，就会深有体会。

原帖主 2#

谢谢大神！我看到有新手小伙伴分享了自己登录CentOS的步骤。我也来分享一下登录Ubuntu的步骤吧！希望可以对其他新手小伙伴们有帮助。

Ubuntu的初始登录界面只有我之前创建的那个用户，所以我使用之前创建的用户名和密码登录系统，如下图所示。

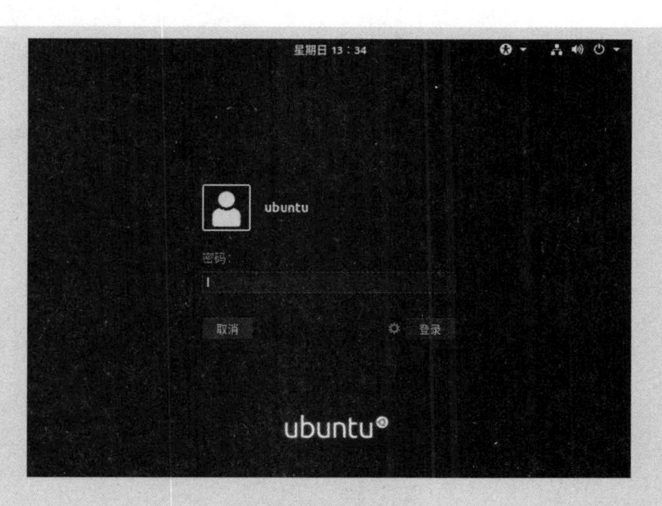

和CentOS一样，登录时会有一些初始的设置画面。因为我不在这里进行特殊设置，所以直接单击“完成”按钮进入Ubuntu的桌面环境，如下图所示。

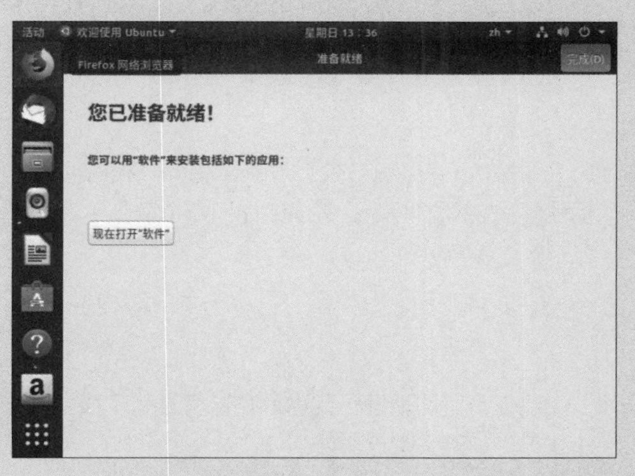

如果一切顺利的话，在登录系统后就会看到“软件更新器”对话框。它提醒你要不要现在就更新软件，我这里单击的是“稍后提醒”按钮。如果你需要立即更新软件，也可以单击“立即安装”按钮，如下图所示。

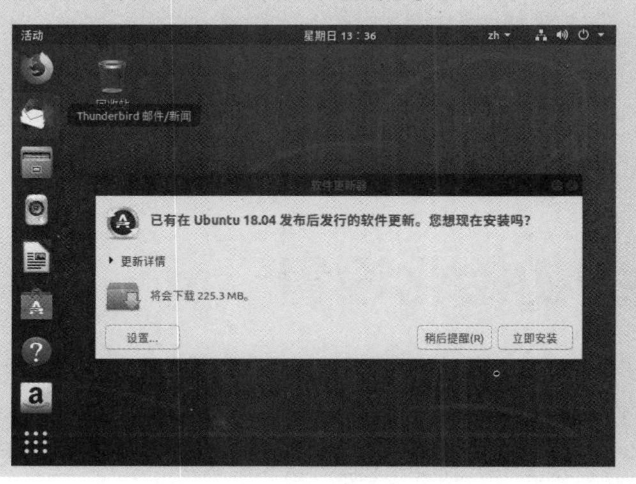

到这里终于可以看到Ubuntu的桌面了，与CentOS不同的是Ubuntu的桌面丰富了一些，如下图所示。

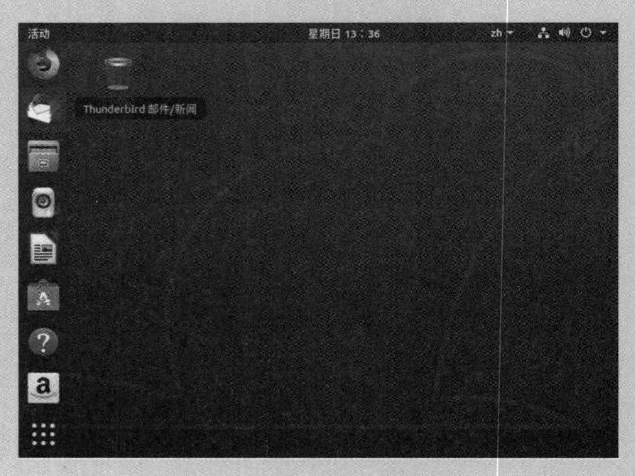

以上就是我登录Ubuntu的过程了，欢迎各位小伙伴过来分享交流你的经验。

泡泡	3#
	我是Linux小白一枚，遇到了和你一样的问题，偶然看到你们分享的内容，然后就解决了我的问题。必须给你们点个赞。

路人甲	4#
	对你有帮助就好，我也是在这里学到了很多，毕竟这里有亲和的大神和可爱的小伙伴们。给大家点个赞！

1号大胡子	5#
	路过了解一下，谢谢分享。

系统的初始化设置

大家已经讨论了两种Linux发行版的安装过程，通常情况下，系统安装成功之后还需要再进行一些常规的初始化设置。那么初始化设置需要做什么呢？CentOS和Ubuntu又是如何进行初始化的？应该从哪里开始呢？如果你也有这些疑问，那么快来这里寻找你的答案吧！相信在这里你会找到想要的答案。

扫码看视频

发帖：我安装好CentOS之后，该如何进行初始化设置？

最新评论

冰点 1#

一般新手在完成系统的安装之后，就无从下手了。我刚开始学Linux的时候也是比较迷糊的状态，不知道接下来要做什么，完全理解你的心情。

先解释一下初始化都要做什么吧！登录系统之后首先需要查看并更新软件包，然后就是设置SELinux和防火墙的状态，这些操作都是在终端中完成的。单击桌面左上角的"活动"按钮可以看到软件列表，其中就有终端，直接单击它就可以启动了。单击▦按钮可看到更多的应用程序，如下图所示。

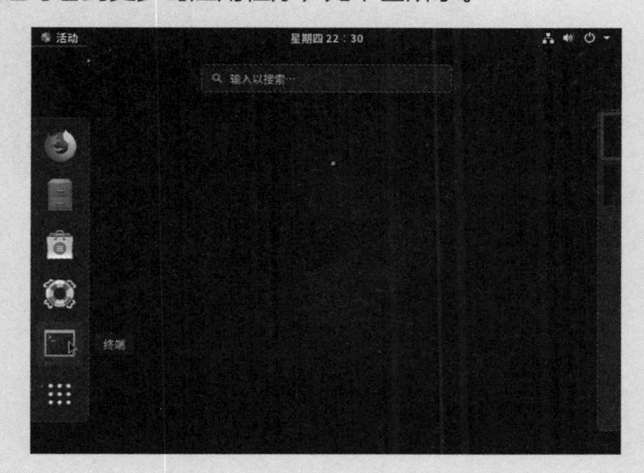

我们在终端中通过输入命令来和系统沟通，然后系统会调用程序帮助我们完成任务。下图就是终端启动之后的界面。[root@centos ~]中的root表示当前登录系统的用户是root，@之后的centos表示主机名，这是你在安装系统时设置的主机名，最右边的~表示当前所在的目录是用户的家目录。比如root用户的家目录是/root，那这里的~就表示/root。[root@centos ~]右侧的#是提示符，表示当前登录的是系统管理员，普通用户登录系统显示$。

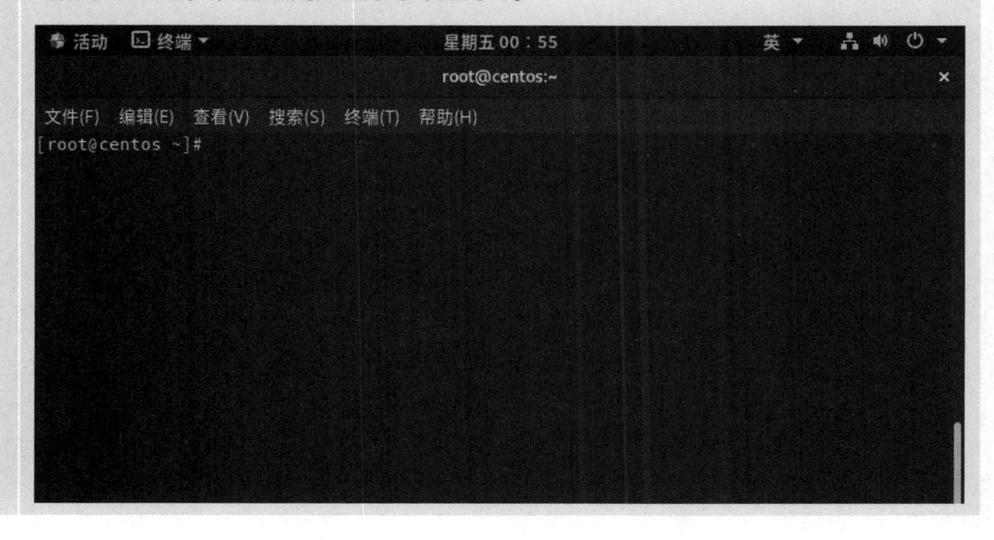

说了这么多，现在开始进行第一个初始化要做的事情——查看并更新软件包，如下图所示。在终端中输入yum group list命令后按Enter键，可以看到系统中软件包组的信息，这应该是你在终端中输入的第一个命令吧！

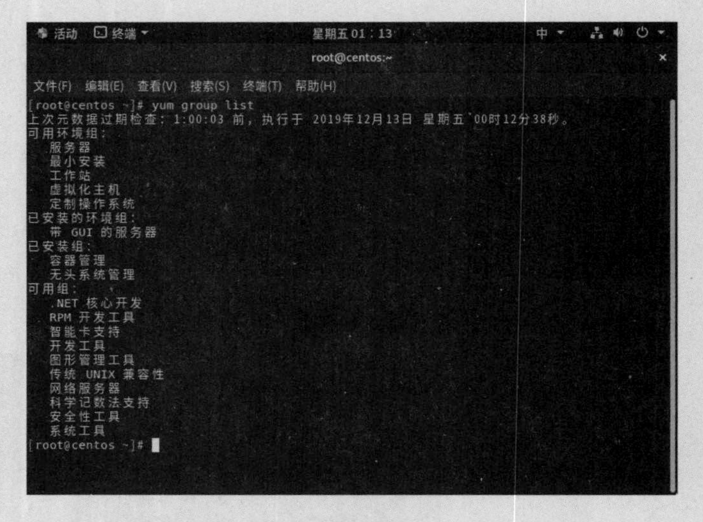

如果你想看看这些包组中都包含哪些软件包，就需要使用yum groups info命令指定具体包组的名称。比如你要查看图形管理工具中包含的信息，可以这样输入命令：yum groups info “容器管理”，注意引号是在英文状态下输入的。

更新软件的命令比较简单，你直接在终端输入yum update命令就可以更新系统中的安装包。在更新的过程中会有是否更新的提示，直接输入y或者Y同意更新就可以了。这个更新过程需要等待几分钟，当你看到“完毕！”的提示就表示更新完成了，如下图所示。先介绍这么多，你先试一试这几个命令吧！

```
安装：
kernel-4.18.0-147.8.1.el8_1.x86_64
kernel-core-4.18.0-147.8.1.el8_1.x86_64
kernel-modules-4.18.0-147.8.1.el8_1.x86_64
oddjob-mkhomedir-0.34.4-7.el8.x86_64
conmon-2:2.0.6-1.module_el8.1.0+298+41f9343a.x86_64
gnome-shell-extension-horizontal-workspaces-3.32.1-10.el8.noarch
oddjob-0.34.4-7.el8.x86_64
```

原帖主 2#

初始化第一步搞定！大神，我有一个问题，怎么输入中文呢？我想执行yum groups info “容器管理”命令的时候，没有办法输入中文。求大神指教！

冰点 3#

这一点刚才忘记告诉你了，CentOS没有默认安装中文输入法。你在终端中输入yum install ibus-libpinyin命令会自动安装中文输入法，记得完成安装后输入reboot命令重启系统，重启后还需要把中文输入法添加进去才可以正常使用。在应用程序中启动“设置”程序，选择Region&Language，然后单击输入源下面的+（加号），如下图所示。

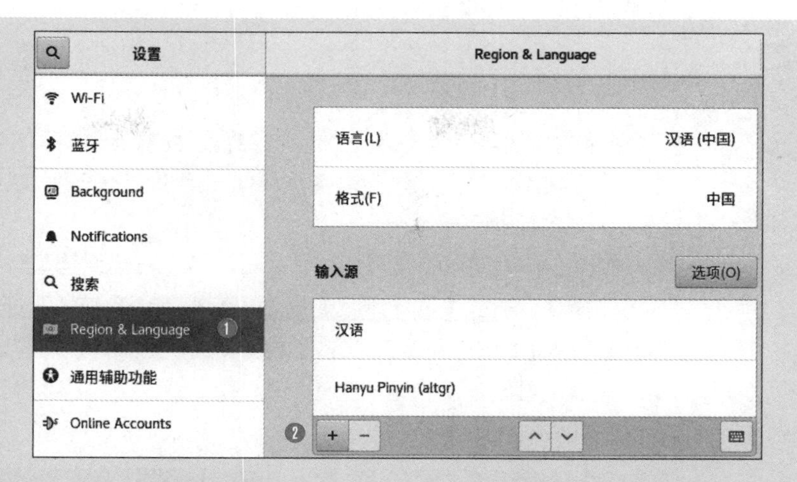

在“添加输入源”对话框中选择“汉语（中国）”选项，如下左图所示。之后选择“汉语（智能拼音）”选项，如下右图所示。

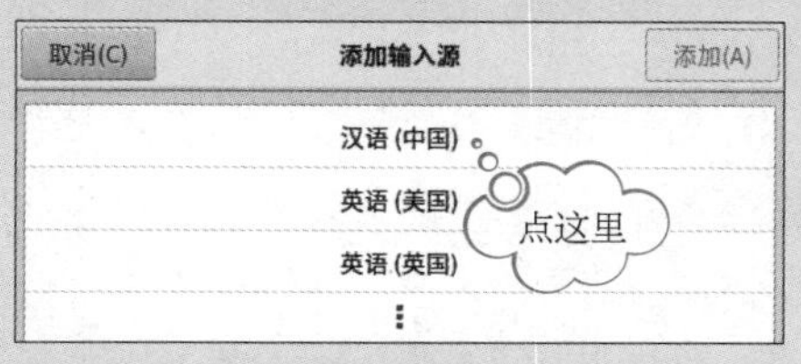

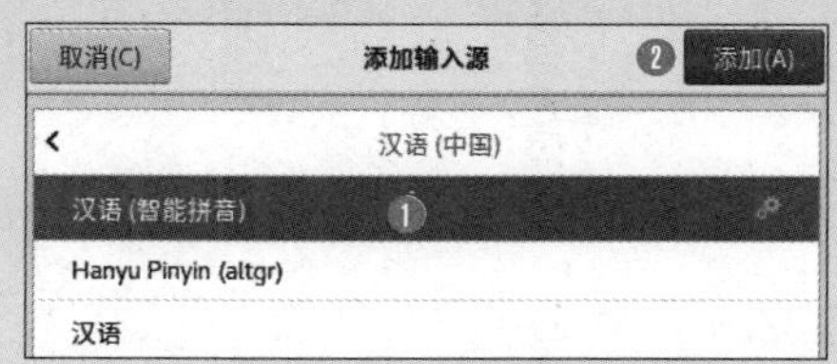

完成输入法的添加之后，就可以在桌面的右上角进行中英文的切换了。默认的切换输入法的快捷键是Shift键，如果你想换成其他快捷键可以在“输入源”中设置。

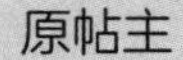

原帖主 4#

按照大神的指导，我成功地从英文输入法切换到中文输入法了。又get了一个技能！感谢！

Plan007 5#

我看大家说到了查看软件信息，是不是接下来就要说如何更新软件了？这个我知道，就是使用yum update命令。在终端输入这个命令之后，系统会自动更新和安装需要的软件包，我们只需要等待几分钟就好了。在更新的过程中会有“是否安装”的确认信息，如果确认安装，就按照提示输入Y或y，系统会自动更新直到显示“完毕！”的字样，如下图所示。

```
已安装:
  kernel-4.18.0-80.11.2.el8_0.x86_64            kernel-core-4.18.0-80.11.2.el8_0.x86_64
  kernel-modules-4.18.0-80.11.2.el8_0.x86_64    xorg-x11-drv-fbdev-0.5.0-2.el8.x86_64
  xorg-x11-drv-vesa-2.4.0-3.el8.x86_64          grub2-tools-efi-1:2.02-66.el8_0.1.x86_64

完毕!
[root@centos ~]#
```

三人行	6#

5楼的小伙伴说得没错。我们在完成软件的更新之后，还需要查看SELinux的状态并学会禁用它。我知道肯定有小伙伴会问SELinux是什么？下面我就来说说有关SELinux的情况吧！

SELinux（Security-Enhanced Linux，安全增强型Linux）其实是Linux的一个内核模块，它的主要作用就是最大限度地减少系统中服务进程可以访问的资源数量。简单来说，SELinux可以加强系统安全，如果你是初学Linux，在可靠的内部网络环境以及测试环境中可以关闭SELinux。另外，在学习如何关闭SELinux之前，它的三种模式也是需要知道的。

模　式	说　　明
Enforcing	强制模式，记录警告并且阻止可疑行为
Permissive	宽容模式，仅记录安全警告但不阻止可疑行为
Disabled	关闭模式，代表SELinux被禁用

如果你想知道自己的Linux系统中SELinux是哪一种模式，直接在终端输入getenforce命令就可以看到了，如下图所示。一般情况下，Linux默认SELinux的模式是Enforcing。

```
[root@centos ~]# getenforce
Enforcing
[root@centos ~]#
```

如果你还想查看更加详细的信息，可以使用sestatus命令，如下图所示。这个命令可以显示SELinux当前的状态（SELinux status）、SELinux相关文件的挂载点（SELinuxfs mount）、SELinux的根目录（SELinux root directory）以及目前的模式（Current mode）等信息。我们已经知道系统默认情况下会启用SELinux功能，但是由于系统上的某些应用程序可能不支持这种安全机制，所以为了保证这些应用程序可以正常运行，初学者可以先禁用SELinux。当你对SELinux有了更深的认识之后，再开启它的功能。

```
[root@centos ~]# sestatus
SELinux status:                 enabled
SELinuxfs mount:                /sys/fs/selinux
SELinux root directory:         /etc/selinux
Loaded policy name:             targeted
Current mode:                   enforcing
Mode from config file:          enforcing
Policy MLS status:              enabled
Policy deny_unknown status:     allowed
Memory protection checking:     actual (secure)
Max kernel policy version:      31
[root@centos ~]#
```

禁用SELinux的方式有两种：临时禁用和永久禁用。先说说临时禁用吧！临时禁用会在系统重启前的这段时间生效，一旦系统重新启动，SELinux的模式会自动变成Enforcing。临时禁用SELinux的命令是setenforce 0，临时禁用后，它的模式由Enforcing变成Permissive，如下图所示。

```
[root@centos ~]# setenforce 0
[root@centos ~]# getenforce
Permissive
[root@centos ~]#
```

永久禁用就需要在SELinux的配置文件/etc/selinux/config中设置了。在终端中输入vi /etc/selinux/config可以打开并编辑这个配置文件，找到以SELINUX开头的SELINUX=enforcing这一行，你可以将这一行注释掉、在下一行重新定义SELINUX=disabled或者permissive，也可以直接在SELINUX=enforcing这一行进行修改，如下图所示。

```
# This file controls the state of SELinux on the system.
# SELINUX= can take one of these three values:
#     enforcing - SELinux security policy is enforced.
#     permissive - SELinux prints warnings instead of enforcing.
#     disabled - No SELinux policy is loaded.
#SELINUX=enforcing
SELINUX=disabled
# SELINUXTYPE= can take one of these three values:
#     targeted - Targeted processes are protected,
#     minimum - Modification of targeted policy. Only selected processes are protected.

#     mls - Multi Level Security protection.
SELINUXTYPE=targeted
```

修改完成后需要重启系统，在终端输入reboot命令重启系统更方便一些，如下图所示。

```
[root@centos ~]# vi /etc/selinux/config
[root@centos ~]# reboot
```

在配置文件中设置SELinux的模式时，不管是从Enforcing或者Permissive修改为Disabled，还是从Disabled修改为另外两种模式，都需要重启系统。

刚才修改SELinux模式的时候用到了vi，这里先简单解释一下吧！当你输入vi /etc/selinux/config命令打开配置文件之后，按下i键可以进入插入模式编辑文件。按下Esc键退出插入模式之后，输入：wq再按下Enter键就可以退回到终端界面了。vi编辑器是一个很强大的文本编辑器，之后你会用到它，现在先简单地了解一下吧！

原帖主 7#

距离完成初始化还差防火墙的相关设置。不过我对防火墙了解得不多，还请各位小伙伴多多指教。

1号大胡子 8#

在Linux中，防火墙是一个很重要的内容。我们这里讨论的是初始化阶段，所以还是先介绍一下怎么设置防火墙的状态吧！防火墙可以阻止未经授权的网络访问，只允许特定的端口访问系统。例如SELinux，在可靠的内部网络或者作为测试环境使用时，还是禁用防火墙比较好。

默认情况下防火墙是开启状态，使用systemctl stop firewalld.service命令可以停止防火墙，输入firewall-cmd --list-service --zone=public命令可以显示防火墙是停止状态的，如下图所示。

```
[root@centos ~]# systemctl stop firewalld.service
[root@centos ~]# firewall-cmd --list-service --zone=public
FirewallD is not running
[root@centos ~]#
```

但是在系统重启之后，防火墙又会自动启动。如果想禁用防火墙，也就是在系统重启之后防火墙仍然保持在停止状态，直接在终端执行systemctl disable firewalld.service命令就可以实现这种效果，如下图所示。

```
[root@centos ~]# systemctl disable firewalld.service
Removed /etc/systemd/system/multi-user.target.wants/firewalld.service.
Removed /etc/systemd/system/dbus-org.fedoraproject.FirewallD1.service.
[root@centos ~]#
```

关闭防火墙之后，你的CentOS初始化步骤基本上就完成了。可能你对上面的内容还似懂非懂，这没关系。在学习任何一门新技能的时候，都是带着疑问进行学习的。相信等你对Linux的基础有了新的认识之后，这些疑问就会自己解决。

小白来啦 9#

路过学习一下！收藏了。

原帖主 10#

get了CentOS的初始化操作！谢谢各位大神！

发帖：我安装的是Ubuntu，与CentOS相比，Ubuntu初始化应该做些什么？

最新评论

Bingo 1#

其实Ubuntu中的初始化和CentOS中的初始化步骤差不多。第一步也是要查看系统中已安装的软件包然后更新，第二步有所不同的是在Ubuntu中需要确认AppArmor的运行状态，最后也是需要检查防火墙的状态。

在Ubuntu中也是在终端中执行命令完成初始化操作的。Ubuntu使用dpkg命令管理软件包，在终端输入dpkg -l | more命令可以确认安装包信息。这里我只是截取了一部分信息，如下图所示。

```
ubuntu@ubuntu:~$ dpkg -l | more
期望状态=未知(u)/安装(i)/删除(r)/清除(p)/保持(h)
| 状态=未安装(n)/已安装(i)/仅存配置(c)/仅解压缩(U)/配置失败(F)/不完全安装(H)/触
发器等待(W)/触发器未决(T)
|/ 错误?=(无)/须重装(R) (状态，错误：大写=故障)
||/ 名称                                              版本
              体系结构      描述
+++-==============================================-=====================================
============-============-==============================================================
==========================
ii  accountsservice                                   0.6.45-1ubuntu1
              amd64         query and manipulate user account information
ii  acl                                               2.2.52-3build1
              amd64         Access control list utilities
ii  acpi-support                                      0.142
              amd64         scripts for handling many ACPI events
ii  acpid                                             1:2.0.28-1ubuntu1
              amd64         Advanced Configuration and Power Interface event daem
```

Ubuntu中经常进行故障修复和功能改善，更新系统需要用到管理员权限。它不像CentOS那样可以使用root用户登录系统。在Ubuntu中使用su命令可以直接切换到管理员权限下进行更新，也可以使用sudo暂时获取管理员权限进行更新。

apt update命令只是检查系统中可更新的软件包信息，并不会进行更新。它会根据已安装的软件包检查是否有可用的更新，然后给出汇总报告，如下图所示。

```
ubuntu@ubuntu:~$ sudo apt update
[sudo] ubuntu 的密码：
获取:1 http://security.ubuntu.com/ubuntu bionic-security InRelease [88.7 kB]
命中:2 http://cn.archive.ubuntu.com/ubuntu bionic InRelease
获取:3 http://cn.archive.ubuntu.com/ubuntu bionic-updates InRelease [88.7 kB]
获取:4 http://cn.archive.ubuntu.com/ubuntu bionic-backports InRelease [74.6 kB]
获取:1 http://security.ubuntu.com/ubuntu bionic-security InRelease [88.7 kB]
获取:5 http://security.ubuntu.com/ubuntu bionic-security/main amd64 DEP-11 Meta
data [38.5 kB]
获取:6 http://security.ubuntu.com/ubuntu bionic-security/main DEP-11 48x48 Icon
s [17.6 kB]
获取:7 http://security.ubuntu.com/ubuntu bionic-security/main DEP-11 64x64 Icon
s [41.5 kB]
获取:8 http://security.ubuntu.com/ubuntu bionic-security/universe amd64 DEP-11
Metadata [42.1 kB]
获取:9 http://security.ubuntu.com/ubuntu bionic-security/universe DEP-11 48x48
Icons [16.4 kB]
```

apt upgrade是Ubuntu中更新软件包的命令，当出现安装询问提示时，输入Y或y确认更新就行了，如下图所示。命令执行的过程中会显示需要安装和升级的软件包。

```
ubuntu@ubuntu:~$ sudo apt upgrade
正在读取软件包列表... 完成
正在分析软件包的依赖关系树
正在读取状态信息... 完成
正在计算更新... 完成
下列【新】软件包将被安装：
  linux-headers-5.0.0-37 linux-headers-5.0.0-37-generic
  linux-image-5.0.0-37-generic linux-modules-5.0.0-37-generic
  linux-modules-extra-5.0.0-37-generic
下列软件包将被升级：
  amd64-microcode apport apport-gtk apt apt-utils aspell base-files
  bind9-host bluez bluez-cups bluez-obexd bsdutils cpio cups cups-bsd
  cups-client cups-common cups-core-drivers cups-daemon cups-ipp-utils
  cups-ppdc cups-server-common distro-info-data dmsetup dnsutils dpkg
  e2fsprogs fdisk file file-roller firefox fonts-opensymbol gdb gdbserver
  ghostscript ghostscript-x gir1.2-ibus-1.0 gir1.2-javascriptcoregtk-4.0
  gir1.2-mutter-2 gir1.2-nm-1.0 gir1.2-nma-1.0 gir1.2-snapd-1 gir1.2-soup-2.4
```

这和CentOS的差别不大，只是更新命令有所不同。

智人001 2#

Ubuntu中初始化的第二步就是确认AppArmor的状态。AppArmor是Ubuntu自带的安全工具，它是一个和CentOS中的SELinux相似的访问控制系统。它的主要作用就是控制系统中应用程序的各种权限，通过限制应用程序的某些不必要的权限来提升系统安全性。

我们需要做的就是确认AppArmor处于激活（active）状态，也就是默认的状态，这一点和CentOS中不同。在初始化时，确认一下AppArmor的状态比较好。systemctl status apparmor.service命令可以查看AppArmor的状态，从下面这张图可以看出AppArmor处于激活状态，如下图所示。

```
ubuntu@ubuntu:~$ systemctl status apparmor.service
● apparmor.service - AppArmor initialization
   Loaded: loaded (/lib/systemd/system/apparmor.service; enabled; vendor preset
   Active: active (exited) since Tue 2019-12-17 15:33:48 CST; 33min ago
     Docs: man:apparmor(7)
           http://wiki.apparmor.net/
 Main PID: 297 (code=exited, status=0/SUCCESS)
    Tasks: 0 (limit: 2333)
   CGroup: /system.slice/apparmor.service
```

这一步很简单吧！只要查看AppArmor的状态就可以了。

原帖主 3#

这一步比CentOS中的初始化步骤简单一些，那接下来就是检查Ubuntu中的防火墙了，和CentOS中的命令一样吗？

大爆炸 4#

对于防火墙的设置Ubuntu和CentOS是不一样的。想必你看了前面CentOS中有关防火墙的设置，也知道CentOS中是使用firewalld作为防火墙的管理工具的，而Ubuntu使用的工具是ufw。

你在终端执行sudo ufw status命令可以看到防火墙的当前状态，可以看到它正处于不活动状态。在初始化操作时就让它保持这个状态，如下图所示。

```
ubuntu@ubuntu:~$ sudo ufw status
[sudo] ubuntu 的密码：
状态：不活动
ubuntu@ubuntu:~$ 
```

在Ubuntu中，ufw默认是不启用的。也就是说，Ubuntu中的端口默认都是开放的。到这里为止，Ubuntu的初始化步骤就结束了。你也在自己的Ubuntu系统中试试吧！

原帖主 5#

谢谢各位，现在我知道Ubuntu和CentOS两种Linux发行版的初始化步骤了，我要试试这两种不同的方式。

SSH远程登录

学过Linux的小伙伴都知道SSH吧！接下来会向初学的小伙伴说说有关SSH的那些事。SSH（Secure Shell，安全的Shell）是一种网络协议，它可以为远程登录会话和其他的网络服务提供安全的协议。使用这个协议，我们可以从本地主机登录到网络上的另外一台主机上。在你学会安装和初始化Linux系统之后，试试远程登录也是一件很有意思的事情。欢迎想了解更多有关SSH技能的小伙伴提问留言，你的问题将会有其他小伙伴解答哦！

扫码看视频

发帖：我想在两台Linux主机之间进行远程登录，应该怎么做？

最新评论

Arm2016 1#

远程登录的方式有很多，这里主要介绍使用ssh命令登录的方式。这种方式可以对通信的内容进行加密，它是基于口令和密钥的安全验证。因此，使用ssh命令的远程登录方式安全性更高。

CentOS中默认安装了sshd，而Ubuntu中没有默认安装sshd，如果你使用的是Ubuntu，就需要进行安装。ssh命令用于安装OpenSSH客户端，服务器是sshd。OpenSSH是Linux下最常用的SSH服务器/客户端软件。在远程登录目标主机之前，需要确认启动sshd。另外，sshd在初始设定中使用的端口是22号。

如果你使用的是CentOS，那你可以在终端输入systemctl status sshd命令确认sshd的状态，默认是运行状态，如下图所示。

```
[root@centos ~]# systemctl status sshd
● sshd.service - OpenSSH server daemon
   Loaded: loaded (/usr/lib/systemd/system/sshd.service; enabled; vendor preset: enabl>
   Active: active (running) since Tue 2019-12-17 04:24:50 EST; 4min 14s ago
     Docs: man:sshd(8)
           man:sshd_config(5)
 Main PID: 822 (sshd)
    Tasks: 1 (limit: 5072)
   Memory: 908.0K
   CGroup: /system.slice/sshd.service
           └─822 /usr/sbin/sshd -D -oCiphers=aes256-gcm@openssh.com,chacha20-poly1305@>
```

如果你想确认你的Ubuntu中是否安装了openSSH，可以执行dpkg -l | grep openssh-server命令检查一下。如果没有安装，可以执行sudo apt install openssh-server命令安装，如下图所示。

```
ubuntu@ubuntu:~$ sudo apt install openssh-server
[sudo] ubuntu 的密码:
正在读取软件包列表... 完成
正在分析软件包的依赖关系树
正在读取状态信息... 完成
将会同时安装下列软件:
  ncurses-term openssh-sftp-server ssh-import-id
建议安装:
  molly-guard monkeysphere rssh ssh-askpass
下列【新】软件包将被安装:
  ncurses-term openssh-server openssh-sftp-server ssh-import-id
升级了 0 个软件包，新安装了 4 个软件包，要卸载 0 个软件包，有 238 个软件包未被
升级。
需要下载 637 kB 的归档。
解压缩后会消耗 5,316 kB 的额外空间。
您希望继续执行吗？ [Y/n] Y
```

安装之后，使用sudo systemctl status sshd检查sshd的状态，如下图所示。

```
ubuntu@ubuntu:~$ sudo systemctl status sshd
●ssh.service - OpenBSD Secure Shell server
   Loaded: loaded (/lib/systemd/system/ssh.service; enabled; vendor preset: ena
   Active: active (running) since Wed 2019-12-18 10:02:08 CST; 1min 29s ago
 Main PID: 2956 (sshd)
    Tasks: 1 (limit: 2333)
   CGroup: /system.slice/ssh.service
           └─2956 /usr/sbin/sshd -D
```

你需要两台Linux主机来测试远程登录，一台作为客户端，一台作为服务器。远程登录的话，需要从客户端登录到服务器端。我的客户端测试主机名是centos.host02，IP地址是192.168.1.112；服务器端测试主机名是myCentOS，IP地址是192.168.1.110。

在进行远程连接之前，需要让这两台主机之间相互ping通。这是我在服务器端（myCentOS）测试到客户端（centos.host02）的网络连通情况。ping命令可以用来测试两台主机之间的网络连通性，-c 3是指定返回3条信息，后面的IP地址是客户端的IP地址。下面这种情况就表示从服务器端到客户端的网络是通的，必须两端都是连通的才可以，如下图所示。

```
[root@myCentOS ~]# ping -c 3 192.168.1.112
PING 192.168.1.112 (192.168.1.112) 56(84) bytes of data.
64 bytes from 192.168.1.112: icmp_seq=1 ttl=64 time=0.270 ms
64 bytes from 192.168.1.112: icmp_seq=2 ttl=64 time=0.245 ms
64 bytes from 192.168.1.112: icmp_seq=3 ttl=64 time=0.601 ms

--- 192.168.1.112 ping statistics ---
3 packets transmitted, 3 received, 0% packet loss, time 85ms
rtt min/avg/max/mdev = 0.245/0.372/0.601/0.162 ms
[root@myCentOS ~]#
```

我使用root用户远程登录服务器端，ssh root@192.168.1.110中的root是客户端这边的用户，@后面的IP地址是服务器端的IP地址。连接过程中会询问是否继续连接，输入yes表示继续连接，之后还需要输入服务器端的登录密码。退出登录时输入exit命令就可以了，如下图所示。

```
[root@centos ~]# hostname
centos.host02
[root@centos ~]# ssh root@192.168.1.110
The authenticity of host '192.168.1.110 (192.168.1.110)' can't be established.
ECDSA key fingerprint is SHA256:9s7pIylf0RED+PkqWIgrbaXh8yd9ALa+qIswnWTEnoc.
Are you sure you want to continue connecting (yes/no)? yes
Warning: Permanently added '192.168.1.110' (ECDSA) to the list of known hosts.
root@192.168.1.110's password:
Activate the web console with: systemctl enable --now cockpit.socket

Last login: Wed May  6 22:13:23 2020
[root@myCentOS ~]# ls
公共  模板  视频  图片  文档  下载  音乐  桌面  anaconda-ks.cfg  initial-setup-ks.cfg
[root@myCentOS ~]# cd /
[root@myCentOS /]# cd ~
[root@myCentOS ~]# exit
注销
Connection to 192.168.1.110 closed.
```

以上就是我使用ssh远程登录的过程了，你可以参考一下。

我是甲 2#

爬了这么久的楼终于看到关ssh的内容了。赞一个！

原帖主 3#

好的！谢谢大神！！

发帖：可以从Windows主机远程登录到Linux主机吗？如果可以，要怎么做？

最新评论

山顶洞人 1#

远程登录除了可以在Linux主机之间进行，还可以从Windows主机远程登录到Linux主机，不过需要在Windows主机中安装一个客户端软件PuTTY。你可以在浏览器中输入网址https://www.putty.org/下载这个软件。

启动这个软件之后，在Host Name(or IP Address)那里输入服务器端的IP地址，端口号默认是22，如右图所示。

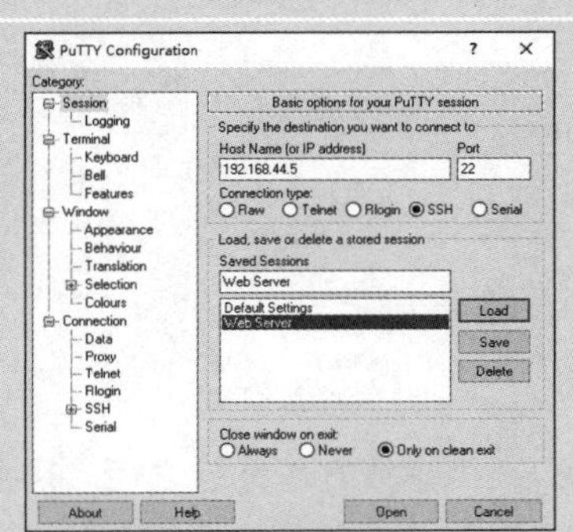

如果你想把这次的设置保存起来方便以后再次登录，可以在Saved Sessions下方的文本框里输入一个会话名称，比如Web Server，然后单击Save按钮保存设置。设置好这些之后，单击软件界面下方的Open按钮。使用这种方式第一次登录时会跳出一个警告对话框，如果你遇到这种情况，直接单击“是”按钮就行了。在登录界面输入正确的用户名和密码，就可以登录到服务器了，如下图所示。

这就是从Windows客户端远程登录到Linux主机的过程，你学会了吗？

原帖主 2#

我这就去试试！谢谢啦！

小白尝鲜 3#

小白一枚，我也去试试！

小 / 白 / 加 / 油 / 站

如何使两台Linux主机相互ping通？

如果你不知道IP地址怎么设置，就看看下面的内容吧！下面是我在主机myCentOS上设置IP地址的步骤，在客户端上也是同样的方式。在“设置”应用程序里找到“网络>有线”，单击旁边的设置按钮，如下左图所示。然后在“有线”对话框中就可以设置IP地址了，如下右图所示。

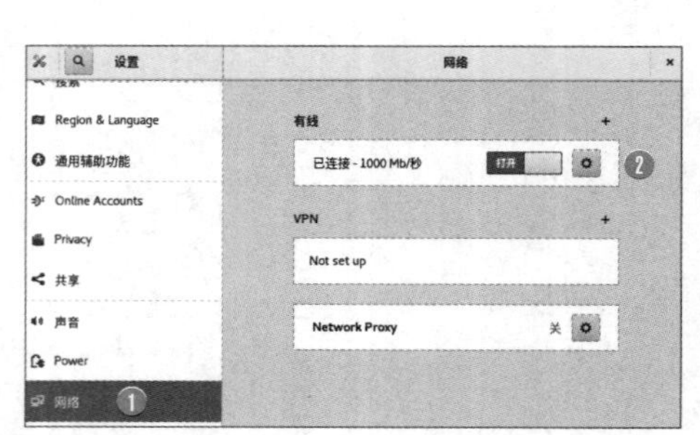

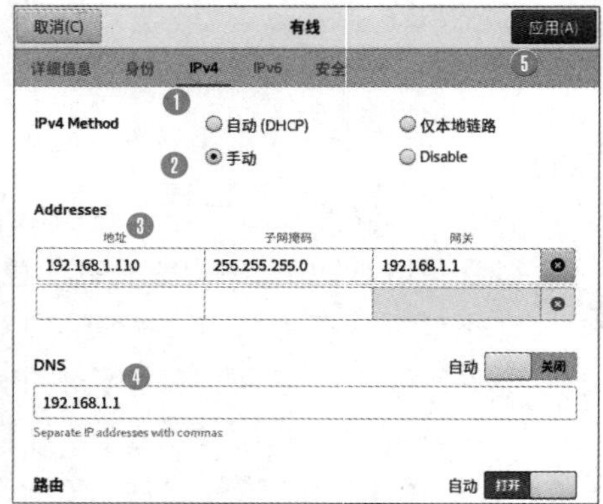

设置好IP地址之后，需要关闭虚拟机。不过在虚拟机开机运行之前，还需要在虚拟机的“设置”里面将网络连接方式设置为“桥接网卡”。之后再登录系统，两台虚拟机之间就可以相互ping通了，如右图所示。

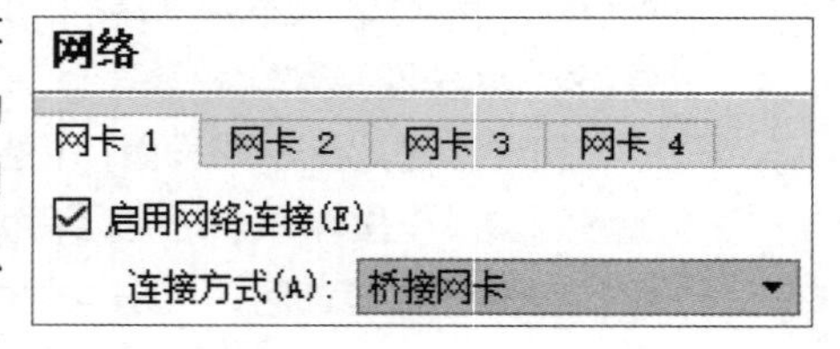

怎么样？这个技能你get到了吗？

大神来总结

大家好，又到了“大神来总结”的部分了。相信通过上面的学习，你已经可以顺利安装Linux操作系统了，也学到了一些基本命令。下面我就来总结一下大家此次讨论的主要内容吧！

- Linux系统的安装步骤要清楚（CentOS和Ubuntu）。
- 系统初始化的基本步骤要了解（更新软件包、查看SELinux状态，以及查看AppArmor状态、防火墙状态等）。
- 掌握ssh远程登录的技能。

水滴石穿，非一日之功，学习Linux也不会一蹴而就，希望你可以继续保持对Linux的热情并且坚持下去。加油！

Chapter

03

讨论方向——Linux的启动和停止

公　告

嗨！小伙伴们！欢迎来到“Linux初学者联盟讨论区”。来到这里的你想必已经掌握了如何安装Linux，那你知道Linux在启动和停止的时候都做了什么吗？想知道的话，就继续往下看吧！

下面大家要讨论的主题是Linux的启动和停止。如果你正好知道相关的知识或者有任何疑问，欢迎来到这里发表你的观点或者提出你的疑问。本次主要讨论方向是以下4点。

01 Linux的启动顺序

02 认识Shell

03 systemctl命令

04 认识重新启动和停止系统的命令

Linux的启动顺序

你知道从开机到看见桌面环境，中间的这段时间里系统在干什么吗？大家应该知道Linux是一个多用户、多任务、支持多线程和多CPU的操作系统，可想而知，它的启动过程会有多复杂。那么，我们为什么需要知道Linux的启动顺序呢？因为如果你知道了Linux的启动原理，当你的系统出现问题时，你就可以快速地对问题进行判断并解决这些问题。想知道这些的小伙伴快到这里来报道！

扫码看视频

发帖：Linux的启动流程是什么？涉及到了哪些程序或者模块？

最新评论

丘丘糖 1#

这个说起来就复杂了，我把Linux的启动流程按顺序逐一说明一下，你看看能明白吗？

- 在你打开计算机的电源之后，计算机的硬件会启动BIOS或者UEFI来加载并检查硬件设备，比如CPU、内存、风扇速度等。
- 检查完之后，如果没有问题，会进入引导加载程序（boot loader）。多数Linux发行版使用的引导加载程序的软件是GRUB2。
- 接下来会根据引导加载程序的设置载入内核，内核会检测硬件信息并加载驱动程序让主机开始运行。
- 硬件驱动加载成功后，内核会主动调用systemd程序。
- 之后会启动各种服务程序，然后出现登录界面，根据提示输入用户名和密码就可以登录系统了。

这就是大概的启动流程了。

康康我 2#

想不到在登录之前系统就已经做了这么多工作了。举手提问：BIOS、UEFI、GRUB2还有systemd程序这些都是什么意思？小小的脑袋充满了大大的疑问。

原帖主 3#

我也不太明白，哪位大神再指教一下我们？

天涯刀客	4#

刚开始接触这些名词时，确实不好理解，下面我就分别来谈谈这几个名词吧！先说说BIOS和UEFI吧！

- BIOS（Basic Input/Output System，基本输入/输出系统）是固化到计算机主板中一个叫ROM（Read Only Memory，只读存储器）的芯片上面的程序。BIOS启动之后首先加电自检，然后根据检测到的设备优先读取第一块MBR（Master Boot Record，主引导记录）中的引导加载程序。MBR可以安装引导加载程序。
- UEFI（Unified Extensible Firmware Interface，统一可扩展固件接口）是一种PC系统的规格，用来定义OS与系统固件之间的软件界面。如果你看到EFI，说的也是UEFI，它俩一个意思。UEFI可以作为BIOS的替代方案。与BIOS不同的是，UEFI会根据NVRAM（Non-Volatile Random Access Memory，非易失性随机访问存储器）中设置的优先级启动磁盘EFI分区中存储的引导加载程序。

另外还有一点要说明，UEFI的一个选项Secure Boot（安全启动）可以被设置为开启或关闭。Linux引导加载程序GRUB2有内置的数字证书，支持安全引导。如果用户使用的是常规Linux，可以在UEFI设置中禁用安全引导。开机后，用户可以在BIOS或UEFI设置界面里设置BIOS中引导设备的优先级或者UEFI中引导加载器的优先级。

接下来说说GRUB2，它负责将内核加载到内存中然后启动内核。GRUB2的主程序可以直接在文件系统中查找内核文件，它支持BIOS和UEFI环境。GRUB（Grand Unified Bootloader，多重操作系统启动管理器）可以使用多种文件系统开机，它有一个命令行界面可以在开机提示符下输入GRUB命令。看，这就是CentOS下的GRUB2启动画面，如下图所示。

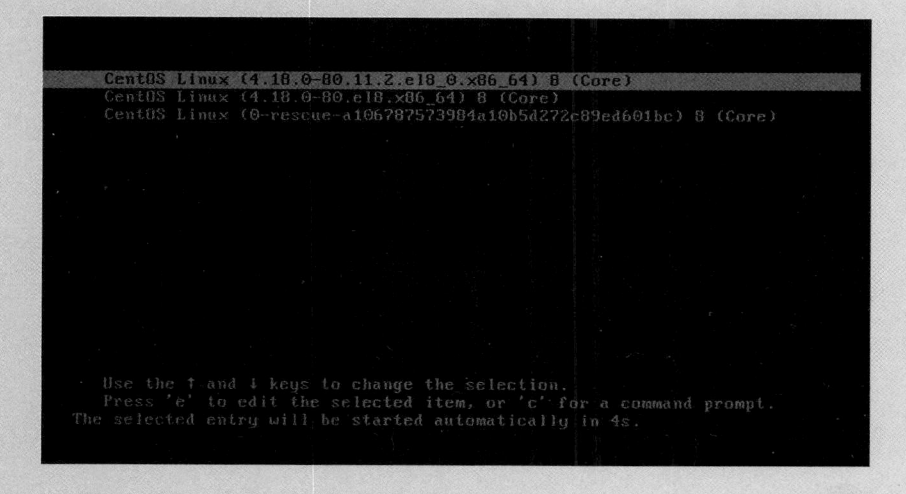

你开机看到这个画面之后，按下E键可以编辑grub.cfg文件，按下C键可以进入GRUB的命令行界面。不过对于刚接触Linux不久的人来说，有关GRUB2的设置还是不要轻易操作，以免损坏了系统。

学到秃头 5#

刚开始对Linux还不熟悉的时候，确实不太容易理解GRUB2的设置。不过GRUB2的主要目录和配置文件还是知道一下比较好，而且CentOS和Ubuntu中有关GRUB2的目录是不一样的。CentOS中GRUB2的目录是/boot/grub2，而Ubuntu中GRUB2的目录是/boot/grub。

CentOS中GRUB2的主要目录和部分配置文件如下表所示。这些内容你可以大概了解一下。

主要目录和配置文件	说　明
/boot/grub2/	配置文件和模块所在的目录
/boot/grub2/grub.cfg	配置文件
/boot/efi/EFI/centos/	配置文件和引导加载程序所在的目录
/boot/efi/EFI/centos/grub.cfg	配置文件
/etc/grub.d/	生成配置文件grub.cfg时执行脚本所在的目录
/etc/default/grub	生成配置文件grub.cfg时，在/etc/grub.d/下设置从脚本引用的变量值

文件grub.cfg的设置需要用到GRUB2命令，所以主要的GRUB2命令你也要知道一些，如下表所示。

GRUB2命令	说　明
insmod	动态加载模块
set	设定变量
linux16	以16位模式启动内核，此后内核进入保护模式（CentOS中存在）
initrd16	使用linux16命令启动内核时，指定内核使用的initramfs（CentOS中存在）
linuxefi	将uefi引导参数传递到内核并启动内核（CentOS中存在）
initrdefi	使用linuxefi命令启动内核时，指定内核使用的initramfs文件（CentOS中存在）
linux	启动内核（Ubuntu中存在）
initrd	指定内核使用的initramfs文件（Ubuntu中存在）

initramfs文件可以通过引导加载程序加载到内存中，加载完成之后，它会帮助内核重新调用systemd程序来开始之后的启动流程。systemd可以在谈到内核时再讨论。

原帖主 6#

似懂非懂，我得好好消化一下。感觉脑子都不够用了。

原味烧饼	7#

我还知道两个有关GRUB2的命令，你也顺便一起消化消化吧！嘿嘿！这两个命令就是grub2-mkconfig（生成CentOS中配置文件grub.cfg的命令）和grub-mkconfig（生成Ubuntu中配置文件grub.cfg的命令）。

这是我在CentOS中使用grub2-mkconfig命令创建grub.cfg文件的方法，如下图所示。cd /boot/grub2表示进入grub.cfg所在的目录中；cp grub.cfg grub.cfg.back表示复制一份grub.cfg文件（保留当前文件的备份，以防万一）；>（大于号）是重定向符号，创建grub.cfg要使用重定向符号；grub2-mkconfig>grub.cfg表示创建grub.cfg文件。

```
[root@centos ~]# cd /boot/grub2
[root@centos grub2]# cp grub.cfg grub.cfg.back
[root@centos grub2]# grub2-mkconfig > grub.cfg
```

在Ubuntu中创建grub.cfg文件的方法，你应该会了吧！

原帖主	8#

大神，快看！是这样吧？这是我在Ubuntu中创建的grub.cfg文件，如下图所示。

```
ubuntu@ubuntu:~$ cd /boot/grub
ubuntu@ubuntu:/boot/grub$ sudo cp grub.cfg grub.cfg.back
[sudo] ubuntu 的密码：
ubuntu@ubuntu:/boot/grub$ sudo grub-mkconfig > grub.cfg
```

原味烧饼	9#

是的，不错。在生成的grub.cfg文件中，设备编号以0开头，分区编号以1开头。如果grub.cfg文件因为出现问题而丢失，并且Linux无法启动，需要以紧急救援模式从DVD启动并执行命令。这些内容你现在可能不太明白，没关系，等你进一步学习Linux之后，再回过头来看就会理解了。

原帖主	10#

多谢各位大神的指点！

小的这就去学习啦。

发帖：可以说说内核在Linux启动流程中具体在做什么吗?

最新评论

Cool Loser 1#

在Linux的启动流程里内核可忙着呢！内核是操作系统最基本的部分，它在系统启动时被加载到内存里面，然后留在内存中管理系统的资源、调度进程等。

- 内核可以管理进程、用户、内存等主要部分。
- 在编译过程中静态链接到主机的内核模块中。
- 有一种可加载的内核模块，在编译时没有链接到主机，但是在系统启动时或启动后被动态加载到内核中。

上面这三条说明对应到图中就是下面这样的，如下图所示。

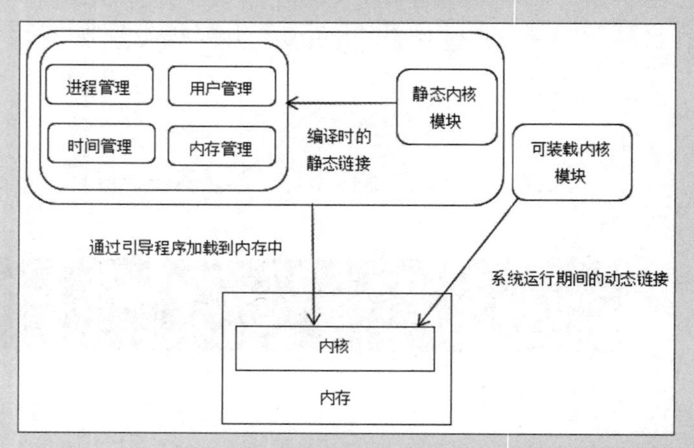

内核在/boot目录中，引导顺序期间的内核处理由引导加载程序GRUB2加载到内存中，内核执行自解压，然后在内核中初始化。之后解压在内存中加载的initramfs文件，内核会重新执行systemd程序。

initramfs是一个小型的根文件系统，在引导时会加载到内存中。系统顺利运行之后会卸载它，挂载系统真正的根目录。实际上initramfs是载入到系统启动过程中会用到的一个内核模块。

内核在初始化时主要做了这些事：

- 检测计算机里面的设备。
- 发现设备后将设备的驱动程序初始化并载入内核中。
- 载入必要的驱动程序后，以只读的方式挂载根目录文件系统。
- 内核将载入Linux的第一个进程。

这样你明白了吗?

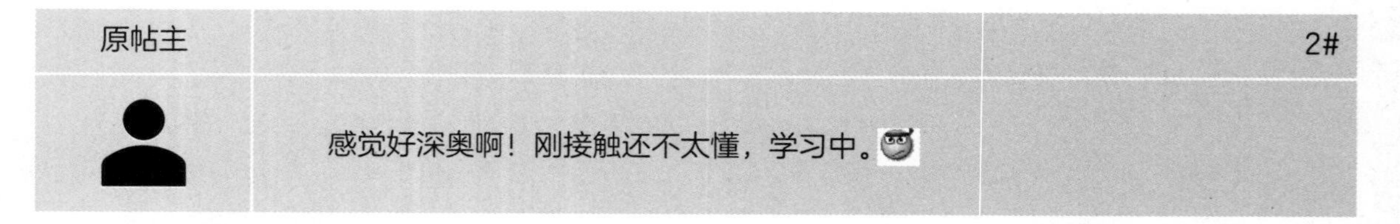

原帖主 2#

感觉好深奥啊！刚接触还不太懂，学习中。

我来混个脸熟，说说systemd这个守护进程。systemd是内核主动调用的第一个程序，它的主要功能就是准备软件的执行环境，为用户使用系统做准备。在systemd的启动序列中可以通过default.target来设置系统启动到图形目标（graphical.target）还是多用户目标（multi-user.target）。图形目标将显示登录界面，用户可以登录到桌面环境；多用户目标将显示命令提示符，用户可以在没有桌面环境的情况下登录到CUI环境。

target可以为系统提供不同的目标服务，相当于Linux之前System V的运行级别。除了之前那两个目标，还有rescue.target等不同的目标。systemd的启动顺序如下图所示。

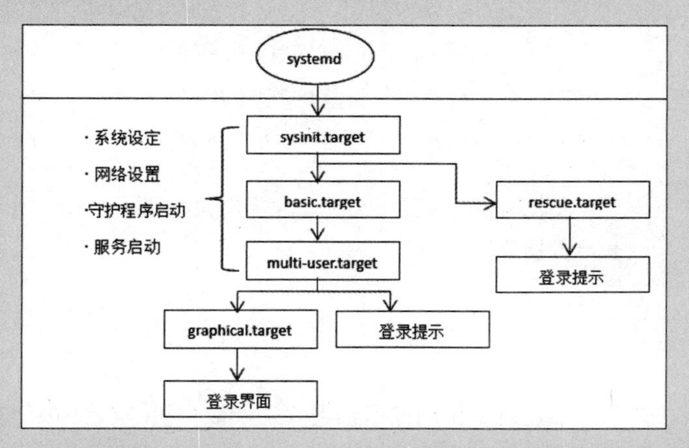

systemd的目标单元的扩展名是“.target”，它取代了之前的运行级别（runlevel），允许用户在启动时只启动某一个特定的服务。运行级别可以用来定义操作系统当前正在运行的功能级别，级别从0到6具有不同的功能。另外，系统启动完成后，会创建很多进程，而systemd会成为进程层次结构的根。

运行级别和systemd的目标单元之间的对应关系，如下表所示。我是来混个脸熟的，哈哈。

目　标	说　　明	运行级别
default.target	系统启动时的默认目标	—
sysinit.target	在系统启动时进行初始化设置目标	—
rescue.target	管理员在发生故障或维护时使用的目标，管理员输入root密码登录来执行维护工作	1
basic.target	系统启动时进行基本设置的目标	—
multi-user.target	基于文本的多用户设置目标	3
graphical.target	图形界面登录目标	5

如果你好奇自己系统里面的目标是上面的哪一个，可以使用systemctl命令查看，不过要在这个命令后面加上一个它的子命令get-default才行。那如果想修改这个默认目标又要怎么办呢？这个也简单，systemctl命令的另一个子命令set-default就能办到，如下图所示。

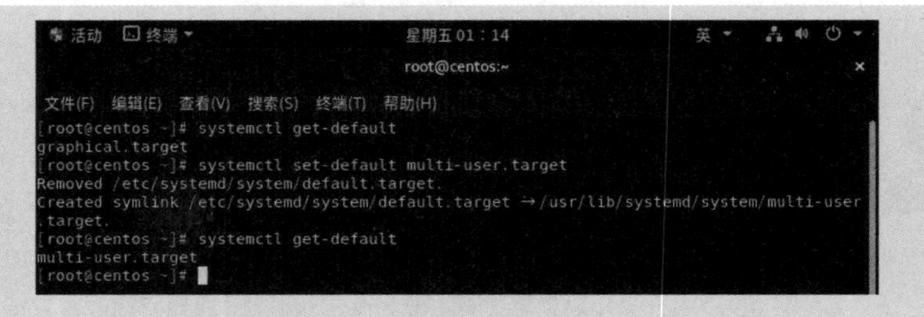

如果要将当前正在运行的目标迁移到另外一个目标，需要执行systemctl命令的子命令isolate或者init命令。关于目标迁移命令的对应关系，我也整理了一个表格，如下所示。

目标迁移	systemctl isolate	init
至graphic.target	systemctl isolate graphical.target	init 5
移至multi-user.target	systemctl isolate multi-user.target	init 3
转到rescue.target	systemctl isolate rescue.target	init 1

友情补充一点：graphic表示图形界面，multi-user表示多用户界面，rescue表示救援界面。

原帖主 4#

那这几个不同的目标到底是什么样子的？我也不敢轻易尝试，怕不小心弄坏了系统。有没有哪位小伙伴试过？

喷了个嚏 5#

我试过，之前还截了几张图，现在给你看看吧！下面这张是在CentOS中启动救援目标时的样子。在CentOS终端输入命令systemctl isolate rescue.target可以启动救援目标，如下图所示。

```
You are in rescue mode. After logging in, type "journalctl -xb" to view
system logs, "systemctl reboot" to reboot, "systemctl default" or "exit"
to boot into default mode.
```

这一张是在Ubuntu中启动多用户目标的样子。在Ubuntu的终端输入命令systemctl isolate multi-user.target可以启动多用户目标，如下图所示。

```
Ubuntu 18.04.3 LTS ubuntu tty1

ubuntu login: ubuntu
Password:
Last login: Wed Dec 18 11:11:01 CST 2019 from 127.0.0.1 on pts/2
Welcome to Ubuntu 18.04.3 LTS (GNU/Linux 5.0.0-23-generic x86_64)

 * Documentation:  https://help.ubuntu.com
 * Management:     https://landscape.canonical.com
 * Support:        https://ubuntu.com/advantage

 * Canonical Livepatch is available for installation.
   - Reduce system reboots and improve kernel security. Activate at:
     https://ubuntu.com/livepatch

Your Hardware Enablement Stack (HWE) is supported until April 2023.
ubuntu@ubuntu:~$
```

在CentOS中启动图形目标的样子，如下图所示。在终端输入命令systemctl isolate graphical.target可以启动图形目标。

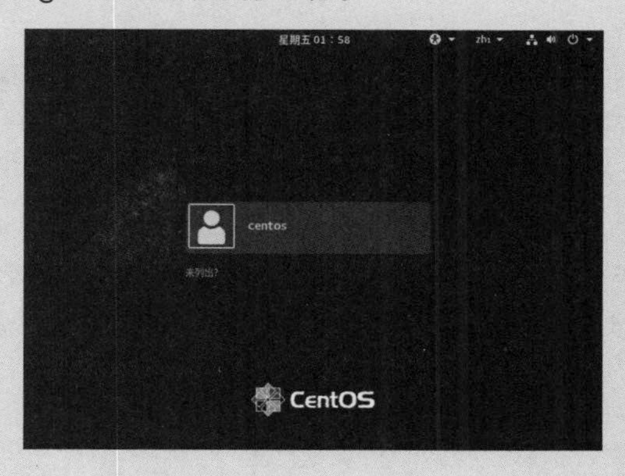

再给你看看有桌面环境和没有桌面环境登录系统的样子吧！先来看有桌面环境的情况，这种情况也是你比较熟悉的一种情况。登录系统之后，可以在桌面环境中启动终端，然后就可以输入各种命令，如下图所示。比如输入命令cat/etc/centos-release显示CentOS的版本，命令whoami显示用户名，命令pwd显示当前目录。

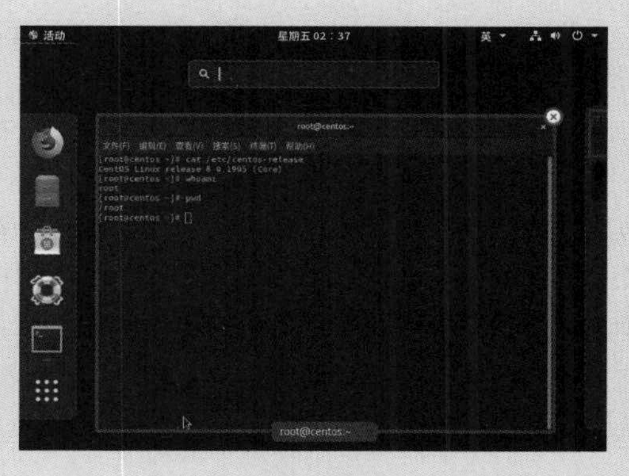

而没有桌面环境的时候，只能在Shell命令提示符下输入命令，如下图所示。

```
CentOS Linux 8 (Core)
Kernel 4.18.0-80.11.2.el8_0.x86_64 on an x86_64

Activate the web console with: systemctl enable --now cockpit.socket

centos login: root
Password:
Last login: Fri Dec 20 01:59:26 on tty3
[root@centos ~]# cat /etc/centos-release
CentOS Linux release 8.0.1905 (Core)
[root@centos ~]# whoami
root
[root@centos ~]# pwd
/root
[root@centos ~]# _
```

如果你有兴趣，可以在深入了解之后试试。

原帖主	6#
	好的。谢谢指教！

认识Shell

来到这里的小伙伴应该都听过Shell，或许你对Shell知之甚多，又或许你只是听说过Shell这个词、来这里是想知道更多有关Shell的事情，不管是哪一种原因，来这里就对了。如果你是一位大神，可以和经验丰富的Linux爱好者一起交流心得，分享你的Linux经验；如果你是一位刚入门的Linux初学者，可以和初学小伙伴们一起学习进步。

扫码看视频

我们都知道操作系统里面的内核是一个很重要的东西，是被保护着的。如果我们想和内核沟通只能通过Shell，然后才可以让内核帮助我们完成各种任务。下面大家可以聊一聊有关Shell的事情，不懂的小伙伴尽管提问。

发帖：求助，什么是Shell？我问的这个问题是不是很直接？嘿嘿！

最新评论

怀挺_Go　　1#

哈哈！刚认识Shell的小伙伴都会有这样的疑问，那Shell到底是什么呢？我先来说道说道，欢迎各位补充。

先来说说命令行和Shell这两种概念吧！命令行和Shell在很多不正式的场合代表相同的概念，即命令解释器。严格意义上讲，命令行指的是供用户输入命令的界面，它本身只接受输入，然后把命令传递给命令解释器；而Shell是一个程序，它在用户和操作系统之间提供了一个可交互接口，用户在命令行中输入命令，运行在后台的Shell把命令转换成指令代码发送给操作系统。

简单来说，用户、Shell、内核的关系如右图所示。用户输入命令，Shell将这些命令解释给内核，内核执行命令之后返回给Shell，然后Shell将执行结果再返回给用户。这样说你明白了吗？

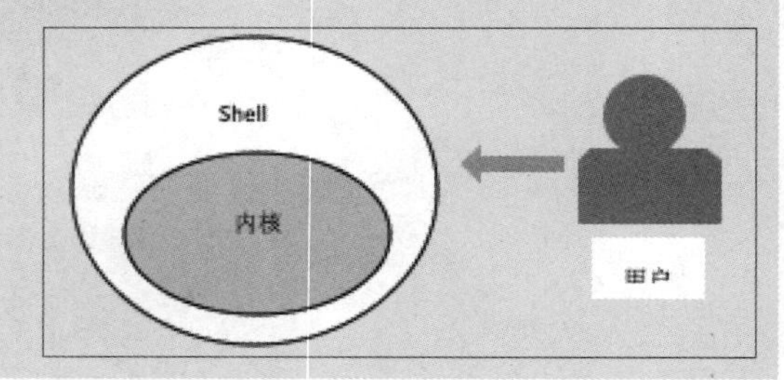

三人行　　2#

其实Linux中有很多种Shell，不同的Shell提供不同的语法和特性。用户可以使用任何一种Shell，标准的Linux Shell是bash。在bash中，命令行以一个$符号作为提示符，表示用户可以输入命令了。如果是以root身份执行命令，那么Shell提示符将变成#符号。

我想这些解释应该可以回答你的问题了。

原帖主 3#

谢谢大家的解释，我对Shell有了一个基本的认识。

发帖：我知道通过Shell输入命令，那输入的这些命令有分类吗？

最新评论

奇奇怪怪 1#

有的。Linux操作系统的命令分为两大类，一类是内部命令，就是内置在bash中的命令；另一类是外部命令，即不是内置在bash中的命令。外部命令以可执行文件的方式存储在Linux文件系统中。有时候我们需要知道一个命令是内部命令还是外部命令，因为在执行外部命令时可能需要给出完整的路径。

举几个简单的命令给你说明一下吧！内置在Shell中的命令，比如cd、echo等都是内部命令；外部命令不在Shell程序中，而在/usr/bin和/usr/sbin等目录中，大多数命令，例如ls和cat都是外部命令。内部命令和外部命令的关系如下图所示。

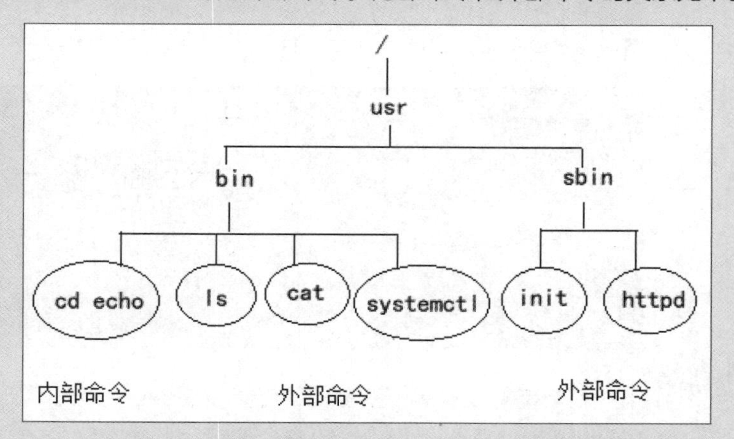

当我们在执行外部命令的时候，Shell需要在环境变量PATH注册的目录下执行外部命令。内部命令就不参考环境变量PATH了，因为它们是Shell内部的命令。那你想想如果执行了没有注册过的命令会怎么样？结果当然会出错。但有一种方式不会出错，那就是通过绝对路径或者以“./”开头的相对路径指定命令来执行。

原帖主 2#

大神，你上面提到的环境变量PATH是什么？它好像很厉害的样子。

你看到的PATH只是环境变量中的一个。Shell处理的变量分为两种类型，一种是Shell变量，另一种就是这个环境变量了。

Shell变量又称本地变量，里面包括私有变量和用户变量，不同类型的Shell有不同的私有变量。谁还没有点自己的特色呢，你说是吧？不过变量仅由配置的Shell程序使用，子进程不会继承。

虽然子进程不会继承Shell变量，但是会继承环境变量。环境变量通过声明导出的Shell变量来创建，通过在export命令的参数中指定一个变量，然后将其设置为由子进程继承的环境变量，并且将这个环境变量作为子进程启动的应用程序继承。总之，环境变量是通过导出Shell变量创建的。主要的几种环境变量如下表所示。

变量名	说　明
PATH	命令搜索路径
HOME	用户主目录
PSI	定义提示
LANG	语言信息

设置变量是有规则的，通过“变量名称=值”的方式可以设置一个变量。当变量的值有空格时就需要使用双引号或单引号括起来。如果你设置的这个变量需要在其他的子程序里面运行，可以使用export命令让这个变量变成环境变量。使用“unset 变量名称”的方式可以取消变量，如下图所示。

```
[root@myCentOS ~]# name=myLinux
[root@myCentOS ~]# echo $name
myLinux
[root@myCentOS ~]# unset name
[root@myCentOS ~]# echo $name

[root@myCentOS ~]#
```

在你需要设置环境变量的时候，使用export可以实现。env命令可以显示设置的环境变量，比如我用export命令设定LINUX=“CentOS8”，如下图所示。

```
[root@centos ~]# export LINUX="CentOS8"
[root@centos ~]# env
```

输入env命令后，在环境列表中的环境变量会生效，如下图所示。

```
HOSTNAME=centos.localdomain
LINUX=CentOS8
COLORTERM=truecolor
USERNAME=root
```

在bash中，Shell变量PS1表示命令提示字符，PS1的默认值为‘\s-\v\$’。PS1值中的字符$对于普通用户显示为$，对于root用户显示为#。其实这个PS1你也见过，就是[root@centos ~]这样的设置。可以在PS1中使用的主要符号如下表所示。

符 号	说　明
\s	Shell名称
\v	bash版本
\u	用户名
\h	读取第一个.之前的主机名
\w	当前工作目录
\H	显示完整的主机名
\$	提示字符
\@	显示时间，格式为12小时（am/pm）

环境变量可以帮助我们实现很多功能，比如根目录的变换、提示字符的显示等等。一般情况下，Linux中使用大写字母来设置的变量是系统需要的变量。这些就是有关环境变量的基础知识，等到你了解进程的相关概念之后再来说它与变量之间的关系。

原帖主　　4#

OK！非常感谢！

systemctl命令

大家在上面讨论了systemd这个程序，那不得不提的就是systemctl命令。systemctl命令可以帮助systemd管理和维护所有的服务。系统启动完成后，systemctl命令会向systemd发送消息进行服务的启动和停止等操作。这个命令在Linux中很重要，想了解systemctl命令的小伙伴快来这里学习吧！看看大家都讨论了哪些关于systemctl命令的内容。

扫码看视频

发帖：有没有哪位小伙伴讲讲systemd程序和systemctl命令之间的关系？

最新评论

全民巨星　　1#

你知道为什么systemctl命令可以向systemd传递消息吗？其实它是通过一个叫D-Bus（Desktop Bus，桌面总线）的东西实现这一点的。你可别小瞧了它，D-Bus可是消息总线呢！它可以并行地处理多个进程之间的通信，而且除了用于systemctl命令通信之外，它还用于桌面应用程序之间的通信。

在CentOS中，systemd的配置文件大部分放在/usr/lib/systemd/system/这个目录下面，这个目录下面的文件是原版设置。如果你要修改的话，尽量将修改的文件放在/etc/systemd/system目录下面。Ubuntu中systemd的配置文件则放在/lib/systemd/system目录和/etc/systemd/system目录下面。

就以httpd这个服务来说systemd管理服务的机制，如下图所示。无论是启动还是关闭服务，使用systemctl命令通过D-Bus向systemd这个程序传递启动或者停止服务的命令之后，systemd就会引用httpd服务的配置文件，然后执行启动或者停止的命令。

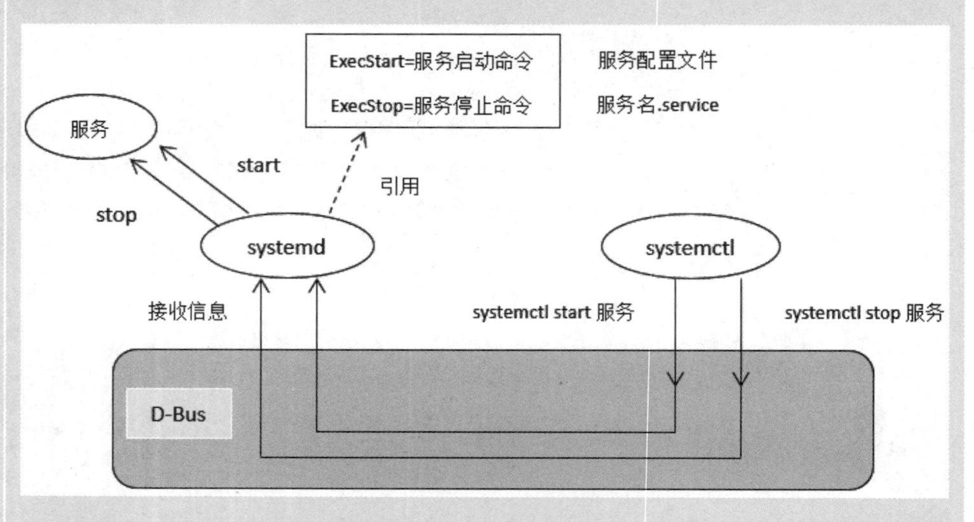

启动httpd服务的命令可以是systemctl start httpd.service或者systemctl start httpd；停止服务的话，就传递systemctl stop httpd之类的命令，服务名后面的.service可以省略。以上就是systemd管理服务的大致过程，你懂了吗？

原帖主 2#

我还要再回我的盘丝洞修炼修炼才能完全看懂大神说的这些内容。话不多说，我去修炼了。感谢大神，拜拜！

发帖：哪位大神能具体讲讲是如何基于systemctl命令管理服务的？

最新评论

混个脸熟 1#

那我得给你讲讲unit（单元）这个东西。systemd就是按照单元（unit）来管理系统的，一共有12种单元的类型，上面讨论涉及到的service也是单元的类型之一。主要单元如下表所示。

单 元	说 明
service	启动和停止守护进程
target	单元组
socket	从套接字接收信息启动服务
device	设备检测以启动服务
mount	挂载文件系统
automount	自动挂载文件系统
swap	设置交换空间

其中，套接字是进程之间通信的一种机制。unit表示不同类型的systemd对象通过相关配置文件进行标识、识别等，文件中主要包含了系统服务、监听socket、保存的系统快照以及其他与init相关的信息。

想查看系统中所有的活动单元，例如服务和目标，可以使用systemctl命令。下图是我在CentOS中使用这个命令显示的结果。其实这个命令会显示所有的活动单元，这里我只是截取了一部分的活动单元。你可以在自己的系统中试试查看更多内容。

其实使用systemctl list-units命令与使用systemctl命令效果相同，不过我更喜欢直接使用systemctl命令。有需要的小伙伴快点看过来。

喷了个嚏　　2#

systemctl命令还有好多的子命令，指定systemctl命令的子命令可以帮助我们很好地管理服务。systemctl命令指定子命令也是有固定格式的：

```
systemctl {子命令} [服务]
```

那么，systemctl命令究竟有多少子命令呢？嘿嘿，我也不知道。不过我知道几个主要的子命令，如下表所示。

子命令	说　明
start	启动（激活）单元
restart	重新启动单元
stop	停止（停用）单元
status	人机界面状态
enable	启用设备，使其在系统启动时自动启动
disable	禁用设备，以使其在系统启动时不会自动启动
isolate	启动单元和从属单元，停止所有其他单元（在更改活动目标时使用）
list-units	显示所有活动单元（省略子命令时的默认值）

systemctl命令负责管理的主要的服务我也知道几个，如下表所示。你搭配它的子命令和这几个主要的服务一起学习吧！

服　务	说　明
httpd	HTTP Web服务
sshd	SSH服务
NetworkManager	NetworkManager服务
udisks2	自动磁盘安装服务
gdm	GDM显示管理器
lightdm	LightDM显示管理器
postfix	Postfix邮件服务

就以httpd服务为例吧！下图是我在CentOS中输入systemctl status httpd.service命令后所显示的httpd服务的状态，inactive（dead）表示不活动（进程未运行）。

```
root@centos ~]# systemctl status httpd.service
● httpd.service - The Apache HTTP Server
   Loaded: loaded (/usr/lib/systemd/system/httpd.service; disabled; vendor preset: dis>
   Active: inactive (dead)
     Docs: man:httpd.service(8)
```

要想启动这个服务的话就输入systemctl start httpd.service命令，这个时候再重开它的状态就不一样了，如下图所示。active（running）表示活动（进程已运行）。

```
[root@centos ~]# systemctl start httpd.service
[root@centos ~]# systemctl status httpd.service
● httpd.service - The Apache HTTP Server
   Loaded: loaded (/usr/lib/systemd/system/httpd.service; disabled; vendor preset: dis>
   Active: active (running) since Sun 2019-12-22 22:31:52 EST; 4s ago
     Docs: man:httpd.service(8)
 Main PID: 9580 (httpd)
   Status: "Started, listening on: port 80"
    Tasks: 213 (limit: 5072)
   Memory: 29.2M
   CGroup: /system.slice/httpd.service
           ├─9580 /usr/sbin/httpd -DFOREGROUND
           ├─9581 /usr/sbin/httpd -DFOREGROUND
           ├─9582 /usr/sbin/httpd -DFOREGROUND
           ├─9583 /usr/sbin/httpd -DFOREGROUND
           └─9584 /usr/sbin/httpd -DFOREGROUND
```

但是，你看到图中的disabled了吗？这表示这个服务在系统启动时不会自动启动。那如果你想让这个服务在系统启动时自动启动，想一想，应该怎么办呢？

原帖主 3#

根据你列出的systemctl命令中的子命令，我使用systemctl enable httpd.service命令启用了httpd服务。然后再查看这个服务的状态，就看到执行结果里的disabled变成了enable。使用enable子命令可以让httpd服务在系统启动时自动启动，如下图所示。

```
[root@centos ~]# systemctl start httpd.service
[root@centos ~]# systemctl status httpd.service
● httpd.service - The Apache HTTP Server
   Loaded: loaded (/usr/lib/systemd/system/httpd.service; disabled; vendor preset: dis>
   Active: active (running) since Sun 2019-12-22 22:31:52 EST; 4s ago
     Docs: man:httpd.service(8)
 Main PID: 9580 (httpd)
   Status: "Started, listening on: port 80"
    Tasks: 213 (limit: 5072)
   Memory: 29.2M
   CGroup: /system.slice/httpd.service
           ├─9580 /usr/sbin/httpd -DFOREGROUND
           ├─9581 /usr/sbin/httpd -DFOREGROUND
           ├─9582 /usr/sbin/httpd -DFOREGROUND
           ├─9583 /usr/sbin/httpd -DFOREGROUND
           └─9584 /usr/sbin/httpd -DFOREGROUND
```

我说的对吧？大神。

喷了个嚏 4#

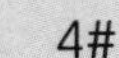

是这样，没错。还有一点，如果有小伙伴输入systemctl status httpd.service后显示没有安装httpd服务，可以输入yum -y install httpd命令安装httpd服务。

发帖：systemd相关的服务配置文件里的设置项是什么意思？

最新评论

mzsoft_624 1#

不知道你看的是哪一个服务的设置项，我就以sshd这个服务配置文件里面的内容来讲解吧！这个服务的配置文件内容如下图所示。

```
[root@myCentOS system]# cat sshd.service
[Unit]
Description=OpenSSH server daemon
Documentation=man:sshd(8) man:sshd_config(5)
After=network.target sshd-keygen.target
Wants=sshd-keygen.target

[Service]
Type=notify
EnvironmentFile=-/etc/crypto-policies/back-ends/opensshserver.config
EnvironmentFile=-/etc/sysconfig/sshd
ExecStart=/usr/sbin/sshd -D $OPTIONS $CRYPTO_POLICY
ExecReload=/bin/kill -HUP $MAINPID
KillMode=process
Restart=on-failure
RestartSec=42s

[Install]
WantedBy=multi-user.target
[root@myCentOS system]#
```

你可以在终端输入命令cat /usr/lib/systemd/system/sshd.service查看里面的设置项，我是先使用cd命令进入/usr/lib/systemd/system/目录下，再使用cat命令查看这个服务的设置项。

你应该也注意到了这个配置文件大致由三个部分构成：[Unit]、[Service]和[Install]，每一个部分里面又包含了不同的设置项。先来说说这三个部分各自代表什么含义吧！

- [Unit]：与执行服务的依赖性有关，比如在服务之后启动此单元（unit）的设置项。
- [Service]：规定了服务的环境配置文件（EnvironmentFile）、重新启动的方式等。
- [Install]：规定了此unit安装的target，比如multi-user.target。

现在再来说说里面包含的设置项吧！当然，我不会每一个设置项都详细说明的，这里挑几个主要的设置项说明一下，如下表所示。

设置项	说　明
Documentation	向管理员提供更详细的查询功能
After	用来说明服务的启动顺序
Wants	规定了此unit还要启动的服务
EnvironmentFile	指定启动脚本的环境配置文件
ExecStart	实际执行这个程序的命令或脚本
ExecReload	与systemctl reload有关的命令
KillMode	process表示程序终止时，只会终止主要的进程
WantedBy	表示这个unit依赖的主要target

主要的内容我已经在上面说明了，接下来该是你动动小手的时间了。

原帖主　　2#

收到，谢谢大神！小手马上动起来。

泡泡冒泡　　3#

谢谢分享，赞一个！

发帖：求教各位，有没有systemctl命令无法更改的服务？

最新评论

The King 1#

当然是有的。虽然systemctl命令很厉害，但是它也有管不了的服务，那就是systemd-journald.service（日志服务）、systemd-udevd.service（设备事件管理服务）和systemd-logind.service（登录管理服务）。这是因为这三个服务的状态被设置成了static，所以systemctl命令便无法启用（enable）或禁用（disable）它们了。

systemd在sysinit.target之前启动两个服务systemd-journald.service和systemd-udevd.service，在multi-user.target之前启动服务systemd-logind.service。

那我们怎么知道这个服务是不是正在运行呢？教你一个方法，输入命令ps -ef | grep -e journald -e udevd -e logind，出现下图这种结果就可以确认journald、udevd和logind正在运行。

```
[root@centos ~]# ps -ef | grep -e journald -e udevd -e logind
root       596     1  0 12月22 ?        00:00:00 /usr/lib/systemd/systemd-journald
root       631     1  0 12月22 ?        00:00:00 /usr/lib/systemd/systemd-udevd
root       828     1  0 12月22 ?        00:00:00 /usr/lib/systemd/systemd-logind
```

原帖主 2#

可不可以再详细讲讲有关这三个服务的相关内容？我还不是很明白。

The King 3#

那我就先说说systemd-journald.service（日志服务）这个服务吧！这个日志服务可以用来协助记录日志文件，包括启动过程中的所有信息。不过，它只能记录本次启动的信息，重启后之前的信息就查询不到了。知道这是为什么吗？因为这个服务记录的信息在内存中。

如果你想看看systemd-journald.service的小本本里记得都是啥，可以使用journalctl命令。结果会显示从系统开机以来的所有信息，数据量有些大。如果你不想全部看完，可以使用journalctl -n指定要显示的最新信息的行数。比如我想看看最新三行数据的内容，如下图所示。

```
[root@myCentOS ~]# journalctl -n 3
-- Logs begin at Sun 2020-05-10 21:14:31 EDT, end at Sun 2020-05-10 22:54:09 EDT. --
5月 10 22:49:07 myCentOS PackageKit[3089]: get-updates transaction /865_ebdabdca from >
5月 10 22:49:07 myCentOS gnome-software[3268]: not handling error failed for action ge>
5月 10 22:54:09 myCentOS PackageKit[3089]: daemon quit
lines 1-4/4 (END)
```

如果你想中断这个正在执行的命令可以使用快捷键Ctrl+C。

查无此人	4#

我知道一些有关systemd-udevd.service服务的内容。这个服务可以动态地创建和删除/dev目录下的设备文件，Linux中所有的设备都是以文件的形式存储在/dev目录下的。

systemd-udevd.service管理设备文件的大致过程如下图所示。内核在系统启动或运行期间会把在/sys目录下检测到的设备状态（连接或断开）和uevent消息发送到systemd-udevd守护进程中。这个守护进程会接收uevent消息并获取到/sys目录下的设备信息，将信息记录到/etc/udev/rules.d和/lib/udev/rules.d目录下的.rules文件里面，并根据这些信息创建规则。systemd-udevd守护进程可以根据规则在/dev目录下创建或删除设备文件，这种机制消除了管理员手动创建和删除设备文件的需要。udevadm命令可以读取设备信息（udevadm info）、接收内核发送的设备事件（udevadm trigger）、监听事件（udevadm monitor）、模拟udev事件（udevadm test）等。

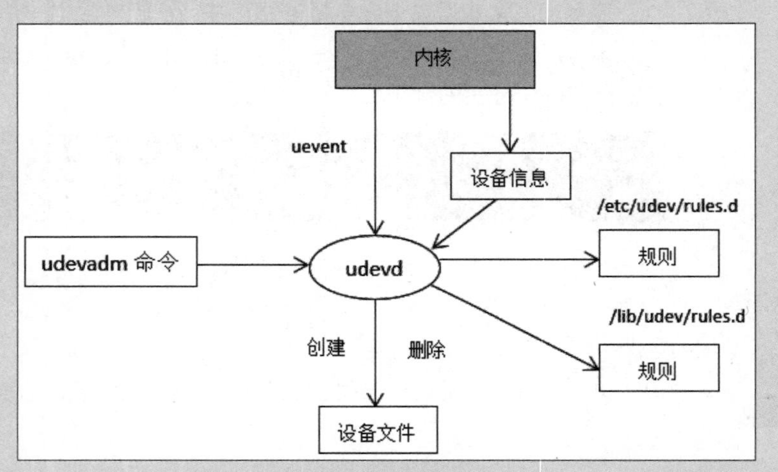

上面提到的守护进程是指在系统上连续运行并为客户端和系统管理提供服务的程序，很多守护进程在名称末尾都会有一个d。这些守护进程会在后台运行，等待用户提出要求以便提供服务。比如httpd就是在提供http服务，它会开启默认端口号80让用户访问这台计算机。

原帖主	5#

上面还提到了两个目录/etc/udev/rules.d和/lib/udev/rules.d，这两个目录里面的文件都和规则有关，那它们有什么区别呢？

查无此人	6#

/etc/udev/rules.d目录下的文件可以编辑规则。如果你想以管理员的身份自定义udev规则，就需要在这个目录下编辑文件。/lib/udev/rules.d目录里面包含了默认的udev规则的文件，是不可以在这个目录下修改文件的。

原味烧饼 7#

还有一个systemd-logind.service服务没讲，接下来就讲讲这个服务吧！它是一个用来管理用户登录系统的服务，包括管理用户登录、跟踪用户会话等。这个服务可以提供基于PolicyKit的关闭或休眠系统的操作授权、设备访问授权等。PolicyKit是在/etc/polkit-1/rules.d/和/usr/share/polkit-1/rules.d/目录下的规则文件中定义的规则。PolicyKit的服务是由polkitd守护进程提供的。

既然这个服务是管理用户登录的，那下面我就从两种登录系统的方式来谈一下systemd-logind.service这个服务吧！首先要介绍的这一种方式是用户以gdm的方式登录系统，如下左图所示。gdm是GNOME显示桌面环境的管理器。

用户输入用户名和密码之后，如果PAM验证机制验证输入项正确，就会读取相关的配置文件，登录gnome-session，这个会话可以启动GNOME桌面环境。gdm在通过PAM认证授权时，引用了systemd-logind守护进程，而这个守护进程通过D-Bus使用从PolicyKit服务启动的polkitd守护进程。

另一种方式是以虚拟终端的方式登录系统，如下右图所示。这种方式就是在多用户模式下通过agetty启动虚拟终端，没有像上面那样直接引用systemd-logind守护进程提供的服务。

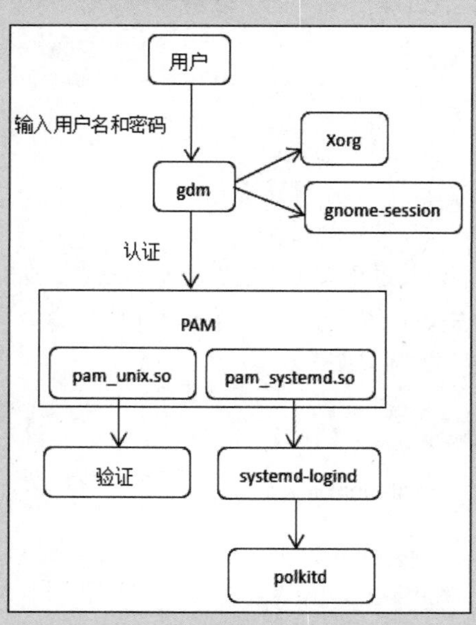

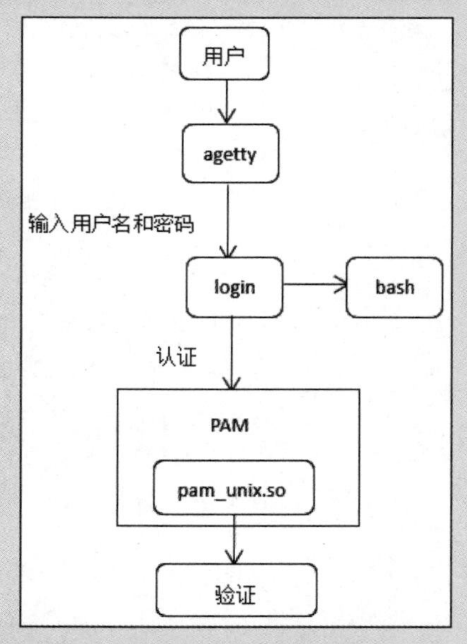

以上两种登录方式使用的PAM是Linux中的一套验证机制，用户向它发出验证后，PAM通过自身的验证机制验证并返回验证结果。其中，PAM里面的pam_unix.so模块是一个重要且复杂的模块，它可以验证用户的账号密码等信息。如果你想知道更多有关PAM模块的信息，可以在它的配置文件/etc/pam.conf里查看。

原帖主 8#

原来是这么回事，谢谢各位亲们！

认识重新启动和停止系统的命令

大家最熟悉的操作系统应该就是Windows了，使用Windows操作系统开机关机对你来说应该是非常熟悉的操作吧！但是在Linux中，一般情况下，我们会使用命令关机或者重启系统。虽然在Linux的桌面环境中也可以使用按钮操作，但最常用的还是命令操作。

那么如何使用命令炫酷地重启和关机呢？想知道的各位小伙伴，赶快来这里吧！来得早学得多，你还在等什么呢？

发帖：之前学了那么多目标，重启和关机也是目标吗？

最新评论

Bingo　　1#

是的，系统的重新启动和停止也是目标。目标就是通过系统设置和服务管理进行分组定义的，比如启动桌面环境、启动网络等。下面就让你看看“重新启动”目标和“停止运行”目标是什么样子的，如下表所示。

目　标	说　　明	运行级别
halt.target	停止运行	—
poweroff.target	关闭电源	0
reboot.target	重新启动	6

你看上面这个表格，有关系统关机重启的目标有三个。你可以使用命令更改目标，重新启动系统或者关闭系统等。现在你能想到哪个命令？说出你的答案。没错，就是systemctl命令，如下表所示。

操　作	指定目标	指定子命令	兼容命令
停止运行	systemctl isolate halt.target	systemctl halt	halt
关闭电源	systemctl isolate poweroff. target	systemctl poweroff	poweroff和init0
重新启动	systemctl isolate reboot.target	Systemctl reboot	reboot和init6

我们可以使用systemctl命令单独指定目标，或者使用systemctl命令的子命令操作系统。表格里面的那几个兼容命令也可以使用。

原帖主　　2#

系统是怎么通过这几个命令重启或者停止系统的？

Bingo	3#

还记得D-Bus吧？systemctl命令就是通过D-Bus向systemd程序发送halt、poweroff和reboot这些命令的消息的。systemd接收到消息之后会并行地对每个单元执行关闭操作。使用systemctl命令停止处理的流程如右图所示。

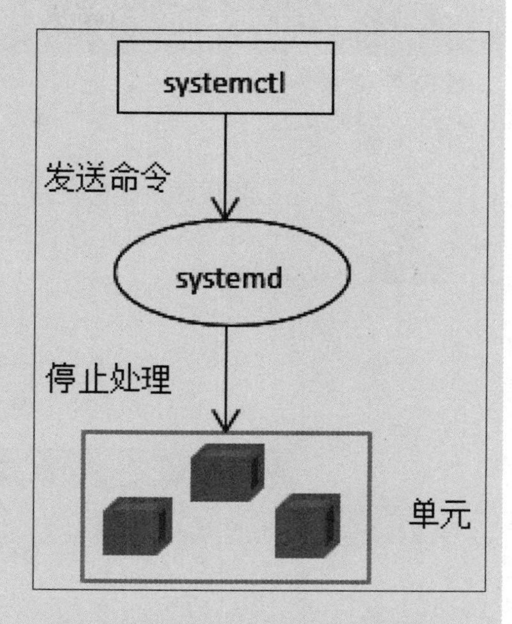

还有SysV init提供的管理停止和重新启动的命令，比如init命令，也可以在systemd环境中以相同的方式使用。其实，init命令是到systemd的符号链接，意思就是这个链接可以不通过D-Bus而是直接执行systemd守护进程。使用init命令指定0表示关闭电源，指定6表示重新启动系统。

除了init命令以外，SysV init还有一些兼容运行级别的管理命令，如下表所示。

命　令	说　明
shutdown	可以关机和重启系统
telinit	更改运行级别
halt	停止系统
poweroff	关闭系统
reboot	重新启动系统
runlevel	显示上一个和当前的运行级别

以上就是我介绍的内容了。你看着学学吧！

原帖主	4#

感谢大神！

康康我	5#

留个爪。为表感谢，给大家表演个花式比心吧！

发帖：可以详细讲讲关机和重启系统的这几个命令吗？它们有其他选项吗？

最新评论

混个脸熟 1#

哒哒哒！我来了！我先来说说shutdown命令吧！我们都知道这个命令可以关机和重启系统。我们可以在这个命令后面指定不同的选项，实现定时关机、重启系统等操作。

```
shutdown [选项] time [消息]
```

shutdown命令的选项如下表所示。

选项	说明
-h	关闭系统
-r、--reboot	重新启动系统
-H、--halt	停止系统
-k	不是真正的关机，只是向用户发送消息
-c	取消当前的关机操作
--no-wall	进行关机或重启等操作之前不发送警告消息

time这里可以设定系统关机的时间，如果不指定时间，默认是在一分钟之后执行操作。消息是指发送给用户的警告信息，如果不指定消息，就会发送默认消息。比如你想让系统立即关机，可以使用shutdown now命令或者指定+n的格式，命令，shutdown +0命令就表示立即关机。如果你直接使用shutdown命令，就和shutdown +1命令的效果一样，表示一分钟之后关机。

想一想，如果你想同时执行多条命令该怎么办？这个时候就需要分号（；）了。比如你想先看看系统里面的日期然后再执行关机操作，可以像下面这样输入date;shutdown，如下图所示。

```
[root@centos ~]# date;shutdown
2019年 12月 23日 星期一 05:07:10 EST
Shutdown scheduled for Mon 2019-12-23 05:08:10 EST, use 'shutdown -c' to cancel.
[root@centos ~]#
```

这样就会显示系统当前的日期和时间，并在之后执行一分钟后关机的操作了。在关机之前，你也可以使用shutdown -c命令取消这次的关机操作。

像这样直接使用命令关机或者重启效率会提升不少，你学会了这几个关机命令之后，就可以不用再单击按钮操作了。

康康我 2#

还有一个halt命令可以停止正在运行的系统。halt命令在停止系统的时候会先检测系统中的运行级别（runlevel），如果运行级别是0或者6就执行操作，不是的话就会让shutdown过来关闭系统。halt命令的用法很简单：

halt [选项]

halt命令的选项并不多，我选三个为你介绍一下，如下表所示。

选　项	说　　明
-n	关机之前不执行同步操作（速度会快，但数据可能会丢失）
-p	停止运行系统之后会关闭电源，相当于执行了halt命令后再执行poweroff命令
-f	不管运行级别，直接强制关闭系统

与halt命令不同的是，执行poweroff命令关闭系统之后电源也会关闭。这个命令的格式和halt命令一样，可以直接在后面指定选项。

reboot是重启系统的命令，使用的命令格式和前面两个相同。这三个命令有一些共同的选项，如下表所示。比如指定了-f选项之后会存在数据丢失的风险，通常我们需要避免这种现象。同步就是一个不错的解决方法，同步（sync）操作会将保存在内存中的数据写入磁盘。sync命令可以执行系统的同步调用。

选　项	说　　明
--halt	以halt、poweroff或reboot的方式停止机器
-P、--poweroff	以halt、poweroff或reboot的方式关闭电源
--reboot	以halt、poweroff或reboot的方式重新启动
-f、--force	强制执行，不会调用systemd守护进程

你可以在同步之后立即进行重启或者关机等操作，而系统不需要调用systemd守护进程。这几个命令在等着你去试试。

原帖主 3#

收到指令，马上执行。

发帖：我要怎么才能知道自己系统里面的运行级别？

最新评论

背锅侠 1#

这个好办！你直接在终端执行runlevel命令就可以看到之前和目前的运行级别了。这是我在自己的系统里查看的结果，如下图所示。

```
[root@centos ~]# runlevel
N 5
[root@centos ~]#
```

这里面的N就是之前的runlevel，因为我的系统runlevel一直是5，没有使用过别的runlevel，所以这里会显示N。

runlevel（运行级别）共有7个，如下表所示。快去看看自己系统里的是哪一个吧！

runlevel	说　明
0	关机，不能设置为默认的运行级别（即initdefault）
1、S、emergency	单用户模式，只有root用户可以登录，用于系统维护
2	多用户模式，没有启动网络功能
3	多用户模式，启动了网络功能，但是为文字界面
4	用户自定义模式，默认与runlevel 3相同
5	与runlevel 3相同，并且启动了图形界面
6	重新启动系统，不能设置为initdefault

如果你想要更改运行级别，使用telinit或者init命令都可以。

```
telinit [选项] 运行级别
```

这里我不给你显示更改的结果，你自己去试试。

原帖主 2#

按照大神的指导，我在Ubuntu里尝试修改了运行级别。各位和我一样的小伙伴在使用Ubuntu更改运行级别时要加上sudo命令使用管理员权限才能修改，然后输入登录用户的密码，如下图所示。

```
user01@myUbuntu-Host:~$ runlevel
N 5
user01@myUbuntu-Host:~$ sudo telinit 3
[sudo] user01 的密码：
```

之后就是多用户登录界面了，在这里输入用户名和密码。这和桌面环境里的终端不太一样，如下图所示。

```
Ubuntu 18.04.4 LTS myUbuntu-Host tty2

myUbuntu-Host login: user01
Password:
Welcome to Ubuntu 18.04.4 LTS (GNU/Linux 5.3.0-51-generic x86_64)
```

然后我又看了运行级别，显示5 3，结果没错。我之前的运行级别是5，现在是3，如下图所示。因为我还不太习惯这种模式，所以我又更改回到之前的运行级别。

```
user01@myUbuntu-Host:~$ runlevel
5 3
user01@myUbuntu-Host:~$ sudo telinit 5
[sudo] user01 ♦ ♦ ♦ ♦ _
```

看，这是我重新回到图形界面的结果。目前的运行级别又变回了5，如下图所示。

```
user01@myUbuntu-Host:~$ runlevel
3 5
user01@myUbuntu-Host:~$
```

大神，怎么样？快夸夸我。

背锅侠 3#

不错，不错！值得表扬。给你点赞。

小 / 白 / 加 / 油 / 站

认识几个管理员常用的命令

除了上面讨论区里介绍过的systemctl命令和它的子命令之外，这里我再教你几个systemd提供的常用命令：hostnamectl、systemd-analyze和loginctl。

先来讲hostnamectl命令的用法。如果你想看看自己系统的主机名或者修改一个新的名字，就可以使用这个命令。指定hostnamectl命令的子命令set-hostname可以修改当前系统的主机名，如下图所示。

```
ubuntu@ubuntu:~$ hostnamectl
   Static hostname: ubuntu.host01
         Icon name: computer-vm
           Chassis: vm
        Machine ID: 6b165dba8ff64547a0aaec218039fb72
           Boot ID: 131932dead674cc88bfeeff5780732d8
    Virtualization: oracle
  Operating System: Ubuntu 18.04.3 LTS
            Kernel: Linux 5.3.0-26-generic
      Architecture: x86-64
ubuntu@ubuntu:~$ sudo hostnamectl set-hostname ubuntu.local
[sudo] ubuntu 的密码：
ubuntu@ubuntu:~$ hostnamectl
   Static hostname: ubuntu.local
         Icon name: computer-vm
           Chassis: vm
        Machine ID: 6b165dba8ff64547a0aaec218039fb72
           Boot ID: 131932dead674cc88bfeeff5780732d8
    Virtualization: oracle
  Operating System: Ubuntu 18.04.3 LTS
            Kernel: Linux 5.3.0-26-generic
      Architecture: x86-64
```

你也看到了，使用hostnamectl命令查看主机名时，还会显示其他的信息，比如内核、操作系统等信息。

接下来要说的systemd-analyze命令可以用来分析系统启动时的性能。掌握这个命令的用法可以优化系统，缩短启动时间。来看看吧！

```
systemd-analyze [选项] [子命令]
```

关于它的选项我就不多说了，常用的几个子命令还是需要说明一下的，如下表所示。

子命令	说　明
time	输出系统启动时间，默认命令
blame	按照占用时间的长短顺序输出所有正在运行的单元
critical-chain	以树状形式输出单元的启动链，以红色标注延时较长的单元
plot	以SVG图像格式输出服务启动的时间以及花费的时间
dump	输出详细可读的服务状态

执行systemd-analyze命令指定子命令time可看到每个服务启动需要的时间，包括内核（kernel）和用户空间（userspace）。指定子命令blame可以看到所有正在运行的单元列表，而且还会按照启动时间由长到短排序，如下图所示。

```
ubuntu@ubuntu:~$ systemd-analyze time
Startup finished in 2.768s (kernel) + 22min 11.852s (userspace) = 22min 14.621s
graphical.target reached after 22.486s in userspace
ubuntu@ubuntu:~$ systemd-analyze blame
   16min 49.786s apt-daily.service
    5min 12.546s apt-daily-upgrade.service
         14.135s plymouth-quit-wait.service
          6.255s dev-sda1.device
          4.249s grub-common.service
          4.236s dev-loop8.device
          4.220s apport.service
          4.196s dev-loop9.device
          4.163s networkd-dispatcher.service
          4.058s snapd.service
```

指定子命令critical-chain可以以树状的形式显示单元的启动链，里面红色的部分代表延时较长的单元，如下图所示。

```
ubuntu@ubuntu:~$ systemd-analyze critical-chain
The time after the unit is active or started is printed after the "@" character
The time the unit takes to start is printed after the "+" character.

graphical.target @21.775s
└─multi-user.target @21.775s
  └─snapd.seeded.service @9.568s +106ms
    └─snapd.service @3.978s +5.589s
      └─basic.target @3.868s
        └─sockets.target @3.868s
          └─snapd.socket @3.859s +7ms
            └─sysinit.target @3.786s
              └─apparmor.service @2.175s +1.600s
                └─local-fs.target @2.147s
                  └─run-user-121.mount @9.955s
                    └─local-fs-pre.target @1.823s
                      └─systemd-tmpfiles-setup-dev.service @1.477s +345ms
                        └─kmod-static-nodes.service @1.416s +59ms
                          └─systemd-journald.socket @1.414s
                            └─system.slice @1.414s
                              └─.slice @1.407s
```

还有一个loginctl命令，它可以查看当前登录的用户信息，包括UID、用户名等信息。这个命令列出的用户只是当前已登录的用户信息，并不包括系统中的所有用户信息。指定list-users子命令可以看到当前系统中的用户及其ID，如下图所示。

```
ubuntu@ubuntu:~$ loginctl
   SESSION        UID USER             SEAT             TTY
        c1        121 gdm              seat0            tty1
         2       1000 ubuntu           seat0            tty2

2 sessions listed.
ubuntu@ubuntu:~$ loginctl list-users
       UID USER
      1000 ubuntu
       121 gdm

2 users listed.
```

如果想单独查看其中一个用户的详细信息，可以指定show-user子命令。结果会显示用户的UID、GID、用户名等信息，如下图所示。

```
ubuntu@ubuntu:~$ loginctl show-user ubuntu
UID=1000
GID=1000
Name=ubuntu
Timestamp=Mon 2020-02-03 01:08:44 EST
TimestampMonotonic=82318769
RuntimePath=/run/user/1000
Service=user@1000.service
Slice=user-1000.slice
Display=2
State=active
Sessions=2
IdleHint=no
IdleSinceHint=1580711603292112
IdleSinceHintMonotonic=1561166626
Linger=no
```

这几个命令你学会了吗？想成为一个优秀的Linux管理员可不是容易的事情，你还要慢慢修炼。

大神来总结

Hi，大家好。各位小伙伴学会安装系统之后，又知道了系统内部运行的一些奥秘，同时也接触到了一些有关系统管理的命令，这些内容可不是那么轻松就能理解的。接下来本大神就为你梳理梳理思路。

- 清楚Linux的启动流程，明白systemd守护进程和GRUB2是怎么回事。
- 初步认识Shell，知道内部命令和外部命令。
- systemctl命令很重要，了解它常用的子命令、管理的主要服务。
- 系统重启和关机的几个常用命令要会用（shutdown、reboot等）。

博观而约取，厚积而薄发。学习Linux，打好基础很重要。在有了深厚的积累之后，你才能得心应手地运用Linux。Linux的学习需要你热爱并且坚持。加油！

Chapter

04

讨论方向——文件管理

公　告

嗨！再次来到“Linux初学者联盟讨论区”的你现在一定有所收获了吧！你可能会好奇，接下来应该学习Linux的哪一方面？我来告诉你，就是“文件”。

“文件”在Linux中是非常重要的一个概念，下面我们要讨论的主题是文件管理方面的问题。欢迎大家在这里互相交流，共同进步。本次主要讨论方向是以下4点。

01 认识Linux的目录结构

02 管理文件和目录

03 灵活运用权限

04 认识vi

认识Linux的目录结构

Windows里的文件结构，想必大家都很熟悉吧！Windows中有C盘、D盘、E盘等存放文件的地方，但是在Linux里面可不是这种情况了。平时你在Windows里存放文件的存储路径大概是D:\Program Files (x86)\Tencent这种形式，而Linux里使用/来标识目录，就像你之前见到的各种配置文件一样，例如/boot/grub2/grub.cfg。Linux里面有那么多的目录和文件，它们各自代表什么意思呢？为什么要了解这些目录和文件呢？往下看，你就明白了。

扫码看视频

发帖：求助，新手该如何学习Linux的目录结构？

最新评论

IT小虾 1#

Linux中的文件管理标准和Windows不同。你可以想象一下，如果每一个公司或者社区都使用自己开发的一套标准，就会变成你一套我一套，这不就乱套了嘛！这种情况会非常不利于我们学习Linux，同时也不方便管理。为了方便管理和维护，Linux采用一个叫FHS（Filesystem Hierarchy Standard，文件系统层次结构标准）的标准来管理和规范Linux的目录结构。

这个标准都要求了什么内容呢？其实主要就是规定大家应该在哪个目录下存放什么类型的数据文件。这样一来，我们就可以在规定的目录下找到我们想要的文件了。比如/dev目录里面存放的都是各种设备文件。

Linux中的文件有些是用户可以随意修改的，有些不可以，有些是用户访问比较频繁的，有些是不常访问的。根据这种情况，FHS又将文件划分成了四类，如下表所示。

分　类	说　　明
可共享的	可以通过网络分享给其他主机的文件，比如可执行文件等
不可共享的	与自己的系统有关的文件，比如配置文件、内核文件等
不变的	除了系统管理员之外的用户不可以进行修改的文件，比如系统配置文件、函数库等
可变的	会经常修改的文件，比如日志文件等

FHS规定了一个根目录（/），Linux中的所有文件都存放在这个根目录下面。这就形成了一个独特的文件结构，即树状结构。只不过这个树状结构是倒置的，因为Linux的文件结构要从/开始，如右图所示。

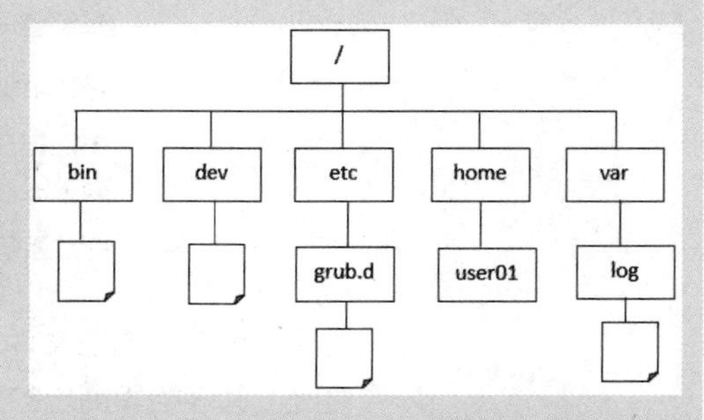

这是我列出的几个/下面的目录，其中/home这个目录里面存放的就是用户的信息，一个用户有一个同名的目录。

原帖主 2#

这些目录是什么意思呢？目录里面存放的又是什么文件？

半斤123 3#

Linux文件系统的最顶层是从根目录开始的，这你是知道的。在根目录下面既可以存放目录也可以存放文件，而每一个目录里面又可以包含子目录或文件，如此反复便构成了一个庞大的文件系统。

我把这些主要的目录都列出来了，明白其中的含义能帮助你快速地理解Linux的目录结构，如下表所示。

目　录	说　　明
/	根目录
/bin	存放普通用户和管理员常用的命令
/dev	存放各种设备文件
/home	用户的家目录
/mnt	设备挂载目录
/proc	存放的数据都在内存，不占用硬盘空间，比如内核和进程信息。这个目录本身是一个虚拟文件系统
/run	存放系统启动后产生的各种信息
/srv	存放网络服务启动之后需要的数据
/tmp	应用程序和用户使用的临时文件
/var	存放系统运行期间经常发生变化的文件
/boot	存放系统启动时会用到的文件
/etc	存放系统主要的配置文件
/lib	存放系统启动时会用到的函数库以及/bin和/sbin目录下的命令会用到的函数库
/media	可移动介质的挂载目录，比如软盘、光盘、DVD等
/opt	存放第三方软件的目录
/root	系统管理员root的家目录
/sbin	存放系统启动过程中所需要的命令
/sys	与/proc很像，这个目录也是一个虚拟文件系统，存放与内核和系统硬件有关的信息
/usr	存放系统默认的软件数据

如果你想查看这些文件的详细说明，在终端执行man hier命令就可以看到了，内容要比上面表格里列出的多，你有兴趣可以看看这里面的描述，如下图所示。

```
HIER(7)                    Linux Programmer's Manual                    HIER(7)

NAME
       hier - description of the filesystem hierarchy

DESCRIPTION
       A typical Linux system has, among others, the following directories:

       /      This is the root directory.  This is where the whole tree starts.

       /bin   This directory contains executable programs which are needed in single
              user mode and to bring the system up or repair it.

       /boot  Contains static files for the boot loader.  This directory holds  only
              the files which are needed during the boot process.  The map installer
              and configuration files should go to /sbin and  /etc.   The  operating
              system  kernel  (initrd  for  example)  must be located in either / or
              /boot.

       /dev   Special or  device  files,  which  refer  to  physical  devices.   See
              mknod(1).

       /etc   Contains  configuration  files  which  are local to the machine.  Some
              larger software packages, like X11, can have their own  subdirectories
              below  /etc.   Site-wide  configuration files may be placed here or in
              /usr/etc.  Nevertheless, programs should always look for  these  files
 Manual page hier(7) line 1 (press h for help or q to quit)
```

原帖主 4#

有大神在就是好。哈哈。

发帖：普通用户和管理员登录系统时，命令提示符的差别是什么？

最新评论

nntp 1#

你可以先看看这两者的家目录，这也是最简单的方式。我先以root的身份登录系统给你说说。在终端执行的这个pwd命令可以显示当前目录的绝对路径，还记得~表示什么吗？~表示当前所在的目录是用户的家目录/root，如下图所示。

```
[root@centos ~]# pwd
/root
[root@centos ~]# 
```

再来看看普通用户登录系统时的家目录是什么样子的。我还是执行pwd命令显示普通用户centos的家目录，结果当然是在/home目录下面了，如下图所示。

```
[centos@centos ~]$ pwd
/home/centos
[centos@centos ~]$ 
```

[root@cetnos ~]#中的root表示当前登录的用户就是root，如果是普通用户，那这里显示的就是这个用户的名字。还有一点比较直观就是#和$，#表示管理员，$表示普通用户。家目录是系统分配给每位用户的工作区，用户可以自由地将文件写入家目录。不过，普通用户可没有这么自由（无法读写其他用户的家目录），root才是老大（可以读写所有用户的家目录）。普通用户的执行权限有限，但可以使用su或者sudo命令暂时获得管理员权限。

上面介绍的这几点是普通用户和管理员登录系统时命令提示符最直观的区别。

原帖主 2#

还有一个问题：我看大神使用Linux命令都很得心应手，是不是这些命令我都要背下来？想想就觉得脑壳疼。

混个脸熟 3#

哈哈！当然不需要都背下来，其实只要记住常用的命令就可以了。如果你想查看一个命令的使用方法，就用man命令，它会快速查询Linux帮助手册中的相关内容并反馈给你。这个man就像是一本Linux里面的百科全书，学会了这个命令的用法，你就不会为命令发愁了。如果你好奇man的用法，也可以使用man man的方式看看这个命令的详细介绍。man命令的使用格式是下面这样：

```
man [选项] [章节号] [命令或文件名]
```

再看看man命令的几个选项，如下表所示。

选　项	说　　明
-f	显示与指定关键字匹配的简单信息
-a	在所有的帮助手册中搜索内容
-k	显示包含指定关键字的章节

命令格式里面的章节号有9个，这些数字可以帮助我们更加直接地查询相关的数据，如下表所示。

章节号	说　　明
1	在Shell环境下可操作的命令或可执行程序
2	内核可调用的函数
3	常用的函数库
4	设备文件，一般在/dev目录下
5	文件的格式，比如配置文件
6	游戏
7	其他，包括宏包和规范

章节号	说　明
8	管理员可以使用的命令
9	与内核有关的文件

使用man命令查看手册里面的内容时，如果手册页面太长，man命令会在显示一个页面后停止显示，因此，大家还需要知道一些常用的按键帮助我们翻页，如下表所示。

按键操作	说　明
空格键	显示下一页
b	显示上一页
Enter	显示下一行
k	显示上一行
h	显示帮助
q	退出man命令
/关键字	向下搜索关键字。比如要搜索myuser，就输入/myuser。按n表示查找下一个关键字
?关键字	向上搜索关键字，按N表示查找前一个关键字

在线帮助文件有不同的章节，就有可能存在同名的情况。比如我直接输入man passwd命令，在这种没有指定任何选项的情况下，一般会先显示章节号为1的文件里面有关passwd命令的内容，如下图所示。

```
PASSWD(1)                    User utilities                    PASSWD(1)

NAME
       passwd - update user's authentication tokens

SYNOPSIS
       passwd  [-k] [-l] [-u [-f]] [-d] [-e] [-n mindays] [-x maxdays] [-w warndays]
       [-i inactivedays] [-S] [--stdin] [username]

DESCRIPTION
       The passwd utility is used to update user's authentication token(s).

       This task is achieved through calls to the Linux-PAM and Libuser API.  Essen-
       tially,  it  initializes itself as a "passwd" service with Linux-PAM and uti-
       lizes configured password modules to authenticate and then  update  a  user's
       password.
```

如果你想查看手册里面所有有关passwd命令的内容，可以指定我上面介绍过的-f选项，结果将搜索并显示包含作为关键字的passwd的章节，如下图所示。

```
[root@centos ~]# man -f passwd
passwd (5)           - password file
openssl-passwd (1ssl) - compute password hashes
passwd (1)           - update user's authentication tokens
```

passwd（5）表示密码文件，passwd（1）表示更改用户密码。如果想查看第五章passwd文件的在线手册内容，执行man 5 passwd命令就可以了，如下图所示。

```
PASSWD(5)                Linux Programmer's Manual                PASSWD(5)

NAME
       passwd - password file

DESCRIPTION
       The  /etc/passwd  file  is a text file that describes user login accounts for
       the system.  It should have read permission allowed for all users (many util-
       ities, like ls(1) use it to map user IDs to usernames), but write access only
       for the superuser.
```

小白很白	4#
	这个命令简直就是新手宝典，有不清楚的命令都可以用这个命令查看手册里的说明。

原帖主	5#
	哇！这个man命令太酷了。

管理文件和目录

扫码看视频

想管理好Linux中的文件和目录必须要学会使用相关的管理命令。Linux中的命令虽多，但常用的命令也就几十个而已。而且Linux的各个发行版大同小异，常用命令基本相同，只要掌握了这些常用的Linux命令，就能融会贯通各个Linux版本了。

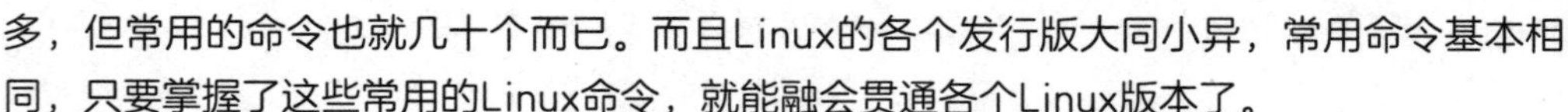

又到了各位提问的环节，有关管理文件和目录的疑问都可以在下面提出来。这里随时会有人为你解答，快过来和大家聊聊吧！

发帖：求各位讲讲处理文件和目录的相关命令，本人小白一个。感谢！

最新评论

origin20 1#

那我从pwd这个命令说起吧！一般情况下，用户在执行命令之前经常需要确定当前所在的工作目录。就像你想去一个旅游景点之前，必须得知道自己当前所在的位置，这样才能合理规划路线。这个pwd命令就是用来显示用户当前所在目录的绝对路径。如果想要确定当前的用户就用whoami命令。这两个命令就能把用户和路径显示得明明白白了，如下图所示。

```
[root@centos ~]# whoami
root
[root@centos ~]# pwd
/root
[root@centos ~]#
```

确定了当前所在的目录，还想到其他目录里溜达一圈，要怎么办呢？这时cd命令就闪亮登场了。cd命令可以帮助用户从当前目录切换到其他目录，使用的格式参照下面这样：

cd [要切换的目录路径]

这个路径可以用绝对路径或相对路径来指定。绝对路径就是从根目录/开始，到要去的目录或文件的完整路径，任何情况下都可以使用绝对路径找到所需的文件，比如我想到user1目录中去，就可以这样写：cd /home/user1。

相对路径不是以/开始的，一般情况下，相对路径比绝对路径短。相对路径就是相对于当前用户所在的工作目录，比如用户当前所在的目录是/var/share/myfile，要去/var/share/testfile目录下面，就可以这样写：cd ../ testfile。

另外，还有几个特殊的目录需要你记住，如下表所示。

特殊目录	说　明
~	当前用户的家目录
~[用户名]	指定用户的家目录，中间没有空格
.	表示此层目录
..或cd ../	表示上一层目录
/	表示根目录
–	表示前一个工作目录

刚开始学习这个命令的小伙伴可能会不明白cd ..和cd –的区别，我简单演示一遍这两种切换目录的方式，如下图所示。

```
[root@centos ~]# pwd
/root
[root@centos ~]# cd /usr/bin
[root@centos bin]# pwd
/usr/bin
[root@centos bin]# cd ..
[root@centos usr]# pwd
/usr
[root@centos usr]# cd -
/usr/bin
[root@centos bin]#
```

刚开始root用户的当前目录是它的家目录/root，这个root用户要去/usr/bin目录下面，所以使用cd /usr/bin。之后root又想回到上一层目录里去，也就是/usr，所以这里使用cd ..，这时root当前所在的目录就变成了/usr。由于这个root用户的前一个工作目录（相对于当前所在目录）是/usr/bin，所以用cd –可以到root用户的前一个工作目录即/usr/bin。

这个cd –对初学者来说可能有些难以理解，你自己多试几次就会明白了。再告诉你一个小技巧：当你在终端输入命令或者目录的时候，可以用Tab键自动补齐。

码字员 2#

楼上说到了cd命令，那接下来必须要知道的命令就是ls了。你想想在使用cd命令切换到指定目录之后，肯定想先看看这个目录下面都有什么东西，ls就是用来干这个的。ls命令可以显示指定目录下的内容，会列出这个目录下包含的文件和子目录，命令的格式也不难记，像下面这样：

ls [选项] [文件名或目录名]

ls命令有很多选项，我这里只是列出了几个常用的选项，如下表所示。如果你有兴趣看看其他的选项，可以使用man命令。

选　项	说　　明
-l	列出文件或子目录的详细信息，比如文件或目录的属性、权限等
-a	显示指定目录下所有的文件和子目录，包括隐藏文件（以.开头）
-f	直接显示结果，不排序（ls命令以文件名排序）
-F	显示文件类型，/表示目录，*表示可执行文件，@表示符号链接
-d	显示目录信息而不是内容
-u	以文件或目录上次被访问的时间排序

ls命令是Linux中比较常用的命令，你必须得知道该命令的用法，如下图所示。

```
[root@centos ~]# cd /usr
[root@centos usr]# ls
bin  games  include  lib  lib64  libexec  local  sbin  share  src  tmp
[root@centos usr]# ls -l
总用量 224
dr-xr-xr-x.   2 root root 40960 12月  22 22:19 bin
drwxr-xr-x.   2 root root     6 5月   10 2019 games
drwxr-xr-x.   3 root root    24 12月  12 20:45 include
dr-xr-xr-x.  36 root root  4096 12月  12 20:49 lib
dr-xr-xr-x. 122 root root 69632 12月  22 22:19 lib64
drwxr-xr-x.  49 root root 12288 12月  16 02:35 libexec
drwxr-xr-x.  12 root root   131 12月  12 20:44 local
dr-xr-xr-x.   2 root root 16384 12月  22 22:19 sbin
drwxr-xr-x. 212 root root  8192 12月  22 22:19 share
drwxr-xr-x.   4 root root    34 12月  12 20:44 src
lrwxrwxrwx.   1 root root    10 5月   10 2019 tmp -> ../var/tmp
[root@centos usr]# 
```

如果想查看/usr目录下包含的文件和子目录，就先用cd命令切换到这个目录中，然后使用ls命令指定-l选项列出所有子目录和文件的详细信息。

都这么熟　　3#

既然都学会查看文件和子目录了，那想不想知道怎么创建一个目录或者文件？我猜你肯定想知道，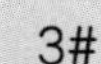嘿嘿。mkdir命令就是用来创建目录的命令。

mkdir [选项] 目录名

其中目录名可以是相对路径也可以是绝对路径。这个mkdir命令有两个常用的选项，如下表所示。

选　项	说　　明
-m	设置新建目录的权限
-p	指定路径名称，若不存在会自动创建，一次可创建多个目录

-m选项涉及到权限，等我们探讨文件权限的时候，你就明白了。现在我先教你怎么用mkdir创建目录，我在/tmp这个目录下创建了一个新目录mydir1，使用ls

可以看到确实创建成功了，这是创建一个目录时mkdir的用法。如果想在test1这个目录下再创建一个test2目录，也就是要同时创建两层目录，这种情况下，就可以指定-p选项了。如果不指定这个选项就会报错，无法创建目录。使用mkdir命令指定-p选项会帮你在当前的目录中创建test1目录，并同时在test1目录下创建test2目录。

创建好之后可以使用ls命令验证一下是否创建成功。先来看看test1，这个目录已经创建成功了，如下图所示。

```
[root@centos tmp]# mkdir mydir1
[root@centos tmp]# ls -ld mydir1
drwxr-xr-x. 2 root root 6 5月  13 22:42 mydir1
[root@centos tmp]# mkdir test1/test2
mkdir: 无法创建目录 "test1/test2": 没有那个文件或目录
[root@centos tmp]# mkdir -p test1/test2
[root@centos tmp]# ls -ld test*
drwxr-xr-x. 3 root root 19 5月  13 22:43 test1
```

接下来进入test1目录看看是否有test2目录，结果确认是存在的，如下图所示。

```
[root@centos tmp]# cd test1
[root@centos test1]# ls
test2
[root@centos test1]# ls -ld test2
drwxr-xr-x. 2 root root 6 5月  13 22:43 test2
```

学会创建目录之后，当然要知道文件是如何创建的。创建文件可不能使用mkdir这个命令，而是用touch命令。使用touch命令可以创建一个空白文件，也可以同时创建多个文件。如果文件名或目录已经存在，touch命令将把该文件或目录的时间戳（上一次修改的时间）改为当前访问的日期和时间。

```
touch [选项] 文件名
```

在介绍选项之前，我得让你明白三个有关时间的名词。

- mtime（modification time，修改时间）：文件内容的修改时间，不包括文件权限和属性的更改。
- atime（access time，读取时间）：文件内容被读取时会更新这个时间。
- ctime（status time，状态时间）：文件状态被改动的时间，比如文件的权限或者属性有改动时就会更新这个时间。

明白了这三个时间之后，再来看下面这几个选项会容易理解一些，如下表所示。

选　项	说　明
-a	只改变atime
-m	只修改mtime
-c	不创建文件，只修改文件的时间
-t	使用指定的时间，格式为[YYYYMMDDhhmm]
-d	使用指定的日期，也可以用--date="时间或日期"

我先使用touch命令创建一个新文件file1，可以看到这个文件的时间戳是12月25日1点42分。之后再使用-t选项指定时间戳，11260955表示11月26日9点55分，如下图所示。

```
[root@centos dir2]# touch file1
[root@centos dir2]# ls -l file1
-rw-r--r-- 1 root root 0 12月 25 01:42 file1
[root@centos dir2]# touch -t 11260955 file1
[root@centos dir2]# ls -l file1
-rw-r--r-- 1 root root 0 11月 26 09:55 file1
[root@centos dir2]#
```

这两个命令你学会了吗？

原帖主 4#

哎呀！脑子只转了半圈！容我消化消化！既然有创建目录和文件的命令，那肯定有删除的相关命令了？

怀挺_Go 5#

当然有了！rm和rmdir这两个命令就是用来删除文件和目录的命令。先说说rmdir，这个删除命令只可以用来删除空目录。空目录的意思就是这个要删除的目录里面不能包含其他的文件或子目录。

比如下面这个例子里，mydir这个目录里面有两个子目录test和userdir，其中目录test里面又包含了目录test1，userdir目录里面则什么也没有，如下图所示。我可以使用rmdir命令成功删除userdir目录，却不能直接删除test目录。现在你理解rmdir这个命令只能删除空目录的含义了吧！

```
[root@centos mydir]# ls
test  userdir
[root@centos mydir]# rmdir userdir
[root@centos mydir]# ls
test
[root@centos mydir]# rmdir test
rmdir: 删除 'test' 失败: 目录非空
[root@centos mydir]# ls
test
```

接下来我就要好好说说rm这个命令了。rm命令也是一个删除命令，它可以删除文件或者目录，但对于链接文件，则只是断开链接，原文件保持不变。

rm [选项] 文件名或目录名

关于rm命令的选项，我要说的是这三个，如下表所示。

选　项	说　　明
-r	删除指定的所有文件和目录（慎用）
-f	未经用户确认就删除，不给出提示
-i	在删除操作之前有提示信息

rm命令不能直接删除一个目录，需要加上选项才可以。选项-r使用时需要慎重，Linux可没有像Windows中那样的回收站，它会把包括这个目录在内的所有东西永久地删掉。如果你确定这个目录不需要了，那就可以使用rm -r的命令递归删掉这些内容。

使用rm命令删除文件file2时，会提示是否要删除这个文件。如果你确定删除，直接输入y就删掉了。使用rm -r命令删除目录dir2时，会逐层进入并提示是否删除，如果确认删除，就一直输入y，直到把dir2这个目录和它里面的东西全部删除，如下图所示。

```
[root@centos dir1]# ls
dir2  dir4  dir5  file2  file3
[root@centos dir1]# rm file2
rm: 是否删除普通空文件 'file2'? y
[root@centos dir1]# ls
dir2  dir4  dir5  file3
[root@centos dir1]# rm dir2
rm: 无法删除'dir2': 是一个目录
[root@centos dir1]# rm -r dir2
rm: 是否进入目录'dir2'? y
rm: 是否删除目录 'dir2/dir3'? y
rm: 是否删除普通空文件 'dir2/file1'? y
rm: 是否删除目录 'dir2'? y
[root@centos dir1]# ls -l
总用量 0
drwxr-xr-x 2 root root 6 12月 25 02:27 dir4
drwxr-xr-x 2 root root 6 12月 25 02:27 dir5
-rw-r--r-- 1 root root 0 12月 25 02:28 file3
[root@centos dir1]#
```

这两个删除命令可以说是Linux里面的常用命令了。

小马猴 6#

各位大神，我想看看文件里面的内容时，要用什么命令？求指教！

Shift789 7#

有好多有趣的命令可以供你选择，这里我先给你说4个和查看文件内容有关的命令。

第一个就是cat命令，这个命令可以从文件内容的第一行开始显示，以只读的方式显示整个文件的内容。

```
cat [选项] 文件名
```

cat命令的主要功能就是将文件内容连续地输出在屏幕上，搭配选项可以实现各种不同的结果，如下表所示。

选　项	说　　明
-b	将文件中的所有非空行按顺序从1开始编号
-n	将行号分配给所有行，包括空白行
-v	可以显示特殊的字符

使用cat file1可以直接显示出文件file1的全部内容，其中包含空行。如果想加上编号显示的话，有两种选择，一个是-b选项，一个是-n选项。这里我用的是-b选项，如下图所示。你看，编号会自动跳过空行。

```
[root@centos dir1]# cat file1
CentOS
Ubuntu
RedHat

Oracle Linux
[root@centos dir1]# cat -b file1
     1  CentOS
     2  Ubuntu
     3  RedHat

     4  Oracle Linux
[root@centos dir1]#
```

上面介绍的cat命令适合文件内容不太长的情况，如果文件内容比较长，就不太适合了。下面要说的这个命令就可以解决这种情况，那就是more命令。more命令可以一页一页地显示文件的内容。

more 文件名

比如想要查看配置文件/etc/nfs.conf里面的内容，你就直接在终端输入more/etc/nfs.conf，如下图所示。

```
# keytab-file=/etc/krb5.keytab
# cred-cache-directory=
# preferred-realm=
#
[lockd]
# port=0
# udp-port=0
#
--更多--(41%)
```

接下来你要怎么办呢？注意看最后一行。当more命令显示的文本行数大于屏幕输出的行数时，就会出现上面这种情况。最后一行的百分比表示当前输出内容的百分比。这时你可以使用按键进行操作，如下表所示。

按　键	说　　明
空格键	向下翻动一页
Enter	向下翻动一行
q	退出more这个程序
/关键字	向下查找这个关键字

比如你想在显示的这个文件内容里找一个关键字port，可以输入/port之后按Enter键，这个more命令就会向下开始帮你查找关键字port。

你应该也注意到了，这个more命令只能向下查看文件内容，如果我们想向前翻看文件内容怎么办？有办法，less命令就能做到这一点。

less 文件名

还是查看/etc/nfs.conf文件里面的内容，这次使用less命令，如下图所示。虽然less和more命令非常相似，但less命令的功能更加强大。

```
[mountd]
# debug=0
# manage_gids=n
# descriptors=0
# port=0
# threads=1
# reverse-lookup=n
# state-directory-path=/var/lib/nfs
# ha-callout=
:
```

看到最后一行的:了吗？你可以在这里输入不同的选项，如下表所示。

按 键	说 明
空格键、↓	向下翻动一页
↑	向上翻动一页
/关键字	向下查找这个关键字
?关键字	向上查找这个关键字
q	退出less这个程序

其他关于less命令的更全面的用法，你可以使用man less查询。我要说的第4个命令是nl命令，这个命令可以输出带有行号的文件内容。

nl [选项] 文件名

这个nl有两个主要的选项，可以显示不同效果的行号，如下表所示。

按 键	说 明
-b	指定行号指定的方式。[-b a]表示列出包括空行在内的所有行号，[-b t]表示列出除空行外的所有行号
-n	列出行号表示的方法。[-n ln]表示行号显示在屏幕的最左边，[-n rn]表示行号显示在自己栏位的最右边（不加0），[-n rz]表示行号显示在自己栏位的最右边（加0）

不加选项执行nl命令可以将文件内容自动加上行号显示出来，与cat -n有些相似，如下图所示。

```
[root@centos etc]# nl nfs.conf
     1	#
     2	# This is a general configuration for the
     3	# NFS daemons and tools
     4	#
     5	[general]
     6	# pipefs-directory=/var/lib/nfs/rpc_pipefs
```

指定-n ln选项之后，行号会显示在最左边，如下图所示。

```
[root@centos etc]# nl -n ln nfs.conf
1      	#
2      	# This is a general configuration for the
3      	# NFS daemons and tools
4      	#
5      	[general]
6      	# pipefs-directory=/var/lib/nfs/rpc_pipefs
```

指定-n rz选项之后，行号会显示在自己栏位的最右边，并且前面都加了0，如下图所示。

```
[root@centos etc]# nl -n rz nfs.conf
000001  #
000002  # This is a general configuration for the
000003  # NFS daemons and tools
000004  #
000005  [general]
000006  # pipefs-directory=/var/lib/nfs/rpc_pipefs
```

这些命令很有意思吧！你可以动手多试试不同的选项所显示的结果。

原帖主　　8#

这么多与文件和目录有关的命令啊！弱弱地问一句，还有吗？

混个脸熟　　9#

哈哈哈哈！当然还有啦！如果你想把新建的这个目录移到其他目录里面去，要怎么办呢？用mv命令吧！mv命令不仅可以移动文件和目录，还可以对文件和目录进行重命名。

mv [选项] 源文件或目录 目标文件或目录

如果源类型和目标类型都是文件或都是目录，mv命令会对其进行重命名。如果源类型是文件，目标类型是目录，mv就会把文件移动到目录里面。如果源类型为目录，那么目标类型也只能是目录，不能是文件。两个常用选项如下表所示。

选　项	说　明
-i	在对已经存在的文件或目录进行覆盖时，会询问是否覆盖
-f	即使存在相同的文件或目录，也会强制覆盖，不给提示

要把当前目录下的文件file3移动到目录dir5中，直接输入mv file3 dir5就可以了。如果要移动的文件或目录不在同一个路径下，就需要明确路径，如下图所示。

```
[root@centos dir1]# ls
dir5  file1  file3
[root@centos dir1]# mv file3 dir5
[root@centos dir1]# ls
dir5  file1
[root@centos dir1]# cd dir5
[root@centos dir5]# ls
file3
```

把目录test重命名为dir1，里面包含的内容不会发生变化，如下图所示。

```
[root@centos mydir]# ls
file1  test
[root@centos mydir]# mv test dir1
[root@centos mydir]# ls
dir1  file1
```

上面说的是移动文件或目录的命令，下面要说的则是可以复制文件或目录的命令。cp命令可以将一个文件或目录从原来的位置复制到另外一个位置，也可以将一个文件中的内容复制到另外一个文件中，并且可以一次性复制多个文件。

cp [选项] 源文件或目录 目标文件或目录

cp命令是一个非常重要的命令，不同权限的用户执行这个命令会有不同的效果。cp命令常用的选项如下表所示。

选　项	说　明
-a	在复制目录时使用，保留所有的信息并递归地复制
-r	原样复制源目录的层次结构
-d	复制时保留链接，这样不会失去链接文件
-p	保留文件的属性（权限、时间等）
-i	如果已有相同文件名的目标文件，会提示是否覆盖

如果你想复制一个文件到一个目录里，可以像下面这样使用cp file1 dir3命令，这样就成功地把文件file1复制到目录dir3里面了，如下图所示。如果想把一个目录里面的内容复制到另一个目录里然后重命名，一定要指定-r选项。不指定-r选项就会发生错误，从而忽略源目录的层次结构。

```
[root@centos dir1]# ls
dir2  dir3  file1  file2
[root@centos dir1]# cp file1 dir3
[root@centos dir1]# cd dir3
[root@centos dir3]# ls
file1
[root@centos dir3]# cd ..
[root@centos dir1]# ls
dir2  dir3  file1  file2
[root@centos dir1]# cp dir2 dir4
cp: 未指定 -r; 略过目录'dir2'
[root@centos dir1]# cp -r dir2 dir4
[root@centos dir1]# ls
dir2  dir3  dir4  file1  file2
[root@centos dir1]# 
```

在使用cp这个命令复制文件时，你需要清楚是否保留源目录的层次结构和文件信息，并且注意源文件的类型。

康康我　　10#

那要怎么确定文件的类型呢？

IT小虾　　11#

使用file命令就可以确定文件的类型。有一点你要知道，在Linux中文件的扩展名（后缀）并不能代表文件的类型，因此在你打开一个文件之前，需要先确定这个文件的类型。对于长度为0的文件，file命令将识别为空文件。

file [选项] 文件名或目录名

file命令相关的选项如下表所示。

选　项	说　　明
-b	显示文件类型的信息，不显示对应文件名称
-L	显示符号链接所指向文件的类型
-z	显示压缩文件的信息
-v	显示版本信息
-c	显示详细的指令执行过程

一般情况下，我们想查看一个文件或目录的类型，直接使用file命令指定文件名或者目录名就可以了，结果会显示这个文件的具体类型。比如查看根目录下的tmp，结果显示这是一个目录（directory），如下图所示。/var/mail是一个符号链接文件，链接的文件类型是一个目录。

```
[root@centos /]# file tmp
tmp: sticky, directory
[root@centos /]# ls -l /var/mail
lrwxrwxrwx. 1 root root 10 5月  10 2019 /var/mail -> spool/mail
[root@centos /]# file /var/mail
/var/mail: symbolic link to spool/mail
[root@centos /]# file -L /var/spool/mail
/var/spool/mail: directory
```

使用file命令可以简单地判断文件的格式，大概了解这个文件是什么类型。

原帖主　　12#

这么多命令我可得好好研究研究了。闭关修炼去喽！

调皮仔　　13#

捡到宝了！点赞收藏走起来！

发帖：Linux中的重定向是做什么用的？可以具体讲讲吗？

最新评论

FreeLinux　　1#

重定向是一个很重要的概念，它对于数据的存储很有用。不过，在讲重定向之前，你需要先明白下面几个名词：

- 标准输入：接收输入的命令信息。

- 标准输出：正确执行命令后返回的信息。
- 标准错误输出：执行错误命令后返回的错误信息。

通常情况下，标准输入指向键盘，标准输出指向显示器。控制从何处接收输入以及在何处执行输出的功能称为输入/输出控制（I/O控制），通过数据流控制输入和输出。

所有处理文件内容的命令都是从标准输入读入数据，并将输出结果写到标准输出。你看下面输入的这个ls命令就是标准输入，ls命令的返回结果是正确的，下一行就是标准输出。你再看执行ls file1 file3时，由于当前目录dir1下不存在文件file3，执行结果的第一行有错误提示，这就是标准错误输出，第二行则是标准输出，如下图所示。

```
[root@centos dir1]# ls
dir2  dir3  dir4  file1  file2
[root@centos dir1]# ls file1 file3
ls: 无法访问'file3': 没有那个文件或目录
file1
[root@centos dir1]#
```

你看上面执行ls file1 file3的结果，标准输出和标准错误输出被显示在一起了。上面这种情况看起来还好，但如果是数据量很大的情况呢？不管是正确的输出还是错误的输出都会导致屏幕上的结果很乱。那么有没有一种方法可以将这两种输出分开？没错，就是重定向！重定向可以理解为把数据重新定向存储到其他地方，使用重定向可以将输出到屏幕上的命令结果传输到指定的其他地方。

既然有输入和输出，那当然就有输入重定向和输出重定向。

- 输入重定向（<或<<）：可以让程序从一个文件中获取输入，也就是将原本可以从键盘输入的数据改成由文件内容替换。<<表示结束输入的字符，在输入结束之后，输入<<右侧的字符会结束这次的输入。
- 输出重定向（>或>>）：用于把程序的输出转移到另外一个地方。如果输出重定向的文件不存在，那么输出重定向符号>会建立这个文件；如果文件存在，就会删除原来文件中的内容，用新内容替代。在保留原来文件内容的基础上添加内容，可以使用>>，这种方式会在原文件内容的后面添加新内容。

Shell创建的进程都会和文件描述符打交道，这个文件描述符是一个非负整数，是Linux系统内部使用的一个文件代号。为什么会说到文件描述符呢？因为它可以决定从哪里读入命令所需的输入和将命令产生的输出及错误显示送到什么地方。上面说到的标准输入的文件描述符编号是0，标准输出是1，标准错误输出是2。

我在上面那个例子的基础上又加了重定向来说明它的含义。ls file1 file3 2>error表示将执行结果的标准错误输出存储到文件error中，error文件之前是不存在的，执行重定向后自动创建了这个文件。使用ls命令可以看到error文件已经存在了。我们来看看这个error文件里记录了什么内容吧！结果显示这个文件的内容就是标准错误输出的内容，如下图所示。

```
[root@centos dir1]# ls file1 file3 2>error
file1
[root@centos dir1]# ls
dir2  dir3  dir4  error  file1  file2
[root@centos dir1]# cat error
ls: 无法访问'file3': 没有那个文件或目录
[root@centos dir1]#
```

下面再看几个有关重定向的例子来加深理解吧！

第一个例子：将当前目录下的文件列表存储到文件中，如下图所示。执行ls >file1可以将当前目录dir1下的所有文件和子目录存储到文件file1中，这种方式和ls 1>file1的结果相同，你可以试试这两种方式，然后比较一下结果。

```
[root@centos dir1]# ls >file1
[root@centos dir1]# cat file1
dir2
dir3
dir4
error
file1
file2
file4
file5
[root@centos dir1]#
```

第二个例子：在文件file1中追加新内容，如下图所示。执行ls /bin >>file1可以将/bin目录下的文件和子目录添加到文件file1中并保存，使用>>之后会在原来内容的基础上添加新的内容。这里由于文件内容太长，我节选了部分内容作为展示。

```
[root@centos dir1]# ls /bin >>file1
[root@centos dir1]# cat file1
dir2
dir3
dir4
error
file1
file2
file4
file5
[
ab
ac
aconnect
addr2line
alias
alsaloop
```

第三个例子：将标准输出和标准错误输出都存储在同一个文件中，如下图所示。这种情况就需要借助特殊符号来实现效果了，可以使用&>或者>&。执行ls fileA file2 &>file3，标准输出和标准错误输出都会存储在文件file3中。由于文件fileA不存在，所以会产生标准错误输出。

```
[root@centos dir1]# ls fileA file2 &>file3
[root@centos dir1]# ls
dir2  dir3  dir4  error  file1  file2  file3  file4  file5
[root@centos dir1]# cat file3
ls: 无法访问'fileA': 没有那个文件或目录
file2
```

上面这几个例子都是关于标准输出和标准错误输出的应用。

原帖主 2#

好的，大神！既然介绍了标准输出和标准错误输出的相关例子，那可以再讲讲重定向标准输入的例子吗？这样我可以一起练习，加深理解。感谢！

接下来我用三个例子解释一下<和<<的用法。将命令和标准输入重定向结合起来会产生什么效果呢？

第一个例子：将文件fileA的内容作为标准输入导入到命令cat中，如下图所示。执行cat < fileA表示将文件fileA作为输入传递给cat命令，然后输出读到的fileA里面的内容。一般情况下，<不单独使用。

```
[root@centos dir1]# cat < fileA
CentOS
Ubuntu

RedHat
[root@centos dir1]#
```

第二个例子：使用<<作为结束的输入字符，如下图所示。执行cat > file1 <<"hed"表示使用cat命令将输入的内容输出到文件file1中，前两行是输入到文件file1中的内容，最后一行的hed是结束字符，当文件输入结束后，可以输入hed结束这次的输入。使用cat file1命令可以看出hed这个字符并没有记录到文件file1中。

```
[root@centos mydir]# cat > file1 <<"hed"
> This is a test
> endline
> hed
[root@centos mydir]# cat file1
This is a test
endline
[root@centos mydir]#
```

这个结束字符可以自定义，输入结束字符可以终止输入。如果只输入cat > file1，就需要按Ctrl+d来结束输入。

第三个例子：将<与|（管道）结合使用，如下图所示。使用cat命令查看fileA文件，可以看到内容有四行。执行cat < fileA | head -2表示将文件fileA的内容导入到cat中，cat将它的标准输出通过管道传递到head命令，作为head命令的标准输入，之后执行head -2输出。head -2表示查看文件内容的前两行。

```
[root@centos dir1]# cat fileA
1.CentOS
2.Ubuntu
3.Oracle Linux
4.RedHat
[root@centos dir1]# cat <fileA | head -2
1.CentOS
2.Ubuntu
[root@centos dir1]#
```

在第三个例子里我用了|（管道）将标准输出传递到下一个命令的标准输入以进行进一步操作。通过管道可以将一条命令的输出连接到另一条命令的输入，这是很有用的一个功能。

这个管道命令可以处理前一个命令传递的标准输出（正确的执行结果），但不能处理标准错误输出。比如在“命令1|命令2|命令3”中，命令1将标准输出通过管道传递给命令2作为其标准输入，然后命令2将标准输出传递给命令3作为其标准输入。

在举例说明之前我先介绍一个命令tee，这个命令可以将标准输入读取的数据输出到指定的文件和标准输出。

tee [选项] 文件名

tee命令有一个常用选项-a，可以追加而不覆盖文件内容。下面将使用tee命令结合管道来说说管道的优势。

执行命令nl /etc/passwd | tee fileB.txt | head -3，其中nl命令将行号分配到/etc/passwd文件内容中，并将结果通过管道传递给tee命令，再通过tee命令传输到fileB.txt文件中，在保存内容的同时通过管道传递到head命令，-3就表示仅将前三行输出。使用cat命令可以看到fileB.txt文件中的内容不止三行，这里我选取了前8行的内容供你参考，如下图所示。

```
[root@centos dir1]# nl /etc/passwd | tee fileB.txt | head -3
     1  root:x:0:0:root:/root:/bin/bash
     2  bin:x:1:1:bin:/bin:/sbin/nologin
     3  daemon:x:2:2:daemon:/sbin:/sbin/nologin
[root@centos dir1]# cat fileB.txt
     1  root:x:0:0:root:/root:/bin/bash
     2  bin:x:1:1:bin:/bin:/sbin/nologin
     3  daemon:x:2:2:daemon:/sbin:/sbin/nologin
     4  adm:x:3:4:adm:/var/adm:/sbin/nologin
     5  lp:x:4:7:lp:/var/spool/lpd:/sbin/nologin
     6  sync:x:5:0:sync:/sbin:/bin/sync
     7  shutdown:x:6:0:shutdown:/sbin:/sbin/shutdown
     8  halt:x:7:0:halt:/sbin:/sbin/halt
```

重定向和管道在Linux中会经常用到，这是两个非常实用的命令，希望你多加练习，好好体会其中的妙处。

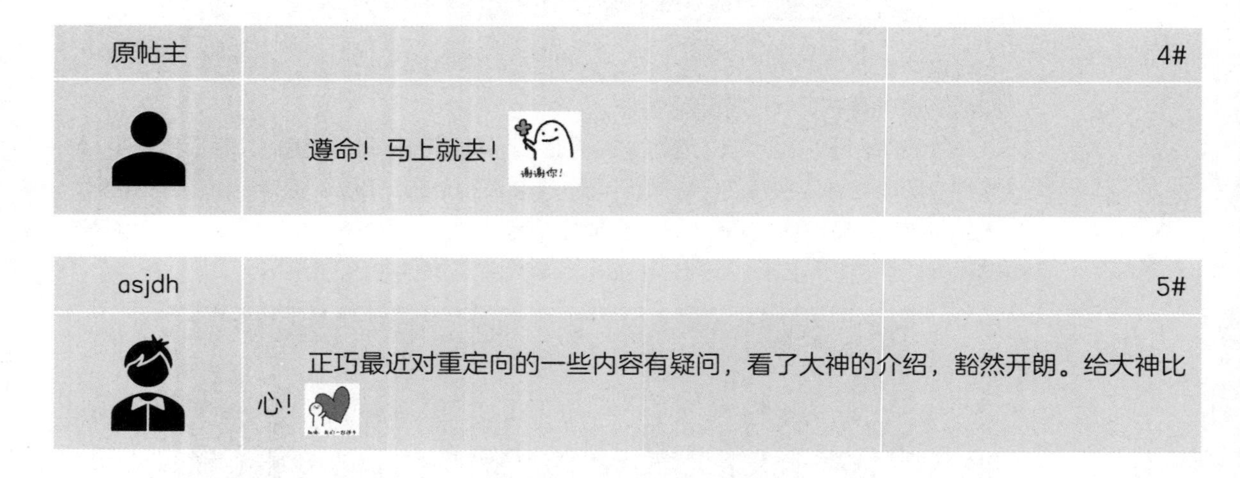

原帖主 4#

遵命！马上就去！

asjdh 5#

正巧最近对重定向的一些内容有疑问，看了大神的介绍，豁然开朗。给大神比心！

发帖：可以对文件内容过滤输出的命令有哪些？比如只看文件的某一行。

最新评论

丘丘糖 1#

我知道两个比较常用的截取文件内容的命令，一个是head，可以看文件内容的开头；一个是tail，可以看文件内容的结尾。是不是和more、less有点像？

如果你只是想了解文件的大概内容，那么只需要看一下文件的前几行讲的是什么就可以了。这种情况使用more和cat这样的命令就不合适了，但可以使用head命令。这个命令可以只显示文件内容的前几行，默认显示文件的前10行内容。

head [选项] 文件名

head命令最常用的选项就是-n了，你可以使用-n指定需要显示的行数，行数从文件的开头算起；也可以省略n，仅指定行数，如下图所示。比如head -n 3 fileB.txt表示显示文件fileB.txt文件内容的前3行，省略n显示与之前相同的结果。

```
[root@centos dir1]# head -n 3 fileB.txt
     1  root:x:0:0:root:/root:/bin/bash
     2  bin:x:1:1:bin:/bin:/sbin/nologin
     3  daemon:x:2:2:daemon:/sbin:/sbin/nologin
[root@centos dir1]# head -3 fileB.txt
     1  root:x:0:0:root:/root:/bin/bash
     2  bin:x:1:1:bin:/bin:/sbin/nologin
     3  daemon:x:2:2:daemon:/sbin:/sbin/nologin
[root@centos dir1]# 
```

与head相反的命令就是tail，它可以只显示文件内容的最后几行。tail命令默认也是显示10行，只不过是文件内容的最后10行。

tail [选项] 文件名

tail命令有两个常用的选项，其中-n选项和上面的用法相同，如下表所示。

选 项	说 明
-n	从文件末尾开始显示指定的行数
-f	持续刷新文件的最后一部分，按Ctrl+C结束

这次使用tail命令查看文件fileB.txt的最后三行内容，执行tail -n 3 fileB.txt可以看到文件内容的第44行到第46行，如下图所示。

```
[root@centos dir1]# tail -n 3 fileB.txt
    44  tcpdump:x:72:72::/:/sbin/nologin
    45  centos:x:1000:1000:centos:/home/centos:/bin/bash
    46  apache:x:48:48:Apache:/usr/share/httpd:/sbin/nologin
[root@centos dir1]# tail -3 fileB.txt
    44  tcpdump:x:72:72::/:/sbin/nologin
    45  centos:x:1000:1000:centos:/home/centos:/bin/bash
    46  apache:x:48:48:Apache:/usr/share/httpd:/sbin/nologin
[root@centos dir1]# 
```

有头（head）就有尾（tail），这两个命令好记吧！就像more和less一样，有多就有少。

原帖主 2#

嗯！确实很好记，一下子就记住了四个命令。

路人甲 3#

下面我要说的这个命令相当于Windows系统的剪切操作，这个命令就是cut。Windows系统的剪切操作是将剪切内容放在剪切板上，而Linux系统的cut命令默认是将提取的内容放在标准输出上。Linux系统的cut命令更强大，Windows系统的剪切操作更简单。

现在和我一起学习Linux里面的剪切操作吧！cut命令可以从文件中提取一行中特定的部分，并将它们送到标准输出显示。

```
cut [选项] 文件名
```

使用cut命令再搭配下面这几个选项可以实现不同的效果，特别是把-d和-f选项搭配在一起使用，如下表所示。

选 项	说 明
-b	只显示指定位置的字节
-c	只显示指定位置的字符
-d	与-f一起使用，指定字段的分隔符，默认为制表符
-f	与-d一起使用，指定显示的字段

我来演示一下这几个选项的使用方法，先看看要提取的这个file1文件的内容吧！仔细观察文件，你会发现这个文件以-分隔每一段信息。如果要提取第二列的字段该怎么办呢？cut -d '-' -f 2 file1表示提取文件file1中以-作为分隔符的第2个字段，如下图所示。

```
[root@centos dir1]# cat file1
centos-736-userA.jpg-2020.02.05-userA-one
ubuntu-672-userB.jpg-2019.11.11-userB-two
debian-091-userC.jpg-2019.12.26-userC-three
centos-217-userD.jpg-2018.06.15-userD-four
debian-231-userE.jpg-2017.08.21-userE-five
[root@centos dir1]# cut -d '-' -f 2 file1
736
672
091
217
231
```

如果需要提取两个不同的字段，可以像cut -d '-' -f 1,5 file1这样执行命令，表示提取file1文件中以-作为分隔符的第1个字段和第5个字段。

如果只是提取文件中每一行的前几个字符，又该怎么办呢？你可以使用-c选项。执行cut -c 1-3 file1表示提取文件file1中每一行的第1个到第3个字符，如下图所示。

```
[root@centos dir1]# cut -c 1-3 file1
cen
ubu
deb
cen
deb
[root@centos dir1]#
```

其实这个命令也不难学，对吧？😎

原帖主	4#
	又get了一个有趣的命令。我想对文件里面的内容排序，该用哪个命令？

plan007	5#

我知道一个命令可以对正文内容进行排序，还会将结果输出到标准输出中，而且原始文件中的内容不会发生任何改变。这个命令就是sort，默认情况下，使用sort命令可以让内容按升序进行排序。如果有多个输入文件，那么每个文件中的内容都将重新排列并进行连接输出。

```
sort [选项] 文件名
```

sort命令的选项有很多，如下表所示。如果你想了解更多的功能，别忘了使用man sort看看在线帮助手册里的描述。

选　项	说　　明
-n	按数字的大小进行排序
-b	忽略每行开始处的空白
-f	排序时不区分大小写
-r	降序排序
-u	排除重复的行

以文件file3为例使用sort排序。不加任何选项执行sort file3表示对文件内容进行升序排序，执行sort -fr file3表示降序排列文件内容并且不区分大小写字母，如下图所示。

```
[root@centos dir1]# cat file3
CentOS
ubuntu
This is ubuntu
that is centos
[root@centos dir1]# sort file3
CentOS
that is centos
This is ubuntu
ubuntu
[root@centos dir1]# sort -fr file3
ubuntu
This is ubuntu
that is centos
CentOS
[root@centos dir1]# 
```

你需要排序的文件是什么样子的？快去试试这个命令吧！

原帖主	6#

我要排序的文件包含数字和字母，这个sort命令满足了我对排序的不同需求。你说的这个命令简直就是我的及时雨。

plan007	7#

还有一个好玩的命令，如果你想转换文件内容的格式可以学学tr命令。tr命令可以将标准输入的字符转换为指定的格式，然后显示出来。

```
tr [选项] 字符组1 [字符组2]
```

tr命令的基本选项如下表所示。

选　项	说　　明
-d	删除匹配的字符
-s	对于重复的字符，只保留第一个
-t	删除字符组1里多出的字符（与字符组2相比）

转换文件内容的格式如下图所示。执行tr 'a-z' 'A-Z'命令表示把输入的字符从小写转换为大写，tr命令会自动把输入的hello world转换成大写的HELLO WORLD。结束输入的时候按下Ctrl+d组合键即可。

```
[root@centos dir1]# tr 'a-z' 'A-Z'
hello world
HELLO WORLD
[root@centos dir1]# tr -d 'ie'
This is test
Ths s tst
[root@centos dir1]#
```

指定-d选项又会发生什么呢？执行tr -d 'ie'表示删除输入内容中带有i和e这两个字符的文本内容，注意i和e是两个字符，而不是字符串ie。

如果想要删除文件里相邻重复的行，可以使用uniq命令。这个命令可以从文件中读取内容，删除相邻重复的行，输出结果不会改变原文件中的内容。

```
uniq [选项] 文件名
```

这三个是uniq命令比较常用的选项，如下表所示。

选　项	说　　明
-c	在每行之前显示出现的次数
-d	只输出重复的行
-u	只显示出现一次的行

我准备了一个测试文件file1，文件里有四行内容，其中第二行和第三行是重复内容。执行uniq file1命令后可以发现删掉了一行重复的内容，如下图所示。

```
[user1@centos mydir]$ cat file1
study Linux
CentOS and Ubuntu
CentOS and Ubuntu
endend
[user1@centos mydir]$ uniq file1
study Linux
CentOS and Ubuntu
endend
```

如果再加上-c选项，就可以看到重复行出现的次数了，如下图所示。

```
[user1@centos mydir]$ uniq -c file1
      1 study Linux
      2 CentOS and Ubuntu
      1 endend
```

再告诉你一个好用的命令expand，如果你想把文件里的制表符换成空格，就使用expand命令。而在你想把输出结果存入文件里时，别忘了好用的重定向。

```
expand [选项] 文件名
```

expand命令常用的选项就是-t，它可以指定空白字符替代制表符的个数。想看文件里的制表符组合可以使用cat -T命令，文件里的^I就是Linux中的制表符，如下图所示。默认情况下，制表符替换为半角空格，默认空白字符的个数为8。

```
[root@centos dir1]# cat -T fileA
1^Iuser01^ICentOS
2^Iuser02^IUbuntu
3^Iuser03^IDebian
[root@centos dir1]# expand fileA
1       user01  CentOS
2       user02  Ubuntu
3       user03  Debian
[root@centos dir1]# expand -t 2 fileA
1 user01  CentOS
2 user02  Ubuntu
3 user03  Debian
[root@centos dir1]#
```

expand fileA表示使用空格替换文件中的制表符，expand -t 2 fileA表示使用选项-t指定文件中要对齐的空白字符数为2。

欢迎其他小伙伴补充更多有意思的文件操作命令。😜

Losoft 8#

我知道一个命令sed，它可以进行替换、删除、新增等各种操作，是很全能的命令，而且用法也是千变万化。sed对文件的操作只会显示在输出结果中，不会改变原文件中的内容。

```
sed [选项] {表达式} [文件名]
```

sed命令中的表达式需要使用引号括起来。虽然表达式千变万化，但是首先掌握常用的表达式用法总是没错的，如下表所示。

表达式	说　明
s/旧模式/新模式/	对于每一行，都将与旧模式匹配的第一个字符串转换为新模式
s/旧模式/新模式/g	将与旧模式匹配的全部字符串转换为新模式
s/$/字符串/	在每行文件末尾添加字符串
/^$/d	删除文件中的空白行

这个sed命令只是看是看不懂的，必须要结合表达式的各种用法练习几次，你才会明白其中的含义。我要使用sed命令替换文件file1中的user字符串，可以这样写表达式：'s/user/Linux/'，不过这个表达式只会替换文件中每行第一个符合表达式的字符串，如下图所示。

```
[root@centos dir1]# cat file1
centos userA.jpg 2020.02.05 userA
ubuntu userB.jpg 2019.11.11 userB
debian userC.jpg 2019.12.26 userC
centos userD.jpg 2018.06.15 userD
[root@centos dir1]# sed 's/user/Linux/' file1
centos LinuxA.jpg 2020.02.05 userA
ubuntu LinuxB.jpg 2019.11.11 userB
debian LinuxC.jpg 2019.12.26 userC
centos LinuxD.jpg 2018.06.15 userD
```

如果想替换文件中所有符合表达式的字符串，可以使用's/user/Linux/g'表达式，如下图所示。可以看到文件中所有的user都替换成了Linux。

```
[root@centos dir1]# sed 's/user/Linux/g' file1
centos LinuxA.jpg 2020.02.05 LinuxA
ubuntu LinuxB.jpg 2019.11.11 LinuxB
debian LinuxC.jpg 2019.12.26 LinuxC
centos LinuxD.jpg 2018.06.15 LinuxD
[root@centos dir1]#
```

sed命令的删除功能也很有意思，不同的组合可以删除的范围也不同。比如删除文件file1中的第一行，可以在d前面指定数字1，如下图所示。

```
[root@centos dir1]# cat file1
centos userA.jpg 2020.02.05 userA
ubuntu userB.jpg 2019.11.11 userB
debian userC.jpg 2019.12.26 userC
centos userD.jpg 2018.06.15 userD
[root@centos dir1]# sed '1d' file1
ubuntu userB.jpg 2019.11.11 userB
debian userC.jpg 2019.12.26 userC
centos userD.jpg 2018.06.15 userD
[root@centos dir1]#
```

如果想删除的内容不止一行，表达式可以灵活地变成这样：'2,4d'，其中2和4表示指定删除文件中的第二行到第四行，如下图所示。如果你想删除指定范围的文件内容，用这种方法还是比较方便的，尤其是大文件。

```
[root@centos dir1]# cat file1
centos userA.jpg 2020.02.05 userA
ubuntu userB.jpg 2019.11.11 userB
debian userC.jpg 2019.12.26 userC
centos userD.jpg 2018.06.15 userD
debian userE.jpg 2017.08.21 userE
[root@centos dir1]# sed '2,4d' file1
centos userA.jpg 2020.02.05 userA
debian userE.jpg 2017.08.21 userE
[root@centos dir1]#
```

sed命令的用法可不止这些，它还有一些选项可以搭配表达式，想了解更多就去使用man命令查询一下吧！

等一等 9#

怎么没人提到join命令？既然这样，我就来说说这个命令好了。join命令可以处理两个文件中的数据，这个数据指的是两个文件中具有相同数据的那一行。使用join命令时会读取指定的两个文件，并将具有公共字段的行连接起来。有一点需要注意，在进行这一步前文件需要经过排序，排序的命令上面也提到了。

```
join [选项] 文件名1 文件名2
```

join命令在处理两个有相关数据的文件时非常有用，选项看不懂的搭配操作一下就会明白，动动小手实践起来学得会更快。join命令的选项如下表所示。

选 项	说 明
-a	除了正常的显示内容外，还会显示文件中没有相同数据的行。有两个文件编号1和2（数字1表示连接文件1中的内容，数字2表示连接文件2中的内容）
-i	忽略大小写
-j	指定要串联的字段
-o	按照指定的格式显示结果

文件fileA和fileB中相同的数据是每行前面的行号，文件fileA有三行，行号是1、2和3；文件fileB有两行，行号是1和3。现在要做的就是把具有相同行号的行连接起来，这样一来需要指定连接的是第1列字段。join -j 1 fileA fileB表示指定第1列为连接字段，如下图所示。

```
[root@centos dir1]# cat fileA fileB
1 user01
2 user02
3 user03
1 2019年12月12日
3 2020年2月2日
[root@centos dir1]# join -j 1 fileA fileB
1 user01 2019年12月12日
3 user03 2020年2月2日
```

结果你也看到了，这种连接不会把文件fileA中的第2行一起串联起来，不过再加上-a选项就可以了。join -j 1 -a 1 fileA fileB会显示文件fileA中无法连接的字段，如下图所示。

```
[root@centos dir1]# join -j 1 -a 1 fileA fileB
1 user01 2019年12月12日
2 user02
3 user03 2020年2月2日
[root@centos dir1]#
```

这么多命令会不会看花了眼？

原帖主	10#
	脑袋有点晕乎。

IT小怪兽	11#

哈哈哈哈！那就再晕一次吧！有一个命令你必须要知道，就是grep命令。这个命令是一个非常强大的文本处理工具，grep命令也具有搜索功能，可以在文件中或标准输出上搜索指定的字符串。

```
grep [选项] 字符串 文件名
```

字符串指的是需要查找的字符串，grep命令可以根据指定的选项过滤不同的文件内容，如下表所示。

选　项	说　　明
-n	在搜索结果中显示行号
-l	列出带有匹配行的文件名
-v	列出没有匹配内容的行
-i	执行不区分大小写的搜索

比如我要搜索文件fileB中带有centos的行，可以指定-n这个选项，这样搜索到的结果就包括行号和带有centos的行。这种情况的搜索是区分大小写的，如果不想区分大小写，可以再指定-i选项，如下图所示。

```
[root@centos dir1]# cat fileB
ubuntu
CentOS
*Fedora
UBUNTU
hello centos
centos
[root@centos dir1]# grep -n centos fileB
5:hello centos
6:centos
[root@centos dir1]# grep -ni centos fileB
2:CentOS
5:hello centos
6:centos
[root@centos dir1]# grep -v '*' fileB
ubuntu
CentOS
UBUNTU
hello centos
centos
[root@centos dir1]#
```

grep除了指定选项，还可以通过正则表达式（regular expression）搜索指定的字符串。简单来说这个正则表达式就是处理字符串的方法，只不过它有自己独特的检索方式。一个正则表达式既可以是一些纯文本文字，也可以是用来产生模式的特殊字符，正则表达式里常用的字符有下面这些，如下表所示。

字 符	说 明
\	忽略正则表达式里特殊字符的原本含义
.	匹配任何字符
*	匹配前一个字符0次或更多次
^	匹配正则表达式的开始行
$	匹配正则表达式的末尾行
?	指定前一个字符重复0次或1次
+	指定前一个字符重复1次或更多次
[]	匹配[]中的字符

可以看到*、+之类的符号在正则表达式里已经不是它们原本的含义了，如果要恢复它们原本的含义，就要在它们之前添加反斜杠\，比如*、\+。

下面是我使用正则表达式和grep命令搭配在一起实现搜索功能的用法。grep '^c.*s$' fileB表示搜索文件fileB中以c开头以s结尾的字符串，这种方式搜索的结果会很准确。grep '^h.*\.$' fileB表示搜索文件fileB中以h开头以.结尾的字符串，如下图所示。

```
[root@centos dir1]# cat fileB
ubuntu
CentOS
UBUNTU
hello centos.
centos
[root@centos dir1]# grep '^c.*s$' fileB
centos
[root@centos dir1]# grep '^h.*\.$' fileB
hello centos.
[root@centos dir1]#
```

如果单独使用.的功能，它会显示除空行以外的所有行，如下图所示。

```
[root@centos dir1]# cat fileB
01 ubuntu

CentOS.
#UBUNTU
Linux oracle
2 hello centos.
centos linux
[root@centos dir1]# grep '.' fileB
01 ubuntu
CentOS.
#UBUNTU
Linux oracle
2 hello centos.
centos linux
[root@centos dir1]#
```

如果是想搜索文件中带有.的行，可以在上面的基础上加\，如下图所示。

```
[root@centos dir1]# cat fileB
01 ubuntu

CentOS.
#UBUNTU
Linux oracle
2 hello centos.
centos linux
[root@centos dir1]# grep '\.' fileB
CentOS.
2 hello centos.
[root@centos dir1]#
```

正则表达式通过不同字符之间的排列组合可以实现搜索、替换、删除等不同的功能。这个正则表达式对系统管理员来说很重要，管理员可以高效地通过正则表达式的功能筛选出系统里面的重要信息。

grep命令和正则表达式的用法可不止这些，多加练习你就能明白其中的含义。

原帖主 12#

谢谢分享！

cool6 13#

话不多说，直接点赞！

灵活运用权限

扫码看视频

参与过前面内容讨论的小伙伴想必已经知道，在Linux系统中一切都是文件。如果这些文件没有任何限制地被人随意访问，后果可想而知。因此Linux对文件的访问权限做出了限制，文件的访问权限决定了哪些用户可以访问以及可以访问特定文件的方式。Linux系统是一个多用户的系统，每个用户都会创建自己的文件，我们有必要了解文件权限的相关知识，这样可以更好地管理自己的系统，提升安全性。

发帖：不懂就问，怎么查看和管理文件权限？

最新评论

万物互联 1#

其实你在学习ls命令的时候就已经见过文件的权限了。哈哈！想不到吧！你现在可以使用ls -l命令再次看看它的执行结果，如下图所示。

```
[root@centos /]# ls -l file1
-rw-r--r--. 1 root root 0 12月 29 09:37 file1
[root@centos /]# 
```

这里面包含了文件类型、操作权限等共七组信息，下面就教你认识这些信息。先来认识第一组信息[- rw- r-- r--]，数一数一共有10个字符。

- 第一个字符代表了文件的类型是目录、文件，还是链接文件等。比如-表示文件，d表示目录，l表示链接文件。

- 接下来的九个字符中，每三个字符为一个小组。这里的三个字符是rwx的组合，r表示可读（read）、w表示可写（write）、x表示可执行（execute）。这三种权限的固定位置就是这样排列的，-表示这个位置没有对应的权限。比如rw-表示有读写权限，没有执行权限。r--表示只有读的权限。

这三组权限又表示什么含义呢？

- 第一组表示文件所有者（owner）具备的权限。文件所有者就是创建这个文件的用户。像上面这个file1文件的所有者权限就是rw-。
- 第二组表示文件所有者所在的群组中其他成员（group）所具有的权限，比如上面的r--，群组里的成员只能读写这个文件。
- 第三组表示除owner和group之外的其他用户（other）对文件所具有的权限。在file1文件中这些其他用户的权限就是r--。

这三组权限是针对不同的用户进行设置的，这种权限机制规范了Linux系统中文件的访问权限。另外，r、w、x这三种权限的含义对于文件和目录来说有一些差别，如下表所示。

权　限	文　件	目　录
r（可读）	可以读取文件内容	显示目录内容
w（可写）	可以编辑文件内容	可以创建和删除目录中的文件和目录
x（可执行）	作为可执行文件	可以移动到目录

了解了第一组的权限之后，我们再来解释后面几组信息。

- 第二组是文件链接的个数，这里的1表示链接数为1。
- 第三组是文件的所有者，这里file1文件的所有者是root。
- 第四组是文件所属的用户组。
- 第五组表示文件的大小。
- 第六组表示文件创建的日期或者是最后被修改的时间。
- 第七组是文件的名字。

了解了这些信息之后，你再去看上面那张图片里的信息，是不是就能看懂了？

原帖主　　2#

现在看明白了。这些权限应该可以修改吧？怎么修改呢？

hello_yo　　3#

如果你想修改权限，可以使用chmod命令。这个命令可以更改现有文件和目录的权限，但该权限只能由所有者（owner）或root用户更改。

chmod [选项] 访问权限 文件名

chmod命令常用的选项是-R，可以递归更改目录及其子目录中所有文件的权限。访问权限可以使用字符表示，也可以使用八进制数值表示。这两种方式都很有意思，快过来看看吧！

（1）字符表示的访问权限

使用字符方式更改权限时，需要使用下面这种命令格式：

chmod [who] [+ | - | =] [mode] 文件名

who表示操作对象，可以是以下字母中的任意一个，也可以是它们之间的任意组合。

- u：表示用户（user），文件或目录的所有者。
- g：表示用户组（group），文件或目录所属的用户组。
- o：表示其他用户（other）。
- a：表示所有用户（all），是系统默认值。

操作符+，-，=的含义也不难理解。

- +：表示添加某一个权限。
- -：表示取消某一个权限。
- =：表示授予权限，=后面必须为完整的权限，同时取消之前的所有权限。

mode表示用户可以执行的权限，可以是r、w、x以及它们之间的组合。

更改文件权限之前我们先使用ls命令查看一下文件原来的权限。使用chmod更改权限时，u=rwx表示赋予所有者（u）可读（r）、可写（w）、可执行（x）的权限，g+x表示用户组（g）增加可执行（x）的权限，o-w表示其他用户（o）取消写（w）的权限。改完之后再使用ls命令查看，我们可以看到权限已经修改成功，如下图所示。

```
[root@centos /]# ls -l file1
-rw-r--rw- 1 root root 0 12月 29 20:29 file1
[root@centos /]# chmod u=rwx,g+x,o-w file1
[root@centos /]# ls -l file1
-rwxr-xr-- 1 root root 0 12月 29 20:29 file1
[root@centos /]#
```

（2）八进制表示的访问权限

使用八进制数字更改权限之前，需要了解每个数字代表的含义。

- 0：表示没有任何权限。
- 1：表示有可执行权限（x）。
- 2：表示有可写权限（w）。
- 4：表示有可读权限（r）。

知道数字的含义之后，再来看使用八进制方式修改权限的命令格式就容易多了。

chmod [数字组合] 文件名

这个数字组合由三位数字组成，即由上面四个数字累加组成。

- 第一位数字表示所有者（owner）权限，比如rwx=4+2+1=7，所有者的权限就是7。
- 第二位数字表示用户组（group）权限，比如r-x=4+0+1=5，用户组的权限就是5。
- 第三位数字表示其他用户（other）权限，比如r--=4+0+0=4，其他用户的权限就是4。

说了这么多，你再看看这个例子就能明白了，如下图所示。fileA更改之前的权限是[rw- r-- ---]，然后在八进制模式下更改权限。754中的7表示所有者（u）具有可读可写可执行（r，w，x）的权限，5表示用户组（g）具有可读可执行（r，x）的权限，4表示其他用户（o）具有可读的权限。修改后的权限变成了[rwx r-x r--]。

```
[root@centos /]# ls -l fileA
-rw-r----- 1 root root 0 12月  29 21:27 fileA
[root@centos /]# chmod 754 fileA
[root@centos /]# ls -l fileA
-rwxr-xr-- 1 root root 0 12月  29 21:27 fileA
[root@centos /]#
```

不知道这两种更改权限的方式你更喜欢哪一种呢?或者都很喜欢?

原帖主 4#

这个嘛……

大爆炸 5#

我有一个疑问：Linux中新文件的访问权限通常被设置为[rw- r-- r--]，转换成八进制的表示方式就是644；新目录的访问权限通常被设置为[rwx r-x r-x]，转换成八进制的表示方式就是755。这种默认的权限是如何设定的?

原味烧饼 6#

你观察得还挺仔细嘛！你说的这个默认权限的问题和umask有关。用umask命令可检查当前的umask值，也可通过更改umask值来更改默认文件和目录的权限。

```
umask [值]
```

root用户和普通用户的umask值是不一样的，这很好理解吧！直接执行umask命令就可以看到umask值了，如下图所示。以字符形式显示权限需要使用-S选项。

```
[root@centos /]# umask
0022
[root@centos /]# su centos
[centos@centos /]$ umask
0002
```

与权限有关的是后面三位数字，那么这个022和002又是什么意思呢？umask值指的是从默认权限中减掉的权限。这个默认权限对于文件来说是[rw- rw- rw-]，就是没有执行权限；对于目录来说是[rwx rwx rwx]，是所有权限都具备的情况。

022转换成权限就是[--- -w- -w-]，用文件的默认权限[rw- rw- rw-]减去[--- -w- -w-]就是新建文件时的权限[rw- r-- r--]。对于目录来说，就是拿[rwx rwx rwx]权限减去[--- -w- -w-]，得到的就是新建目录时的权限[rwx r-x r-x]。很有意思吧！现在你知道这个权限的由来了吧！

想不想看看把默认的umask值改了会是什么样子？更改umask值之前默认的值是002，更改后为244。这个时候再新建一个文件，新文件的权限就变成了[r-- -w- -w-]，如下图所示。

```
[centos@centos ~]$ umask
0002
[centos@centos ~]$ umask 244
[centos@centos ~]$ umask
0244
[centos@centos ~]$ touch file2
[centos@centos ~]$ ls -l file2
-r---w--w- 1 centos centos 0 12月  29 22:42 file2
[centos@centos ~]$ 
```

这种更改方法只对更改后的Shell及其子进程有效，如果想更改默认设置，还需要在Shell配置文件中进行更改。

原帖主 7#

既然可以更改权限，那肯定有更改所有者和用户组的命令，对吧？

默默 8#

说对了！我知道两个可以更改所有者和用户组的相关命令：chown命令和chgrp命令。不过这两个命令有一些区别，先说第一个命令chown，这个命令可以更改文件或目录的所有者和所属的用户组。

```
chown [选项] [用户名] [:用户组] 文件名或目录名
```

这个命令有一个常用的选项-R，表示递归操作，意思就是将指定目录下的所有文件及子目录一并处理。你在使用这个命令的时候要确保指定的用户和用户组在系统中是存在的。一般情况下，我们新建的文件或者目录的所有者和所属的用户组名称相同，如果想更改的话，就可以使用chown命令。chown centos file.txt表示更改文件file.txt的所有者，由root更改为用户centos，如下图所示。

```
[root@centos dir1]# ls -l file.txt
-rw-r--r-- 1 root root 54 12月  27 02:13 file.txt
[root@centos dir1]# chown centos file.txt
[root@centos dir1]# ls -l file.txt
-rw-r--r-- 1 centos root 54 12月  27 02:13 file.txt
```

如果你想同时更改所有者和用户组，只需要像这样指定chown centos: centos fileC就可以了，用户名和用户组之间用冒号分隔，如下图所示。

```
[root@centos dir1]# ls -l fileC
-rw-r--r-- 1 root root 42 12月 26 03:34 fileC
[root@centos dir1]# chown centos:centos fileC
[root@centos dir1]# ls -l fileC
-rw-r--r-- 1 centos centos 42 12月 26 03:34 fileC
[root@centos dir1]#
```

另外一个命令charp只能更改文件或目录所属的用户组，注意这个命令不可以更改所有者。

```
chgrp [选项] 组名 文件名
```

chgrp命令的常用选项也是-R，表示以递归方式更改指定的目录及其子目录。chgrp centos fileB表示将文件fileB的用户组更改为centos用户组，如下图所示。

```
[root@centos dir1]# ls -l fileB
-rw-r--r-- 1 root root 70 12月 27 04:05 fileB
[root@centos dir1]# chgrp centos fileB
[root@centos dir1]# ls -l fileB
-rw-r--r-- 1 root centos 70 12月 27 04:05 fileB
[root@centos dir1]#
```

这些就是我对这两个命令的学习心得，传授给你啦！

原帖主 9#

辛苦了，菜鸟拜上。

发帖：Linux中的硬链接和符号链接主要的区别是什么？盼回复！

最新评论

Losoft 1#

Linux中的这两种链接文件虽然都是用ln这个命令创建的，但是它俩的主要区别还是很大的。先说说我对硬链接的理解，希望你能听明白。我们都知道Linux系统中的链接允许为相同的文件指定不同的名称，链接指向的数据是相同的而不是被复制的。

在Linux系统中，保存在磁盘分区中的所有文件类型都会分配一个编号，这个编号叫索引节点（Inode Index）。硬链接（Hard Link）就是通过文件索引节点进行链接的，Linux系统允许多个文件指向同一个inode。硬链接的这种操作可以防止用户的误删除，如果你不小心删掉了其中一个文件，你还可以访问其他指向相同inode的文件，读取的内容也是相同的，如下图所示。

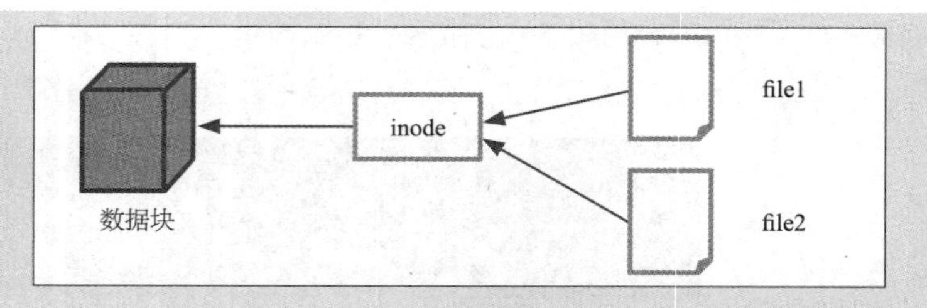

就像上面这种情况，文件file1和file2指向相同的inode。如果删除了file1，还可以通过file2查看file1中的内容，它俩的内容是相同的。

想使用ln命令创建硬链接的话，还要先学学语法格式。

```
ln 源文件 链接名
```

说了这么多，我来总结一下硬链接的主要特征吧！好好看，精华在这里。

- 硬链接以文件副本的形式存在，不占用实际空间。
- 不允许给目录创建硬链接。
- 硬链接只允许在同一个文件系统中创建。
- 删除其中一个硬链接文件并不影响其他有相同inode的文件。

比如我为文件file1创建一个硬链接，可以这样写：ln file1 file1_link，这个链接的文件名可以是其他名字。你看，这两个文件的内容都相同，而且文件的节点号是相同的，都是67223627，如下图所示。

```
[root@myCentOS mydir]# cat file1
1.CentOS
2.Ubuntu
3.Debian
[root@myCentOS mydir]# ln file1 file1_link
[root@myCentOS mydir]# cat file1_link
1.CentOS
2.Ubuntu
3.Debian
[root@myCentOS mydir]# ls -li file*
67223627 -rw-r--r-- 2 root root 27 5月  18 22:45 file1
67223627 -rw-r--r-- 2 root root 27 5月  18 22:45 file1_link
```

如果我删除了文件file1，依然可以查看链接文件file1_link的内容，如下图所示。

```
[root@myCentOS mydir]# rm file1
rm: 是否删除普通文件 'file1'? y
[root@myCentOS mydir]# ls
file1_link
[root@myCentOS mydir]# cat file1_link
1.CentOS
2.Ubuntu
3.Debian
```

为目录创建硬链接，如下图所示。如你所见，创建失败了。

```
[root@myCentOS mydir]# ls -ld thisdir
drwxr-xr-x 2 root root 6 5月  18 22:50 thisdir
[root@myCentOS mydir]# ln thisdir dirA
ln: thisdir: 不允许将硬链接指向目录
```

那为什么目录不可以创建硬链接呢？我们先假设可以将硬链接指向目录的情况，这样一来目录下所有的文件和子目录都要建立硬链接，而且如果这个目录下新增了文件就又要建立一次硬链接，这就会非常复杂。所以，当下还不支持硬链接指向目录。

大爆炸 2#

那我说说符号链接吧，如下图所示。你应该对Windows系统中的快捷方式很熟悉吧！其实这个符号链接和它很相似，这就很容易理解了吧！

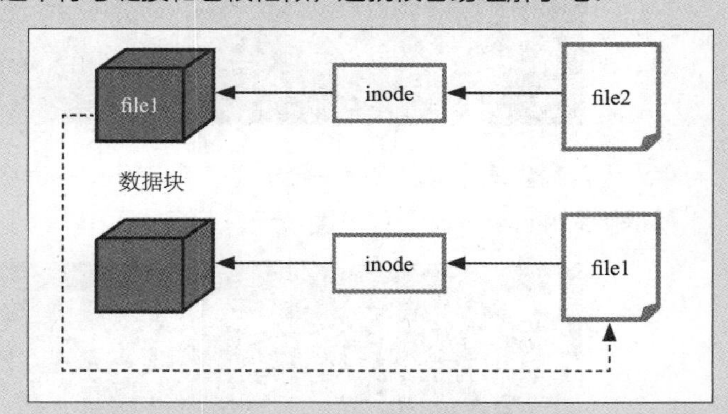

你看上面这张图，与硬链接不同，符号链接（Symbolie Link）是一个独立的文件，只是数据块内容有点特殊，其中存放的内容是指向另一个文件的文件名，通过这个方式可以快速定位到符号链接指向的源文件实体。把文件file1删除之后，指向源文件的链接会因为找不到原始文件而出错。这下你明白了吧！总结一下符号链接的主要特征和硬链接对比看看吧！

- 符号链接存放在另一个文件路径。
- 符号链接可以跨文件系统，硬链接不可以。
- 符号链接可以对一个不存在的文件名进行链接，硬链接必须要有源文件。
- 符号链接可以对目录进行链接。

使用ln创建符号链接的方法也很简单，只需要在之前的命令基础上指定-s选项就可以了。

```
ln -s 源文件 链接名
```

输入ln -s fileA fileA_link命令就可以为文件fileA创建一个符号链接fileA_link。要确认文件内容的话，可以用cat命令。这时候使用ls命令查看节点号，发现是不相同的，文件fileA的节点号是13393547，而符号链接文件fileA_link的节点号是13393540，这也印证了我上面说的那些内容，如下图所示。你再看这两个文件的大小也不一样，一个是20B，一个是5B。

```
[root@centos dir2]# ls
dir3  fileA
[root@centos dir2]# cat fileA
Linux
CentOS
Ubuntu
[root@centos dir2]# ln -s fileA fileA_link
[root@centos dir2]# cat fileA_link
Linux
CentOS
Ubuntu
[root@centos dir2]# ls -li file*
13393547 -rw-r--r-- 1 root root 20 12月 30 02:23 fileA
13393540 lrwxrwxrwx 1 root root  5 12月 30 02:28 fileA_link -> fileA
[root@centos dir2]# 
```

猜猜删除原始文件fileA会发生什么？删除原始文件fileA之后，再想查看符号链接文件fileA_link的内容就会提示没有那个文件或目录，如下图所示。

```
[root@centos dir2]# ls
dirA  fileA  fileA_link
[root@centos dir2]# rm fileA
rm: 是否删除普通文件 'fileA'? y
[root@centos dir2]# ls
dirA  fileA_link
[root@centos dir2]# cat fileA_link
cat: fileA_link: 没有那个文件或目录
[root@centos dir2]#
```

为目录创建符号链接就不会出错了。使用ln -s命令可以为目录dirA成功创建符号链接文件dirA_link，如下图所示。

```
[root@centos dir2]# ls -ld dirA
drwxr-xr-x 2 root root 6 12月 30 01:40 dirA
[root@centos dir2]# ln -s dirA dirA_link
[root@centos dir2]# ls -ld dirA*
drwxr-xr-x 2 root root 6 12月 30 01:40 dirA
lrwxrwxrwx 1 root root 4 12月 30 02:32 dirA_link -> dirA
[root@centos dir2]#
```

如果看得不太明白，动手实践一下就知道是怎么一回事了。学Linux就得多动手试试才行。

Losoft 3#

看到这里你应该也明白了一些吧！硬链接虽然相对比较安全，但是在应用上会受到不少限制，不如符号链接的用途广泛。通过上面这种方式对比之后，它俩的主要区别应该很明确了。

原帖主 4#

经你们这么对比说明，硬链接和符号链接的区别一目了然。感谢大神，又解决了我的一个知识盲点。

发帖：求大神推荐几个好用的搜索文件的相关命令！

最新评论

mz_n2 1#

我推荐whereis命令，它的搜索速度很快。因为这个命令是在一些特定的目录里查找文件，而不是全盘查找。whereis命令可以用来搜索可执行文件、源文件和帮助手册在系统中的位置。

```
whereis [选项] 文件或目录名称
```

指定这几个选项可以更有针对性地搜索，如下表所示。

选 项	说 明
-b	显示二进制格式文件的位置
-m	显示帮助文件所在位置
-s	显示源文件位置
-l	显示whereis命令查找的主要目录

比如我用whereis命令搜索which这个文件名，结果会显示搜索范围内的which文件所在的位置，如下图所示。

```
[root@centos ~]# whereis which
which: /usr/bin/which /usr/share/man/man1/which.1.gz /usr/share/info/which.info.gz
[root@centos ~]#
```

因为whereis命令的搜索范围有限，所以可能有些文件使用这个命令会找不到。如果这个命令不能满足你的需求，可以再看看其他人推荐的命令。

大马猴 2#

如果你需要查找某一个命令的完整文件名，可以看看我介绍的which命令。which命令用于专门查找命令的可执行文件的文件名，而且显示的是完整的文件存放路径。which命令比较依赖PATH这个环境变量。

which [选项] 命令名称

如果你想查看所有与PATH目录中匹配的命令，可以指定-a选项。查找passwd这个命令的完整路径可以直接执行which passwd命令，如下图所示。

```
[root@myCentOS ~]# which passwd
/usr/bin/passwd
```

我还知道一个命令locate，这也是搜索文件的命令。这个locate命令通过后台数据库搜索文件，搜索速度更快。更方便的是，你可以只输入文件的部分名称就能搜索到结果。

locate [选项] 模式

这里的模式可以是文件名，也可以是文件名的一部分。下面是几个locate命令的选项，如下表所示。

选 项	说 明
-c	输出搜索结果的数量而不是具体的文件列表
-i	在搜索时忽略字母的大小写
-r	使用正则表达式的显示方式

默认情况下，locate通过文件名模糊匹配的方式搜索文件，如下图所示。比如我搜索文件file1时，只要文件名中包含file1的文件，都会出现在搜索结果中。我们还需要在这些搜索结果中进行二次筛选，以便找到所需的文件。

```
[root@centos dir1]# locate file1
/dir1/file1
/dir1/dir3/file1
/home/centos/file1
[root@centos dir1]#
```

locate命令搜索速度快是因为这个命令所寻找的数据都是在已建立的数据库（/var/lib/mlocate）中查找的。这个数据库默认每天更新一次数据，如果你在更新数据库之前使用locate命令搜索不到指定的文件，可以执行updatedb命令手动更新数据库。

zplinux 3#

如果你使用他们介绍的命令还是找不到想要的文件，那就试试我说的这个find命令吧！find可以在指定的路径下找到你想要的文件，不过这个命令的用法比其他几个都要复杂一些。

```
find [路径] [表达式]
```

表达式中可以指定各种条件，如果省略路径和表达式，会显示当前目录下的所有文件或目录，如下表所示。

表达式	说　明
-name	按指定文件名搜索
-atime	根据指定时间搜索上次被存取过的文件
-mtime	根据指定时间搜索曾被修改的文件
-size	搜索符合指定大小的文件
-type	按文件类型搜索文件
-user	搜索符合指定所有者的文件或目录

find命令在查找文件时有涉及到时间的问题，你已经知道了mtime、atime和ctime的含义，那么再理解下面这几个时间点应该就不难了。

-atime [+|-]n：查找存取时间超过n天（+n）、低于n天（-n）或正好是n天的文件。

-mtime [+|-]n：查找修改时间是在n天（+n）之前、不到n天（-n）或正好是n天之前的文件。

如果你想查看三天前的那一天根目录中变动过的文件，可以这样写：find / -mtime 3，如下图所示。

```
[root@centos ~]# find / -mtime 3
find: '/proc/7417/task/7417/fd/5': 没有那个文件或目录
find: '/proc/7417/task/7417/fdinfo/5': 没有那个文件或目录
find: '/proc/7417/fd/6': 没有那个文件或目录
find: '/proc/7417/fdinfo/6': 没有那个文件或目录
/root/.bash_history
/var/lib/NetworkManager/NetworkManager.state
/var/lib/chrony
/var/lib/chrony/drift
/var/log/sssd/sssd_implicit_files.log
/var/log/sssd/sssd_kcm.log
/var/log/sssd/sssd_nss.log
/var/cache/dnf/expired_repos.json
/var/cache/cups
/var/cache/cups/job.cache
/home/user1/.config/dconf
/home/user1/.config/dconf/user
/home/user1/.local/share/tracker/data
/home/user1/.bash_history
/tmp/mydir/file1
```

想看当前目录下的某一个文件时，当前目录用.表示。比如在当前目录下搜索文件fileA可以这样写：find . -name fileA，如下图所示。

```
[root@centos dir1]# ls
cat   dir2  error  file2  fileA  fileB.txt  file.txt
data  dir3  file1  file3  fileB  fileC
[root@centos dir1]# find . -name fileA
./fileA
[root@centos dir1]# 
```

当我们想找出某一个用户在系统里的所有文件时，可以指定这样写：find /home -user user1，表示在/home这个目录下搜索属于用户user1的所有文件，如下图所示。

```
[root@centos ~]# find /home -user user1
/home/user1
/home/user1/.mozilla
/home/user1/.mozilla/extensions
/home/user1/.mozilla/plugins
/home/user1/.bash_logout
/home/user1/.bash_profile
/home/user1/.bashrc
```

当然，user1用户的文件可不止这些，我只是截取了一部分。因为find命令的搜索范围很广，所以搜索时间相比前几个命令会长一些。

大马猴	4#

建议你根据自己的搜索需求灵活使用这几个命令。Linux中的搜索命令可不止这几个，大家有好用的搜索命令欢迎补充。

原帖主	5#

666感谢大家！

认识vi

学Linux必须要知道vi，这是所有Linux发行版中都会有的一个文本编辑器，可以用来创建和编辑文件。vi也是Linux系统中最常用的工具之一，它还有一个升级版vim，与vi相比，vim新增了很多功能。不过对于初学Linux的小伙伴，还是建议大家先来这里学习如何使用vi这个基本的文本编辑器再去了解更深入的文本编辑工具。欢迎大家在这里交流有关vi的见解和学习心得。

扫码看视频

发帖：第一次接触vi编辑器，请教vi编辑器的基本用法！

最新评论

奇奇怪怪 1#

习惯了Windows系统下的Microsoft Word，初学vi对你来说可能会有些不适应，因为vi这款文本编辑器可没有像Word那样直观的操作界面。不过也正是因为vi不使用图形界面，工作效率才会非常高。

vi编辑器有三种模式，分别是命令模式、编辑模式和底行模式。先来说说这三种模式到底是干什么的。

- 命令模式：默认情况下，打开vi编辑器就自动进入命令模式。在这个模式下你可以使用上下左右键移动光标、删除字符和整行内容、进行复制和粘贴等。
- 编辑模式：从命令模式切换到编辑模式可以使用i、o和a键。在该模式下可以对文件内容进行编辑，要从该模式回到命令模式可以按下Esc键。
- 底行模式：进入底行模式需要在命令模式下输入:（冒号），之后光标会移动到屏幕最底行。在该模式下你可以对文件进行保存、查找或进行退出vi等操作。

这三种模式之间的关系如下图所示。在编辑模式或底行模式中按Esc键可以回到命令模式，命令模式也可以分别进入这两种模式。但是编辑模式和底行模式之间是不能互相切换的。这三种模式是你学习vi必须要明白的地方。

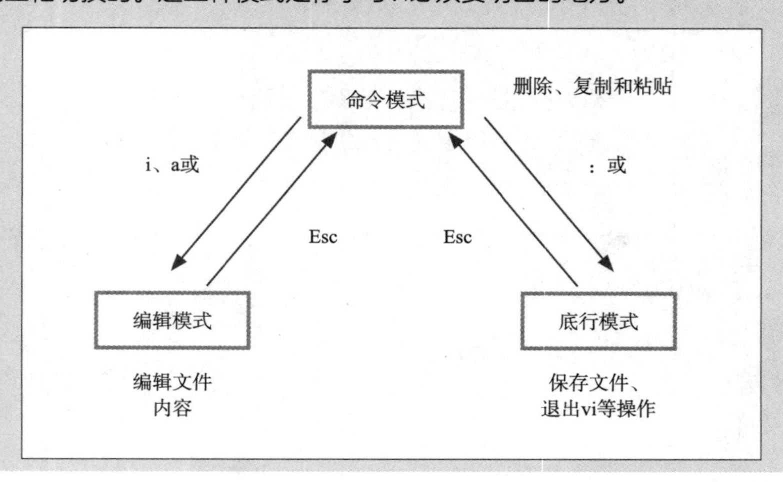

知道这三种模式之后，可以启动vi编辑器看看它到底是什么样子的。启动方式也很简单：

```
vi 文件名
```

你输入的这个文件名可以是存在的也可以是不存在的。如果文件存在，你可以对文件内容进行编辑操作。如果文件不存在，系统会自动帮你创建这个文件。看，这就是vi编辑器打开一个空白文件的样子，如下图所示。

启动vi之后，首先进入的就是命令模式。在终端输入vi fileX可以使用vi打开一个新的文件fileX，光标会定位在文件的开头，底部显示的是文件的基本信息，包括文件的名称和文件的基本信息。由于这个fileX是一个新建的文件，内容空白，所以文件名后面会显示New File（新文件）的字样。注意，底部显示的信息并不是文件本身的内容。

使用vi打开系统中存在的文件，如下图所示。光标同样定位在文件的开头，注意看最后一行的信息，/etc/rsyslog.conf是文件的名称，后面的79L表示这个文件一共有79行，3185C表示文件一共有3185个字符。

```
# rsyslog configuration file

# For more information see /usr/share/doc/rsyslog-*/rsyslog_conf.html
# or latest version online at http://www.rsyslog.com/doc/rsyslog_conf.html
# If you experience problems, see http://www.rsyslog.com/doc/troubleshoot.html

#### MODULES ####

module(load="imuxsock"    # provides support for local system logging (e.g. via logger
command)
       SysSock.Use="off") # Turn off message reception via local log socket;
                          # local messages are retrieved through imjournal now.
module(load="imjournal"              # provides access to the systemd journal
       StateFile="imjournal.state") # File to store the position in the journal
#module(load="imklog") # reads kernel messages (the same are read from journald)
#module(load"immark") # provides --MARK-- message capability

# Provides UDP syslog reception
# for parameters see http://www.rsyslog.com/doc/imudp.html
#module(load="imudp") # needs to be done just once
#input(type="imudp" port="514")

# Provides TCP syslog reception
# for parameters see http://www.rsyslog.com/doc/imtcp.html
#module(load="imtcp") # needs to be done just once
#input(type="imtcp" port="514")
"/etc/rsyslog.conf" 79L, 3185C
```

有哪位继续补充一下按键的使用，我这里整理得不全面。

nntp 2#

我总结了几个关于移动、删除、复制和粘贴的表格，有需要的可以拿走。记住这些按键是在命令模式下操作的。首先是可以移动光标的按键，如下表所示。

按　键	说　　明
Ctrl+b	屏幕向上翻动一页
Ctrl+f	屏幕向下翻动一页
k或↑	将光标向上移动一个字符
j或↓	将光标向下移动一个字符
h或←	将光标向左移动一个字符
l或→	将光标向右移动一个字符
$	将光标移至当前行的末尾
0（零）	将光标移至当前行的开头
nG	移动到文件的第n行

想执行删除操作，可以参考下面这几个按键，如下表所示。

按　键	说　　明
x、X	x表示向后删除一个字符，X表示向前删除一个字符
D	从光标处删除到一行的末尾
dd	删除光标所在的那一行内容
dG	删除从光标行到最后一行的所有内容
nx	删除光标右边的n个字符
ndd	从光标行向下删除n行

当你想删除一个字符的时候，把光标移动到指定的位置，按下x或者X键就可以了。这和你在Word里编辑文件的感觉完全不一样吧！在命令模式下把光标移动到要复制的内容上，使用下面表格里的按键可以执行复制和粘贴操作，如下表所示。

按　键	说　　明
yl	复制光标所在的字符
yw	复制光标所在的单词
yy	复制光标所在的那一行
nyy	从光标行向下复制n行
y0	从光标所在行的开头复制到光标之前
y$	从光标所在行的开头复制到行尾
P（大写）	如果复制的是一行或多行内容将会粘贴到光标的上一行，如果是字母或单词将会粘贴在光标之前
p（小写）	如果复制的是一行或多行内容将会粘贴到光标的下一行，如果是字母或单词将会粘贴在光标之后

这些大致就是在命令模式下的按键操作了。

原帖主　3#

上面这三个表格里都是在命令模式下操作的按键，那从命令模式进入编辑模式时i、a和o这几个按键有什么区别呢？

Shift789　4#

使用这三个按键虽然都可以进入编辑模式，但是在插入字符的位置上有一些区别。我在表格里另外新增了大写字母按键的区别，如下表所示。

按　键	说　明
i	在光标前插入
I	在光标行的开头插入
a	在光标后插入
A	在光标行的末尾插入
o	在光标所在行的下面插入新行
O	在光标所在行的上面插入新行

你可以选择上面的按键进入编辑模式，进入后底部的提示信息会变成INSERT（插入），这就表示可以开始在这个模式下输入文本内容了，如下图所示。

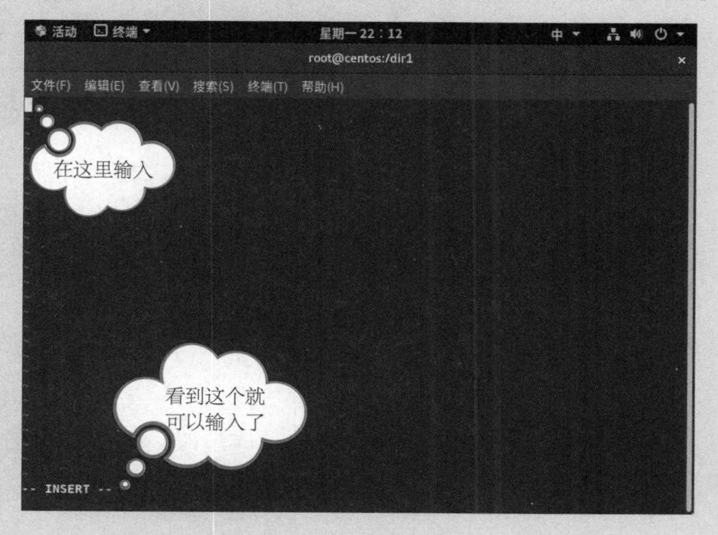

编辑好文本内容之后，你肯定在想该怎么保存呢？还是通过按键。记得要在编辑模式下按Esc键回到命令模式，在命令模式下按冒号（：）键，冒号将会出现在vi编辑器的最后一行，这时就进入了底行模式。保存按键如下表所示。

按　键	说　明
:w	保存但不退出vi编辑器，不更改文件名
:w!	强制保存，不更改文件名
:w 文件名	更改文件名并保存（相当于另存文件）

按 键	说 明
:q	退出vi编辑器而不保存文件
:q!	强制退出vi编辑器而不保存文件
:wq	保存文件并退出vi编辑器
:wq!	强制保存文件并退出vi编辑器
:wq 文件名	更改文件名，保存并退出vi编辑器
:! 命令	在不退出vi编辑器的情况下执行命令

如果你不想重命名文件，可以在编辑完文本内容之后按Esc键，然后输入：wq，再按Enter键就可以保存并退出vi编辑器了，如下图所示。

你看过上面这些内容就会对vi有一个基本的认识了。这些按键要是记不住可以把它们汇总在一起做成图片，然后把桌面壁纸换成这张图片，经常看看最起码可以混个眼熟。

原帖主 5#

这是一个可行的方法，马上行动起来。感谢各位的分享。

发帖：如何在vi编辑器中快速地搜索我想要的内容呢？

最新评论

IT熊	1#

在编辑文件尤其是大文件时，掌握快速定位搜索的技巧会大幅度提升工作效率。这就传授你几个有用的按键，如下表所示。学了立马见效！

按　键	说　　明
/字符串	从当前光标位置向下搜索该字符串
？字符串	从当前光标位置往上搜索该字符串
n	重复前一个搜索的操作，比如前一个操作是向下搜索，输入n后就会重复这个操作
N	反向重复前一个搜索操作，比如前一个操作是向下搜索，输入N后会重复向上搜索的操作
u	取消上一次操作
.	重复上一次操作
~	将光标上的字符在大写和小写之间转换

这些按键同样需要在命令模式下操作，如在/etc/rsyslog.conf文件中搜索port=这几个字符，直接在底部输入/port=，再按下Enter键看光标的定位，如下图所示。

```
# rsyslog configuration file

# For more information see /usr/share/doc/rsyslog-*/rsyslog_conf.html
# or latest version online at http://www.rsyslog.com/doc/rsyslog_conf.html
# If you experience problems, see http://www.rsyslog.com/doc/troubleshoot.html

#### MODULES ####

module(load="imuxsock"    # provides support for local system logging (e.g. via logger
command)
       SysSock.Use="off") # Turn off message reception via local log socket;
                          # local messages are retrieved through imjournal now.
module(load="imjournal"             # provides access to the systemd journal
       StateFile="imjournal.state") # File to store the position in the journal
#module(load="imklog") # reads kernel messages (the same are read from journald)
#module(load"immark") # provides --MARK-- message capability

# Provides UDP syslog reception
# for parameters see http://www.rsyslog.com/doc/imudp.html
#module(load="imudp") # needs to be done just once
#input(type="imudp" port="514")

# Provides TCP syslog r
# for parameters see ht                  com/doc/imtcp.html
#module(load="imtcp"                     just once
#input(type="imtcp"
/port=
```

光标定位
在这里

光标就会自动从当前所在的位置定位到第一个符合条件的地方。如果你还想继续查找这几个字符，可以输入n继续往下查找，输入N则会往上查找。很简单吧！

原帖主	2#

So easy！感谢！除了上面这些操作，能不能对vi编辑器进行基本的设置操作？比如我用vi打开文件时想默认显示行号。

当然可以了，Linux提供了set命令和几个基本的选项可以对vi编辑器进行设置，如下表所示。

命令	选 项	说 明
:set 选项	number	显示行号
	list	显示通常情况下无法显示的字符
	all	显示所有选项

在底行模式下输入这些命令，如果想取消上面这些功能，可以使用set no 选项，想取消哪一个选项就指定哪一个。

在底行模式下输入:set number然后按Enter键，会显示行号，如下图所示。

```
  1 # rsyslog configuration file
  2
  3 # For more information see /usr/share/doc/rsyslog-*/rsyslog_conf.html
  4 # or latest version online at http://www.rsyslog.com/doc/rsyslog_conf.html
  5 # If you experience problems, see http://www.rsyslog.com/doc/troubleshoot.html
  6
  7 #### MODULES ####
  8
  9 module(load="imuxsock"    # provides support for local system logging (e.g. via
     logger command)
 10        SysSock.Use="off") # Turn off message reception via local log socket;
 11                           # local messages are retrieved through imjournal now.
 12 module(load="imjournal"             # provides access to the systemd journal
 13        StateFile="imjournal.state") # File to store the position in the journal
 14 #module(load="imklog") # reads kernel messages (the same are read from journald
    )
 15 #m        "immark") # provides --MARK-- message capability
 16
 17                syslog reception
 18 #            ers see http://www.rsyslog.com/doc/imudp.html
 19 #mo     oad="imudp") # needs to be done just once
 20 #input(type="imudp" port="514")
 21
 22 # Provides TCP syslog reception
 23 # for parameters see http://www.rsyslog.com/doc/imtcp.html
 24 #module(load="imtcp") # needs to be done just once
:set number
```

显示了行号

不过这只是临时设置，如果你想确保启动vi编辑器时始终保持这种显示行号的设置，我知道一个办法。在用户的主目录中新建一个配置文件.exrc，记住一定要创建这个名字的文件，也可以直接使用vi .exrc创建这个文件，之后在文件中输入set number然后保存退出.exrc，如下图所示。

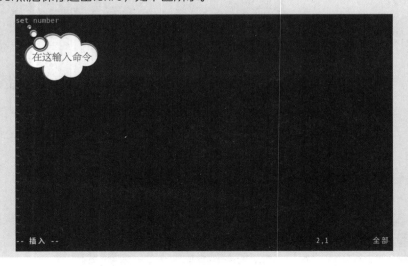

设置好这些，你再使用vi编辑器打开一个有内容的文件就会自动显示行号了，如下图所示。

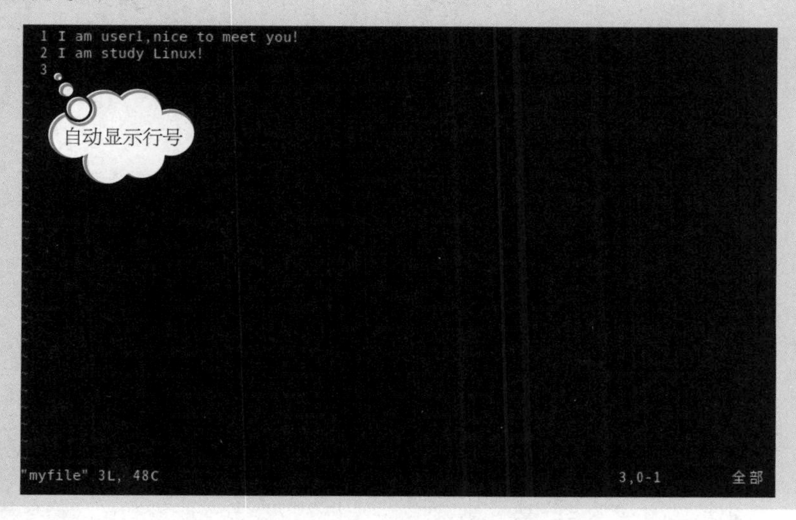

调皮仔	4#
	很有意思的设置。去试试喽！

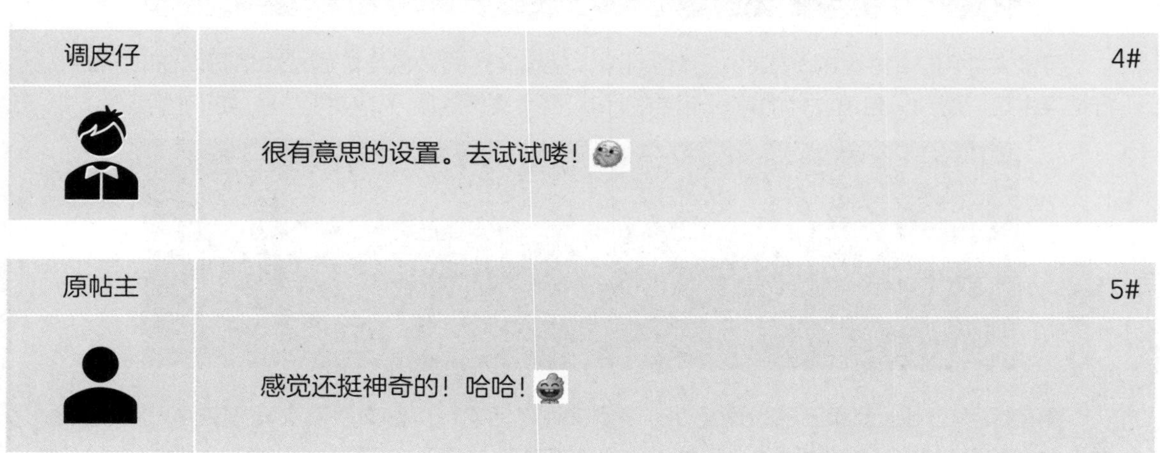

原帖主	5#
	感觉还挺神奇的！哈哈！

小/白/加/油/站

认识不同的文件类型

对于Linux系统来说，所有的一切都是文件。常见的Linux文件类型，是一个初学者必须要知道的事情。

我们接触最多的就是纯文本文件了。纯文本文件是指可以直接阅读的文本数据，大部分的配置文件都是文本文件。比如使用cat命令查看配置文件/etc/nsswitch.conf，该文件就是文本文件，文件内容可以直接阅读和修改，如下图所示。

```
[root@centos ~]# cat /etc/nsswitch.conf
# Generated by authselect on Fri Dec 13 01:54:16 2019
# Do not modify this file manually.

# If you want to make changes to nsswitch.conf please modify
# /etc/authselect/user-nsswitch.conf and run 'authselect apply-changes'.
#
# Note that your changes may not be applied as they may be
# overwritten by selected profile. Maps set in the authselect
# profile takes always precendence and overwrites the same maps
# set in the user file. Only maps that are not set by the profile
# are applied from the user file.
#
# For example, if the profile sets:
#     passwd: sss files
# and /etc/authselect/user-nsswitch.conf contains:
#     passwd: files
#     hosts: files dns
# the resulting generated nsswitch.conf will be:
#     passwd: sss files # from profile
#     hosts: files dns  # from user file

passwd:     sss files systemd
group:      sss files systemd
netgroup:   sss files
```

目录文件用于组织和管理文件或其他目录，目录文件的命名与普通文件相同。在ls -l的执行结果中可以看到，目录文件的第一个字符为d，文本文件的第一个字符为-，如下图所示。

```
[root@centos ~]# ls -l /etc/
总用量 1360
-rw-r--r--.  1 root root       16 12月  12 20:54 adjtime
-rw-r--r--.  1 root root     1518 9月   10 2018 aliases
drwxr-xr-x.  3 root root       65 12月  12 20:49 alsa
drwxr-xr-x.  2 root root     4096 1月   31 03:04 alternatives
-rw-r--r--.  1 root root      541 5月   11 2019 anacrontab
-rw-r--r--.  1 root root       55 5月   13 2019 asound.conf
-rw-r--r--.  1 root root        1 5月   11 2019 at.deny
drwxr-x---.  4 root root      100 12月  12 20:59 audit
```

还有保存在/dev目录下的设备文件。设备文件包括字符设备文件和块设备文件。字符设备文件的数据以字节流的形式发送，只能以一个字节的形式读写，不能随机读取设备内存中的数据。该类文件表示硬件设备，这些设备包括终端设备和串口设备，如键盘、鼠标等。使用ls -l命令查看字符设备文件，第一列中的第一个字符为c就表示是字符设备文件，如下图所示。

```
[root@centos ~]# ls -l /dev
总用量 0
crw-r--r--  1 root root     10, 235 2月    3 19:18 autofs
drwxr-xr-x  2 root root         180 2月    3 19:17 block
drwxr-xr-x  2 root root         100 2月    3 19:17 bsg
drwxr-xr-x  3 root root          60 2月    3 19:18 bus
lrwxrwxrwx  1 root root           3 2月    3 19:18 cdrom -> sr0
drwxr-xr-x  2 root root        2800 2月    3 19:53 char
drwxr-xr-x  2 root root          80 2月    3 19:17 cl
crw-------  1 root root      5,   1 2月    3 19:18 console
lrwxrwxrwx  1 root root          11 2月    3 19:17 core -> /proc/kcore
drwxr-xr-x  3 root root          60 2月    3 19:18 cpu
crw-------  1 root root     10,  62 2月    3 19:18 cpu_dma_latency
```

块设备文件支持从设备的任意位置读取数据，可以随机访问，以块为单位进行数据的读写。常见的块设备有磁盘、U盘等。使用ls -l命令查看块设备文件，可以看到块设备文件使用字母d标识，使用file命令可以看到块设备文件的详细信息，如下图所示。

```
[root@centos ~]# ls -l /dev | grep '^b'
brw-rw----  1 root disk    253,   0 2月    3 19:18 dm-0
brw-rw----  1 root disk    253,   1 2月    3 19:18 dm-1
brw-rw----  1 root disk      8,   0 2月    3 19:18 sda
brw-rw----  1 root disk      8,   1 2月    3 19:18 sda1
brw-rw----  1 root disk      8,   2 2月    3 19:18 sda2
brw-rw----+ 1 root cdrom    11,   0 2月    3 19:18 sr0
brw-rw----+ 1 root cdrom    11,   1 2月    3 19:18 sr1
[root@centos ~]# file /dev/sda
/dev/sda: block special (8/0)
```

二进制文件是指经过编译的可执行代码文件，Linux系统中的可执行文件几乎都是二进制文件。这些文件的内容用户不可以直接阅读，它们是通过计算机执行的文件。

你应该也注意到了不同文件之间的颜色区别，如白色、蓝色、黄色等。其实看文件的颜色也可以知道这个文件属于什么类型。

- 白色表示一般性文件，也是我们见过次数最多的文件。
- 蓝色表示目录，这个也是经常见到的。
- 绿色表示可执行文件。
- 浅蓝色表示链接文件。
- 黄色表示设备文件。
- 红色表示压缩文件。
- 灰色表示其他文件。
- 红色闪烁表示链接的文件出现问题。

了解这些颜色的含义可以帮助我们更加直观地判断文件的类型。

大神来总结

哈哈！是不是感觉关于文件管理的命令非常多？下面是本大神为你总结的关于文件管理的主要框架，按照这个框架来学习，可以帮助你快速理清思路，认清学习重点。

- Linux里的主要目录要知道（/bin、/dev、/etc、/var、/home等），学会使用man命令。
- 学会使用管理文件和目录的那些命令（mkdir、touch、rmdir、more、less、cp等等）。
- 学会灵活使用重定向和管道功能，这两个命令经常搭配其他命令一起使用。
- 掌握一些基础的正则表达式用法，非常有用。
- 权限很重要，要掌握与权限有关的命令（chmod、chown等）。
- 硬链接和符号链接的创建方法和主要区别需要明白。
- 掌握几个主要的文件搜索命令，很实用的技能。
- vi编辑器的基本按键操作要知道。

非学无以广才，非志无以成学。如果不持续地学习怎么能提升自己的实力呢！不要忘记自己刚开始学习Linux时立下的目标。

Chapter

05

讨论方向——Linux用户管理

公　告

欢迎大家来到“Linux初学者联盟讨论区”，我们的“Linux初学者联盟讨论区”成立已经有一段时间了，大家都很积极地提问和发言，仍然保持着学习Linux的初心，相信在这里大家都会有所收获。

本次讨论的主题是Linux用户管理方面的问题，欢迎各位Linux爱好者踊跃发言。本次主要讨论方向是以下4点。

01 用户的创建、删除和修改

02 用户组的创建、删除和修改

03 失效日期管理和账户锁定

04 显示用户的登录历史

用户的创建、删除和修改

扫码看视频

大家好，欢迎大家来到我们第一个问题的讨论区。前面讨论了那么多问题，我们已经知道了Linux系统是一个多用户多任务的操作系统，也就是说，Linux系统可以允许多个用户访问同一台主机。

其实，在Linux系统中有很多的方式可以限制不同用户访问系统的资源数量。任何想要使用系统资源的人都必须先向系统管理员申请一个账号，然后使用账号访问系统资源。那我们要如何创建账号呢？Linux系统管理员又是如何管理用户的呢？针对这些问题，欢迎大家一起来讨论学习。

发帖：Linux中的用户是一个什么样的存在？

最新评论

FreeLinux　1#

让我来开个头吧！用户在Linux系统中是非常重要的部分，每个用户申请的账户都有一个用户名和登录密码，用户只有正确输入用户名和密码才可以进入系统。这一点你应该可以理解吧！就像我们平时玩游戏时注册的游戏账号和密码一样，得输入游戏账号和密码才能进入游戏界面。由于系统管理员的工作之一就是管理系统中的这些用户，所以你必须要知道怎么做才可以管理好这些用户。

背锅侠　2#

1楼说的不错。另外，Linux还可允许多个用户使用同一台主机，用户可以通过网络远程登录或者本地登录的方式访问主机中的资源，如下图所示。登录前提是必须有可登录到该主机的用户账号。话不多说，直接上图。这样你可以理解吗？

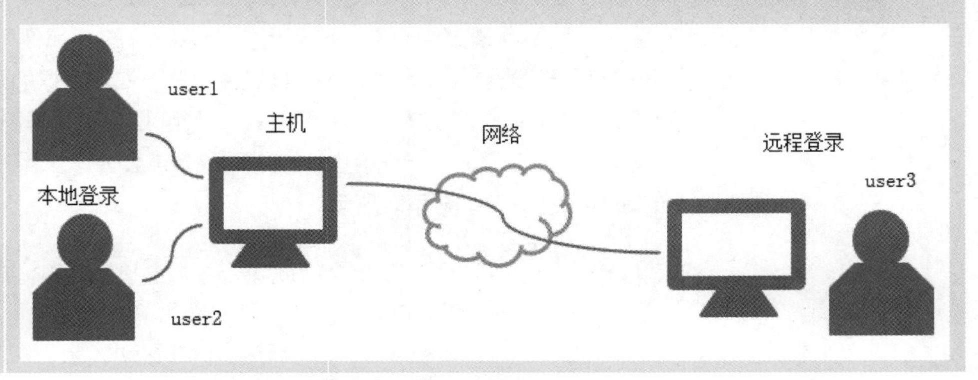

天涯刀客　3#

背锅侠的图片中，用户user1和user2通过本地登录的方式访问主机中的资源，用户user3通过远程登录的方式访问同一台主机中的资源。这些用户通过不同的方式访问了同一台主机中的资源，不过这些用户可访问的主机资源可能是不相同的。

原帖主	4#

Linux中的用户有分类吗？是不是不同类别的用户，他们的权限也是不一样的？那Linux中又是怎么区分这些用户的呢？

背锅侠	5#

上面提到的多用户多任务就是可以在系统上建立很多的用户，这些用户可以在同一时间登录同一个系统执行不同的任务，并且互不影响。不同的用户具有不同的操作权限，每个用户可以在权限允许的范围内完成不同的任务。Linux通过这种权限划分，实现了多用户多任务的运行机制。

Linux系统中的用户可以分成三大类，如下表所示。

种　类	说　　明
系统管理员（root）	可以在Linux系统中执行所有的操作
系统用户	运行特定程序的特殊用户，不能用作登录用户
普通用户	只能执行一定范围内的操作

其中系统管理员（root）的权限最大，root帐号可以执行Linux系统的所有操作。使用root账号时需要谨慎，因为这个账号的权限实在是太高了。一般情况下，不要使用这个账号随意操作系统中的文件。Linux中的系统用户通常是不可以登录的，它们用来执行系统中的特定程序。普通用户登录到系统时，由于权限受到限制，所以只能操作权限范围内的内容。

Yohe	6#

哟，讨论已经开始了啊。我来回答你最后的这个问题吧！关于你问的如何区分这三种用户，其实是通过UID（用户标识符）来区分的。那你可能会问什么是UID？当我们使用账号登录Linux系统时，其实系统并不是直接识别我们输入的用户名，而是通过与账号对应的一组数字来识别的，这组数字就是与账号对应的UID。当系统管理员成功注册了一个普通用户时，Linux系统会为这个用户自动分配一个指定范围内的用户标识符，如下表所示。

范　围	说　　明
0	UID=0表示这个用户是系统管理员
1-999	1-200表示由Linux系统静态分配的系统用户； 201-999表示动态分配的系统用户
1000-65535	普通用户的UID范围（实际可分配的范围更大）

上面的表格列出了这三种用户的UID范围，这样就一目了然了吧！在之前的讨论区中，也有说到UID，你执行id命令就可以看到当前用户的UID了。

来自火星	7#
	楼上说到UID，那不得不提一下GID。系统除了使用UID标识用户之外，还会用到另外一组数字，那就是GID（用户组标识符）。GID是用来标识用户组的唯一标识符，每一个登录系统的用户都会有UID和GID。当系统成功添加一个用户时，默认情况下会同时建立一个与用户同名且UID和GID相同的组。

原帖主	8#
	跪谢各位大神的耐心讲解！

背锅侠	9#
	客气了！有什么问题都可以提出来，大家一起讨论嘛！

发帖：如何创建用户呢？

最新评论

CoolLoser 1#

学习用户管理首先从注册用户开始吧！我们登录Linux系统时需要输入用户名和密码，也就是说，一个账号包括用户名和密码两个部分。那么，要想完整地添加一个用户，就需要使用两个命令来完成。useradd用来创建用户，passwd用来设置用户的密码。我先来解释一下如何使用useradd命令创建用户吧！

useradd是Linux系统中常用的系统管理命令，它的功能就是在系统中创建一个新的用户。注意，在创建新用户时，必须以管理员的身份执行。useradd命令的格式是这样的：

```
useradd [选项] 用户名
```

这个命令还有很多的选项，如下表所示。

选　项	说　明
-u	指定用户标识符[-u UID]，该值在系统中必须是唯一的
-d	指定用户的家目录[-d 家目录]，指定时使用绝对路径
-m	自动建立用户的家目录
-M	不创建用户的家目录

选 项	说 明
-c	指定用户的注释信息，保存在/etc/passwd文件中
-s	指定用户登录后使用的Shell，默认值为/bin/bash
-D	显示或设置默认值
-e	指定用户的失效日期，格式为YYYY/MM/DD，缺省表示永久有效
-f	指定密码过期后，用户被禁用之前的天数。0表示立即禁用，默认值-1表示不禁用
-g	指定用户所属的主用户组
-G	指定用户所属的附加群组

看到这么多选项，一开始可能会不知道怎么用。不过，没关系，慢慢来吧！

原帖主 2#

如果不指定任何选项创建用户，结果会怎么样？

Yohe 3#

在没有指定选项的情况下执行useradd命令创建用户时，系统会根据默认值创建用户。这些默认值被记录在/etc/default/useradd文件中，你可以执行cat命令查看这个文件中的内容，也可以执行useradd -D命令查看默认值。这是我在CentOS中以root身份登录系统查看的文件内容。

/etc/default/useradd文件中大概就是这些内容了，如下图所示。你可以看一下这些字段，有不明白的地方再问。

```
[root@centos ~]# cat /etc/default/useradd
# useradd defaults file
GROUP=100
HOME=/home
INACTIVE=-1
EXPIRE=
SHELL=/bin/bash
SKEL=/etc/skel
CREATE_MAIL_SPOOL=yes

[root@centos ~]#
```

原帖主 4#

这个文件里的内容是什么意思啊？求大神解释一下！

Yohe 5#

我整理了一个表格，你可以参考一下，如下表所示。

内 容	说 明
GROUP	默认的用户组
HOME	指定用户的家目录，默认值
INACTIVE	密码过期后至无法使用该账号的天数，-1表示不启用
EXPIRE	账号失效日期，不设置表示不启用
SHELL	指定默认Shell
SKEL	指定用户家目录内容的参考路径
CREATE_MAIL_SPOOL	在/var/spool/mail中创建新用户的邮箱存储文件

其实/etc/default/useradd文件中指定的GROUP=100并不会生效，你可以想一下，这是为什么？

新用户的初始用户组设置虽然是GROUP=100，即GID为100，但是在CentOS中不是这样。在CentOS中默认的用户组和用户名相同，这种用户组的设置方式保密性会比较高，它不会参考/etc/default/useradd文件指定的GROUP值。因此，这个设置项在CentOS中是不会生效的。

FreeLinux 6#

整理得不错，新手都可以学习！

原帖主 7#

我使用useradd命令创建了一个用户user1，如下图所示。我没有指定-m选项，为什么系统却创建了用户的家目录？求教各位大神！

```
[root@centos ~]# useradd user1
[root@centos ~]# ls -d /home/user1
/home/user1
[root@centos ~]#
```

FreeLinux 8#

这是因为/etc/login.defs文件中设置了CREATE_HOME yes，表示同意创建家目录。创建用户时，/etc/skel目录下的文件或目录会自动复制到用户的家目录中，如右图所示。

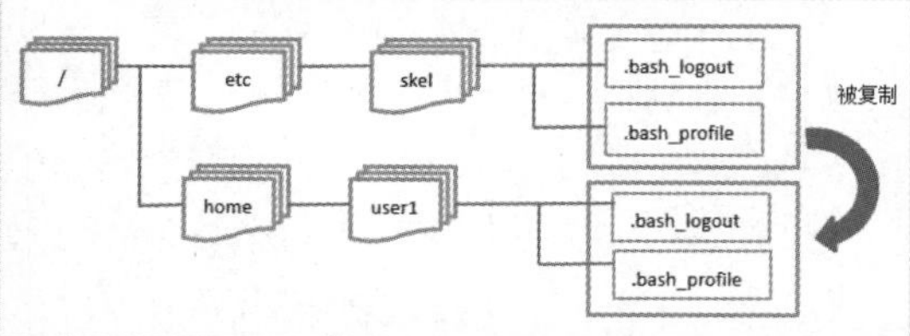

我这里就以/etc/skel目录下.bash_logout和.bash_profile这两个文件为例，给你展示一下复制的过程。你看看这个图上的文件，当你创建了一个用户之后，/etc/skel目录下的所有文件和目录都会被复制到新用户的家目录中。你可以根据自己的需求设置这些文件。

原帖主 9#

我知道在创建用户之后，新用户的信息会被记录在/etc/passwd和/etc/shadow文件中，但是具体字段的含义我就不清楚了。这是我在CentOS上使用tail命令查看的/etc/passwd和/etc/shadow文件的内容，如下图所示。请各位兄弟姐妹指导一下这些字段的具体含义！

```
[root@centos ~]# tail -1 /etc/passwd
user1:x:1001:1001::/home/user1:/bin/bash
[root@centos ~]# tail -1 /etc/shadow
user1:!!:18262:0:99999:7:::
[root@centos ~]#
```

新手上路 10#

这个问题我知道！终于到我这个新手发光的时候啦！嘿嘿！我先来解释一下/etc/passwd这个文件里的内容吧！你仔细观察一下就会发现，其实这个文件中的信息被“:”分隔成了七个字段。

- 第一个字段：表示用户的名称，这里是user1。
- 第二个字段：如果是x就表示该用户登录Linux系统时必须使用密码，如果是空就表示该用户登录系统时不需要提供密码。这里是x，所以要求提供密码。
- 第三个字段：表示用户的用户标识符（UID），这里用户user1的UID是1001。
- 第四个字段：表示用户所属群组的组标识符（GID），这里用户user1的GID也是1001。
- 第五个字段：表示该用户的注释信息，这里是空白。
- 第六个字段：表示该用户的家目录，这里是/home/user1。
- 第七个字段：表示该用户登录系统后第一个要执行的进程，这里表示用户user1默认使用的Shell是/bin/bash。

还有一个文件/etc/shadow，这个文件被“:”分隔成了九个字段，你且听我慢慢道来。

- 第一个字段：与/etc/passwd文件的第一个字段相同，也是表示用户的名称，所以这里也是user1。
- 第二个字段：这个字段里的数据是用户的密码，!!表示这个用户还没有指定密码。如果指定了密码这里会是一段加密的字符数据。
- 第三个字段：表示最近修改密码的日期，这里的18262是指从1970年1月1日起累加的日期。

- 第四个字段：表示密码不能被修改的天数（相对第三个字段而言），0表示密码随时可以被修改。如果你设置了10，那就表示用户在10天之内无法修改自己的密码。
- 第五个字段：表示密码需要重新修改的天数（相对第三个字段而言），99999就表示没有强制修改密码的意思。
- 第六个字段：表示密码需要修改的期限之前的警告天数（相对第五个字段而言）。当你的密码快到到期时，系统会发出警告提醒你。这里的7表示系统会在密码到期的7天之内警告该用户。
- 第七个字段：表示密码失效的日期，密码过期之后，系统会强制让你重新设置密码，然后才可以继续使用。
- 第八个字段：表示账号失效的日期，这个字段也是从1970年1月1日累加的天数。账号在这个字段规定的日期之后将不能再次使用。
- 第九个字段：保留字段。

第一次说这么多，好有成就感啊！希望你能理解这些字段的含义。

arm2016　　11#

其实早期用户的密码是存储在/etc/passwd文件的第二个字段中的，但是由于保密性不高，所有的程序都能读取，密码容易遭到窃取，所以后来就移到文件/etc/shadow的第二个字段中去了。这两个文件的权限是不一样的，原帖主你可以看一下。

原帖主　　12#

确实是不一样的，这是我在CentOS中查看的两个文件的权限，/etc/passwd文件权限设置成了-rw-r--r--这种情况，而/etc/shadow文件的默认权限是----------，如下图所示。

```
[root@centos ~]# ls -l /etc/passwd
-rw-r--r-- 1 root root 2746 1月   2 03:57 /etc/passwd
[root@centos ~]# ls -l /etc/shadow
---------- 1 root root 1891 1月   2 06:28 /etc/shadow
[root@centos ~]#
```

努力学习中，谢谢各位的指教！

发帖：有没有大神指导一下怎么为用户创建密码？

最新评论

Tony来了 1#

创建密码一个命令就能搞定，那就是passwd。完成用户的创建后还需要为该用户设置密码，为了提高安全性，Linux系统中的用户应该定期修改自己的密码。注意，root可以设置或更改任何用户的密码，普通用户只能修改自己的密码。passwd命令的格式是这样的：

```
passwd [选项] [用户名]
```

怎么样？这个命令的用法简单吧！常用的选项如下图所示。

选　项	说　　明
-l	锁定用户密码，会在文件/etc/shadow的第二个字段的最前面加上!让密码失效
-u	解锁用户密码
-d	删除密码
-n	设置密码不能被修改的天数[-n 天数]，也就是文件/etc/shadow的第四个字段
-x	设置密码需要重新修改的天数[-x 天数]，也就是文件/etc/shadow的第五个字段
-w	设置密码需要修改期限之前的警告天数[-w 天数]，也就是文件/etc/shadow的第六个字段
-i	设置密码失效的日期[-i 日期]，也就是文件/etc/shadow的第七个字段
-S	显示密码信息，可以显示文件/etc/shadow的大部分内容

如果你没有指定任何选项为用户设置密码，那么系统将以交互方式进行密码的设置。注意，“passwd 用户名”表示为指定用户设置密码，如果直接使用passwd命令而没有指定用户名，就表示修改自己的密码。

CoolLoser 2#

我还要补充一点，那就是设置的密码不要过于简单。最好遵循以下几点：

- 密码不可以与用户名相同。
- 密码长度要超过8个字符。
- 密码中不要使用自己的个人信息，比如身份证号码、手机号码等。
- 尽量提高密码的复杂度，可以使用大小写字符、数字、特殊字符（比如$、@）的组合。
- 尽量不要使用常用的字符。

大概就是这么多，你在设置密码的时候可要注意这些要求。

原帖主 3#

我使用passwd命令成功地为用户user1创建了密码，如下图所示。另外，我还查看了文件/etc/passwd和/etc/shadow中的内容，/etc/shadow文件中的第二个字段果然变成了加密字符。搞定！谢谢啦！

```
[root@centos ~]# passwd user1
更改用户 user1 的密码 。
新的 密码:
重新输入新的 密码:
passwd: 所有的身份验证令牌已经成功更新。
[root@centos ~]# tail -1 /etc/passwd
user1:x:1001:1001::/home/user1:/bin/bash
[root@centos ~]# tail -1 /etc/shadow
user1:$6$SXPDn.YSjqTkrdzg$dysahHyZARa/GhlklXJstQQOFyE4Ux45uHNvb4/KCGdESjLOMat6X0aL4Ajmc
pAPS87oOX06CUJEyaIsqK5gU0:18262:0:99999:7:::
[root@centos ~]#
```

发帖：如何删除用户呢？

最新评论

来自火星 1#

在你由于某种原因需要删除一个账号时，可以使用userdel命令。这个命令的格式很简单：

```
userdel [选项] 用户名
```

userdel命令有一个常用选项-r，表示删除该用户主目录以及其下的文件。使用这个命令时要特别小心，一定得是你确定不需要让这个用户登录到系统上面了。

原帖主 2#

哦哦！好的，我知道了。感谢分享，赞一个。

发帖：我想修改之前创建的用户信息，应该使用什么命令？

最新评论

pretty_7856 1#

修改用户信息的命令，那必须得知道usermod。这个命令就是用于修改已存在于系统中的用户基本信息的。usermod命令的使用格式也很简单：

usermod [选项] 用户名

usermod命令还有一些选项，如下表所示。

选　项	说　　明
-l	修改用户名[-l 用户名]，也就是文件/etc/passwd的第一个字段
-L	暂时冻结用户的密码，会在文件/etc/passwd的第二个字段的最前面加上!让密码失效
-U	解锁密码，将!去掉
-u	修改用户标识符（UID）[-u UID]，也就是文件/etc/passwd的第三个字段
-g	修改用户所属的组[-u 初始用户组]，也就是文件/etc/passwd的第四个字段
-G	修改用户所属的附加群组
-c	修改用户注释字段的值，也就是文件/etc/passwd的第五个字段
-d	修改用户的家目录[-d 用户家目录]，也就是文件/etc/passwd的第六个字段
-s	修改用户默认的Shell

当你要修改用户名时，可以使用“usermod -l 新用户名 旧用户名”命令。

原帖主　　2#

我按照你说的，成功把用户名userY修改成了user11，如下图所示。

```
[root@centos ~]# usermod -l user11 userY
[root@centos ~]# tail -1 /etc/passwd
user11:x:1002:1002::/home/userX:/bin/bash
[root@centos ~]# tail -1 /etc/shadow
user11:$6$1CfqUgyFhnXE230A$PpuuXjR.epHNpU8JNRdeZM7rHd437TbFZweytYX3J5eopUTc4QwW.uq.EEXS
ysa.RI3JurckHBAmxfcQfCwUU0:18262:0:99999:7:::
[root@centos ~]#
```

你真是个好人！新手刚入门，正好得到了详细的解释。很实用，非常感谢！

用户组的创建、删除和修改

前面我们已经讨论了有关用户的问题，明白了用户的创建、删除和修改。那么，现在我们就来继续讨论用户组的创建、删除和修改相关的问题吧！

扫码看视频

为了方便用户共享系统中的文件或其他系统资源，Linux开发者引入了组的功能。Linux系统中每一个用户都一定隶属于至少一个群组，系统在创建用户时为每一个用户都创建了一个同名的组，并且把该用户也加入其中。用户也可以加入其他群组中以获取需要的资源。通过用户分组可以方便用户的组织管理，包括创建、删除和修改等操作。那么用户组是什么样的？在Linux系统中要如何管理用户组呢？用户组与用户又有什么关系呢？

在明白了用户的相关问题之后，相信大家也能很快解决用户组的相关问题。在这里大家可以畅所欲言，各位大神小白速速过来吧！

发帖：在Linux中，什么是用户组？

最新评论

Bingo 1#

当我们创建了一个用户后，这个用户必须属于一个或多个组。所有的群组信息都存放在/etc/group文件中，每一个组都有一个组标识号GID。这个GID前面应该已经讨论过了吧！如果你想查看用户所属的组，可以使用groups这个命令。学了这么多命令之后，这个groups命令也难不倒你吧！

```
groups [选项] [用户名]
```

如果你在使用groups命令时没有指定用户名，那么系统会默认为是当前进程的用户。

原帖主 2#

我查看了用户cent的组信息，发现确实是组名和用户名相同，如下图所示。文件/etc/passwd中记录的GID是1003，那/etc/group文件中记录的这几个字段又有什么含义呢？求大神指教！

```
[root@centos ~]# groups cent
cent : cent
[root@centos ~]# tail -1 /etc/passwd
cent:x:1003:1003::/home/cent:/bin/bash
[root@centos ~]# tail -1 /etc/group
cent:x:1003:
[root@centos ~]#
```

Tony来了 3#

叮咚！你的托尼老师已上线！我来回答你这个问题吧！/etc/group文件中存放了Linux系统中所有群组的信息，每一群组的信息占一行，每一行的信息被“:”分隔为四段，我已经给你列出了这四个字段的含义：

- 第一个字段：表示群组的名称。
- 第二个字段：x表示该群组登录Linux系统时必须使用密码。
- 第三个字段：表示群组的群组标识符（GID）。
- 第四个字段：表示群组的其他成员。

如果/etc/passwd文件中指定的用户组在/etc/group文件中不存在，那么这个用户是无法登录系统的。

原帖主 4#

谢谢托尼老师和Bingo大神！赞赞赞！

发帖：怎么才能创建一个用户组？

最新评论

查无此人 1#

其实用户组的创建和用户的创建差不多，只不过使用的命令不同而已。创建用户使用useradd命令，而创建组使用groupadd命令。这个命令的使用格式与useradd命令也很相似，是不是？

```
groupadd [选项] 组名
```

这个groupadd命令有一个常用的选项-g，表示指定新用户组的组标识符（GID）[-g GID]。你创建组之后，可以在/etc/group和/etc/gshadow文件中确认一下。用户组的内容其实很简单，都与这两个文件有关。

原帖主 2#

我试着新增了一个组groupA，然后查看了文件/etc/group和/etc/gshadow中的最后一行信息，发现确实新增了这个组的相关信息，如下图所示。只是我不太明白文件/etc/gshadow中的字段含义。

```
[root@centos ~]# groupadd groupA
[root@centos ~]# tail -1 /etc/group
groupA:x:1004:
[root@centos ~]# tail -1 /etc/gshadow
groupA:!::
[root@centos ~]#
```

新手上路 3#

是的，这个文件中同样使用:将信息分隔成了四个字段，其实这四个字段的含义也不难理解：

- 第一个字段：表示群组的名称。
- 第二个字段：密码字段，!表示没有合法的密码。当第二个字段是!或者是空时，就表示没有用户组管理员。
- 第三个字段：表示用户组管理员账号。
- 第四个字段：表示加入用户组的其他成员。

其实用户组管理员的存在是为了帮助root管理加入用户组的成员，从而减轻root的负担。

原帖主 4#

哦！原来是这样。小的在此谢谢各位！

发帖：如何删除一个已经存在的用户组？

最新评论

中华小学徒 1#

删除用户组的命令很简单，一个groupdel命令就能搞定！这个命令可以删除系统中的某个用户组。在删除组的时候，如果有用户把这个组作为主组，就不可以直接删除这个组，需要把用户从该组中移除才行。如果用户把该组作为附加组，就不会影响这个组的删除操作。groupdel命令的格式很简单哦！

```
groupdel 组名
```

你按照这个命令格式试试吧！

原帖主 2#

果然是这样，我用groupdel命令删除了用户组groupA，如下图所示。然后在/etc/group和/etc/gshadow文件中就找不到有关groupA的信息了。

```
[root@centos ~]# groupdel groupA
[root@centos ~]# tail /etc/group | grep groupA
[root@centos ~]# tail /etc/gshadow | grep groupA
[root@centos ~]#
```

又get了一个新的命令！多谢指教！

中华小学徒 3#

不客气！你学会了就好！

发帖：我想修改用户组，应该怎么做？

最新评论

mzsoft_624 1#

其实与usermod类似，修改用户所属的组使用groupmod命令，包括组名和GID的修改。不过最好不要随意修改GID，这样容易造成系统资源的错乱现象。groupmod命令的基本格式是这样的：

```
groupmod [选项] 组名
```

groupmod命令常见的选项，如下表所示。

选　项	说　　明
-n	修改组名[-n 新组名 旧组名]
-g	修改GID

再次提醒，不要轻易修改GID哦！

原帖主 2#

我按照1楼大神的指示试着在自己的系统中把用户组user_group修改成了message，如下图所示。没修改之前在/etc/group中可以看到这个组的信息，使用groupmod命令修改组名之后，再次查看这个文件中的内容，发现组名字段已经改变了，确实是成功修改了组名。

```
[root@centos ~]# id tester
uid=1005(tester) gid=1006(tester) 组=1006(tester)
[root@centos ~]# grep user_group /etc/group
user_group:x:1004:
[root@centos ~]# usermod -G user_group tester
[root@centos ~]# id tester
uid=1005(tester) gid=1006(tester) 组=1006(tester),1004(user_group)
[root@centos ~]# grep user_group /etc/group
user_group:x:1004:tester
[root@centos ~]#
[root@centos ~]# groupmod -n message user_group
[root@centos ~]# grep message /etc/group
message:x:1004:tester
[root@centos ~]#
```

如果我要让系统中的一个用户加入到其他的用户组，应该怎么做？

天涯刀客 3#

你还记得之前讨论区的小伙伴讨论的有关usermod命令的用法吗？它有一个选项-G，用于修改用户所属的附加群组。如果是修改初始用户组，那就要指定-G选项。

原帖主 4#

原来是usermod命令搭配-G选项呀，我之前可能是忽略了它的这种用法。我在系统中新建了一个用户组myusers，想让user2加入到这个用户组中。按照你说的使用usermod命令指定-G选项成功地让user2加入到myusers用户组，这时myusers就成为用户user2的附加组了。/etc/group文件中的第四个字段也有user2的存在，如下图所示。

```
[root@centos ~]# groupadd myusers
[root@centos ~]#
[root@centos ~]# id user2
uid=1001(user2) gid=1001(user2) 组=1001(user2)
[root@centos ~]# grep myusers /etc/group
myusers:x:1002:
[root@centos ~]# usermod -G myusers user2
[root@centos ~]# id user2
uid=1001(user2) gid=1001(user2) 组=1001(user2),1002(myusers)
[root@centos ~]# grep myusers /etc/group
myusers:x:1002:user2
[root@centos ~]#
```

和我有同样困扰的小伙伴可以过来参考一下。谢谢大神的指点。

失效日期管理和账户锁定

扫码看视频

我们知道Linux系统中的用户和密码都是有使用期限的，超过设置的期限后，必须更改密码以防止产生安全漏洞。如果我们使用的Linux系统中有一个账号被人破解了，就容易使文件被窃取，危害系统的安全。所以本次讨论的主题就是失效日期管理和账户锁定的相关内容，讨论一些常用的管理失效日期的命令或者文件等。欢迎各位小伙伴在第三个问题的讨论区畅所欲言。

发帖：如何设置Linux系统中的失效日期？

最新评论

天涯刀客 1#

关于失效日期的管理命令有好几个呢！这里我先说一个大家都知道的命令，那就是useradd，这个命令和指定的选项搭配在一起可以设置默认的失效日期。

useradd命令中-D选项表示显示或设置默认值，-f选项表示密码失效后，用户被禁用之前的天数。使用useradd命令指定这两个选项可以设置默认用户的失效日期。很有意思吧！

如果你想使用命令useradd设置按天数算的失效日期，你可以这样：

```
useradd -D -f 天数
```

用户的配置文件/etc/default/useradd中的INACTIVE表示密码过期后至无法使用该账户的天数，系统默认为-1，表示不启用。我在自己的系统中执行useradd -D -f 100命令，设置用户默认失效日期为100天，设置完成后，配置文件中的INACTIVE值为100，就表示设置成功，如下图所示。

```
[root@centos ~]# grep INACTIVE /etc/default/useradd
INACTIVE=-1
[root@centos ~]# useradd -D -f 100
[root@centos ~]# grep INACTIVE /etc/default/useradd
INACTIVE=100
[root@centos ~]#
```

如果需要按日期指定用户的失效日期，你可以使用useradd命令的-e选项：

```
useradd -D -e 日期
```

默认情况下，/etc/default/useradd用户配置文件中的EXPIRE为空值，表示账户密码永远不会过期。设置日期时，格式为YYYY/MM/DD，缺省表示永久有效。我先查看了/etc/default/useradd用户配置文件中的EXPIRE值，确认为空值后，执行useradd -D -e 2020/12/12命令设置失效日期，然后再次使用grep命令查看配置文件中的值确认设置成功，如下图所示。

```
[root@centos ~]# grep EXPIRE /etc/default/useradd
EXPIRE=
[root@centos ~]# useradd -D -e 2020/12/12
[root@centos ~]# grep EXPIRE /etc/default/useradd
EXPIRE=2020/12/12
[root@centos ~]#
```

有不明白的小伙伴速速过来了解一下吧！

新手上路 2#

我也知道一个可以设置失效日期的命令，使用chage命令可以设置失效日期和密码失效日期。这个命令的格式是这样的：

chage [选项] 用户名

指定不同的选项可以设置/etc/shadow文件中不同的字段值，如下表所示。关于这个文件中的字段值，我已经在前面的讨论区说过了，有不理解的小伙伴可以爬楼过去了解一下。

选　项	说　　明
-l	显示账户和密码的失效日期信息，仅适用于普通用户
-d	设置上次密码更新的日期，以YYYY/MM/DD格式指定日期，也就是/etc/shadow文件的第三个字段
-m	设置两次密码更改之间的最短天数，也就是/etc/shadow文件的第四个字段
-M	设置不更改密码的最长使用天数，也就是/etc/shadow文件的第五个字段
-W	指定密码更改截止日期之前发出警告的天数，也就是/etc/shadow文件的第六个字段
-I	密码更改到期的宽限天数，也就是/etc/shadow文件的第七个字段
-E	设置账户的失效日期，也就是/etc/shadow文件的第八个字段

说了这么多，我给小伙伴看一下我的执行结果吧。这里我使用chage命令设置用户tester的失效日期为2020年12月2日，如下图所示。

```
[root@centos ~]# grep tester /etc/shadow
tester:$6$gGnDOUlRUvLKTY7N$/HjtgRGmd0hOr7YkL1UUnsX3aHjBlirTUxmoLLvqKaS8baDovIruNRzV/Veb
pg3.YR6BoJiVmbt4uEnGWocOF/:18262:0:99999:7:::
[root@centos ~]# date
2020年 01月 01日 星期三 17:10:42 EST
[root@centos ~]# chage -E 2020/12/02 tester
[root@centos ~]# grep tester /etc/shadow
tester:$6$gGnDOUlRUvLKTY7N$/HjtgRGmd0hOr7YkL1UUnsX3aHjBlirTUxmoLLvqKaS8baDovIruNRzV/Veb
pg3.YR6BoJiVmbt4uEnGWocOF/:18262:0:99999:7::18598:
[root@centos ~]#
```

我为大家解释一下吧！首先我查看了/etc/shadow文件中的第八个字段，其值为空，使用date命令查看当前日期；然后执行chage -E 2020/12/02 tester命令设置用户tester的失效日期；最后再次查看/etc/shadow文件中第八个字段的内容为18598，表示18598天后该用户会失效。

欢迎各位小伙伴继续补充！

天涯刀客　　　　　　　　　　　　　　　　　　　　　　　　　　　　　3#

你刚才使用chage命令设置了现有用户的失效日期，其实chage命令也可以设置密码的失效日期。

使用chage命令检查系统中密码的失效日期的命令格式是这样的：

```
chage -l 用户名
```

使用chage命令设置不更改密码可使用的最长天数的命令格式是这样的：

```
chage -M 天数 用户名
```

使用chage命令检查密码更改到期的宽限天数的命令格式是这样的：

```
chage -I 天数 用户名
```

使用chage命令设置账户的失效日期的命令格式是这样的：

```
chage -E 日期 用户名
```

看了这么多命令格式，快晕了是不是？😁我这就为大家展示一下我的执行结果，这样更加一目了然，如下图所示。我先使用date命令查看了系统当前的日期；然后使用chage -l tester命令查看了用户tester的密码失效日期，执行chage -M 60 tester表示为用户tester设置不更改密码的最长使用天数是60天；最后再次使用chage -l tester命令确认设置是生效的。

```
[root@centos ~]# date
2020年 01月 01日 星期三 17:25:04 EST
[root@centos ~]# chage -l tester
最近一次密码修改时间                                    : 1月 01, 2020
密码过期时间                                    : 从不
密码失效时间                                    : 从不
帐户过期时间                                            : 12月 02, 2020
两次改变密码之间相距的最小天数          : 0
两次改变密码之间相距的最大天数          : 99999
在密码过期之前警告的天数        : 7
[root@centos ~]# chage -M 60 tester
[root@centos ~]# chage -l tester
最近一次密码修改时间                                    : 1月 01, 2020
密码过期时间                                    : 3月 01, 2020
密码失效时间                                    : 从不
帐户过期时间                                            : 12月 02, 2020
两次改变密码之间相距的最小天数          : 0
两次改变密码之间相距的最大天数          : 60
在密码过期之前警告的天数        : 7
```

执行chage -I 30 tester表示设置的宽限期限为30天，直到密码更改期结束后无法再使用该账户为止。执行chage -E 2020/11/28 tester表示账户在2020年11月28日前有效，如下图所示。

```
[root@centos ~]# chage -I 30 tester
[root@centos ~]# chage -l tester
最近一次密码修改时间                                    : 1月 01, 2020
密码过期时间                                    : 3月 01, 2020
密码失效时间                                    : 3月 31, 2020
帐户过期时间                                            : 12月 02, 2020
两次改变密码之间相距的最小天数          : 0
两次改变密码之间相距的最大天数          : 60
在密码过期之前警告的天数        : 7
[root@centos ~]# chage -E 2020/11/28 tester
[root@centos ~]# chage -l tester
最近一次密码修改时间                                    : 1月 01, 2020
密码过期时间                                    : 3月 01, 2020
密码失效时间                                    : 3月 31, 2020
帐户过期时间                                            : 11月 28, 2020
两次改变密码之间相距的最小天数          : 0
两次改变密码之间相距的最大天数          : 60
在密码过期之前警告的天数        : 7
[root@centos ~]#
```

新手上路 4#

大神你补充得太到位了！真是个好人！感谢！

原帖主 5#

看了大家的介绍，我把这些命令整理了一下，如下表所示。

命令	密码不改变且有效的最长天数	密码失效为止的延期天数	帐户失效日期
useradd	默认值参考/etc/login.defs文件	useradd -D -f useradd -f	useradd -D -e useradd -e
usermod	—	usermod -f	usermod -e
chage	chage -M	chage -I	chage -E
passwd	passwd -x	passwd -i	—

我整理的这个表中的命令除了常用的功能外，还可以更改密码和用户的有效期。比如passwd命令还可以用于更改密码有效期和宽限期，直到密码到期为止；usermod密码可以更改宽限期限，直到密码到期为止。

天涯刀客 6#

整理得不错，其他不明白的小伙伴也可以借鉴一下。

发帖：如何锁定Linux系统中的账户？

最新评论

中华小学徒 1#

前面大家应该已经了解了/etc/passwd文件中保存了每个用户的登录信息，包括用户名、密码等信息。通过登录Shell指定/bin/false可以禁止交互式登录，如果返回值为1，表示不执行任何操作命令。通过指定/bin/false，在用户登录时执行false命令会将用户强制执行退出。另外也可以通过登录Shell指定/sbin/nologin，显示用户当前不可用的消息。用户登录时执行nologin命令显示消息不可用后，用户将被注销。更改登录Shell，可以使用usermod命令或chsh命令。

使用usermod命令更改登录Shell的命令格式如下：

```
usermod -s 登录Shell路径 用户名
```

使用chsh命令更改登录Shell的命令格式如下：

```
chsh -s 登录Shell路径 用户名
```

我在自己的系统上演示了这两个命令的用法，帮助你了解一下。在没有修改之前用户user2的登录Shell是/bin/bash，执行usermod -s /sbin/nologin user2命令将用户的登录Shell改成了/sbin/nologin，如下图所示。

```
[root@centos ~]# grep user2 /etc/passwd
user2:x:1001:1001::/home/user2:/bin/bash
[root@centos ~]# usermod -s /sbin/nologin user2
[root@centos ~]# grep user2 /etc/passwd
user2:x:1001:1001::/home/user2:/sbin/nologin
[root@centos ~]#
```

另外，我又使用了命令chsh，你也可以参考一下。执行chsh -s /bin/false user3命令将用户user3的登录Shell由/bin/bash改为/bin/false，同时会有警告信息，然后确认变更，如下图所示。

```
[root@centos ~]# grep user3 /etc/passwd
user3:x:1002:1004::/home/user3:/bin/bash
[root@centos ~]# chsh -s /bin/false user3
正在更改 user3 的 shell。
chsh: 警告： "/bin/false"未在 /etc/shells 中列出。
shell 已更改。
[root@centos ~]# grep user3 /etc/passwd
user3:x:1002:1004::/home/user3:/bin/false
[root@centos ~]#
```

你知道如何使用其他的方式锁定账户吗？比如我们之前讨论过的usermod命令和passwd命令。

原帖主 2#

啊！我想起来了！可以使用usermod -L锁定用户，指定-U选项又是解锁账户。passwd命令也有类似的选项。我整理了一下，大神帮忙看一下。

使用usermod命令锁定帐户的格式：

```
usermod -L 用户名
```

使用usermod命令解锁帐户的格式：

```
usermod - U 用户名
```

使用passwd命令锁定帐户的格式：

```
passwd -l 用户名
```

使用passwd解锁帐户的格式：

```
passwd -u 用户名
```

首先我查看了文件/etc/shadow文件中的帐户状态，确认是没有锁定的状态；然后执行usermod -L tester锁定用户tester；最后确认/etc/shadow文件的第二个字段的开头有!表示锁定了用户，如下图所示。

```
[root@centos ~]# grep tester /etc/shadow
tester:$6$gGnDOUlRUvLKTY7N$/HjtgRGmd0hOr7YkL1UUnsX3aHjBlirTUxmoLLvqKaS8baDovIruNRzV/Veb
pg3.YR6BoJiVmbt4uEnGWocOF/:18262:0:60:7:30:18594:
[root@centos ~]# usermod -L tester
[root@centos ~]# grep tester /etc/shadow
tester:!$6$gGnDOUlRUvLKTY7N$/HjtgRGmd0hOr7YkL1UUnsX3aHjBlirTUxmoLLvqKaS8baDovIruNRzV/Ve
bpg3.YR6BoJiVmbt4uEnGWocOF/:18262:0:60:7:30:18594:
```

解锁用户就变得简单了，直接执行usermod -U tester命令解锁用户tester，然后查看/etc/shadow文件中的第二个字段开头就已经没有!了，如下图所示。

```
[root@centos ~]# usermod -U tester
[root@centos ~]# grep tester /etc/shadow
tester:$6$gGnDOUlRUvLKTY7N$/HjtgRGmd0hOr7YkL1UUnsX3aHjBlirTUxmoLLvqKaS8baDovIruNRzV/Veb
pg3.YR6BoJiVmbt4uEnGWocOF/:18262:0:60:7:30:18594:
[root@centos ~]#
```

中华小学徒 3#

可以可以，很不错嘛！

显示用户的登录历史

相信大家在讨论区已经了解不少用户管理方面的知识了。其实，用户登录系统的时间、占用资源情况、命令记录等信息都会被记录在Linux系统中。有哪些小伙伴对这些命令很了解呢？欢迎来到讨论区为大家解答疑惑。在这里大家可以相互交流，相互学习，共同进步。

扫码看视频

发帖：我该使用什么命令查看用户的登录历史记录呢？

最新评论

背锅侠 1#

当然是使用last命令。last命令可以查看用户的登录历史记录，这个命令会读取/var/log/wtmp文件中的内容。last命令默认显示所有用户的登录信息，如果你是想显示某个用户的登录信息，可以使用“last 用户名”这种格式。

原帖主 2#

我使用last命令查看了用户centos的登录历史记录，如下图所示。get了！背锅侠，给你点赞！

```
[root@centos ~]# last centos
centos   tty3         tty3             Wed Jan  1 22:20 - crash  (00:33)
centos   tty3         tty3             Mon Dec 30 20:12 - down   (00:06)
centos   tty2         tty2             Sun Dec 29 22:29 - down   (06:14)
centos   tty3         tty3             Tue Dec 24 02:08 - crash  (18:01)

wtmp begins Thu Dec 12 20:59:15 2019
[root@centos ~]#
```

查无此人 3#

其实还有其他命令呢！who命令和w命令都可以显示已登录用户的用户信息，包括用户名、终端、登录日期及远程主机。你可以自己在Linux系统中实际执行一下这两个命令，看看是什么效果。

原帖主 4#

我执行了w命令和who命令，如下图所示。可是显示的这些字段我不理解，请问有哪位大神来指教一下我这个新手小白？

```
[root@centos ~]# w
 01:00:47 up  2:06,  1 user,  load average: 0.00, 0.00, 0.00
USER     TTY      FROM             LOGIN@   IDLE   JCPU   PCPU WHAT
root     tty2     tty2             22:54    2:06m 39.29s  0.00s /usr/libexec/gsd-disk-
[root@centos ~]# who
root     tty2         2020-01-01 22:54 (tty2)
[root@centos ~]#
```

查无此人 5#

我来为你解答一下吧！w命令的执行结果中，第一行显示了当前系统时间、系统从启动到现在已经运行的时间、登录到系统中的用户数和系统平均负载这些信息。下面八个字段的含义是这样的：

- USER：表示登录系统的用户。
- TTY：表示用户使用的TTY名称。
- FROM：显示远程主机地址或名称。
- LOGIN@：用户登录的日期和时间。
- IDLE：表示某一程序上次从终端开始执行到现在所持续的时间。
- JCPU：表示该终端上的所有进程及子进程使用系统的时间。
- PCPU：当前活动进程使用的系统时间。
- WHAT：当前用户执行的进程名称和选项。

who命令的一般输出格式为：命令 [状态] 终端 时间 [活动] [进程标识] (主机名)。每个字段的含义如下：

- 名称：用户的登录名。
- 状态：显示终端是否对用户都是可写的。

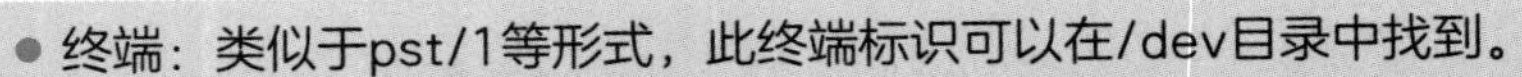

- 终端：类似于pst/1等形式，此终端标识可以在/dev目录中找到。
- 时间：用户登录系统的时间。
- 活动：某个用户在自己终端上最后一次活动发生以来到现在的时间。
- 进程标识：用户登录shell的进程id。
- 主机名：登录到Linux系统上的客户端标识。

现在你知道了吧！

原帖主　　6#

明白了！明白了！谢谢大神！

小 / 白 / 加 / 油 / 站

su命令和sudo命令的用法

如果你是以普通用户的身份登录系统，需要设置系统环境时，普通用户又没有这个权限，那要怎么办呢？这种情况下就需要切换用户的身份了。一般情况下，我们使用普通用户的身份管理系统的日常操作，等到涉及root权限的操作时才会切换身份。这里为你介绍两个用户身份切换的命令：su和sudo。

su是最简单的切换用户身份的命令，这个命令可以在登录期间切换为另一个用户的身份。su命令的使用格式也很简单：

```
su [选项] 用户名
```

与su命令搭配的选项如下表所示。

选　项	说　明
-	切换到root身份
-c	切换后仅执行一次Shell命令
-l	后面加上需要切换的用户名，与su -的用法类似

我们来看看单独使用su和su -的区别。这里使用user1的用户身份切换到root身份，看一看环境变量的区别。

执行su命令需要输入root密码，虽然执行id命令之后结果显示的是root的UID等信息，但是很多原本的变量并不会变成root身份下的环境变量，比如家目录仍然是/home/user1，如下图所示。

```
[user1@centos ~]$ su
密码:
[root@centos user1]# id
uid=0(root) gid=0(root) 组=0(root) 环境=unconfined_u:unconfined_r:unconfined_t:s0-s0:c0
.c1023
[root@centos user1]# env | grep user1
USERNAME=user1
USER=user1
PWD=/home/user1
XDG_DATA_DIRS=/home/user1/.local/share/flatpak/exports/share/:/var/lib/flatpak/exports/
share/:/usr/local/share/:/usr/share/
MAIL=/var/spool/mail/user1
LOGNAME=user1
PATH=/home/user1/.local/bin:/home/user1/bin:/home/user1/.local/bin:/home/user1/bin:/usr
/local/bin:/usr/local/sbin:/usr/bin:/usr/sbin
[root@centos user1]# exit
exit
```

通过su -切换身份时仍然需要输入root密码，使用这种方式就可以成功切换到root身份下的环境变量中。你看，当前家目录变成了/root。使用这种方式才会把USER、PWD、PATH等这种变量一起变成新用户的环境，如下图所示。

```
[user1@centos ~]$ su -
密码:
[root@centos ~]# id
uid=0(root) gid=0(root) 组=0(root) 环境=unconfined_u:unconfined_r:unconfined_t:s0-s0:c0
.c1023
[root@centos ~]# env | grep root
USER=root
PWD=/root
HOME=/root
XDG_DATA_DIRS=/root/.local/share/flatpak/exports/share:/var/lib/flatpak/exports/share:/
usr/local/share:/usr/share
MAIL=/var/spool/mail/root
LOGNAME=root
PATH=/usr/local/sbin:/usr/local/bin:/usr/sbin:/usr/bin:/root/bin
[root@centos ~]# env | grep user1
[root@centos ~]#
```

聪明如你，可能已经发现了su命令的一个缺点，那就是容易造成root密码的泄漏。但是sudo命令就不同了，执行sudo命令时用户只需要知道自己的命令就可以了。sudo命令比较重要的配置文件是/etc/sudoers，这个文件保存了可以执行sudo命令的指定用户以及可以执行的特权命令。sudo命令的有效期默认是5分钟，超过这个时间段之后需要再次验证。

sudo命令默认情况下只有root可以使用，该命令的使用格式如下。

```
sudo [选项] 命令
```

下面是三个sudo命令常用的选项，如下表所示。

选　项	说　明
-b	在后台执行指定的命令
-l	列出指定用户可以执行的命令
-u	以指定用户的身份执行命令

如果你想切换系统账户执行一些操作，通过su命令是切换不了的。这种时候就体现出sudo

命令的优越性了，比如要使用系统账户ftp创建一个文件，可以使用sudo -u指定系统账户的方式执行创建文件的操作。使用ll命令可以看到文件/tmp/userftp的创建者是ftp，而不是root，如下图所示。

```
[root@centos ~]# sudo -u ftp touch /tmp/userftp
[root@centos ~]# ll /tmp/userftp
-rw-r--r--. 1 ftp ftp 0 4月  27 23:03 /tmp/userftp
[root@centos ~]#
```

可以执行sudo命令的用户都记录在了/etc/sudoers文件里面，如果用户可以执行sudo命令，那么直接输入自己的密码就可以继续执行后面的命令操作。另外，root执行sudo命令是不需要输入密码的。

更多命令的使用格式等待你来解锁！

大神来总结

嗨！各位小伙伴，经过一轮又一轮的讨论，相信大家对Linux用户管理已经有了一定的认识。现在，本大神来总结一下我们都讨论了哪些内容吧！

- 用户管理三部曲：创建（useradd）、删除（userdel）和修改（usermod）。别忘记创建用户密码（passwd）。
- 用户组管理三部曲：创建（groupadd）、删除（groupdel）和修改（groupmod）。
- 重要文件要知道：/etc/passwd、/etc/shadow、/etc/group和/etc/gshadow等。
- 账户失效日期的各种设置命令要知道：useradd、chage、usermod和chsh等。
- 学会查询用户相关信息（last、w和who等命令）。

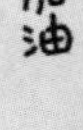

纸上得来终觉浅，绝知此事要躬行。各位小伙伴平时还是需要加强练习哦！加油！

Chapter 06

讨论方向——Shell脚本与任务

公　告

大家好！欢迎来到“Linux初学者联盟讨论区”。经过前面五个话题的讨论，相信你已经对Linux有了自己的认识。现在的你需要开始了解自动管理系统的工具，这个工具指的是什么呢？往下看！

开始准备从Linux初学者1.0升级到Linux初学者2.0吧！这次讨论的主题是Shell脚本与任务方面的问题，主要讨论方向是以下3点：

01 认识Shell脚本

02 任务调度

03 进程管理

认识Shell脚本

扫码看视频

如果你想对Linux有更进一步的了解，那么学习Shell脚本是必不可少的。这是为什么呢？因为系统管理员在管理主机时不可能手动处理所有的工作，如果可以让系统自动工作，是不是更好呢？Shell脚本不需要编译，可以直接执行，功能非常强大。学会编写Shell脚本可以帮助我们自动处理很多工作，简化日常的系统管理。如果你对Shell脚本还不了解，赶快来这里学一学吧！这里有最亲切的大神为你解答疑惑。

发帖：我听说要想真正搞清楚Linux，就不得不学Shell脚本？求各位指教！

最新评论

二米粥 1#

这话说得没错，想在Linux方面更进一步，Shell脚本是一定要学的。其实在Linux系统的内部，很多服务都是以Shell脚本（Shell Script）的形式提供的。这个Shell脚本也不难理解，从字面意思上理解就是针对Shell编写的一种脚本，其实就相当于是一个程序。只不过这个程序是用Shell的语法和命令编写的，可以帮助我们更好地管理主机。

Shell脚本擅长处理纯文本类型的数据，Linux系统中的大部分配置文件和启动文件都是纯文本类型的文件，因此Shell脚本可在Linux系统中发挥巨大作用。

coolcat 2#

不要觉得编写Shell脚本是一件多么困难的事情，你也可以做到。不信的话，跟着我一起试试吧！先来编写一个最经典的输出Hello World的Shell脚本吧！

编写Shell脚本时建议使用vim，因为vim可以帮助我们自动检查语法。下面这个就是一个最简单的Shell脚本，如下图所示。在终端输入vim hello.sh建立一个hello.sh的脚本文件，这三行是脚本文件里的内容，其中的含义稍后会为你解答。

```
#!/bin/bash
#关于这个程序：输出Hello World。
echo "Hello World!"
```

脚本文件最好保存在用户的家目录中，比如/home/user1。正确地输入这三行内容之后，保存文件退出vim，回到终端后执行bash hello.sh就可以看到输出的Hello World!字样了，如下图所示。看，你已经写好一个Shell脚本了。为自己鼓个掌！

```
[user1@centos ~]$ pwd
/home/user1
[user1@centos ~]$ vim hello.sh
[user1@centos ~]$ bash hello.sh
Hello World!
[user1@centos ~]$
```

虽然你成功编写了一个Shell脚本，但可能还会有满脑子的疑问：我刚才写的那几行内容究竟是什么意思？现在就来说说你刚才输入的那三行内容代表的含义。

- 第一行#!/bin/bash表示声明这个脚本使用的Shell是bash。这一行必须要写，而且要放在整个脚本文件的开头。必须以#!的固定格式输入，这一行称为shebang。
- 第二行以#开头，这是整个脚本的注释内容，不会被执行。注释内容主要是用来说明这个Shell脚本的内容和功能等信息的。
- 第三行就是整个脚本的程序部分了。echo可以输出引号里面的内容。

bash是执行脚本文件的其中一种方式，写过一个Shell脚本之后，你都有什么体会呢？和我一起来总结Shell脚本的特征吧！

- 解释型语言：解释器解释并执行脚本，不需要编译，可以直接运行。（脚本文件第一行定义的就是解释器）
- 批处理能力：可以在Shell脚本中编写一系列的命令并统一执行。
- 用作编程语言：Shell脚本具有定义变量和数组之类的编程语言功能，可以高效地描述处理过程。

现在你也是会编写脚本的人啦！哈哈，很简单吧！

原帖主 3#

原来这样就能编写一个简单的Shell脚本文件。不过脚本第一行写的解释器只能是#!/bin/bash吗？没有其他的解释器吗？

工具人 4#

当然不止这一种解释器了。从理论上来说，任何一门语言只要提供了解释器，就可以进行脚本编程。常见的解释型语言都可以用作脚本编程，比如Perl、Python、PHP等。常见的几种解释器如下表所示。

解释器	说明
#!/bin/sh	Bourne Shell，是UNIX最初使用的Shell
#!/bin/bash	Bash（Bourne Again Shell），是Bourne Shell的扩展
#!/usr/bin/perl	Perl语言的解释器
#!/usr/bin/python	Python语言的解释器

为什么脚本的第一行一定是解释器呢？这是因为系统会从上到下、从左到右地分析和执行脚本里的内容。在执行脚本的时候，内核会根据#!后的解释器确定执行脚本内容的程序。解释器必须在脚本文件的第一行，否则会被认为是脚本注释行。

原帖主 5#

原来是这样！明白了。

发帖：运行Shell脚本的方式应该不止bash一种吧？求各位补充。

最新评论

Shift789 1#

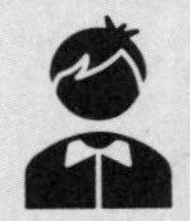

Shell脚本的执行方法有很多种，常用的有四种，其中也包括bash这种执行方式，如下表所示。不过这几种方式的差异性也挺明显的，表格里的shellscript.sh表示脚本文件。

执行方式	说明
bash shellscript.sh	bash命令以解释器的形式在子Shell中启动并执行脚本，脚本文件不需要执行（x）权限
./shellscript.sh	在当前Shell（父Shell）中开启子Shell环境，脚本文件需要执行权限
. shellscript.sh	在当前Shell环境中执行脚本，脚本文件不需要执行权限
source shellscript.sh	在当前Shell环境中执行脚本，脚本文件不需要执行权限

这样一看，四种执行方式的特点就一目了然了吧！不过，在执行脚本文件之前，你还需要事先设置好脚本文件的执行权限才行。使用.或source的方式是在当前Shell环境中执行脚本文件的，bash和./这两种方式是在当前Shell中开启一个子Shell环境、是在子Shell环境中执行脚本文件的。

Jobs@AE 2#

可能只看上面的表格还不明白怎么回事，那就跟我一起实际操作一下吧！你可以使用各种文本编辑器来编写Shell脚本，比如之前接触过的vi和vim。下面是一个测试脚本，可以输出三行内容，如下图所示。

```
#!/bin/bash
#用来输出测试内容
echo "Hello!"
echo "Linux"
echo "nice to meet you"
~
```

编写完成后保存文件，先用上面介绍的第一种方式执行脚本文件test.sh。结果证明确实可以直接执行而不用赋予权限，如下图所示。

```
[user1@centos ~]$ vim test.sh
[user1@centos ~]$ bash test.sh
Hello!
Linux
nice to meet you
```

再来试试第二种执行方式，直接使用./的执行方式会提示你权限不够。这时就需要赋予执行权限了，用chmod这个命令给test.sh脚本文件增加执行（x）权限，然后再用这种方式执行脚本文件就可以了，如下图所示。

```
[user1@centos ~]$ ./test.sh
bash: ./test.sh: 权限不够
[user1@centos ~]$ chmod a+x test.sh
[user1@centos ~]$ ./test.sh
Hello!
Linux
nice to meet you
```

后面两种执行方式调用子进程时可以直接在当前进程中运行并且把结果显示在当前进程中。使用.test.sh方式执行脚本文件时，注意.（半角句号）和脚本文件之间有一个空格，如下图所示。

```
[user1@centos ~]$ . test.sh
Hello!
Linux
nice to meet you
[user1@centos ~]$ source test.sh
Hello!
Linux
nice to meet you
```

还有一点，你平时创建脚本文件时最好使用.sh作为脚本文件的后缀名，一般情况下以.sh结尾的文件就表示Shell脚本文件。这是我对执行Shell脚本的认识，欢迎大家一起探讨。

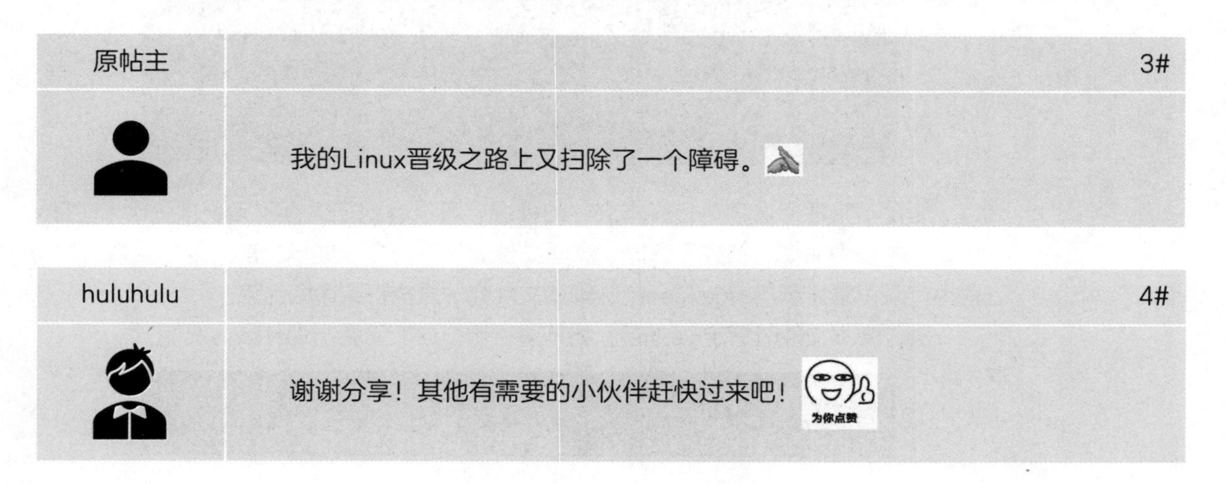

原帖主 3#

我的Linux晋级之路上又扫除了一个障碍。

huluhulu 4#

谢谢分享！其他有需要的小伙伴赶快过来吧！

发帖：一般Linux命令都有选项，那执行脚本文件时有没有可以指定的选项？

最新评论

麦客OS　1#

有的，使用bash命令读取和执行脚本时就可以指定选项。这些选项可以有效地设置加载或调试脚本文件，如下图所示。

选项	说明
-n	检查脚本文件中的语法错误
-e	脚本内容出现错误时，返回错误并停止运行脚本文件
-x	Shell脚本中的内容会逐步显示在命令行中，错误也会显示

你有没有试过在脚本文件中输入错误的命令，看看执行时会有什么情况？下面这个脚本文件中，第4行的dss就是一个错误的命令，如下图所示。

```
#!/bin/bash
#测试脚本文件输出错误的情况
echo "start"
dss
pwd
echo "end"
```

保存脚本文件，使用bash的方式执行脚本文件myScript.sh，如下图所示。

```
[user1@centos ~]$ vim myScript.sh
[user1@centos ~]$ bash myScript.sh
start
myScript.sh:行4: dss: 未找到命令
/home/user1
end
```

这是不带任何选项执行脚本文件的情况，可以看到在执行到错误命令dss时会出现“未找到命令”的提示信息。脚本文件里的pwd命令显示当前的工作目录，这里也可以正常显示/home/user1。脚本文件会一直执行到命令结束。

执行脚本文件时指定-e选项，如下图所示。这次又会出现什么情况呢？

```
[user1@centos ~]$ bash -e myScript.sh
start
myScript.sh:行4: dss: 未找到命令
```

你也看到了，脚本文件执行到错误命令dss时会返回错误信息然后停止运行脚本文件。

如果想同步显示脚本内容和执行结果，可以指定-x选项。这样可以看到具体的出错位置和执行结果，脚本中的内容会以+的形式显示出来，如下图所示。

```
[user1@centos ~]$ bash -x myScript.sh
+ echo start
start
+ dss
myScript.sh:行4: dss: 未找到命令
+ pwd
/home/user1
+ echo end
end
```

试试吧！看好你哦！

灵魂拷问 2#

Linux命令可以带一些选项和参数，那Shell脚本里可不可以带一些特殊的变量来实现不同的执行效果呢？

origin20 3#

Shell脚本提供了一些重要的特殊变量来存储参数信息，它在接收命令行参数时是根据参数的位置顺序来接收的。下面是一些可以在脚本文件里使用的特殊变量，如下表所示。

特殊变量	说明
$0	当前Shell脚本文件名
$n	获取当前执行Shell脚本的第n个参数
$#	获取当前执行Shell脚本接收参数的数量
$@	将每个变量用双引号括起来，每个变量都是独立的
$*	将所有非$0参数存储为单个字符串
$?	退出状态，0表示成功，非0表示失败
$$	获取脚本运行进程的进程号

想知道这些特殊变量的真正含义，不妨写一个脚本文件来体会一下。我写的这个脚本文件里有5行输出内容，每一行都有不同的特殊变量，如下图所示。

```
#!/bin/bash
#测试特殊变量的用法
echo "输入第一个参数: $1"
echo "脚本文件的名字: $0"
echo "输入第二个参数: $2"
echo "脚本运行的进程号:$$"
echo "看看有哪些是参数: $*"
```

保存好脚本文件之后，来看看执行效果是什么样子的吧！我在执行脚本文件spe_var.sh时，还在后面指定了两个参数，分别是Hello和Linux。执行效果和这两个参数的对应关系如下图所示。

```
[user1@centos ~]$ vim spe_var.sh
[user1@centos ~]$ bash spe_var.sh Hello Linux
输入第一个参数: Hello
脚本文件的名字: spe_var.sh
输入第二个参数: Linux
脚本运行的进程号:9013
看看有哪些是参数: Hello Linux
[user1@centos ~]$
```

第一个参数Hello对应了$1，第二个参数Linux对应了$2，$0对应的是执行的脚本文件spe_var.sh，脚本运行的进程号对应9013对应的是$$，最后一个输出所有参数对应的是$*。你也可以试试其他的特殊变量，看看输出的结果是什么。

原帖主 4#

谢谢啦！那必须得试试！

origin20 5#

我们可以使用这些特殊变量执行不同的任务，所以这几个特殊变量还是需要你多多练习，自行体会。

任务调度

接触了一段时间的Linux，你会发现系统常常会自动执行一些日常任务。在Linux系统中，有许多的管理任务需要频繁地定时执行，比如日志文件的轮转、备份数据等。你有没有想过这些任务为什么会自动执行呢？我们自己写的脚本程序可不可以让系统自动执行呢？这里我们就来讨论两种任务调度的方式cron和at，了解这两种任务调度方式可以很好地帮助我们管理自己的系统，提高执行效率。

扫码看视频

发帖：如何使用cron这种任务调度方式？求解释，最好详细点！

最新评论

菜头哥 1#

cron这种任务调度方式使用crontab命令来循环执行设置的任务，它依赖的服务是crond。你在使用这个服务之前需要检查crond的状态是否处于运行状态（active（running））。查看crond状态使用systemctl status crond命令，这个服务默认情况下是处于运行状态的，如下图所示。

```
[root@centos ~]# systemctl status crond
● crond.service - Command Scheduler
   Loaded: loaded (/usr/lib/systemd/system/crond.service; enabled; vendor preset: enab>
   Active: active (running) since Thu 2020-05-21 21:52:13 EDT; 5h 13min ago
 Main PID: 853 (crond)
    Tasks: 2 (limit: 5060)
   Memory: 2.9M
   CGroup: /system.slice/crond.service
           ├─  853 /usr/sbin/crond -n
           └─10636 /usr/sbin/anacron -s
```

如果你的crond没有处于运行状态，可以执行systemctl start crond命令启动crond服务。使用systemctl stop crond命令可以停止crond服务。cron可以调度周期性的任务作业，这些作业会按照不同的时间组合重复。

IT小虾 2#

你想使用cron这种调度方式就得了解一些相关的配置文件。普通用户使用crontab命令设置周期性任务时，相关的设置会记录到/var/spool/cron目录下的文件中。这个目录下的文件可以使用普通用户的权限创建，每个用户都可以使用crontab命令来注册属于自己的crontab文件。每一行表示一个执行任务，每个字段表示一项设置。用户的crontab文件由6个字段组成，分别是分钟、小时、天、月、星期和命令。

系统的crontab文件保存的地方和普通用户不同，/etc/crontab用来记录和系统管理相关的任务调度，这个文件只能由系统管理员修改。系统的crontab文件由7个字段组成，分别为分钟、小时、天、月、星期、用户名和命令，字段由空格进行分隔。

系统的crontab文件和用户的crontab文件差不多，只是系统的crontab文件第六位指定的是用户名。/etc/crontab文件的内容并不长，使用cat命令可以查看里面记录的内容，如下图所示。

```
[root@centos /]# cat /etc/crontab
SHELL=/bin/bash
PATH=/sbin:/bin:/usr/sbin:/usr/bin
MAILTO=root

# For details see man 4 crontabs

# Example of job definition:
# .---------------- minute (0 - 59)
# |  .------------- hour (0 - 23)
# |  |  .---------- day of month (1 - 31)
# |  |  |  .------- month (1 - 12) OR jan,feb,mar,apr ...
# |  |  |  |  .---- day of week (0 - 6) (Sunday=0 or 7) OR sun,mon,tue,wed,thu,fri,sat
# |  |  |  |  |
# *  *  *  *  * user-name  command to be executed

[root@centos /]#
```

这个文件里的内容也不难理解，不明白的话，就看看下面的解释。

- 第一行SHELL指定了系统要使用的Shell类型是bash。
- 第二行PATH指定了执行文件的查找路径。
- 第三行MAILTO指定crond的任务执行信息将通过电子邮件发送给root用户。如果不指定用户，则表示不发送任务执行信息给用户。

记住普通用户和系统的crontab文件位置，这些文件和crond服务有关。

原帖主 3#

那怎么使用crontab命令设置任务，让系统可以自动执行呢？

丘丘糖 4#

使用crontab命令设置周期性任务时，可以指定任意的时间组合。crontab命令非常适合周期性的日志分析或者数据备份之类的工作。

```
crontab [选项] [文件名]
```

crontab命令的选项很有意思，一定要了解一下，如下表所示。这几个选项里面最常用的就是-e选项，经常会使用crontab -e去编辑crontab的任务内容。

选项	说明
-e	编辑crontab任务内容
-l	显示crontab任务内容
-r	删除所有的crontab任务内容
-u	帮助其他用户创建或删除crontab任务内容（仅限root使用）

在使用crontab命令编辑任务之前，还需要了解用户crontab文件里的6个相关的字段含义，如下表所示。

字段	说明
分钟	0-59
小时	0-23
日	1-31
月	1-12
周	0-7（0或7为星期日）
命令	指定需要执行的命令

除了上面这6个字段之外，还有几个比较特殊的符号，如下表所示。

符号	说明
*（星号）	表示所有可能的值。比如日和月是*，就表示不论何月何日都会执行后续的命令
，（逗号）	表示分隔离散的数字
-（减号）	表示一个范围
/（正斜线）	指定时间的间隔频率

有了这些知识储备之后，就可以开始尝试使用crontab命令编辑任务了。执行crontab -e进入编辑界面，默认使用vi编辑器编辑。比如设置每3分钟显示一次当

前的工作目录，然后把结果记录到文件/tmp/mytask中。第一个字段*/3表示间隔3分钟，执行命令时最好使用绝对路径，如下图所示。

```
*/3 * * * * /bin/pwd >> /tmp/mytask
```

编辑好之后，按Esc键输入:wq保存，这样你就成功创建了一个可以循环执行的任务。crontab -l命令可以看到你编写的crontab任务的内容，如下图所示。

```
[user1@centos ~]$ crontab -e
crontab: installing new crontab
[user1@centos ~]$ crontab -l
*/3 * * * * /bin/pwd >> /tmp/mytask
[user1@centos ~]$
```

我是以普通用户user1的身份创建的这个任务，查看配置文件的话需要使用root身份才可以。上面的小伙伴也说了普通用户的cron记录可以在/var/spool/cron目录下查看，如下图所示。

```
[user1@centos ~]$ su -
密码：
[root@centos ~]# ls -la /var/spool/cron/user1
-rw-------. 1 user1 user1 36 5月  24 21:31 /var/spool/cron/user1
[root@centos ~]#
```

现在来检查一下/tmp/mytask文件里是否记录了之前编写的任务。tail -f命令可以实时地查看新追加到文件中的信息，如下图所示。想结束查看的话按Ctrl+c可以返回到命令提示符界面。

```
[root@centos ~]# su - user1
[user1@centos ~]$ tail -f /tmp/mytask
/home/user1
/home/user1
/home/user1
^C
[user1@centos ~]$
```

这是一个很实用的命令，用法也不算复杂。赶快学起来！

IT熊

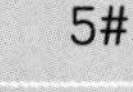

5#

不过使用cron这种调度方式也是有限制的，关于这种限制有两个文件你需要知道，即/etc/cron.allow文件和/etc/cron.deny文件。只看文件名也能猜到大概的意思吧！/etc/cron.allow文件里面记录的都是允许使用crontab的用户，/etc/cron.deny文件里记录的当然就是不能使用crontab的用户了。

默认情况下，所有的用户都能使用crontab。/etc/cron.allow文件的优先级高于/etc/cron.deny文件，如果这两个文件同时存在，就只有/etc/cron.allow文件生效。

如果你只想删除一个crontab任务，需要指定-e选项。想删除所有的crontab任务直接用crontab -r命令就能搞定，如下图所示。

```
[centos@centos ~]$ crontab -l
no crontab for centos
[centos@centos ~]$
```

删除了普通用户的crontab任务之后，再用root权限查看，/var/spool/cron目录下属于centos用户的crontab文件也会被删除。想禁止centos用户使用crontab，直接用vi编辑器在文件/etc/cron.deny中添加centos这个用户名就行了，一个用户一行，如下图所示。

```
[root@centos ~]# ls -la /var/spool/cron/*
ls: 无法访问'/var/spool/cron/*': 没有那个文件或目录
[root@centos ~]#
[root@centos ~]# vi /etc/cron.deny
```

一旦禁止，这个用户就不能使用crontab命令设置任务了。提示里大概的意思就是centos这个用户不允许使用crontab了，如下图所示。

```
[centos@centos ~]$ crontab -e
You (centos) are not allowed to use this program (crontab)
See crontab(1) for more information
[centos@centos ~]$
```

如果你要对用户进行限制操作，建议你在/etc/cron.deny文件中添加禁止用户的名单，因为系统默认保留这个文件。

鲤鱼馒头

6#

还有一个和crontab相关的服务anacron，事先声明这个anacron服务并不能替代crontab。anacron每天定期执行命令，由系统管理员设置并进行系统维护。anacron可以每天、每周、每月这样周期性地检测系统未执行的crontab任务。

当机器关机重启后anacron程序会检查任务是否在周期内执行完毕，如果有未执行的任务，anacron会去执行这个任务，执行完后它会自己停下来。anacron服务的配置文件是/etc/anacrontab，编辑配置文件的时候需要root权限。

你可以理解为crontab是定时地去执行任务，过了这个时间就不会再去执行了；而anacron是定期地去执行任务，这个定期指的是一段周期性的时间。它们是可以同时存在的。

小马猴

7#

又是一个知识点，赶紧拿出小本本记下来。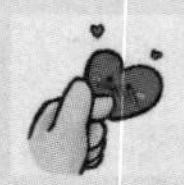

原帖主	8#

cron这种可以循环执行任务的调度方式还挺实用的。

发帖：cron可以循环执行任务，那at这种调度方式呢？它们俩有什么区别？

最新评论

都这么熟	1#

at这种调度方式只能执行一次任务，它依赖的服务是atd。要查看这个服务的状态可以使用systemctl status atd命令，如你的这个atd服务没有启动就使用命令systemctl enable atd开机，就会自动启动这个服务。at命令可在指定的时间内仅执行一次命令。

```
at [选项] 时间
```

at命令的选项如下表所示。

选　项	说　明
-f	指定具体的任务文件
-l	显示待执行任务的列表，相当于atq
-d	删除指定的待执行任务，相当于atrm
-m	任务执行完成后向用户发送邮件

at只能在指定的时间内执行一次，时间规格如下表所示。

时间规格	说　明
HH:MM	时:分，例如10:55表示10点55分
midnight	表示午夜
noon	表示中午
now	表示目前的时间
teatime	表示下午4点的时间
am、pm	am表示上午，pm表示下午

日期的设置方式，如下表所示。

日期规格	说　明
MMDDYY、MM/DD/YY、MM.DD.YY	月日年，071120表示2020年7月11日
today	表示今天
tomorrow	表示明天

除了时间和日期的规定方式之外，还可以用+这种方式指定关键字设置时间，如下表所示。

关键字	说明
now + 5 minutes	表示在当前时间的5分钟后执行
noon + 1 hour	表示在13:00执行命令
next week + 3 days	表示10天后执行命令

光看表格是没有办法体会at这个命令的用法的，来跟我看一下这个例子吧！比如使用at命令设置在5分钟后将date命令的执行结果输出到文件/tmp/setat中，如下图所示。你可以这样写：at now +5 minutes，想结束输入的话就按下Ctrl+d。

```
[root@centos ~]# at now +5 minutes
warning: commands will be executed using /bin/sh
at> date>/tmp/setat
at> <EOT>
job 4 at Mon Jan  6 23:00:00 2020
[root@centos ~]# atq
4       Mon Jan  6 23:00:00 2020 a root
[root@centos ~]# atrm 4
[root@centos ~]# atq
[root@centos ~]#
```

使用atrm命令指定任务号可以删除待执行的任务，还有atq命令可以查看待执行的任务。删除之后，可以看到已经没有等待执行的任务了。

动手试试cron和at这两种任务调度的方式吧！试过之后保准你能明白。

ecloud 2#

就像cron对用户有限制，at也一样。编辑/etc/at.allow和/etc/at.deny文件可以设置一般用户的执行权限，在/etc/at.allow文件中可以添加允许执行at命令的用户，/etc/at.deny文件里当然就是被拒绝使用at命令的用户了。这一点和cron很相似吧！

工具人 3#

友情提示：使用at的方式执行任务时，先在/etc/at.allow文件中设置，没有这个文件的情况下再去设置/etc/at.deny文件。如果这两个文件都没有，那就只有root用户可以使用at了。在这两个文件里设置用户时也是和cron一样，一个用户占一行。

原帖主 4#

OK！

进程管理

现在你已经大概知道任务调度是怎么回事了，但是Linux系统运行的程序有很多，哪些花费的时间长？哪些花费的时间短？我们必须要了解这一点才能更好地优化系统。这些东西就和进程有关，进程（process）就是指Linux系统中处于运行状态的程序。系统中始终会有多个进程在运行中，系统中的各种服务都是以进程的形式存在于系统中的，有效的进程管理可以发现系统中耗时较多的进程，然后调整系统进程的优先级以及终止无效的进程，所以了解进程的相关设置很有必要。你还在等什么呢？快来看看相关的讨论吧！

扫码看视频

发帖：有人分享一下创建进程相关的命令吗？新人求助！

最新评论

IT小怪兽 1#

终于有人问到和进程相关的问题了，这我熟，哈哈哈！Linux系统中的进程都是由初始化程序直接或间接启动的，每一个进程都有一个系统赋予的进程标识，即进程ID。用户执行命令时将创建一个进程，并在程序结束时消失。

在Linux系统中，查询进程及其状态使用不带参数的ps命令。这个命令负责查询当前系统中所有活动的进程状态，比如进程运行时间和资源占用情况都可以使用ps命令。

```
ps [选项]
```

哈哈哈！这个命令的用法简单吧！ps命令的选项有讲究，选项有两种分支UNIX（带-）和BSD（不带-），另外还有一组支持GUN选项。不可以在同一命令中使用两种不同的类型选项，这三种类型的选项特点如下。

- UNIX选项：可以一次指定多个选项，例如ps -p PID。
- BSD选项：可以一次指定多个选项，例如ps p PID。
- GUN选项：通常在该选项前面指定--，例如ps -pid PID。

带-和不带-要区分清楚了，这是两种不同类型的选项，如下表所示。

类型	选项	说明
UNIX	-p	指定PID（进程ID）
	-e	显示所有进程
	-f	显示详细信息
	-l	以长格式显示详细信息
	-o	以用户定义的格式显示
	-c	显示有关进程的信息

类型	选项	说明
BSD	p	指定PID（进程ID）
	a	显示所有进程
	u	显示详细信息
	x	在没有控制终端的情况下显示进程信息

先来看看不带任何选项执行ps命令的效果吧！ps命令的执行结果中bash和ps表示同一用户是从当前终端启动的处理，执行firefox &命令启动系统中的Firefox浏览器，然后再次使用ps命令查看进程状态，执行结果中添加了浏览器进程，如下图所示。

```
[root@centos ~]# ps
  PID TTY          TIME CMD
 2572 pts/0    00:00:00 bash
 2605 pts/0    00:00:00 ps
[root@centos ~]# firefox &
[1] 2612
[root@centos ~]# ps
  PID TTY          TIME CMD
 2572 pts/0    00:00:00 bash
 2612 pts/0    00:00:00 firefox
 2636 pts/0    00:00:00 firefox <defunct>
 2641 pts/0    00:00:00 ps
[root@centos ~]#
```

这些执行结果中的字段含义也给你解释清楚了，如下表所示。

字段	说明
PID	进程号，是进程的唯一标识号
TTY	控制终端
TIME	进程的累计执行时间
CMD	命令名、选项和参数

这下能看懂了吧！

nntp 2#

除了ps命令之外，还有一个pstree命令能以树状的形式显示进程之间的调用关系，很酷的命令，对吧！

pstree [选项]

pstree命令的选项没有ps那么多，常用的就这几个，如下表所示。

选项	说明
-p	显示进程的PID
-u	显示进程对应的用户名
-h	列出树状图时，突出现在执行的程序

如果没有指定进程号，执行pstree命令会以树状形式从systemd进程开始显示，如下图所示。结果很清晰明确吧！

```
[root@centos ~]# pstree
systemd─┬─ModemManager───2*[{ModemManager}]
        ├─NetworkManager───2*[{NetworkManager}]
        ├─accounts-daemon───2*[{accounts-daemon}]
        ├─alsactl
        ├─atd
        ├─auditd─┬─sedispatch
        │        └─2*[{auditd}]
        ├─avahi-daemon───avahi-daemon
        ├─boltd───2*[{boltd}]
        ├─chronyd
        ├─colord───2*[{colord}]
        ├─crond
```

再来看看指定选项-p的情况，在执行结果中会显示每一个进程的唯一标识号，即进程号，如下图所示。

```
[root@centos ~]# pstree -p
systemd(1)─┬─ModemManager(760)─┬─{ModemManager}(787)
           │                   └─{ModemManager}(798)
           ├─NetworkManager(800)─┬─{NetworkManager}(830)
           │                     └─{NetworkManager}(832)
           ├─accounts-daemon(809)─┬─{accounts-daemon}(812)
           │                      └─{accounts-daemon}(824)
           ├─alsactl(763)
           ├─atd(842)
           ├─auditd(727)─┬─sedispatch(729)
           │             ├─{auditd}(728)
           │             └─{auditd}(730)
           ├─avahi-daemon(766)───avahi-daemon(803)
           ├─boltd(6478)─┬─{boltd}(6484)
           │             └─{boltd}(6486)
           ├─chronyd(780)
           ├─colord(6578)─┬─{colord}(6592)
           │              └─{colord}(6594)
           ├─crond(841)
```

ps和pstree这两个命令，你更喜欢哪一个？

原帖主 3#

ps会显示每一个进程的进程号、运行时间等信息，pstree的这种呈现方式也很直观清楚，两个命令我都要学会。

Losoft 4#

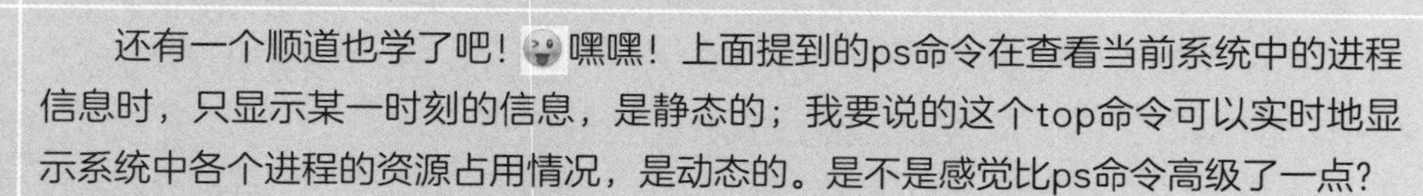

还有一个顺道也学了吧！嘿嘿！上面提到的ps命令在查看当前系统中的进程信息时，只显示某一时刻的信息，是静态的；我要说的这个top命令可以实时地显示系统中各个进程的资源占用情况，是动态的。是不是感觉比ps命令高级了一点？

```
top [选项]
```

和前两个命令相比，top命令的选项也不算多，如下表所示。

选项	说明
-d	后面指定秒数，表示进程界面更新的时间间隔，默认时间是5秒
-n	后面指定次数，表示输出信息更新的次数
-p	指定进程的PID查看检测结果

默认情况下，top命令会根据CPU的占用情况列出相关进程，如下图所示。当然，你也可以使用-d选项指定数值，更改刷新间隔。

```
[root@centos ~]# top

top - 21:06:07 up  1:19,  1 user,  load average: 0.06, 0.06, 0.05
Tasks: 219 total,   3 running, 215 sleeping,   1 stopped,   0 zombie
%Cpu(s):  1.0 us,  0.0 sy,  0.0 ni, 99.0 id,  0.0 wa,  0.0 hi,  0.0 si,  0.0 st
MiB Mem :    821.4 total,     56.6 free,    590.1 used,    174.6 buff/cache
MiB Swap:    820.0 total,    479.7 free,    340.2 used.     99.4 avail Mem

  PID USER      PR  NI    VIRT    RES    SHR S  %CPU  %MEM     TIME+ COMMAND
 7259 root      20   0 2974136 173480  27992 S   0.7  20.6   0:27.69 gnome-shell
 7422 root      20   0  177920  23724   3232 S   0.3   2.8   0:06.47 sssd_kcm
 7799 root      20   0  597604  31232  17200 S   0.3   3.7   0:02.64 gnome-terminal-
 8601 root      20   0   64184   4836   3952 R   0.3   0.6   0:00.04 top
    1 root      20   0  242076   5772   3844 S   0.0   0.7   0:01.16 systemd
    2 root      20   0       0      0      0 S   0.0   0.0   0:00.00 kthreadd
```

这些字段的意思也不难理解，先说说上半部分吧！top执行结果中的上半部分是系统运行状态的概况，总共有5行，下面分别解释每一行代表的含义。

- 第1行：top表示当前的系统时间；up表示系统自启动以来的累计运行时间；user表示登录到系统中的当前用户数；load average表示系统的3个平均负载值，分别是1分钟、5分钟和15分钟的负载情况。
- 第2行：显示进程的概况。total表示系统中现有进程的总数；running表示处于运行状态的进程数量；sleeping表示处于休眠状态的进程数量；stopped表示暂停运行的进程数量；zombie表示僵尸进程的数量。
- 第3行：主要分析CPU的工作状态（以百分比显示）。us表示用户进程使用的时间；sy表示系统进程使用的时间；ni表示执行优先级已更改用户进程的使用时间；id表示空闲状态的时间；wa表示等待I/O终止的时间；hi表示硬件中断请求使用的时间；si表示软件中断请求使用的时间；st表示使用虚拟化时等待计算其他虚拟化CPU所花费的时间。
- 第4行：分类统计内存的使用情况。total表示系统配置的物理内存数量；free表示空闲内存的数量；used表示已用内存的数量；buff/cache表示用作缓冲区的内存数量。
- 第5行：统计交换分区的使用情况。total表示系统总的交换分区大小；free表示空闲交换分区的大小；used表示已有交换分区的大小；avail Mem表示用作缓冲区的交换分区的大小。

再来看看下半部分的含义，top执行结果中的下半部分是系统中各个进程的详细信息，如下表所示。

字段	说明
PID	进程的ID
USER	进程所有者的用户名
PR	进程优先级
NI	进程优先级的nice值，范围为-20-19，负值表示高优先级，正值表示低优先级
VIRT	进程使用的虚拟内存总量
RES	进程使用的未被换出的物理内存大小
SHR	进程占用的共享内存总量
S	进程当前的状态。D表示不可中断的睡眠状态，R表示运行状态，S表示睡眠状态，T表示跟踪/停止，Z表示僵尸进程
%CPU	上次更新到现在的CPU时间占用百分比
%MEM	进程占用物理内存的百分比
TIME+	进程累计占用CPU的时间
COMMAND	正在运行进程的命令名称或命令路径

这么解释下来，应该弄得明明白白了吧！这么多字段一下子记不住没关系，经常使用这个top命令就能记住了。打字也是很累的，快夸夸我！

原帖主 5#

小红花、彩虹屁走起。

xinshou66 6#

你人真好！么么哒！

发帖：进程的优先级如何设置？

最新评论

全民巨星 1#

通常情况下，进程的优先级由系统的进程调度程序决定，但是你想修改优先级的话也是有方法的。我们可以根据进程的优先级确定执行等待CPU的多个进程中的其中一个。使用ps -l或top命令可以看到NI值，NI值越小优先级越高，值越大优先级越低，如下图所示。

```
[root@centos ~]# ps -l
F S   UID   PID  PPID  C PRI  NI ADDR SZ WCHAN  TTY          TIME CMD
0 S     0  7804  7799  0  80   0 -  6735 -      pts/0    00:00:00 bash
0 T     0  8455  7804  0  80   0 - 16020 -      pts/0    00:00:00 top
4 S     0  8474  7804  0  80   0 - 41904 -      pts/0    00:00:00 su
4 S     0  8476  8475  0  80   0 - 41938 -      pts/0    00:00:00 su
4 S     0  8573  8487  0  80   0 - 41938 -      pts/0    00:00:00 su
4 S     0  8577  8573  0  80   0 -  6692 -      pts/0    00:00:00 bash
0 T     0  8601  8577  0  80   0 - 16046 -      pts/0    00:00:04 top
0 R     0  9297  8577  0  80   0 - 11240 -      pts/0    00:00:00 ps
[root@centos ~]# top

top - 22:16:20 up  2:29,  1 user,  load average: 0.00, 0.00, 0.00
Tasks: 219 total,   3 running, 214 sleeping,   2 stopped,   0 zombie
%Cpu(s):  3.0 us,  0.7 sy,  0.0 ni, 95.9 id,  0.0 wa,  0.3 hi,  0.0 si,  0.0 st
MiB Mem :    821.4 total,     57.9 free,    580.6 used,    183.0 buff/cache
MiB Swap:    820.0 total,    460.7 free,    359.2 used.    108.7 avail Mem

  PID USER      PR  NI    VIRT    RES    SHR S  %CPU  %MEM     TIME+ COMMAND
 7259 root      20   0 2972112 168568  27184 S   4.0  20.0   0:55.41 gnome-shell
    1 root      20   0  242076   5636   3708 S   0.3   0.7   0:01.26 systemd
 7313 root      20   0  374872  14496   4104 S   0.3   1.7   0:01.74 ibus-daemon
 7571 root      20   0  550660  29760  10976 S   0.3   3.5   0:00.62 ibus-engine-lib
```

正常进程优先级（不包括实时进程）具有动态优先级和静态优先级之分，实时进程仅有静态优先级。动态优先级和静态优先级的区别如下表所示。

类型	说明
动态优先级	根据静态优先级和CPU使用时间计算得出，优先级随CPU的使用而降低
静态优先级	用户可以根据nice值在一定范围内修改

下面这张图表示进程的nice值及优先级的对应关系，记住值越小优先级越高，如下图所示。

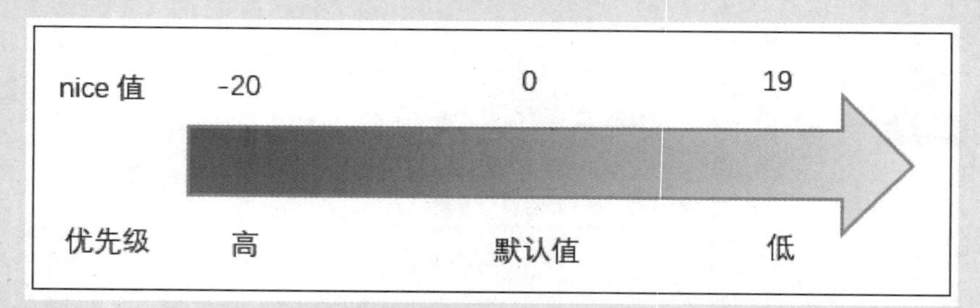

静态优先级不会随时间而改变，只能通过系统调用nice值修改静态优先级，范围是100-139。调度程序通过增加或减少进程静态优先级的值来调整不同进程的优先级，调整后的优先级称为动态优先级。内核内部将优先级0-99分配给了实时进程，内核内部的有限范围是0-139（由高到低）。

你可以用nice命令调整进程的优先级，用指定的优先级启动某个程序。

```
nice [选项] [命令]
```

nice命令常用的选项是-n，可以指定进程的优先级。通过增加nice值可以降低一个进程的优先级，而减少nice值就可以提高进程的优先级。普通用户只能降低进程的优先级，只有系统管理员才能指定负优先级。对于root来说，nice值可以修改的范围在-20-19之间；对于普通用户来说，nice值的修改范围为0-19。PRI（最终值）=PRI（原始值）+NI。用户只能通过修改NI的值来更改PRI的值。你试试用nice命令修改一下自己系统的进程优先级吧！

原帖主	2#

下面是我修改wc这个进程优先级的执行命令，执行nice -n 12 wc命令将wc的nice值设置为12。想查看修改的值就用ps -eo pid,comm,nice,pri | grep wc命令，这样可以看到nice值已经是12了，pri值为7。如果不指定任何数值，直接执行nice wc命令，nice命令会分配默认优先级给这个wc进程，可以看到nice值是10，pri值为9，如下图所示。

```
[root@centos ~]# nice -n 12 wc
^Z
[1]+  已停止                  nice -n 12 wc
[root@centos ~]# ps -eo pid,comm,nice,pri | grep wc
 2737 wc              12   7
[root@centos ~]# nice wc
^Z
[2]+  已停止                  nice wc
[root@centos ~]# ps -eo pid,comm,nice,pri | grep wc
 2737 wc              12   7
 2760 wc              10   9
[root@centos ~]#
```

这就是我用nice命令修改进程优先级的做法，大神你觉得怎么样？

全民巨星	3#

可以，说明你已经学会使用nice这个命令了。再告诉你一个可以修改优先级的命令renice，之前你用的nice命令是修改一个新存在的进程的优先级，而这个renice命令可以调整系统中已经存在的进程的优先级，如下图所示。

```
[root@centos ~]# ps -eo pid,comm,nice,pri | grep wc
 2737 wc              12   7
 2760 wc              10   9
[root@centos ~]# renice 14 -p 2737
2737 (process ID) 旧优先级为 12，新优先级为 14
[root@centos ~]# ps -eo pid,comm,nice,pri | grep wc
 2737 wc              14   5
 2760 wc              10   9
[root@centos ~]#
```

比如修改进程号为2737的nice值，将之前的12修改为14，可以看到进程号为2737的这个wc进程的nice值已经修改成功。

原帖主	4#

终于弄明白这个nice值是做什么的了。感谢！小花花送给你！

发帖：大神可以说说Linux系统中的job和process的区别吗？

最新评论

码字员 1#

这个job就是系统中的任务，系统会管理每个Shell并分配一个job number（任务号码）。如果你在一个命令行上执行了多个命令，系统会将整个过程看作一项任务。看到这张图，你应该就能明白了。一个进程可以作为一项任务，多个进程也可以作为一项任务，如下图所示。

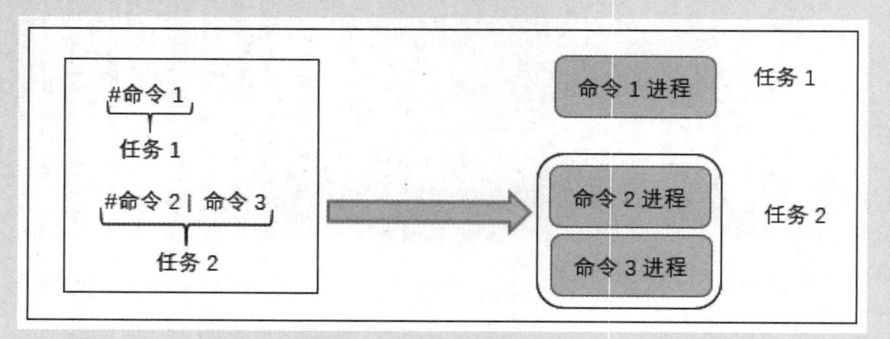

任务也分前台任务和后台任务，前台任务会与键盘和终端屏幕交互并占用键盘和终端屏幕，直到任务完成；后台任务不能接收键盘输入，根据设置可能会抑制输出到屏幕的任务，可以同时执行多个任务。

在终端输入gnome-calculator启动计算器把它作为前台任务执行，运行这个命令后会弹出计算器界面，用户可以在此界面进行计算的相关操作。在命令后面加上&表示把这个任务放到后台执行，显示的那两个数字分别是该任务的任务号码[5]和进程号3854，如下图所示。

```
[root@centos ~]# gnome-calculator
[root@centos ~]#
[root@centos ~]# gnome-calculator &
[5] 3854
[root@centos ~]#
```

管理任务的主要命令是下面这几个，如下表所示。

命令	说明
jobs	显示后台任务和暂停任务
bg %num	通过指定任务号码将指定的任务移到后台
fg %num	通过指定任务号码将指定的任务移到前台

如果你想暂停正在执行的任务，可以按下Ctrl+z组合键。用这几个命令试试把任务在前后台之间切换吧！

原帖主	2#

我先用jobs命令查看了gnome-calculator的状态和任务号码，发现它是处在后台运行中的任务，任务号码是4。然后我用fg %4命令将这个任务从后台切换到了前台，通过bg %4命令也可以将它从前台移动到后台运行，如下图所示。

```
[root@centos ~]# jobs
[1]   已停止                 nice -n 12 wc
[2]-  已停止                 nice wc
[3]+  已停止                 top
[4]   运行中                 gnome-calculator &
[root@centos ~]# fg %4
gnome-calculator
^Z
[4]+  已停止                 gnome-calculator
[root@centos ~]# bg %4
[4]+ gnome-calculator &
[root@centos ~]#
```

后来我发现如果在Shell中启动了一个特定程序，就可以使用命令指定任务名称来切换任务的前后台状态，如下图所示。

```
[root@centos ~]# jobs
[1]   已停止                 nice -n 12 wc
[2]   已停止                 nice wc
[3]-  已停止                 top
[4]+  已停止                 gnome-calculator
[root@centos ~]# bg gnome-calculator
[4]+ gnome-calculator &
[root@centos ~]#
```

如果我在Shell中多次启动同一个程序，再使用指定任务名的方式就会出错，这个时候必须指定任务号码，如下图所示。

```
[root@centos ~]# jobs
[1]   已停止                 nice -n 12 wc
[2]   已停止                 nice wc
[3]   已停止                 top
[4]-  已停止                 gnome-calculator
[5]+  已停止                 top
[root@centos ~]# bg top
bash: bg: top: 模糊的任务声明
[root@centos ~]# bg %5
[5]+ top &

[5]+  已停止                 top
[root@centos ~]#
```

你看图中有两个top任务，我使用bg top命令执行时会提示这是模糊的任务声明。不过指定任务号码就没有问题了。

码字员	3#

不错，总结得很到位。深得我的真传，哈哈哈！

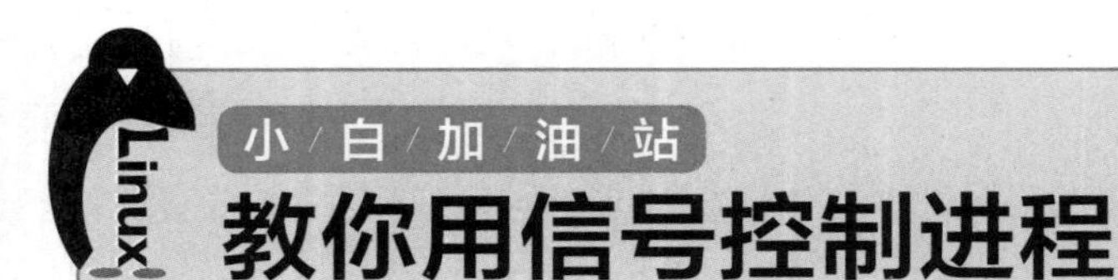

教你用信号控制进程

在Linux中通过信号（Signal）控制进程，信号就是可以传送给进程的消息，通过中断通知进程执行特定的操作。通常进程完成任务后会自动消失，但是可以通过键盘操作或执行命令将信号发送到正在运行的进程，如下图所示。

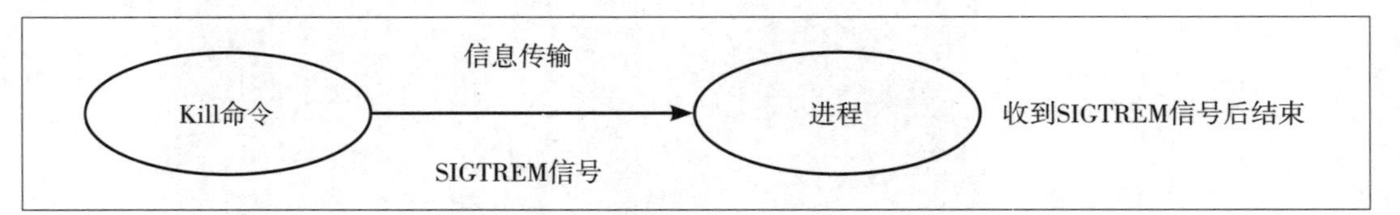

信号由编号和名称来标识，主要信号如下表所示。

信号编号	信号名称	说明
1	SIGHUP	通过终止终端断开进程
2	SIGINT	中断进程（使用Ctrl+c）
9	SIGKILL	杀死进程，即强制终止进程
15	SIGTERM	结束进程（默认）
18	SIGCONT	恢复暂停的进程

将信号发送给一个或多个进程，可以使用kill命令。kill命令可以终止用户所属的进程，root用户可以使用kill命令终止所有的进程。当未指定特定信号执行kill命令时，将默认发送SIGTERM（信号编号15），这个信号会使进程正常终止。9这个信号通常用来强制删除一个不正常的进程。kill命令的用法有很多，和信号搭配可以管理系统中的任务和进程，所以你需要熟悉这几个信号的含义。

```
kill [选项] [PID]
```

kill命令的-l选项可以列出当前kill可以使用的信号。执行kill -l命令列出了很多可以使用的信号，如下图所示。

```
[root@centos ~]# kill -l
 1) SIGHUP       2) SIGINT       3) SIGQUIT      4) SIGILL       5) SIGTRAP
 6) SIGABRT      7) SIGBUS       8) SIGFPE       9) SIGKILL     10) SIGUSR1
11) SIGSEGV     12) SIGUSR2     13) SIGPIPE     14) SIGALRM     15) SIGTERM
16) SIGSTKFLT   17) SIGCHLD     18) SIGCONT     19) SIGSTOP     20) SIGTSTP
21) SIGTTIN     22) SIGTTOU     23) SIGURG      24) SIGXCPU     25) SIGXFSZ
26) SIGVTALRM   27) SIGPROF     28) SIGWINCH    29) SIGIO       30) SIGPWR
31) SIGSYS      34) SIGRTMIN    35) SIGRTMIN+1  36) SIGRTMIN+2  37) SIGRTMIN+3
38) SIGRTMIN+4  39) SIGRTMIN+5  40) SIGRTMIN+6  41) SIGRTMIN+7  42) SIGRTMIN+8
43) SIGRTMIN+9  44) SIGRTMIN+10 45) SIGRTMIN+11 46) SIGRTMIN+12 47) SIGRTMIN+13
48) SIGRTMIN+14 49) SIGRTMIN+15 50) SIGRTMAX-14 51) SIGRTMAX-13 52) SIGRTMAX-12
53) SIGRTMAX-11 54) SIGRTMAX-10 55) SIGRTMAX-9  56) SIGRTMAX-8  57) SIGRTMAX-7
58) SIGRTMAX-6  59) SIGRTMAX-5  60) SIGRTMAX-4  61) SIGRTMAX-3  62) SIGRTMAX-2
63) SIGRTMAX-1  64) SIGRTMAX
[root@centos ~]#
```

开启两个终端，在终端1中执行bc命令开启bc进程，然后在终端2中杀死这个进程。这时终端1接收到信号后会强制终止bc进程，进入终端1会显示这个进程已杀死，如下图所示。

```
[root@centos ~]# bc
bc 1.07.1
Copyright 1991-1994, 1997, 1998, 2000, 2004, 2006, 2008, 2012-2017 Free Software Founda
tion, Inc.
This is free software with ABSOLUTELY NO WARRANTY.
For details type `warranty'.
已杀死
[root@centos ~]#
```

在终端2中执行ps -eo pid,comm | grep bc命令查看bc的PID，再使用kill命令的SIGKILL信号杀死这个进程，如下图所示。

```
[root@centos ~]# ps -eo pid,comm | grep bc
 6847 bc
[root@centos ~]# kill -SIGKILL 6847
[root@centos ~]#
```

同样在终端1中启动bc进程，在终端2中执行终止进程操作后，终端1中会接收到默认的信号终止该进程，如下图所示。

```
[root@centos ~]# bc
bc 1.07.1
Copyright 1991-1994, 1997, 1998, 2000, 2004, 2006, 2008, 2012-2017 Free Software Founda
tion, Inc.
This is free software with ABSOLUTELY NO WARRANTY.
For details type `warranty'.
已终止
[root@centos ~]#
```

在终端2中虽没明确指定，但会默认发送SIGTERM（信号编号15）来终止进程，如下图所示。

```
[root@centos ~]# ps -eo pid,comm | grep bc
 6981 bc
[root@centos ~]# kill 6981
[root@centos ~]#
```

默认信号（SIGTERM）在终止程序之前会为每个应用程序执行必要的终止处理，然后自行终止该进程，例如释放资源空间和删除锁定文件。如果SIGTERM没有终止该进程，则在必要的情况下会使用SIGKILL强制终止。如果将SIGKILL发送到进程中，它将在不接受信号的情况下被内核杀死，因此将不进行任何清理操作。

通过指定进程名称，可以使用killall命令发送信号，即使多次执行同一程序，系统也会为每一个进程分配不同的PID。当用户想终止具有相同名称的多个进程时，可以使用killall命令：

```
killall [选项] [信号名称|信号编号] 进程名称
```

在终止进程之前，先弄清楚进程的PID，ps和pgrep命令都可以检查进程的PID。然后执行killall -9 bc命令可以终止两个正在运行的bc进程，如下图所示。

```
[root@centos ~]# ps -eo pid,comm | grep bc
 7112 bc
 7113 bc
[root@centos ~]# pgrep bc
7112
7113
[root@centos ~]# killall -9 bc
[root@centos ~]#
```

kill是一个很实用的命令，在指定任务号码和进程号码时有所区别。指定任务号码需要使用%+这种方式，默认后面指定的是进程号。

大神来总结

嗨！在Shell脚本与任务这个主题中你学到了什么？如果你还困惑着，希望下面我总结的这几点可以帮助你明确这个主题中的重点内容。

- 要学会编写简单的Shell脚本，还有四种执行脚本的方式要知道。
- 学会使用cron和at这两种任务调度的方式。
- 和进程有关的命令要知道（ps、pstree、top），进程优先级的设置要掌握。
- 任务管理的三个命令jobs、bg和fg要会用。

愿君学长松，慎勿作桃李。希望你遇到困难和挫折也不要灰心，学习Linux一定要打牢基础，之后接触到服务器层面的设置时才能游刃有余。

Chapter

07

讨论方向——系统与应用程序管理

公　告

哈喽！欢迎各位小伙伴来到“Linux初学者联盟讨论区”。现在的你已经成功升级到Linux初学者2.0啦！接下来你可以开始学习管理系统和一些应用程序了，未知的Linux正在等你来挑战！

这次讨论的主题是系统与应用程序管理方面的问题，本次主要讨论方向是以下5点。

01 CentOS软件包管理

02 Ubuntu软件包管理

03 备份和恢复

04 日志的记录和管理

05 调整系统时间

CentOS软件包管理

扫码看视频

我们之前主要讨论过两种不同的Linux发行版CentOS和Ubuntu，这两个发行版主要的差别之一就是软件包的管理方式。在这里我们先来具体聊聊CentOS软件包的管理方式，看看这两种管理方式的差别到底在哪儿。具体有关Ubuntu软件包的管理方式请移步下一个讨论区。

在Linux系统中，多数的软件安装和维护都是使用RPM软件包管理程序来完成的，系统中的核心程序和附加的软件都可以使用RPM程序进行安装和维护。作为学习Linux的新手，这种软件包管理方式是非常有必要掌握的一项技能。

发帖：我想了解CentOS中RPM软件包的管理方式，有人能讲讲吗？

最新评论

背锅侠 1#

来啦！搬着小板凳坐好认真听哦！Linux系统中的很多软件除了提供软件本身的程序功能之外，还需要提供该程序使用的库和软件以及配置文件等。因此，在Linux中以软件包为单位处理这些集合。包的组成部分如下图所示。

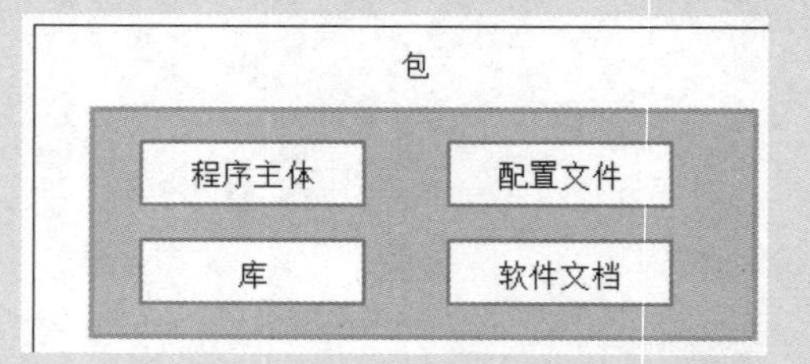

软件包管理就是安装或者卸载软件，还可以查看当前安装软件的信息以及软件之间的依赖关系，这种检查可以避免软件之间的冲突。软件包之间的依赖关系就是指操作软件包a时需要安装软件包b。你应该也知道软件包管理方式在RedHat（CentOS）和Debian（Ubuntu）中有所不同，区别如下表所示。

主要软件包格式	RedHat系列	Debian系列
软件包格式	rpm格式	deb格式
软件包管理命令	rpm命令	dpkg命令
在线升级命令	yum（dnf）命令	apt命令

在CentOS中，虽然rpm和yum都是软件包管理命令，但是两者之间还是有区别的。

- rpm命令：以单个程序包为单位管理和执行，软件包之间的依赖关系不会自动解决，但是会预先显示必要的程序包信息。使用rpm命令安装软件时需要指定路径，且受限于软件的依赖性。

- yum命令：具有在线升级软件包的功能，可以自动解决依赖关系。yum安装时不需要指定路径，而且会自动安装依赖的软件包，但需要提前配置好yum源。

上面介绍的这些内容是使用rpm命令的前提，都在小本本上记好了吗？

原帖主 2#

认真乖巧听讲中……各位大神请继续！

奇奇怪怪 3#

看完1楼科普的基础内容之后，就可以开始学习rpm命令了。CentOS中使用rpm命令管理RPM软件包。

```
rpm [选项] 软件包名称
```

rpm命令的选项可以大致分为3类，分别是显示类选项、安装类选项和卸载类选项。显示软件包信息的选项如下表所示。

选 项	说 明
-i、--info	显示指定软件包的详细信息
-a、--all	显示已安装的RPM软件包信息列表
-q、--query	显示软件版本（已安装的软件）
-f、--file	显示包含指定文件的RPM软件包
-c、--configfiles	仅显示指定程序包中的配置文件
-d、--docfiles	仅显示指定包中的文件
-l、--list	显示指定包中的所有文件
-R、--requires	显示指定软件包所依赖的RPM软件包名称
-P、--package	显示有关指定的RPM软件包文件而不是已安装的RPM软件包的信息

不同选项组合起来有不同的显示效果，比如执行rpm -q cups命令表示显示cups软件包的版本信息，如果使用该命令查看系统中还没有安装的软件包vim，则会提示“未安装软件包vim”，指定-ql表示显示cups软件包中的所有文件。因为文件太多，这里我只是截取了部分显示内容，如下图所示。

```
[root@centos ~]# rpm -q cups
cups-2.2.6-25.el8.x86_64
[root@centos ~]# rpm -q vim
未安装软件包 vim
[root@centos ~]# rpm -ql cups
/etc/cups
/etc/cups/classes.conf
/etc/cups/client.conf
/etc/cups/cups-files.conf
```

再来看一个/etc/skel/.bashrc文件的RPM软件包信息，如下图所示。

```
[root@centos ~]# ls /etc/skel/.bashrc
/etc/skel/.bashrc
[root@centos ~]# rpm -qf /etc/skel/.bashrc
bash-4.4.19-8.el8_0.x86_64
[root@centos ~]#
```

从软件包的信息中我们可以看到软件的名称、版本等信息。查看软件包的信息很简单吧。

IT小虾 4#

重点来了！😊使用rpm命令安装软件是个必备的技能！rpm命令的格式你已经学会了，有关安装软件包的选项如下表所示。

选　项	说　明
-i、--install	安装软件包（没有更新）
-v、--verbose	显示详细信息
-h、--hash	使用#显示进度
-U、--upgrade	升级软件包，若不存在则安装新软件包
-F、--freshen	更新软件包，若不存在，则不执行任何操作
--nodeps	忽略依赖项并安装
--force	即使已安装指定的软件包，也会执行覆盖安装
--test	在不安装软件包的情况下，检查是否存在冲突并显示结果

来试试安装软件包的方法吧！通常安装软件包时会搭配-ivh这三个选项一起使用，即rpm -ivh 软件包名称。指定-q安装软件包时会显示这个软件是否已经安装了，如果没有安装会提示这是未安装的软件包；指定-ivh选项安装软件包时会显示更加详细的安装信息，还可以看到安装进度，如下图所示。

```
[root@centos Packages]# rpm -q zziplib
未安装软件包 zziplib
[root@centos Packages]# rpm -ivh zziplib-0.13.68-7.el8.x86_64.rpm
Verifying...                          ################################# [100%]
准备中...                          ################################# [100%]
正在升级/安装...
   1:zziplib-0.13.68-7.el8            ################################# [100%]
[root@centos Packages]# rpm -q zziplib
zziplib-0.13.68-7.el8.x86_64
[root@centos Packages]#
```

安装软件时，如果对其他软件包有依赖性，必须同时安装所需的软件包，否则安装将会停止。你也可以使用--nodeps选项忽略依赖关系，但是这种操作可能会使其他情况受到影响。在安装ypbind软件包时由于没有其他软件包而无法安装，这时加入--nodeps选项可以忽略依赖项并安装成功，如下图所示。

```
[root@centos Packages]# rpm -q ypbind
未安装软件包 ypbind
[root@centos Packages]# rpm -ivh ypbind-2.5-2.el8.x86_64.rpm
错误：依赖检测失败：
        nss_nis 被 ypbind-3:2.5-2.el8.x86_64 需要
        yp-tools >= 4.2.2-2 被 ypbind-3:2.5-2.el8.x86_64 需要
[root@centos Packages]# rpm -ivh --nodeps ypbind-2.5-2.el8.x86_64.rpm
Verifying...                          ################################# [100%]
准备中...                          ################################# [100%]
正在升级/安装...
   1:ypbind-3:2.5-2.el8               ################################# [100%]
[root@centos Packages]#
```

想卸载安装包的话，可以指定下面这几个选项，如下表所示。

选　项	说　　明
-e、--erase	卸载安装包
--nodeps	忽略依赖项并删除软件包
--allmatches	删除与软件包名称匹配的所有版本的软件包

卸载安装包时会验证rpm软件包之间的依赖性，如果你要卸载的软件包依赖于其他软件包，卸载操作会被中断。忽略依赖项时，可以进行卸载，但其他情况会受影响。下面是我使用rpm -e命令卸载软件包的过程，如下图所示。

```
[root@centos yum.repos.d]# rpm -q zsh
zsh-5.5.1-6.el8.x86_64
[root@centos yum.repos.d]# rpm -e zsh
[root@centos yum.repos.d]# rpm -q zsh
未安装软件包 zsh
[root@centos yum.repos.d]#
```

在卸载软件时，如果存在软件依赖性，一般不要轻易删除互相依赖的软件包，因为不清楚删除后对系统有没有影响。有时可以指定—nodeps选项忽略依赖关系，但是这样可能会导致相关依赖软件不可用。

soso　　5#

我使用rpm安装软件包时一直失败是怎么回事？

路人甲　　6#

我有一个解决方式你可以试试。我以CentOS为例来说一下解决过程吧！关机后，在“Oracle VM VirtualBox管理器”界面单击“设置”按钮，选择“存储>控制器：IDE”选项，单击右边的“添加虚拟光驱”按钮添加CentOS的ISO镜像文件。然后单击“系统”按钮，选择“主板”选项，在启动顺序中取消勾选“光驱”复选框，设置完成后单击OK按钮。

开机后，执行mount -t iso9660 /dev/cdrom /mnt/cdrom命令即可将光驱挂载成功。/mnt目录中的cdrom目录需要使用mkdir命令新建。在/mnt/cdrom中找到Packages目录，安装软件包时需要事先进入Packages目录中。

soso　　7#

帅呆了！

原帖主	8#

小本本上记满了精华！😁谢谢大家！

发帖：搞不明白rpm命令和yum命令的区别，有人能给我讲讲吗？非常感谢！

最新评论

大马猴	1#

yum命令是一个开源的命令行软件包管理工具，这个命令广泛应用于在Linux系统上管理和维护RPM软件包。yum命令通过解决软件包的依赖性，自动安装、删除和更新软件包，当yum安装或升级一个软件包时，它会安装或升级所有依赖的软件包。所有RPM软件包都存储在软件库中，用户可以使用yum命令从软件库中下载并安装到系统中。

```
yum [选项] {子命令} [软件包名称]
```

yum命令和它的子命令组合起来可以显示和搜索软件包的相关信息。我整理了几个与搜索和显示相关的子命令，比如yum list updates表示在执行结果中显示可更新的已安装的RPM软件包，如下表所示。

子命令	说　明
list	显示所有可用的RPM软件包信息
list installed	显示已安装的RPM软件包
info	显示有关指定的RPM软件包的详细信息
search	使用指定的关键字搜索RPM软件包并显示结果
deplist	显示指定的RPM包的依赖项信息

你可以使用yum命令与上面的各种子命令组合来显示软件包的信息。执行yum list installed命令表示显示已安装的RPM软件包的信息。执行结果中会列出系统中所有已安装的RPM软件包的信息，如下图所示。

```
[root@centos ~]# yum list installed
已安装的软件包
GConf2.x86_64                          3.2.6-22.el8              @AppStream
ModemManager.x86_64                    1.8.0-1.el8               @anaconda
ModemManager-glib.x86_64               1.8.0-1.el8               @anaconda
NetworkManager.x86_64                  1:1.14.0-14.el8           @anaconda
NetworkManager-adsl.x86_64             1:1.14.0-14.el8           @anaconda
NetworkManager-bluetooth.x86_64        1:1.14.0-14.el8           @anaconda
NetworkManager-config-server.noarch    1:1.14.0-14.el8           @anaconda
NetworkManager-libnm.x86_64            1:1.14.0-14.el8           @anaconda
NetworkManager-team.x86_64             1:1.14.0-14.el8           @anaconda
NetworkManager-tui.x86_64              1:1.14.0-14.el8           @anaconda
```

执行yum info bash命令表示显示软件包bash的详细信息，包括软件包bash的名称、版本、大小等，如下图所示。

```
[root@centos ~]# yum info bash
上次元数据过期检查：1:03:18 前，执行于 2020年01月07日 星期二 20时04分42秒。
已安装的软件包
名称          : bash
版本          : 4.4.19
发布          : 8.el8_0
架构          : x86_64
大小          : 6.6 M
源            : bash-4.4.19-8.el8_0.src.rpm
```

如果你想了解软件的功能可以使用yum查询，这个命令用起来还是挺方便的。

Lemon

2#

在执行软件包管理系统时，使用yum命令非常方便。yum和子命令搭配可以用来安装、更新和卸载软件包，如下表所示。

子命令	说　明
install	安装指定的rpm软件包，会自动解决依赖问题
update	更新所有可以更新的已安装的rpm软件包，也可以指定单个rpm软件包进行更新
upgrade	整个系统的升级发行版
remove	卸载指定的rpm软件包

在更新软件包时，你可以一次更新一个单独的软件包、多个软件包或全部的软件包。如果在更新时存在任何有依赖关系的软件包，那么所依赖的软件包也会被同时更新。在使用yum命令安装或更新软件包时，yum命令总是会安装一个新内核来取消安装和更新内核软件包之间的差别。

执行yum install zsh命令安装zsh软件包时，安装过程中有提示确认消息时，输入y就可以继续安装，直到成功完成软件的安装，如下图所示。

```
[root@centos ~]# yum install zsh
上次元数据过期检查：1:12:42 前，执行于 2020年01月07日 星期二 20时04分42秒。
依赖关系解决。
================================================================================
 软件包          架构             版本                    仓库             大小
================================================================================
Installing:
 zsh             x86_64           5.5.1-6.el8             BaseOS          2.9 M

事务概要
================================================================================
安装  1 软件包

总下载：2.9 M
安装大小：6.9 M
确定吗？[y/N]:  y
下载软件包：
zsh-5.5.1-6.el8.x86_64.rpm                           1.0 MB/s | 2.9 MB     00:02
--------------------------------------------------------------------------------
总计                                                 647 kB/s | 2.9 MB     00:04
```

安装完成后，你可以用yum list命令指定软件包的名称检查是否安装了这个软件包，如下图所示。比如我要检查zsh这个软件包是否正确安装了，可以这样写：yum list zsh。

```
[root@centos ~]# yum list zsh
上次元数据过期检查：1:13:29 前，执行于 2020年01月07日 星期二 20时04分42秒。
已安装的软件包
zsh.x86_64                    5.5.1-6.el8                    @BaseOS
可安装的软件包
zsh.i686                      5.5.1-6.el8                    BaseOS
[root@centos ~]#
```

想卸载之前安装的zsh软件包也很简单，可以使用yum remove zsh命令。卸载过程中会有卸载确认提示信息，输入y表示确认卸载，如下图所示。

```
[root@centos ~]# yum remove zsh
依赖关系解决。
================================================================================
 软件包         架构          版本                  仓库              大小
================================================================================
移除：
 zsh            x86_64        5.5.1-6.el8           @BaseOS           6.9 M

事务概要
================================================================================
移除  1 软件包

将会释放空间：6.9 M
确定吗？[y/N]： y
运行事务检查
事务检查成功。
运行事务测试
事务测试成功。
```

现在你应该知道yum和rpm这两个命令的用法了吧！虽然yum很好用，不过也不要忘记rpm的用法，yum毕竟是在rpm的基础上发展起来的。

原帖主 3#

明白了！不过yum命令的配置文件是什么？我对这个比较感兴趣。

arm2016 4#

yum命令的主要配置文件是/etc/yum.conf，这个文件包含了基本的配置信息，例如yum执行期间的日志文件规范。yum的配置文件有主配置文件/etc/yum.conf和资源库配置目录/etc/yum.repos.d。Linux系统将有关每个软件库的消息都存储在了/etc/yum.repos.d目录下的一个单独文件中，这些文件定义了要使用的软件库。

你可以看看yum命令的主要配置文件/etc/yum.conf中的内容，如下图所示。

```
[root@centos ~]# cat /etc/yum.conf
[main]
cachedir=/var/cache/yum/$basearch/$releasever
keepcache=0
debuglevel=2
logfile=/var/log/yum.log
exactarch=1
obsoletes=1
gpgcheck=1
plugins=1
installonly_limit=3
```

在/etc/yum.conf文件中，[main]的部分中所定义的都是全局设置。下面将一一解释每个参数的含义。

- cachedir：存储下载软件包的目录。
- keepcache：如果该值为0，表示在安装软件包之后删除它们。
- debuglevel：记录日志的信息量，数值从0到10。
- logfile：yum的日志文件。
- exactarch：该值为1时，表示yum只更新相同体系结构的软件包。
- obsoletes：该值为1时，表示yum在更新期间替换废弃的软件包。
- gpgcheck：该值为1时，表示yum检查GPG签名以验证软件包的授权。
- plugins：该值为1时，开启有扩展功能的yum plugins。
- installonly_limit：对于单一的软件包可以同时安装的最大版本数。

进入/etc/yum.repos.d目录中，使用ls命令可以看到这个目录下的每一个存储库服务器的配置文件，如下图所示。

```
[root@centos ~]# cd /etc/yum.repos.d
[root@centos yum.repos.d]# pwd
/etc/yum.repos.d
[root@centos yum.repos.d]# ls
CentOS-AppStream.repo    CentOS-Debuginfo.repo   CentOS-PowerTools.repo
CentOS-Base.repo         CentOS-Extras.repo      CentOS-Sources.repo
CentOS-centosplus.repo   CentOS-fasttrack.repo   CentOS-Vault.repo
CentOS-CR.repo           CentOS-Media.repo
[root@centos yum.repos.d]#
```

ecloud　　5#

既然提到了配置文件，那yum的存储库也顺道看一下吧！存储库是指用户要下载文件的存储位置，除了使用网络上的服务器外，还应该在文件系统上指定一个特定的目录作为存储库。CentOS的存储库如下图所示。

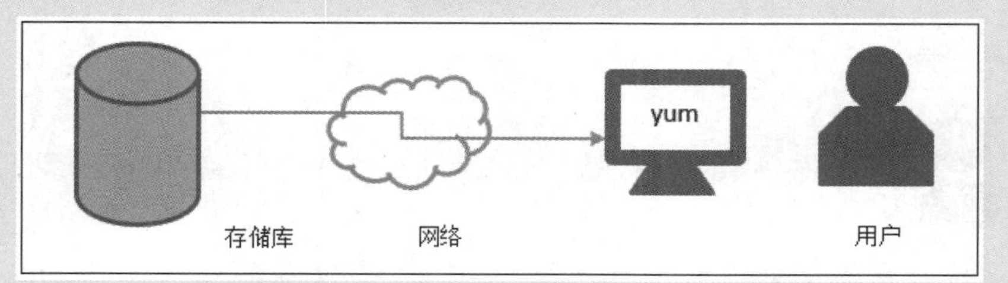

CentOS的存储库有提供CentOS正式支持的软件包的标准存储库，也有提供来自第三方的其他软件包的外部存储库，安装CentOS时的配置文件在/etc/yum.repos.d目录中。存储库的主要类型如下表所示。

存储库	说明	配置文件
base	CentOS租用的软件包，此软件包包含在ISO影像中以进行安装	CentOS-Base.repo
updates	CentOS租赁后更新的软件包	CentOS-Base.repo
extras	附加和上游软件包	CentOS-Base.repo
c7-media	使用DVD或ISO映像的存储库	CentOS-Media.repo

使用cat命令查看存储库服务器配置文件，CentOS-Base.repo配置文件内容如下图所示。

```
[root@centos ~]# cat /etc/yum.repos.d/CentOS-Base.repo
# CentOS-Base.repo
#
# The mirror system uses the connecting IP address of the client and the
# update status of each mirror to pick mirrors that are updated to and
# geographically close to the client.  You should use this for CentOS updates
# unless you are manually picking other mirrors.
#
# If the mirrorlist= does not work for you, as a fall back you can try the
# remarked out baseurl= line instead.
#
#

[BaseOS]
name=CentOS-$releasever - Base
mirrorlist=http://mirrorlist.centos.org/?release=$releasever&arch=$basearch&repo=BaseOS
&infra=$infra
#baseurl=http://mirror.centos.org/$contentdir/$releasever/BaseOS/$basearch/os/
gpgcheck=1
enabled=1
gpgkey=file:///etc/pki/rpm-gpg/RPM-GPG-KEY-centosofficial

[root@centos ~]#
```

其中name字段表示存储库的名称，mirrorlist字段指定包含存储库服务器列表文件的URL，baseurl（注释行，默认在行首带有#）字段指定centos.org的存储库URL。

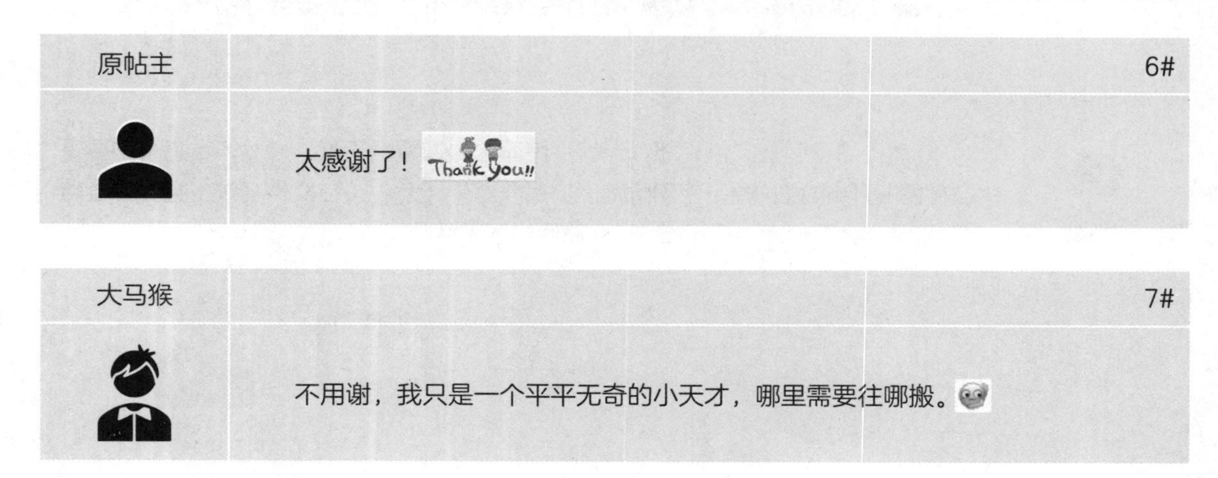

原帖主
6#
太感谢了！
Thank you!!
大马猴
7#
不用谢，我只是一个平平无奇的小天才，哪里需要往哪搬。

Ubuntu软件包管理

前面讨论了CentOS中的软件包管理方式，我们下面要讨论的软件包管理方式与RedHat系列的管理方式不同。我们都知道Linux系统中常用的软件包格式有两种：RPM和DEB，而DEB格式就是Ubuntu上使用的格式，软件包的扩展名是.deb。那么想管理Ubuntu中的软件包又该用什么命令呢？Ubuntu中的软件包管理方式和CentOS中到底有什么差别呢？想知道的小伙伴到这里集合吧！

扫码看视频

发帖：Ubuntu中如何安装软件包？

最新评论

三人行 1#

与dpkg命令相比，Ubuntu提供了更好用的apt命令来查看、安装和卸载软件包。apt命令是管理deb软件包的工具，它可以自动检测并解决软件包的依赖问题。

```
apt {子命令} [软件包名称]
```

子命令中有的用来显示软件包信息，有的用来安装和卸载软件包。显示软件包信息的子命令如下图所示。

子命令	说　明
list	显示所有可用的软件包信息
list --installed	显示已安装的软件包
list --upgradeable	显示可更新的软件包
search	显示指定关键字相关的软件包
show	显示指定软件包的信息

查看系统中安装的软件包，可以使用apt list -installed命令。每一个软件包后面都有“已安装，自动”的提示信息，如下图所示。

```
ubuntu@ubuntu:~$ apt list --installed
正在列表... 完成
accountsservice/bionic,now 0.6.45-1ubuntu1 amd64 [已安装，自动]
acl/bionic,now 2.2.52-3build1 amd64 [已安装，自动]
acpi-support/bionic,now 0.142 amd64 [已安装，自动]
acpid/bionic,now 1:2.0.28-1ubuntu1 amd64 [已安装，自动]
adduser/bionic,bionic,now 3.116ubuntu1 all [已安装，自动]
adium-theme-ubuntu/bionic,bionic,now 0.3.4-0ubuntu4 all [已安装，自动]
adwaita-icon-theme/bionic,bionic,now 3.28.0-1ubuntu1 all [已安装，自动]
```

想看系统中有哪些软件包可以更新，就用apt list -upgradeable命令。执行结果中会提示你可以从当前版本升级到哪个版本，如下图所示。

```
ubuntu@ubuntu:~$ apt list --upgradeable
正在列表... 完成
amd64-microcode/bionic-updates,bionic-security 3.20191021.1+really3.20181128.1~
ubuntu0.18.04.1 amd64 [可从该版本升级：3.20180524.1~ubuntu0.18.04.2]
apport/bionic-updates,bionic-updates,bionic-security,bionic-security 2.20.9-0ub
untu7.9 all [可从该版本升级：2.20.9-0ubuntu7.7]
apport-gtk/bionic-updates,bionic-updates,bionic-security,bionic-security 2.20.9
-0ubuntu7.9 all [可从该版本升级：2.20.9-0ubuntu7.7]
apt/bionic-updates 1.6.12 amd64 [可从该版本升级：1.6.11]
apt-utils/bionic-updates 1.6.12 amd64 [可从该版本升级：1.6.11]
```

想看某个软件包的详细信息，需要指定软件包的名称。apt show bash表示查看软件包bash的详细信息，执行结果中显示了bash软件包的名称、版本、源等信息，如下图所示。

```
ubuntu@ubuntu:~$ apt show bash
Package: bash
Version: 4.4.18-2ubuntu1.2
Priority: required
Essential: yes
Section: shells
Origin: Ubuntu
Maintainer: Ubuntu Developers <ubuntu-devel-discuss@lists.ubuntu.com>
Original-Maintainer: Matthias Klose <doko@debian.org>
Bugs: https://bugs.launchpad.net/ubuntu/+filebug
```

在安装或卸载软件包之前通常要先查看该软件包的信息，以上就是用apt这个命令查看软件包信息的方法。

怀挺_Go 2#

我把安装和卸载软件包的子命令整理在一个表格中了，比如install子命令可以用于安装指定的软件包，能够接收一个或多个软件包名称，如下表所示。

子命令	说　明
install	安装指定的软件包
update	将软件包索引文件与源同步
upgrade	将系统上当前安装的所有软件包升级至最高版本，但不删除现有软件包
full-upgrade	升级软件包，但必要情况下会删除已安装的软件包
remove	删除软件包，保留配置文件
purge	强制删除包括配置文件在内的所有文件

在Ubuntu中执行安装或者卸载软件包命令时前面需要加上sudo，比如安装zsh，需要执行sudo apt install zsh命令。执行安装的过程中，会出现是否继续执行的提示，输入Y继续自动安装即可，如下图所示。

```
ubuntu@ubuntu:~$ sudo apt install zsh
[sudo] ubuntu 的密码:
正在读取软件包列表... 完成
正在分析软件包的依赖关系树
正在读取状态信息... 完成
将会同时安装下列软件:
  zsh-common
建议安装:
  zsh-doc
下列【新】软件包将被安装:
  zsh zsh-common
```

检查软件的安装是否成功，可以执行apt list zsh命令，如下图所示。

```
ubuntu@ubuntu:~$ apt list zsh
正在列表... 完成
zsh/bionic-updates,bionic-security,now 5.4.2-3ubuntu3.1 amd64 [已安装]
```

卸载软件包直接指定purge子命令，执行sudo apt purge zsh命令可以卸载已安装的软件包zsh。卸载过程中会出现确认卸载的提示，输入Y继续自动卸载，如下图所示。

```
ubuntu@ubuntu:~$ sudo apt purge zsh
正在读取软件包列表... 完成
正在分析软件包的依赖关系树
正在读取状态信息... 完成
下列软件包是自动安装的并且现在不需要了:
  zsh-common
使用'sudo apt autoremove'来卸载它(它们)。
下列软件包将被【卸载】:
  zsh*
升级了 0 个软件包，新安装了 0 个软件包，要卸载 1 个软件包，有 238 个软件包未被
升级。
解压缩后将会空出 2,120 kB 的空间。
您希望继续执行吗? [Y/n] Y
```

apt命令的用法很简单吧！ 

coolcat

3#

我发现有些新手安装软件失败的原因是Linux虚拟主机不能上网。我这里有一个方法，遇到相同问题的小伙伴可以试一试。

使用apt命令安装软件包之前需要确保虚拟机可以上网。在虚拟机设置中的网络连接方式选择“网络地址转换（NAT）”，然后将虚拟机中的IP地址设置为自动获取，重启虚拟机后即可使虚拟机正常上网。

原帖主

4#

get了一个小技能！谢谢大家！

cool6

5#

来看各位大神的经验之谈。

发帖：我听说aptitude命令比apt更加友好，可以具体介绍一下吗？

最新评论

zplinux

1#

从功能上来讲，aptitude命令和apt命令相同，但aptitude命令比之前的apt命令拥有更友好的使用界面。aptitude命令的大部分选项和子命令与apt命令兼容。

```
aptitude [选项] [子命令]
```

先来了解一下这个命令的选项吧！常用选项如下表所示。

选　项	说　　明
-f	尽可能解决包的依赖性问题
-y	所有问题都回答y
-u	启动时下载新的软件列表
-P	每一步操作都要求用户确认
-d、--download-only	把软件包下载到APT缓存区，不安装，也不删除
-D、--show-deps	在安装或删除软件包时，显示自动安装和删除的概要信息
--allow-untrusted	运行安装来自未认证软件仓储的软件包
--purge-unused	清除不再需要的软件包

再来看看aptitude命令的常用子命令，如下表所示。

子命令	说　　明
install	安装指定的软件包
search	搜索软件包
upgrade	升级可用的软件包
update	更新软件仓储软件包列表
show	显示软件包的详细信息
remove	删除指定的软件包
full-upgrade	将已安装的软件包升级到最新版本，根据依赖关系需要安装或删除其他的依赖包
safe-upgrade	将已安装的软件包升级到最新版本，根据依赖关系需要安装或删除其他的软件包
source	下载源代码包
why	给出指定软件包应该被安装的原因
why-not	给出指定软件包不能被安装的原因
clean	清空APT缓存目录中下载的软件包
download	下载指定的软件包到当前目录中
purge	彻底删除指定的软件包，包括配置文件
reinstall	重新安装指定的软件包

这里面有两个子命令（full-upgrade和safe-upgrade）的功能基本相同但还是存在细微的差别。safe-upgrade会删除不被需要的依赖软件包，full-upgrade会根据实际情况决定是否删除。有时在safe-upgrade无法升级的情况下，full-upgrade仍然可以正常升级。

指定aptitude命令的search子命令搜索软件包quota，如下图所示。在下面的执行结果中，每一行描述一个软件包。第一列字母表示软件包的状态，第二列表示软件包的名称，第三列为备注信息。

```
root@ubuntu:~# aptitude search quota
p   argonaut-quota                    - Argonaut (tool to apply disk quota from l
p   fusiondirectory-plugin-quota      - quota plugin for FusionDirectory
p   fusiondirectory-plugin-quota-sc   - LDAP schema for FusionDirectory quota plu
p   libquota-perl                     - Perl interface to file system quotas
p   libquota-perl:i386                - Perl interface to file system quotas
i   quota                             - disk quota management tools
p   quota:i386                        - disk quota management tools
p   quotatool                         - tool to edit disk quotas from the command
p   quotatool:i386                    - tool to edit disk quotas from the command
p   vzquota                           - server virtualization solution - quota to
p   vzquota:i386                      - server virtualization solution - quota to
```

第一列字母表示软件包的状态，其中常见的几种软件包状态如下。

- p：表示该软件包没有在当前系统中安装。
- c：表示该软件包曾在当前系统中安装过，又删除了，只有配置文件在系统中。
- i：表示该软件包已经被安装在当前系统中。
- v：表示当前软件包为虚拟软件包。

aptitude命令的子命令search还支持一些特殊的匹配模式，例如指定~T表示不管软件包是否已经被安装，都会列出所有的软件包信息，如下图所示。

```
ubuntu@ubuntu:~$ aptitude search ~T
p   0ad                               - Real-time strategy game of ancient warfar
p   0ad:i386                          - Real-time strategy game of ancient warfar
p   0ad-data                          - Real-time strategy game of ancient warfar
p   0ad-data-common                   - Real-time strategy game of ancient warfar
p   0install                          - cross-distribution packaging system
p   0install:i386                     - cross-distribution packaging system
p   0install-core                     - cross-distribution packaging system (non-
p   0install-core:i386                - cross-distribution packaging system (non-
p   0xffff                            - Open Free Fiasco Firmware Flasher
p   0xffff:i386                       - Open Free Fiasco Firmware Flasher
p   2048-qt                           - mathematics based puzzle game
p   2048-qt:i386                      - mathematics based puzzle game
p   2ping                             - Ping utility to determine directional pac
p   2to3                              - 2to3 binary using python3
p   2vcard                            - perl script to convert an addressbook to
p   3270-common                       - Common files for IBM 3270 emulators and p
p   3270-common:i386                  - Common files for IBM 3270 emulators and p
```

指定~i表示列出当前系统中已经安装的软件包，如下图所示。

```
ubuntu@ubuntu:~$ aptitude search ~i
i A accountsservice                   - 查询和管理用户帐号信息
i A acl                               - 访问控制列表工具
i A acpi-support                      - 用于处理一些 ACPI 事件的脚本
i A acpid                             - 高级配置与电源接口 (ACPI) 事件守护进程
i   adduser                           - 添加、删除用户和组
i A adium-theme-ubuntu                - 用于Ubuntu的Adium消息样式
i A adwaita-icon-theme                - default icon theme of GNOME (small subset
i A aisleriot                         - GNOME 单人纸牌游戏集
i A alsa-base                         - ALSA 驱动配置文件
i A alsa-utils                        - 配置和使用 ALSA 的工具
```

使用aptitude show命令可以查看指定软件包的信息，例如该软件包是否已经安装、软件包版本号等信息。查看软件包bc的信息，如下图所示。

```
ubuntu@ubuntu:~$ aptitude show bc
软件包： bc
版本号： 1.07.1-2
状态：已安装
自动安装：是
Multi-Arch: foreign
优先级： 可选
部分： math
维护者： Ubuntu Developers <ubuntu-devel-discuss@lists.ubuntu.com>
体系： amd64
未压缩尺寸： 223 k
依赖于：libc6 (>= 2.14), libreadline7 (>= 6.0)
```

这就是使用aptitude命令在Ubuntu中查看软件包的用法了。

mz_n2 2#

安装软件包可以直接指定子命令install，在aptitude install命令后面指定要安装的软件包的名称。安装软件包apache2如下图所示。安装过程中会有是否继续的提示，输入Y继续安装即可。

```
ubuntu@ubuntu:~$ sudo aptitude install apache2
[sudo] ubuntu 的密码:
下列“新”软件包将被安装。
  apache2 apache2-bin{a} apache2-data{a} apache2-utils{a} libapr1{a}
  libaprutil1{a} libaprutil1-dbd-sqlite3{a} libaprutil1-ldap{a}
  liblua5.2-0{a}
0 个软件包被升级，新安装 9 个， 0 个将被删除， 同时 138 个将不升级。
需要获取 1,713 kB 的存档。 解包后将要使用 6,917 kB。
您要继续吗? [Y/n/?] Y
```

指定aptitude reinstall命令可以重新安装软件包。重新安装quota软件包如下图所示。

```
ubuntu@ubuntu:~$ sudo aptitude reinstall quota
下列软件包将被“重新安装”:
  quota
0 个软件包被升级，新安装 0 个， 1 个被重新安装， 0 个将被删除， 同时 142 个将不
升级。
需要获取 260 kB 的存档。 解包后将要使用 0 B。
读取: 1 http://cn.archive.ubuntu.com/ubuntu bionic-updates/main amd64 quota am
d64 4.04-2ubuntu0.1 [260 kB]
读取: 2 http://cn.archive.ubuntu.com/ubuntu bionic-updates/main amd64 quota am
d64 4.04-2ubuntu0.1 [260 kB]
读取: 3 http://cn.archive.ubuntu.com/ubuntu bionic-updates/main amd64 quota am
d64 4.04-2ubuntu0.1 [260 kB]
已下载 7,121 B，耗时 2分 9秒 (55 B/s)
正在预设定软件包 ...
(正在读取数据库 ... 系统当前共安装有 172744 个文件和目录。)
正准备解包 .../quota_4.04-2ubuntu0.1_amd64.deb  ...
正在将 quota (4.04-2ubuntu0.1) 解包到 (4.04-2ubuntu0.1) 上 ...
```

使用aptitude remove命令可以删除已安装的软件包，但是会保留配置文件等数据信息。通过remove子命令删除quota软件包，如下图所示。

```
ubuntu@ubuntu:~$ sudo aptitude remove quota
下列软件包将被“删除”:
  quota
0 个软件包被升级，新安装 0 个， 1 个将被删除， 同时 142 个将不升级。
需要获取 0 B 的存档。 解包后将释放 1,532 kB。
(正在读取数据库 ... 系统当前共安装有 172743 个文件和目录。)
正在卸载 quota (4.04-2ubuntu0.1) ...
正在处理用于 man-db (2.8.3-2ubuntu0.1) 的触发器 ...

ubuntu@ubuntu:~$ aptitude show quota
软件包: quota
版本号: 4.04-2ubuntu0.1
状态: 未安装(配置文件保留)
优先级: 可选
部分: admin
维护者: Ubuntu Developers <ubuntu-devel-discuss@lists.ubuntu.com>
体系: amd64
未压缩尺寸: 1,532 k
```

TheKing 3#

如果你在终端界面没有指定任何选项直接执行aptitude命令，就表示启动aptitude命令的图形界面，如下图所示。aptitude命令图形界面是一个相对比较简洁的图形化界面，界面顶部分别是Actions、Undo、Package、Resolver、Search、Options、Views及Help功能选项。

```
 Actions  Undo  Package  Resolver  Search  Options  Views  Help
C-T: Menu  ?: Help  q: Quit  u: Update  g: Preview/Download/Install/Remove Pkgs
aptitude 0.8.10 @ ubuntu.l                Disk: +89.5 MB       DL: 30.0 MB/160 MB
--- Upgradable Packages (142)
--- New Packages (13)
--- Installed Packages (1522)
--- Not Installed Packages (94194)
--- Virtual Packages (12889)
--- Tasks (39128)



A newer version of these packages is available.

This group contains 142 packages.
```

比如你要搜索一个软件包的信息，可以单击Search-Find，在弹出的搜索框中输入指定的软件名，单击ok按钮即可。在搜索框中输入quota，查询有关该软件包的信息，如下图所示。

```
 Actions  Undo  Package  Resolver  Search  Options  Views  Help
C-T: Menu  ?: Help  q: Quit  u: Update  g: Preview/Download/Install/Remove Pkgs
aptitude 0.8.10 @ ubuntu.l                Disk: +89.5 MB       DL: 30.0 MB/160 MB
p     quota                                        <none>         4.04-2ubuntu0.
p     quota:i386                                   <none>         4.04-2ubuntu0.
p     radosgw                                      <none>         12.2.12-0ubunt
p     radosgw:i386                                 <none>         12.2.12-0ubunt
p     reiser4progs                                 <none>         1.2.0-2
p     reiser4progs:i386                            <none>         1.2.0-2
p     reiserfsprogs                                <none>         1:3.6.27-2
p     reiserfsprogs:i386                           <none>         1:3.6.27-2
p     resource-agents                              <none>         1:4.1.0~rc1-1u
p                                                                           1u
p  Search for:                                                              tu
p  quota
di            [ Ok ]                          [ Cancel ]
Th
system usage caps via the Linux Diskquota system. It can set hard or soft
limits with adjustable grace periods on block or inode usage for users and
groups. It allows users to check their quota status, integrates with LDAP, and
supports quotas on remote machines via NFS.
Homepage: http://sourceforge.net/projects/linuxquota
```

在出现的搜索结果界面中会出现quota软件包的有关信息。安装软件包时按下Shift++组合键把想要安装的软件包添加至安装列表中，按下G键开始安装。删除软件包时需要在软件列表中选中要删除的软件包，按下Shift+-组合键即可。如果你想要退出这个图形化界面，单击Action-Quit就可以了。

原帖主	4#
	感谢！感谢！为自己加个油！

备份和恢复

我们在重装Windows系统时会把重要的数据备份，在Linux中，则是通过在系统或远程计算机的硬盘中创建文件或目录的备份来保证文件和目录的安全。当文件和目录丢失、误删或损坏时，可以使用备份的数据来恢复这些文件，这种操作在管理系统中的重要文件时非常有用。还不会备份和恢复数据的小伙伴赶快过来学习一下吧！

扫码看视频

发帖：在Linux中如何备份系统中的数据？

最新评论

混个脸熟 1#

各位潜水的小伙伴快出来吧！为了保证系统中文件和目录的安全，我们可以将多个文件合并为一个文件并另存为备份数据。将多个文件合并为一个数据称为归档文件，归档的目的就是方便备份、还原及文件的传输操作。通过使用管理归档文件的命令可以创建、压缩及解压缩归档文件。

Linux系统中的标准归档的命令是tar命令，该命令可以归档指定的文件并显示文件信息，然后提取该文件，能够指定多个目录名称。

```
tar [选项] 文件名或目录名
```

tar命令的选项非常多，这里我只列出了几个常用的选项，如下表所示。

选 项	说 明
-c	创建归档文件
-t	显示归档文件的内容
-x	提取归档文件
-f	指定归档文件名
-v	显示详细信息
-j	通过bzip2压缩归档文件
-z	通过gzip压缩归档文件

使用tar命令创建归档文件并显示其内容，如下图所示。执行ls命令显示当前目录中的文件和目录，然后使用tar命令指定cf选项、文件和目录在当前目录中创建归档文件arch.tar。确认创建成功后，使用tar tvf arch.tar命令可以看到该归档文件中的内容列表。

```
[root@centos dir1]# ls
dir2 dir3  file1  file2  fileA  fileB  file.txt
[root@centos dir1]# tar cf arch.tar file1 fileA dir2/
[root@centos dir1]# ls
arch.tar dir2 dir3  file1  file2  fileA  fileB  file.txt
[root@centos dir1]# tar tvf arch.tar
-rw-r--r-- root/root       214 2019-12-30 22:00 file1
-rw-r--r-- root/root        54 2019-12-27 02:05 fileA
drwxr-xr-x root/root         0 2019-12-30 04:10 dir2/
drwxr-xr-x root/root         0 2019-12-30 01:40 dir2/dirA/
lrwxrwxrwx root/root         0 2019-12-30 02:28 dir2/fileA_link -> fileA
lrwxrwxrwx root/root         0 2019-12-30 02:32 dir2/dirA_link -> dirA
[root@centos dir1]#
```

cpio命令也可创建归档文件，该命令与tar命令使用相同的方式组合多个文件和目录，但tar命令和cpio命令的归档格式不同。使用cpio命令创建归档文件如下图所示。

```
[root@centos dir3]# ls
dir4   file1  file2
[root@centos dir3]# find . | cpio -o > arch.cpio
1 块
[root@centos dir3]# cpio -it < arch.cpio
.
file1
dir4
dir4/file33
dir4/dir1
file2
arch.cpio
1 块
[root@centos dir3]#
```

tar命令的用法有很多种，如果你想解锁更多有关tar命令的用法，可以使用man tar查询。

胡扯　　2#

我们在备份数据的时候，如果遇到需要备份的数据很大、会占用大量磁盘空间的情况，可以使用Linux系统中提供的压缩和解压缩的命令。比如zip、compress、gzip和bzip2，这些命令的压缩效率从高到低依次为bzip2、gzip、compress、zip。具体的说明如下表所示。

格　式	用　途	说　明
zip	扩展名	.zip
	压缩方式	zip archfile.zip archfile
	解压缩	unzip archfile.zip
compress	扩展名	.Z
	压缩方式	compress archfile（压缩文件名：archfile.Z）
	解压缩	uncompress archfile.Z（compress -d archfile.Z）
gzip	扩展名	.gz
	压缩方式	gzip archfile（压缩文件名：archfile.gz）
	解压缩	gunzip archfile.gz（gzip -d archfile.gz）
bzip2	扩展名	.bz2
	压缩方式	bzip2 archfile（压缩文件名：archfile.bz2）
	解压缩	bunzip2 archfile.bz2（bzip -d archfile.bz2）

除了使用上述的压缩命令外，还可以通过执行tar命令及相关选项同时执行归档和压缩/解压缩操作。不带选项仅使用tar命令表示对文件进行归档，gzip等命令表示仅压缩（减少数据量、不更改内容）。

使用tar zcvf命令将dir2目录中的数据压缩到archfile.tar.gz文件中，如下图所示。通过tar命令的zcvf选项可以将数据以gzip格式进行压缩。使用rm命令可以一次性删除archfile.tar.gz文件，去掉z选项，tar命令也会自动确定压缩格式并解压缩文件。

```
[root@centos dir1]# ls
arch.tar  dir2  dir3  file1  file2  fileA  fileB  file.txt
[root@centos dir1]# tar zcvf archfile.tar.gz dir2/
dir2/
dir2/dirA/
dir2/fileA_link
dir2/dirA_link
[root@centos dir1]# ls
archfile.tar.gz  arch.tar  dir2  dir3  file1  file2  fileA  fileB  file.txt
[root@centos dir1]# rm archfile.tar.gz
rm: 是否删除普通文件 'archfile.tar.gz'? y
[root@centos dir1]# ls
arch.tar  dir2  dir3  file1  file2  fileA  fileB  file.txt
[root@centos dir1]# tar cvf archfile.tar.gz dir2/
dir2/
dir2/dirA/
dir2/fileA_link
dir2/dirA_link
[root@centos dir1]# ls
archfile.tar.gz  arch.tar  dir2  dir3  file1  file2  fileA  fileB  file.txt
[root@centos dir1]#
```

可以通过指定选项和压缩文件名的方式提取tar.gz文件，如下图所示。

```
[root@centos dir1]# tar xvf archfile.tar.gz
dir2/
dir2/dirA/
dir2/fileA_link
dir2/dirA_link
[root@centos dir1]#
```

压缩命令的用法多种多样，这些都可以作为数据备份的手段。

原帖主 3#

Linux里面支持的压缩命令这么多啊！数据备份的方式还挺多样的。

码字员 4#

dd命令也是Linux系统中非常有用的一个命令，它可以指定用于复制输入或输出的设备，也就是说使用dd命令可以将磁盘分区中的数据按照原样复制到另外一个分区。dd命令的用法比较特殊，通过=来指定文件名或者数据块。

```
dd [if=文件名] [of=文件名] [bs=块大小] [count=块数]
```

dd命令后面可以指定的每一个选项都和之前的命令不一样，如下表所示。

选 项	说 明
if=文件名	指定输入文件
of=文件名	指定输出文件
bs=块大小	指定用于一次读/写的块大小
count=块数	指定要输入的块数
conv=转换选项	指定转换选项，noerror表示即使读取错误也继续

使用dd命令进行数据复制的示例如下：

（1）dd if=/dev/sda of=/dev/sdb bs=4096表示将数据从/dev/sda复制到/dev/sdb中。

（2）dd if=/dev/sda of=/dev/sdb bs=4096 conv=sync,noerror表示如果/dev/sda存在问题且存在读取错误，需指定noerror，sync表示用NULL填充输入块，直到输入缓冲区大小。

（3）dd if=/dev/zero of=/dev/sda bs=4096 conv=noerror表示/dev/zero是一个将所有位写入/dev/sda的文件，即原始数据被NULL覆盖。

（4）dd if=/dev/zero of=file bs=1M count=10表示创建一个10MB的虚拟文件，文件名为file。

可能你还不太明白这里面提到的类似/dev/sdb这种字段的含义，当你学习到磁盘分区的时候就会明白了。如果这里你看不明白的话，等你对磁盘分区有所了解的时候，再来使用我推荐的这个dd命令吧！

hello_yo 5#

由于CentOS和Ubuntu中使用的文件系统不一样，支持的数据备份和恢复命令也不一样。CentOS中使用xfs作为标准文件系统，并且还提供了xfsdump命令和xfsrestore命令作为备份和恢复的专用命令；Ubuntu中使用ext4作为标准文件系统，提供dump命令作为ext2、ext3、ext4文件系统的备份命令，并提供restore命令用于恢复备份的命令。

使用数据备份命令之前需要了解系统中磁盘的使用情况。df命令用于显示文件系统的磁盘使用情况，显示文件系统类型使用-T选项。文件系统的磁盘使用率如下图所示。执行结果中显示了文件系统的类型、已用、可用、挂载点等信息。

```
[root@centos ~]# df -T
文件系统              类型        1K-块     已用     可用 已用% 挂载点
devtmpfs              devtmpfs   405784   405784        0  100% /dev
tmpfs                 tmpfs      420560        0   420560    0% /dev/shm
tmpfs                 tmpfs      420560     6692   413868    2% /run
tmpfs                 tmpfs      420560        0   420560    0% /sys/fs/cgroup
/dev/mapper/cl-root   xfs       6486016  5302432  1183584   82% /
/dev/sda1             ext4       999320   189516   740992   21% /boot
tmpfs                 tmpfs       84112       28    84084    1% /run/user/42
tmpfs                 tmpfs       84112     3508    80604    5% /run/user/0
[root@centos ~]#
```

要备份的文件系统必须未使用，即不能读、写，因此需要切换到救援模式，切换命令为systemctl rescue。xfsdump命令用于备份每个xfs文件系统，可以创建完整的备份。

```
xfsdump [选项] 备份目标文件系统
```

其中xfsdump命令的选项及说明如下表所示。

选　项	说　明
-f 备份目标	指定备份目标
-l 级别	指定转储级别（0-9）
-p 间隔时间	以指定的间隔时间（秒）显示进度

完全备份是备份文件系统中所有的数据，增量备份指仅备份上次备份的更新。xfsdump命令的备份级别默认为0（完全备份），增量备份级别范围为1-9。

xfsrestore命令用于还原备份文件，用法如下：

```
xfsrestore [选项] 恢复的转储源文件系统
```

推荐几个xfsrestore命令的选项，如下表所示。

选　项	说　明
-f 源	指定来源
-S	指定会话ID
-L	指定会话标签
-I	显示转储会话ID和会话标签
-r	指定增量备份

Ubuntu中使用dump命令和restore命令转储和还原文件。如果Ubuntu中未安装dump软件包，需要使用sudo apt install dump命令安装。Ubuntu中文件的备份和恢复同样需要在救援模式下使用dump命令和restore命令，在此模式下需要设置root密码（sudo passwd root）。dump命令用于执行完整的备份，restore命令用于恢复备份，这两个命令的用法与xfsdump命令和xfsrestore命令相似。

我说的这几个命令都涉及到文件系统，对文件系统不熟悉的小伙伴可以先去了解一下相关的知识。

coolcat　　6#

如果有需要在本地主机上、本地主机到远程主机以及远程主机到本地主机备份和同步的小伙伴可以使用我下面要说的rsync命令。这是一个远程数据同步的工具，可以实现数据的传输和备份。

```
rsync [选项] 复制源 复制目标
```

rsync命令的选项有点多，具体说明如下表所示。

选　项	说　　明
-a、--archive	归档模式，以递归方式传输文件，等于-rlptgoD
-v、--verbose	详细模式输出，显示传输文件名
-l、--links	保留软连接
-r、--recursive	以递归模式处理目录
-p、--perms	保持权限完整
-t、--times	保留文件修改时间
-o、--owner	保持文件所有者不变，目标账户为root时有效
-u、--update	目标文件较新时，不复制
--delete	在源处删除的文件也会在目标处删除
-e、--rsh=COMMAND	指定使用rsh、ssh方式进行数据同步

使用rsync命令将用户user1的主目录复制到/root/dumpfile中，如下图所示。

```
[root@centos ~]# rsync -av /home/user1 /root/dumpfile
sending incremental file list
user1/
user1/.bash_logout
user1/.bash_profile
user1/.bashrc
user1/.mozilla/
user1/.mozilla/extensions/
user1/.mozilla/plugins/

sent 818 bytes  received 93 bytes  607.33 bytes/sec
total size is 471  speedup is 0.52
[root@centos ~]#
```

关于同步，你学会了吗？

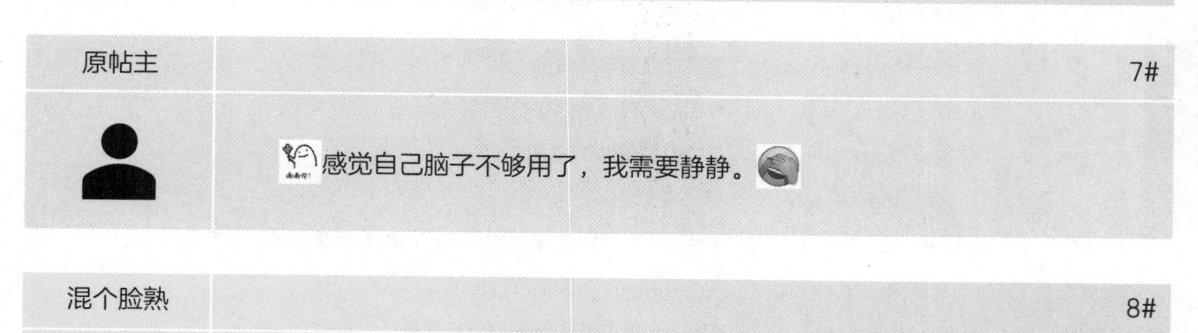

原帖主　　7#

感觉自己脑子不够用了，我需要静静。

混个脸熟　　8#

哈哈哈哈！

日志的记录和管理

当我们的系统出现问题时，常常需要检查日志文件中的内容来判断系统的运行状况。日志文件中记录了非常多的重要信息，比如Linux系统内核和程序会产生的各种警告信息、错误信息和提示信息，这些信息对系统管理员分析系统的运行状况非常有用。日志文件中的信息量非常大，如果不借助任何分析工具单凭肉眼判断是非常困难的，所以学会分析日志文件是Linux进阶之路上必须要掌握的一项技能。

扫码看视频

发帖：什么样的文件是日志文件？我要如何从各种文件中区分？

最新评论

IT小怪兽 1#

日志文件的重要性不用我多说，想必你应该已经知道了。日志文件就是记录系统和应用程序的运行状态以及发生的各种其他事件的文件。日志文件的名称和位置取决于Linux系统的发行版，应用程序类型和设置、检查内容的方法取决于日志文件的类型。日志文件的类型有下面两种格式。

- 文字格式：可以使用cat、less等命令直接查看的日志文件。
- 二进制格式：可以使用专用命令查看或者确认二进制格式的日志文件。

CentOS中的主要日志文件如下表所示。

文件名称	说　明
/var/run/utmp	存储当前登录到系统的用户信息（二进制格式）
/var/log/wtmp	使用last命令存储登录的用户、使用时间和系统重启信息（二进制格式）
/var/log/btmp	使用lastb命令显示存储无效的登录历史记录，例如密码认证失败（二进制格式）
/var/log/messages	存储主系统日志信息
/var/log/dmesg	在启动时存储从内核输出的消息
/var/log/maillog	存储有关邮件系统的信息
/var/log/secure	存储与安全相关的信息
/var/log/lastlog	使用lastlog命令显示存储每个用户的最新登录信息（二进制格式）
/var/log/yum.log	包含使用yum安装的软件包信息
/var/log/cron	存储cron历史记录信息以安排服务

再来看看Ubuntu中的主要日志文件，如下表所示。

文件名称	说　明
/var/log/wtmp	使用last命令存储登录的用户、使用时间和系统重启信息（二进制格式）
/var/log/btmp	使用lastb命令显示存储无效的登录历史记录，例如密码认证失败（二进制格式）

文件名称	说　明
/var/log/auth.log	将登录历史信息存储到系统
/var/log/syslog	存储大量的系统日志信息
/var/log/kern.log	存储从内核输出的消息
/var/log/boot.log	系统启动时存储服务启动消息
/var/log/dmesg	启动时存储从内核输出的消息
/var/log/maillog	存储有关邮件系统的信息
/var/log/lastlog	使用lastlog命令显示存储每个用户的最新登录信息（二进制格式）
/var/log/apt/history.log	存储软件包管理系统的apt历史信息

一般情况下，系统会产生很多的信息，这些信息中基本包括事件发生的具体时间、主机名、服务名称。通过这些信息可以帮助我们排查系统产生错误的原因。

Shift789　　2#

想查看这些日志文件里的具体内容也很容易，比如我使用cat命令查看CentOS中的/var/log/cron日志文件，这个日志文件中记录了有关cron历史记录的信息，如下图所示。

```
[root@centos ~]# cat /var/log/cron
Jan 12 20:15:04 centos run-parts[7820]: (/etc/cron.daily) finished logrotate
Jan 12 20:15:04 centos anacron[7654]: Job `cron.daily' terminated
Jan 12 20:35:01 centos anacron[7654]: Job `cron.weekly' started
Jan 12 20:35:01 centos anacron[7654]: Job `cron.weekly' terminated
Jan 12 20:55:01 centos anacron[7654]: Job `cron.monthly' started
Jan 12 20:55:01 centos anacron[7654]: Job `cron.monthly' terminated
Jan 12 20:55:01 centos anacron[7654]: Normal exit (3 jobs run)
Jan 12 21:01:01 centos CROND[8672]: (root) CMD (run-parts /etc/cron.hourly)
Jan 12 21:01:01 centos run-parts[8672]: (/etc/cron.hourly) starting 0anacron
Jan 12 21:01:01 centos run-parts[8672]: (/etc/cron.hourly) finished 0anacron
Jan 12 22:01:01 centos CROND[9295]: (root) CMD (run-parts /etc/cron.hourly)
```

你看这里面的数据都是一条记录一行，比如第一条数据里面记录了1月12日20:15分左右centos主机中run-parts这个程序产生的信息。

who命令显示当前系统中登录的用户信息，这个命令的执行结果引用了日志文件/var/run/utmp。last命令显示登录用户、使用时间和系统重启等信息，该执行结果中的信息参照了/var/log/wtmp日志文件。通过不同的命令可以浏览各种日志文件，如下图所示。

```
[root@centos ~]# who
root     tty2         2020-01-13 00:40 (tty2)
[root@centos ~]# last
root     tty2         tty2             Mon Jan 13 00:40   still logged in
reboot   system boot  4.18.0-80.11.2.e Mon Jan 13 00:21   still running
centos   tty2         tty2             Mon Jan 13 00:35 - down   (00:04)
reboot   system boot  4.18.0-80.11.2.e Mon Jan 13 00:16 - 00:39  (00:23)
root     tty2         tty2             Sun Jan 12 19:57 - down   (04:18)
reboot   system boot  4.18.0-80.11.2.e Sun Jan 12 19:54 - 00:15  (04:21)
root     tty2         tty2             Fri Jan 10 02:15 - down   (03:06)
reboot   system boot  4.18.0-80.11.2.e Fri Jan 10 01:28 - 05:21  (03:52)
root     tty2         tty2             Thu Jan  9 20:04 - down   (05:31)
reboot   system boot  4.18.0-80.11.2.e Thu Jan  9 19:46 - 01:35  (05:49)
root     tty2         tty2             Wed Jan  8 21:37 - 04:02  (06:25)
```

看看你的系统中记录的日志文件内容吧！

码字员 3#

大多数情况下，系统管理员会集中管理多台服务器。通过记录并关注系统日志来检测故障并调查原因，学会使用各种日志管理工具管理日志文件，就不会发生由于网络故障或机械故障导致日志文件丢失的情况。管理日志文件的工具如下表所示。

日志管理工具	说　明
syslog	广泛应用于系统日志，包括管理日志消息的优先级等
rsyslog	基于syslog协议，支持多线程，增强了安全性
systemd-journald	是systemd日志的守护程序，可以将系统日志传输到其他syslog守护程序中存储

这些都是管理日志文件的工具，管理系统就必须要了解软件在系统上产生的各种信息，除了系统上的这些日志文件，管理日志文件的工具也很重要。

原帖主 4#

现在终于知道神秘的日志文件里记录的都是些什么内容了。谢谢！

发帖：如何使用日志管理工具管理日志文件？

最新评论

二米粥 1#

看来你是在学习分析日志文件的工具，我说一下我知道的这个日志管理工具吧！rsyslog管理日志文件的服务是rsyslog.service，主要用来收集登录系统和网络等相关的信息。rsyslog由rsyslogd守护程序控制，rsyslog.service服务的配置文件是/etc/rsyslog.conf，这个配置文件里规定了服务的等级以及被记录的位置。使用cat命令查看/etc/rsyslog.conf文件中的内容，如下图所示。

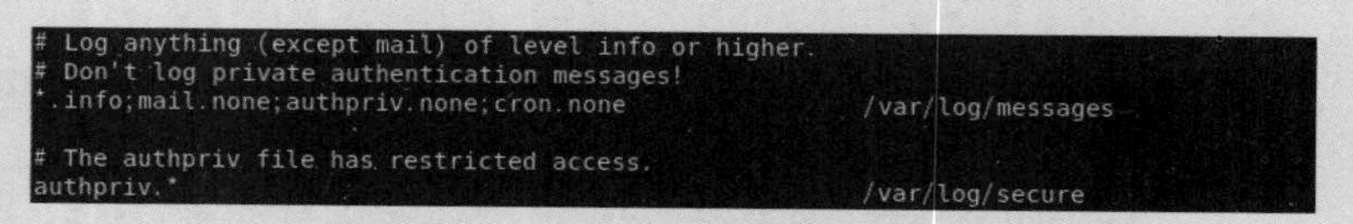

```
# Log anything (except mail) of level info or higher.
# Don't log private authentication messages!
*.info;mail.none;authpriv.none;cron.none                /var/log/messages

# The authpriv file has restricted access.
authpriv.*                                              /var/log/secure
```

Linux系统中的大多数日志文件存储在/var/log目录下，/etc/rsyslog.conf文件描述了与日志记录相关的各种设置，包括选择器和动作字段。选择器字段在facility.priority中指定并选择要处理的消息。facility指定消息的功能；priority指定消息的优先级；action字段由选择器字段选择，指定消息输出的目的地。当指定facility.priority时，将记录所有指定的优先级或更高的优先级消息，指定特定的优先级使用facility.=priority，*表示所有优先级。

rsyslog的配置主要由以下模块组成。

- modules：配置加载的模块。
- global directives：全局配置，配置ryslog守护进程的全局属性。
- rules：规则（选择器+动作），每个规则由selector部分和action部分组成。selector部分指定源和日志等级，action部分指定对应的操作。
- 模板。
- 输出。

规则中的selector（选择器）也由两部分组成，即facility和priority，由.（点号）分隔。

rsyslogd主要是通过Linux内核提供的syslog相关规范来设置数据的分类。我们可以通过syslog支持的一些服务类型来存储系统的信息，syslog支持的服务类型如下表所示。

服务类型	代　码	说　　明
kern	0	内核消息
user	1	用户级别消息
mail	2	邮件系统
daemon	3	系统守护程序
auth	4	安全/身份认证消息
syslog	5	rsyslogd程序产生的消息
lpr	6	打印相关的消息
news	7	news子系统
uucp	8	UUCP子系统
cron	9	cron守护程序产生的信息
authpriv	10	安全/身份认证消息
ftp	11	ftp守护程序
local0-local7	16-23	保留供本地使用

其实同一个服务产生的信息也是有差别的，既然有差别就有等级分类。syslog将这些信息分成了八个主要的等级，如下表所示。

符　号	说　　明
/绝对路径	输出至以绝对路径指定的文件或设备文件
|命令	将消息输出到指定的命令中，程序由输入的命令程序读取
@主机名	指定要将日志传输到远程主机
.	发送给所有登录用户（显示在用户终端上）
用户名	发送给由用户名指定的用户（显示在用户终端上）

知道了这些信息之后，再去看看/etc/rsyslog.conf文件中的内容吧！看看现在能看懂多少内容了。

原帖主 2#

现在再来看/etc/rsyslog.conf文件中的内容果然不一样了，已经明白了好多字段的含义。*.info;mail.none;authpriv.none;cron.none表示除mail（邮件）、authpriv（专用身份验证）和cron之外的信息均记录在/var/log/messages中，显示与mail相关的日志文件都记录在了/var/log/maillog中。/etc/rsyslog.conf文件中与邮件有关的日志文件消息如下图所示。

```
*.info;mail.none;authpriv.none;cron.none                /var/log/messages

# The authpriv file has restricted access.
authpriv.*                                              /var/log/secure

# Log all the mail messages in one place.
mail.*                                                  -/var/log/maillog
```

在Ubuntu中需要查看/etc/rsyslog.d/50-default.conf文件的内容来获取日志消息。*.*;auth,authpriv.none表示除auth和authpriv之外的所有消息都记录在/var/log/syslog中，如下图所示。

```
ubuntu@ubuntu:~$ cat /etc/rsyslog.d/50-default.conf
#  Default rules for rsyslog.
#
#                       For more information see rsyslog.conf(5) and /etc/rsysl
og.conf

#
# First some standard log files.  Log by facility.
#
auth,authpriv.*                 /var/log/auth.log
*.*;auth,authpriv.none          -/var/log/syslog
#cron.*                         /var/log/cron.log
#daemon.*                       -/var/log/daemon.log
kern.*                          -/var/log/kern.log
#lpr.*                          -/var/log/lpr.log
mail.*                          -/var/log/mail.log
#user.*                         -/var/log/user.log
```

二米粥 

看来你已经理解这些文件里的字段含义了。教你一个命令可以在系统的日志文件里创建记录，logger命令用于将facility和priority的消息发送到rsyslogd守护程序。

```
logger [选项] [消息]
```

logger命令有两个常用的选项，如下表所示。

选　项	说　明
-f	发送指定文件的内容
-p	设置优先级，默认值为user.notice

在CentOS中使用logger命令在系统日志中创建一条记录，如下图所示。使用-p指定服务类型为user，优先级指定为info，并向rsyslogd守护程序发送“syslog user test”消息。

```
[root@centos ~]# logger -p user.info "syslog user test"
[root@centos ~]# tail /var/log/messages | grep test
Jan 13 03:17:55 centos root[4046]: syslog user test
[root@centos ~]#
```

看，这样就可以自己创建一条记录了。

原帖主 4#

受教了，感谢！

等一等 5#

还有logrotate可以对系统日志进行轮循，每个日志文件都可以被设置成每日、每周或每月处理，也可以设置文件太大时立即处理。系统默认每周执行一次轮循工作，旧的日志文件最多轮循4次就会被删除。

关于文件的轮循设置，你可以在/etc/logrotate.conf文件中定义，如下图所示。weekly表示每周轮循一次；rotate 4表示默认轮循4次，即指定日志文件删除之前轮循的次数；create表示轮循后立即创建新的日志文件；datetxt表示代办事项扩展名是日期；include /etc/logrotate.d表示读取该目录下的文件。

明白了这些字段的含义你才可以使用我下面介绍的logrotate命令进行日志文件的轮循操作。

```
[root@centos ~]# cat /etc/logrotate.conf
# see "man logrotate" for details
# rotate log files weekly
weekly

# keep 4 weeks worth of backlogs
rotate 4

# create new (empty) log files after rotating old ones
create

# use date as a suffix of the rotated file
dateext

# uncomment this if you want your log files compressed
#compress

# RPM packages drop log rotation information into this directory
include /etc/logrotate.d
```

管理日志文件的轮循可以使用logrotate命令，可以在配置文件中指定日志名称、间隔次数进行日志文件轮转。logrotate命令通常每天由/etc/cron.daily/logrotate脚本执行一次。

logrotate [选项] 配置文件

一般情况下指定/etc/logrotate.conf配置文件。比如在这个配置文件中将每周（weekly）轮循更改为每天（daily）轮循，执行logrotate命令轮循日志文件，如下图所示。ls /var/log/messages*表示检查当前的消息文件，使用date命令检查当天的日期，然后执行logrotate命令，再次查看当前的消息文件，显示已添加了执行日期（20200113）文件。

```
[root@centos ~]# vi /etc/logrotate.conf
[root@centos ~]# head -5 /etc/logrotate.conf
# see "man logrotate" for details
# rotate log files weekly
#weekly
daily

[root@centos ~]# ls /var/log/messages*
/var/log/messages            /var/log/messages-20191229  /var/log/messages-20200112
/var/log/messages-20191222  /var/log/messages-20200105
[root@centos ~]# date
2020年 01月 13日 星期一 04:09:31 EST
[root@centos ~]# logrotate /etc/logrotate.conf
[root@centos ~]# ls /var/log/messages*
/var/log/messages            /var/log/messages-20200105  /var/log/messages-20200113
/var/log/messages-20191229  /var/log/messages-20200112
[root@centos ~]#
```

看到了吗？通过logrotate的这种方式，你可以自定义自己的/etc/logrotate.conf配置文件。

Losoft 6#

你应该也知道systemd是系统启动时第一个被执行的程序，这个程序可以主动调用systemd-journald来管理日志文件。systemd-journald负责收集来自内核、启动程序早期、标准输出、系统日志、守护进程启动和运行期间的日志，它会将收集的日志存储在非易失性存储器或易失性存储器中，日志文件存储为结构化二进制数据。在非易失性存储器中，重新引导系统后日志文件依然会保留；在易失性存储器中，重新引导系统后日志文件会消失。

journalctl命令用于查看日志内容，可以查看systemd-journald收集的日志，但不能查看其它守护进程收集的日志，例如syslogd和rsyslogd。Journalctl命令可以在配置文件/etc/system/journald.conf中设置各种参数。

journalctl [选项] [字段=值]

journalctl命令可以使用的主要选项如下表所示。

选　项	说　明
-b、--boot	显示从ID中指定的引导到停止的日志
-f、--follow	实时显示
-o、--output	指定输出格式，例如指定-o verbose显示详细信息
-p、--priority	显示具有指定优先级的日志
-n、--lines	指定要显示的最新记录
-e、--pager-end	跳到最新部分并显示
-r、--reverse	以相反的顺序显示，顶部显示最新的数据

选　项	说　　明
--no-pager	显示时不使用页眉
--since	在指定的日期和时间之后显示
--until	在指定的日期和时间之前显示

通过指定“--since=”和“--until=”指定日期和时间范围，指定-p或“--priority=”指定系统日志的优先级。如果指定了两个或多个不同的字段，则将显示所有的匹配项；如果指定了两个或多个相同的字段，则显示匹配项之一的内容。journalctl命令的主要字段及说明如下表所示。

字　段	说　　明
PRIORITY	syslog优先级，例如PRIORITY=4（warning）
SYSLOG_FACILITY	syslog工具，例如SYSLOG_FACILITY=2（mail）
_PID	进程ID
_UID	用户ID
_KERNEL_DEVICE	内核设备名称
_KERNEL_SUBSYSTEM	内核子系统名称

比如使用journalctl命令显示优先于warning的日志，如下图所示。

```
[root@centos ~]# journalctl -p warning
-- Logs begin at Mon 2020-01-13 08:43:25 EST, end at Mon 2020-01-13 08:53:53 EST. --
1月 13 08:43:25 centos.localdomain kernel: acpi PNP0A03:00: fail to add MMCONFIG infor>
1月 13 08:43:26 centos.localdomain kernel: e1000: E1000 MODULE IS NOT SUPPORTED
1月 13 08:43:26 centos.localdomain kernel: [drm:vmw_host_log [vmwgfx]] *ERROR* Failed >
1月 13 08:43:26 centos.localdomain kernel: [drm:vmw_host_log [vmwgfx]] *ERROR* Failed >
1月 13 08:43:26 centos.localdomain systemd-udevd[343]: Process '/sbin/modprobe -bv sg'>
1月 13 08:43:26 centos.localdomain systemd-udevd[345]: Process '/sbin/modprobe -bv sg'>
```

加上我介绍的这个日志管理工具已经有三个了，建议你都试一下。

原帖主　　7#

好嘞！感谢各位！

调整系统时间

从安装系统到现在为止，你还没有修改过系统时间吧！其实Linux系统的时钟有两个，一个是硬件时钟（BIOS时间），另一个是系统时钟（linux系统内核时间）。当Linux启动时，系统内核会去读取硬件时钟的设置，然后系统时钟就会独立于硬件运作。有时系统时钟和硬件时钟不一致，我们需要执行时间同步操作，调整系统时间。

扫码看视频

发帖：Linux中的系统时钟和硬件时钟有什么区别？

最新评论

奇奇怪怪 1#

Linux系统的时间由系统时钟（system clock）进行管理，桌面环境中显示的当前时间和日期、服务器进程和内核记录在日志中的事件发生时间等全部参照系统时间。我们可以使用date命令显示系统时钟时间，如下图所示。

```
[root@centos ~]# date
2020年 01月 13日 星期一 10:11:30 EST
[root@centos ~]#
```

时间显示有两种类型，分别是UTC（世界标准时间）和本地时间。UTC是以原子钟为基准的世界通用标准时间，与基于天文观测的GMT（格林威治标准时间）大致相同。而当地时间又称地区标准时间，对于国家和地区来说是通用的。

时差信息存储在/usr/share/zoneinfo目录下的本地时间文件中，使用ls命令显示时差信息，如下图所示。

```
[root@centos ~]# ls -F /usr/share/zoneinfo/
Africa/      Chile/    GB         Indian/      Mexico/    posixrules  Universal
America/     CST6CDT   GB-Eire    Iran         MST        PRC         US/
Antarctica/  Cuba      GMT        iso3166.tab  MST7MDT    PST8PDT     UTC
Arctic/      EET       GMT+0      Israel       Navajo     right/      WET
Asia/        Egypt     GMT-0      Jamaica      NZ         ROC         W-SU
Atlantic/    Eire      GMT0       Japan        NZ-CHAT    ROK         zone1970.tab
Australia/   EST       Greenwich  Kwajalein    Pacific/   Singapore   zone.tab
Brazil/      EST5EDT   Hongkong   leapseconds  Poland     Turkey      Zulu
Canada/      Etc/      HST        Libya        Portugal   tzdata.zi
CET          Europe/   Iceland    MET          posix/     UCT
[root@centos ~]#
```

系统时钟使用UTC，执行date命令指定--utc选项会显示世界标准时间。只执行date表示显示本地标准时间。系统时钟UTC和本地标准时间显示如下图所示。

```
[root@centos ~]# date --utc
2020年 01月 13日 星期一 14:36:28 UTC
[root@centos ~]# date
2020年 01月 13日 星期一 09:36:34 EST
[root@centos ~]#
```

硬件时钟是主板上某个IC提供的时钟，该IC具有备用电池，即使PC关闭，该时钟也会继续运转，也称为实时时钟或CMOS时钟。如果关闭系统，系统时钟在存储器中的值将会消失。当系统开机或启动系统时，硬件时钟的时间会同步到系统时钟，但是在系统运行时使用的时间不是硬件时钟的时间。

看看你的Linux系统中显示的时间是多少吧！

原帖主	2#
	原来是这么回事，明白了！

发帖：如何设置系统时间？新人求助，各位大神快点看过来。

最新评论

菜头哥	1#

使用date命令和timedatectl命令设置系统时钟的时间时必须要有root权限，一般用户只能用这些命令显示时间。在没有网络连接时，也可以手动更改时间。之前使用date命令可以显示时间，现在则可以用来修改系统的时间，使用的格式和之前相比有些变化。

```
date MMDDhhmm [[CC]YY] [.ss]
```

其中MM表示月份，DD表示日期，hh表示小时，mm表示分钟，CC表示年份的前两位数，YY表示年份的后两位数，ss表示秒。

使用date命令设置系统时钟，如下图所示。将系统时钟设置为当前年份的1月14日9:05，再次使用date命令检查时钟设置成功。

```
[root@centos ~]# date
2020年 01月 13日 星期一 20:04:26 EST
[root@centos ~]# date 01140905
2020年 01月 14日 星期二 09:05:00 EST
[root@centos ~]# date
2020年 01月 14日 星期二 09:05:11 EST
[root@centos ~]#
```

与date命令相比，timedatectl命令可以显示和设置更详细的时钟信息。

```
timedatectl [选项] {子命令}
```

timedatectl命令有关时间设置的主要子命令如下表所示。

子命令	说　明
status	省略显示系统时钟和硬件时钟及其他详细信息的子命令时的缺省设置
set-time [时间]	设置系统时钟和硬件时钟，仅在禁用NTP时可以设置，格式为HH:MM:SS或YYYY-MM-DD HH:MM:SS
set-ntp [布尔值]	启用或禁用NTP。布尔值为0，禁用NTP；布尔值为1，启用NTP
set-timezone [时区]	修改时区

使用timedatectl命令显示有关当前时间的详细信息，如下图所示。

```
[root@centos ~]# timedatectl
               Local time: 二 2020-01-14 09:11:48 EST
           Universal time: 二 2020-01-14 14:11:48 UTC
                 RTC time: 二 2020-01-14 01:12:33
                Time zone: America/New_York (EST, -0500)
System clock synchronized: no
              NTP service: active
          RTC in local TZ: no
[root@centos ~]#
```

在使用timedatectl命令修改当前时间之前，你需要知道什么是NTP，因为这涉及到禁用和启用NTP的问题。NTP（Network Time Protocol）用于同步时间的协议，可以使用NTP设置系统时钟时间。计算机通过使用NTP应用网络上其他计算机的时间来同步时间。

使用timedatectl命令修改当前时间，如下图所示。禁用NTP之后，再修改当前时间。

```
[root@centos ~]# timedatectl set-ntp 0
[root@centos ~]# timedatectl set-time 18:15:30
[root@centos ~]# timedatectl
               Local time: 二 2020-01-14 18:15:35 EST
           Universal time: 二 2020-01-14 23:15:35 UTC
                 RTC time: 二 2020-01-14 23:15:36
                Time zone: America/New_York (EST, -0500)
System clock synchronized: no
              NTP service: inactive
          RTC in local TZ: no
```

启用NTP后，更改时区，如下图所示。

```
[root@centos ~]# timedatectl set-ntp 1
[root@centos ~]# timedatectl set-timezone Asia/Shanghai
[root@centos ~]# timedatectl
               Local time: 二 2020-01-14 09:34:19 CST
           Universal time: 二 2020-01-14 01:34:19 UTC
                 RTC time: 二 2020-01-14 23:27:32
                Time zone: Asia/Shanghai (CST, +0800)
System clock synchronized: yes
              NTP service: active
          RTC in local TZ: no
[root@centos ~]#
```

这是通过两个命令设置系统时钟的方式，有其他设置方式的小伙伴欢迎在下方补充。

Lemon 2#

还可以通过NTP进行设置。在使用NTP进行时间同步的程序中，许多发行版都会使用chronyd守护程序和chronyc命令，它们取代了常规的ntpd守护程序和ntpdate命令，在之前的基础上改进了功能和性能。

chronyd是使用NTP同步时间的客户端或服务器的守护程序，它将时间分配给NTP客户端和从上层NTP服务器接收时间同步的客户端功能。使用chronyd进行时间同步的方法有两种：slew和step。

- slew：阶段性纠正与NTP服务器的时间差，实现时间同步。这是时间差较小时的同步方法。
- step：一次性修改与NTP服务器的时间差。这是时间差较大时的同步方法。

硬件时钟（RTC）的同步方法有两种：rtcsync和rtcfile，不管是RedHat还是Ubuntu，在安装chrony软件包时都会设置rtcsync。

- rtcsync：这是一种定期将硬件时钟与系统时钟同步的方法。
- rtcfile：chronyd监视系统时钟和硬件时钟之间的差异并将其记录在driftfile指令指定的文件中。指定-s选项启动时，chronyd应用此文件。

作为系统启动时的初始化过程之一，内核通过执行某些函数来读取硬件时钟的时间，并将该值设置为系统时钟的UTC。如果指定了rtcsync（chronyd.conf中的默认设置），当chronyd启动时，它将向内核发出系统调用指定的信号。收到信号后，硬件时钟每11分钟与系统时钟时间同步一次。为了使内核执行同步处理，必须使用以下设置来构建内核：

- CONFIG_GENERIC_CMOS_UPDATE=y。
- CONFIG_RTC_SYSTOHC=y。
- CONFIG_RTC_SYSTOHC_DEVICE="rtc0"。

CentOS内核和Ubuntu内核都使用此设置（内核名称取决于操作系统的版本），配置文件/etc/chrony.conf（CentOS）和etc/chrony/chrony.conf（Ubuntu）的格式相同，主要的配置命令及说明如下表所示。

命 令	说 明
server 主机名	指定作为时间源使用的NTP服务器，如果指定了iburst选项，启动后的最初4次间隔以2秒进行，启动后同步有效
pool 名称	指定要用作时间源的多个NTP服务器，如果指定选项maxsources，则要使用的最大服务器数将为指定值
makestep 阈值 次数	如果时间差大于阈值（单位：秒），需要分步同步，直到达到指定的查询数量
rtcsync	定期同步硬件时钟
rtcfile	使用driftfile文件校正时间
driftfile 文件名	指定文件名，该文件记录系统时钟和硬件时钟之间的差异

chronyc是chronyd的控制命令，可以通过在命令行上指定子命令来执行，也可以不带任何参数地执行，或者是通过在提示符chronyc>下输入子命令以交互方式执行。

```
chronyc [选项] {子命令}
```

chronyc命令的子命令及说明如下表所示。

子命令	说　明
sources	显示时间源信息
tracking	显示系统时钟性能信息
makestep 阈值 次数	如果时间差大于阈值（单位：秒），它将逐步同步直到达到指定数量的查询为止；如果未指定参数，则会立即调整时间

交互式执行chronyc命令如下图所示。通过提示符chronyc>的方式输入不同的子命令，显示时钟信息。输入makestep表示逐步设置时间，输入sources显示时间源信息，输入tracking显示系统时钟性能信息，最后输入quit退出提示符chronyc>输入方式。

```
[root@centos ~]# chronyc
chrony version 3.3
Copyright (C) 1997-2003, 2007, 2009-2018 Richard P. Curnow and others
chrony comes with ABSOLUTELY NO WARRANTY.  This is free software, and
you are welcome to redistribute it under certain conditions.  See the
GNU General Public License version 2 for details.

chronyc> makestep
200 OK
chronyc> sources
210 Number of sources = 4
MS Name/IP address         Stratum Poll Reach LastRx Last sample
===============================================================================
^* 119.28.206.193                2  10   377   312   -735us[ -918us] +/-   33ms
^- ntp5.flashdance.cx            2  10   377   951  -9784us[-9749us] +/-  142ms
^- amy.chl.la                    2  10   377   963  +2133us[+2167us] +/-  133ms
^- electrode.felixc.at           3  10   377   960  +5486us[+5520us] +/-  145ms
chronyc> tracking
Reference ID    : 771CCEC1 (119.28.206.193)
Stratum         : 3
Ref time (UTC)  : Tue Jan 14 02:46:20 2020
System time     : 0.000000000 seconds slow of NTP time
Last offset     : -0.000183370 seconds
RMS offset      : 0.001442520 seconds
Frequency       : 6.636 ppm slow
Residual freq   : -0.007 ppm
Skew            : 0.961 ppm
```

相比date和timedatectl命令，这种方式也很酷吧！

原帖主　3#

后面这种好像比前面两种复杂，我要好好消化一下。

小白加油站

图形化软件包管理工具synaptic

在Ubuntu中有一个图形化的软件管理工具synaptic，如果你的Ubuntu中没有安装synaptic软件包，需要执行apt install synaptic命令进行安装。在终端输入synaptic命令可以启动这个软件包管理工具，synaptic主界面如下图所示。

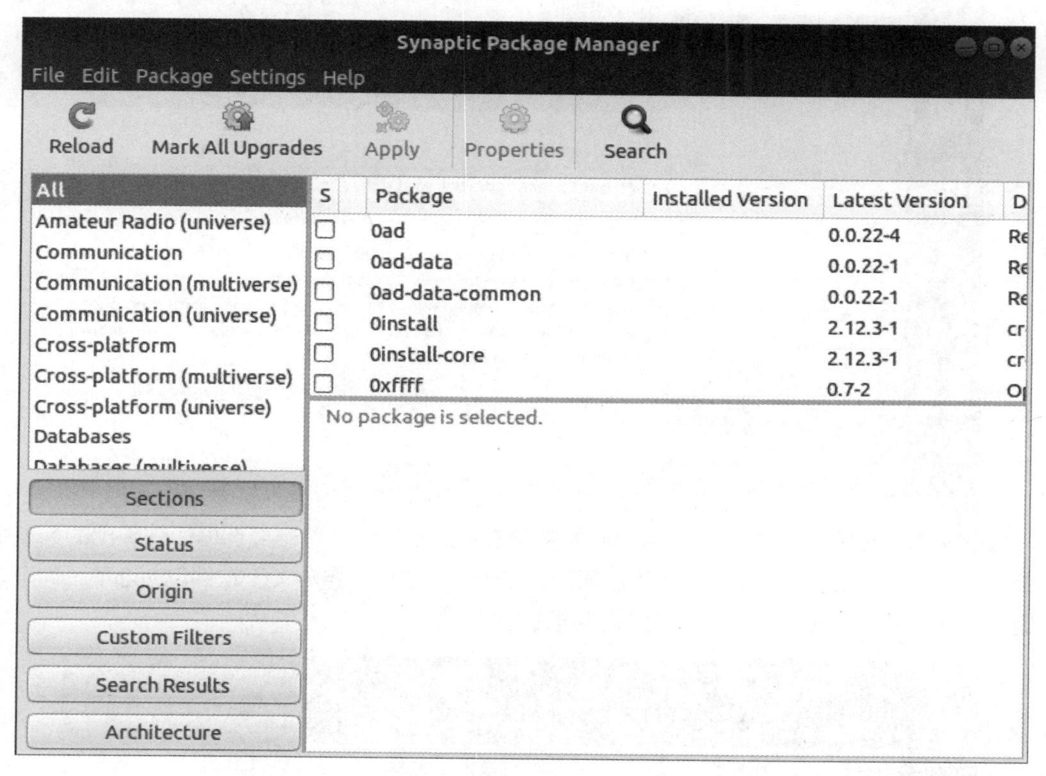

主界面左侧为分组筛选按钮，分别为Sections（分类）、Status（状态）、Origin（软件包来源）、Custom Filters（自定义过滤器）、Search Results（搜索结果列表）及Architecture（软件包架构）。主界面右侧上半部分用于显示软件包列表，下半部分用于显示当前所选软件包的详细信息。

如果你想搜索指定的软件包，可以单击Search按钮。在Search框中输入指定的软件包名称，并单击Search按钮即可。搜索软件包信息如下图所示。

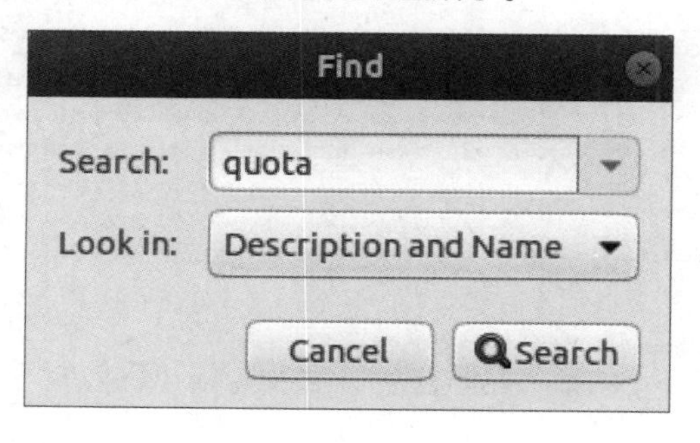

搜索完成后，在右侧上半部分软件列表中选中指定的软件包名称，右侧下半部分区域中则会显示该软件包的相关说明信息，如下图所示。

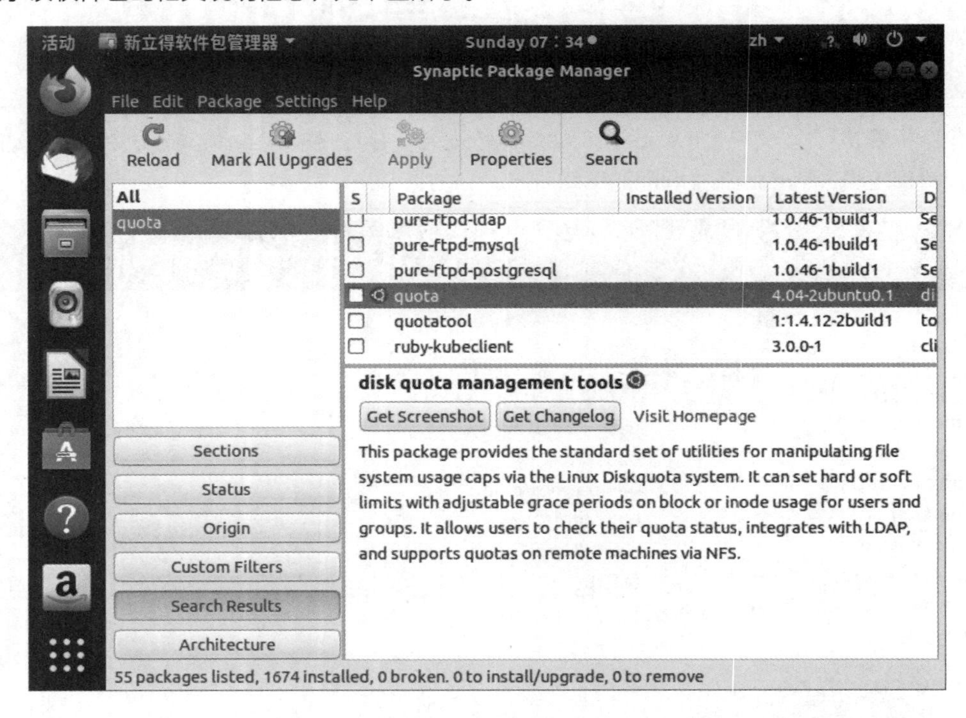

安装软件也很简单。在软件列表中选中需要安装的软件包，单击复选框，在弹出的列表中选择Mark for Installation选项，如下图所示。在这个列表中有各种关于软件包的选项，你可以在这里选择安装、重装、升级、移除等各种操作。

之后单击工具栏中的Apply按钮，弹出Summary对话框。该对话框列出了需要安装的软件包列表，单击Apply按钮就可以开始正式安装了，如下图所示。

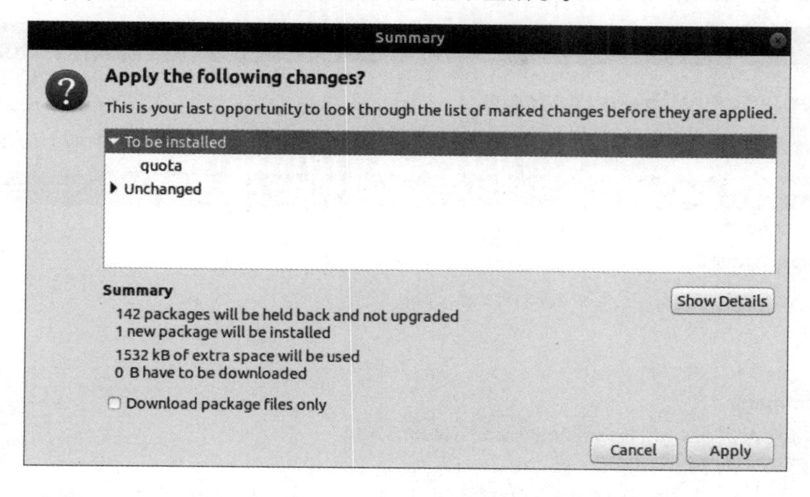

顺利的话，安装完成时会弹出Changes applied对话框，如下图所示。

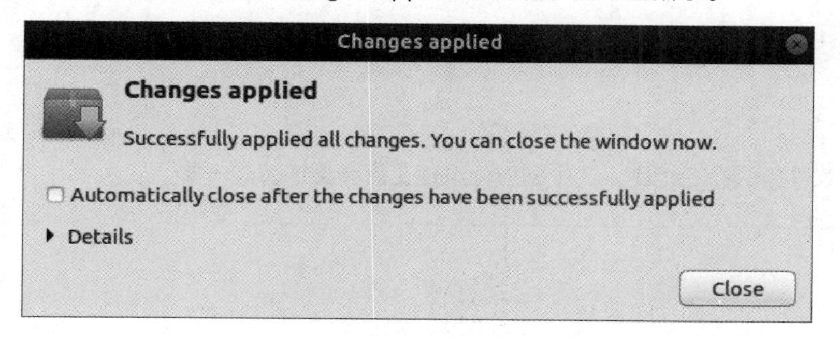

删除软件包时，可以在软件包列表中选中指定的软件包，单击复选框，在弹出的列表中选择Mark for Removal选项，如下图所示。

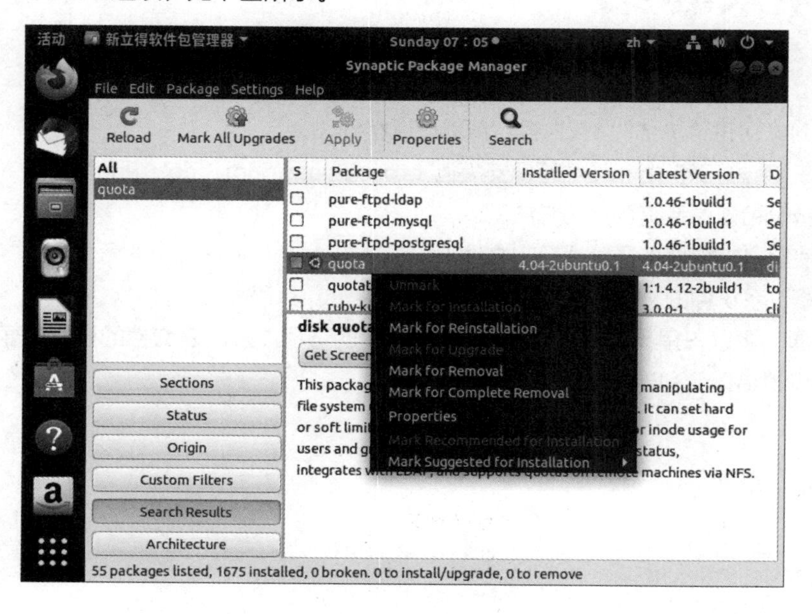

单击工具栏中的Apply按钮，在弹出的Summary对话框中可以看到要被删除的软件名称。单击Apply按钮，开始删除指定软件包，如下图所示。

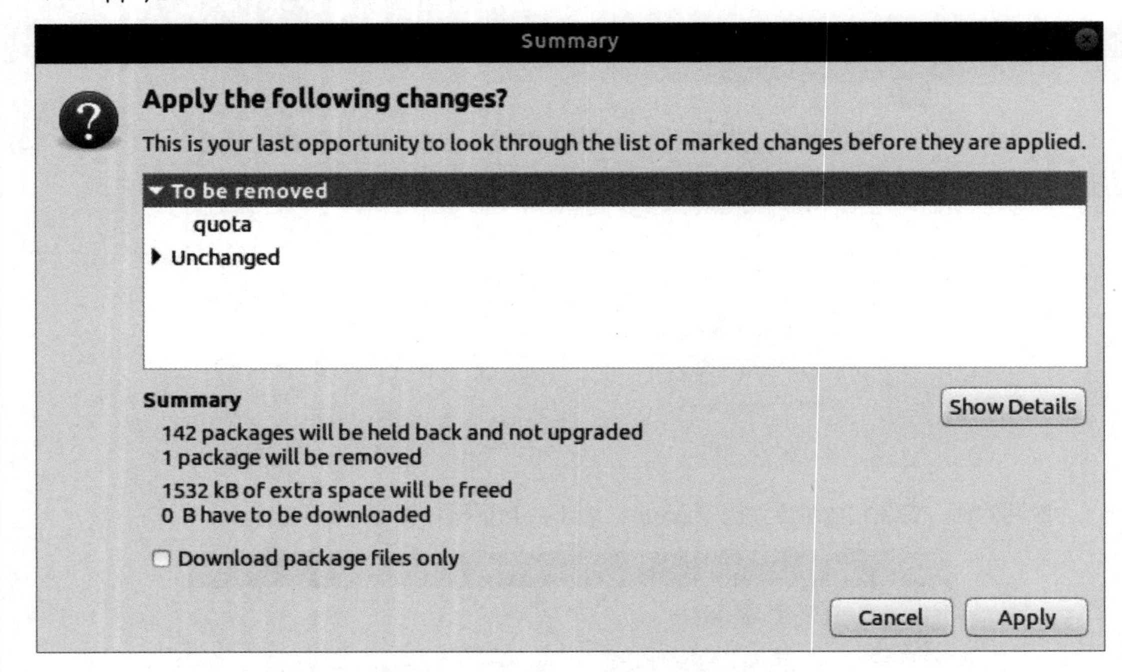

与管理软件包的命令相比，这个图形化管理工具会更加直观一些。

大神来总结

大家好，在这个主题的讨论中你又学到了哪些好东西？是否对Linux有了更进一步的了解？下面是我针对本次讨论总结的4点内容，希望可以帮到你。

- 学会在CentOS和Ubuntu中管理安装包（rpm、yum、apt、aptitude等）。
- 知道备份和恢复系统数据的方法。
- 学会使用日志管理工具管理日志文件。
- 学会修改系统中的时间（常用的有date和timedatectl命令）。

失之毫厘，谬以千里。学习Linux时，各种命令的选项以及配置文件的设置需要格外注意，如果不小心设置错误会和理想的结果偏差很大。

讨论方向——磁盘管理

公 告

大家好！欢迎来到“Linux初学者联盟讨论区”。系统管理员很重要的任务之一就是管理好自己的磁盘文件系统，所以关于磁盘的相关设置也是学习Linux必须掌握的内容。

本次讨论的主题是磁盘管理方面的问题，无论你是否了解磁盘，相信在这里和大家交流之后，都会有所收获。本次主要讨论方向是以下4点。

01 认识磁盘

02 磁盘分区

03 创建文件系统

04 认识LVM

认识磁盘

磁盘是计算机的重要组成部分，Linux中的数据几乎都存储在磁盘中。学习磁盘管理首先得对磁盘有一个基本的认识，作为初学Linux的小伙伴必须了解磁盘的状况，才能更合理地规划磁盘的分区、管理系统中的数据。在系统中添加磁盘，可以方便管理员备份重要的文件、管理用户信息等，避免数据丢失。不管是新人还是大神，这里会一直欢迎你们的到来。

发帖：学习磁盘分区之前应该要知道哪些关于磁盘的内容？

最新评论

混个脸熟　　1#

小伙子很有觉悟，看好你哦！首先你得对磁盘有一个基本的认识。磁盘作为系统中重要的数据载体，是计算机的核心部分之一。磁盘的构成主要包括磁头、磁道、柱面、扇区，下面分别解释磁盘的构成部分。

- 磁头：一般情况下，一个磁盘包含多个盘片，这些盘片被固定在中心轴上。每个盘片的两面各有一个读写数据的磁头，读写数据时，盘片在快速移动的同时，磁头也在不停的移动。平时所说的硬盘的转速指的就是盘片每分钟转的圈数。盘片旋转速度非常快，磁头与盘片的距离也非常短，如果发生碰撞，容易损坏盘片，导致数据无法读取。
- 磁道：磁盘的盘片由许多同心圆组成，并且数据就存储在这些同心圆中，这些同心圆称为磁道。根据磁盘容量的不同，盘片所拥有的磁道数量也会不同。磁道按照由内向外的顺序从0开始编号，数字越大，离圆心就越远。
- 柱面：磁盘由多个盘片组成，从垂直方向上看，所有盘片的编号相同的磁道会形成一个垂直的圆柱面，即柱面。柱面是磁盘寻址的重要依据，每个盘片有多少个磁道，就有多少个柱面。
- 扇区：将每个磁道划分成若干个弧度，这些弧度就称为扇区，扇区是硬盘读写的最小单位。通常来说，扇区的容量是固定的。与磁道一样，扇区也是用数字从1开始编号。扇区的编号是累计的，第一个磁道编完之后，之后的编号会延续第一个磁道的扇区序号。

磁盘管理是Linux基础里比较重要的一个部分，希望你看了我的介绍后可以对磁盘有一个基本的认识，毕竟之后你要学习磁盘分区，还是多了解一些磁盘的内容比较好。

智人001　　2#

当一个新的磁盘被安装到计算机上时，你还得了解“分区”是怎么回事。分区就是将一个磁盘划分为一个或多个逻辑区域、并允许每个区域作为独立的逻辑磁盘进行处理的操作。通过磁盘分区，可以实现以分区为单位的高效备份和以文件系统为单位的故障修复。

每个磁盘都把逻辑分区的位置和大小存储在分区表中。传统的分区表位于主引导记录中，即MBR分区表。主引导记录使用64个字节描述磁盘的分区，由于每个分区需要16个字节描述，所以一个磁盘最多只能有4个主分区，后来又引入了扩展分区和逻辑分区。主引导记录分区表使用4个字节存储磁盘的总扇区数，磁盘最大容量为2TB，超过该值后则无法表示之后的扇区。为了解决这一问题，出现了GPT分区表，该分区技术可以达到128个分区。此外GPT使用8个字节表示扇区数。

对于操作系统而言，每个分区相当于一个相对独立的磁盘。在分区中管理文件时，不能创建大于分区大小的文件。对分区进行细分，可以更轻松地按分区对文件进行分类和存储。分区结构如下图所示。

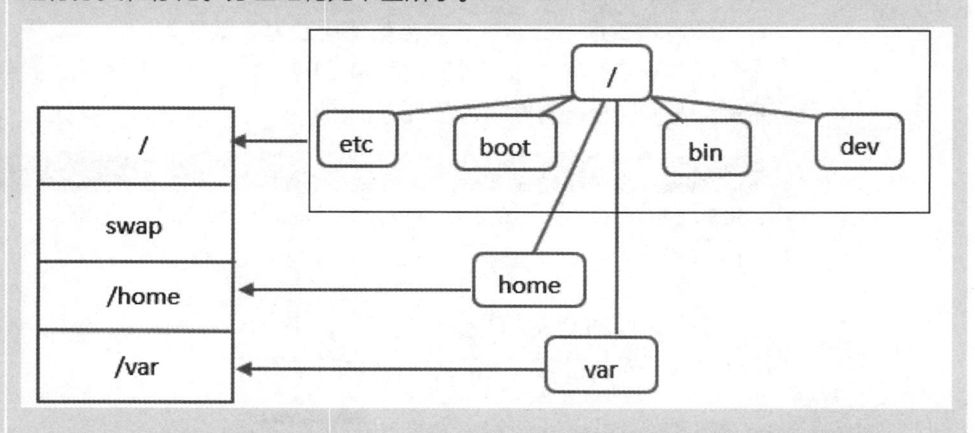

当然分区是可以自由划分的，下面是我列出的一般情况下划分分区的方法，如下表所示。

分　区	说　　明
/	存放根目录的区域，必须放置/etc、/bin、/sbin、/lib和/dev目录
/boot	分配系统启动时所需的与引导程序相关的文件
/usr	可以与其他主机共享的数据
/home	配置用户的家目录。该目录备份频率很高，通常是一个独立分区
/opt	安装系统后，将放置其他安装的软件包
/var	放置系统运行过程中大小发生变化的文件
/tmp	放置可以读写的共享数据，通常是一个独立分区
swap	用于保存不适合实际内存进程的区域

在进行磁盘分区的时候，Linux通常会创建swap分区，该分区在磁盘中创建虚拟内存区域。当实际内存不足的时候，操作系统会从内存中取出一部分暂时不用的数据，放在交换分区中，从而为当前运行的程序空出更多的内存空间。swap分区的大小通常是实际内存的两倍。

学习磁盘管理，分区是必须要了解的一个内容。你之前学习文件管理的时候应该也了解过什么目录下存储什么样的文件。对这些东西有了清楚的认识之后，在学习分区的时候才能合理地划分。

原帖主 3#

漫漫人生路，一直在迷路！

IT小虾 4#

迷着迷着就会找到出路😁，还有设备文件也需要了解。在Linux中设备文件基本上存储在/dev目录下，每个设备都被映射为一个特殊文件，这个文件就是设备文件。添加设备后，会创建设备文件来访问/dev目录下检测到的设备。

硬盘是磁盘中的一种，是当前使用最为广泛的数据存储设备。硬盘有多种标准，例如IDE、SATA、SCSI和ATA（PATA），并且设备文件名会根据硬盘标准而有所不同。设备文件命名规则如下表所示。

设备标准	说　明
SCSI/SATA	创建为/dev/sd*，例如sda、sdb
IDE/ATA（PATA）	创建为/dev/hd*，例如hda、hdb

每个分区的设备文件都有指示磁盘分区的编号，例如/dev/sda1表示第一块硬盘上的第一个主分区。设备文件分区如下图所示。

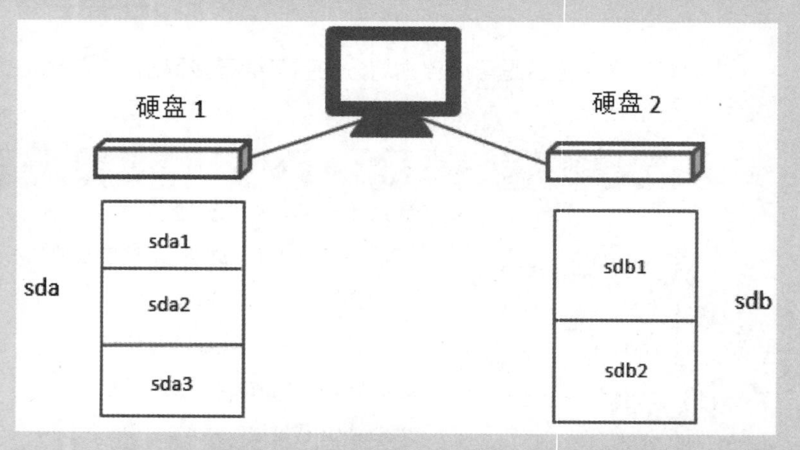

在Linux中，SCSI和SATA接口的设备被称为sd，第一块磁盘被称作sda，第二块磁盘被称作sdb；IDE接口的设备被称为hd。一块磁盘上只能存在4个主分区，以SCSI接口的设备为例，分别命名为sda1、sda2、sda3和sda4，逻辑分区从5开始标识，没有数量限制。看不懂的话，就多看几遍，跌倒了再站起来！

原帖主 5#

然后换个好看的姿势再倒下去？

IT小虾	6#
	哈哈哈哈哈！

磁盘分区

磁盘分区对于操作系统而言，每一个分区都相当于一个独立的磁盘，各个分区可以创建不同的文件系统。为什么要进行磁盘分区呢？如果只有一个分区，遇到问题时所有的数据文件都将无法保留，合理的分区可以保证我们的数据安全。合理的磁盘分区可以有效地保护系统磁盘的空间，提高系统的运行速度。想学习磁盘分区的小伙伴到这里来集合吧！

扫码看视频

发帖：磁盘的两种分区格式MBR和GPT有什么区别？

最新评论

山顶洞人 1#

在传统的MBR（Master Boot Record，主引导记录）中，分区信息存储在磁盘的第一个扇区中。扇区是磁盘读写的最小单位。如果扇区大小为512字节，则最多可以管理2TiB的容量。在MBR中，第一个扇区的位置和扇区数在LBA（逻辑块地址）中。MBR分区包括3种类型，分别是主分区（primary partition）、扩展区（extended partition）和逻辑分区（logical partition）。要学磁盘分区一定要搞清楚这3种分区类型。

- 主分区：1个磁盘上最多可以创建4个主分区，分区号从1到4。可以在1个主分区中创建1个文件系统将其用作交换分区。
- 扩展分区：每个磁盘只能创建1个扩展分区，可以使用分区号1-4的其中之一。如果创建扩展分区，则基本分区的最大数目为3个。
- 逻辑分区：在扩展分区中可以创建多个分区，分区号从5开始。逻辑分区中可以创建1个文件系统，也可以用作交换分区。

这3种分区的划分情况如右图所示。在/dev/sda中有3个主分区，1个扩展分区，在扩展分区中又划分出了3个逻辑分区。

sda1 主分区
sda2 主分区
sda3 主分区
sda4 扩展分区
sda5 逻辑分区
sda6 逻辑分区
sda7 逻辑分区
/dev/sda

一定要搞清楚这3种分区的关系哦！

Jobs@AE 2#

GPT（GUID Partition Table）是新一代的分区表格式，使用全局唯一标识符来标识设备。对于GPT，分区信息存储在磁盘第二个扇区的GPT标头中，从第三个扇区开始存储32（默认）个扇区。第二个扇区的GPT标头存储条目数（默认128个）和大小（默认128字节）。从第三扇区开始分配与每个分区相对应的条目，并且通过每个条目中的LBA将分区的第一个扇区和最后一个扇区的位置存储在8字节区域中，最多可配置128个分区。如果扇区大小为512字节，可以管理多达8ZiB容量。

GPT标头包含磁盘的全局唯一标识符（GUID），每个条目均代表分区类型的GUID和表示分区的GUID。GPT标头和条目在磁盘存储为辅助文件，用于备份。

胡扯 3#

给你补充一点：GPT分区是UEFI标准的一部分，可以定义128个分区，没有主分区和扩展分区的概念，所有分区都能格式化。

原帖主 4#

谢谢大家的解释。

发帖：有哪些可以对磁盘进行分区的方式?

最新评论

Losoft 1#

Linux中提供的主要分区管理工具是fdisk、GPT fdisk、GNU Parted和GNOME Partition这四个，下面列出了这些分区管理工具对应的命令及说明，如下表所示。

分区工具	命 令	说 明
fdisk	fdisk	Linux早期提供的MBR分区管理工具
GPT fdisk	gdisk	GPT分区管理工具，采用类似于fdisk命令的用户界面
GNU Parted	parted	适用于MBR和GPT分区的多功能分区管理工具
GNOME Partition Editor	gparted	用于GNOME桌面环境的图形分区管理工具，支持MBR和GPT分区

这么多分区工具，我先来介绍一下第一个分区管理工具的用法吧！fdisk是MBR分区管理工具，用于显示分区表，以及创建、删除和更改分区。

```
fdisk [选项] [设备名称]
```

指定-l选项将显示指定设备的分区，如果没有指定设备，会参照/proc/partitions文件显示每个设备的分区。在不带-l选项的情况下执行fdisk命令，将以交互的模式管理指定的设备。

fdisk的使用分为查询部分和交互部分，执行“fdisk 设备名称”即可进入命令交互操作界面。以交互的方式在命令提示符下输入?或help显示命令列表。交互模式命令及说明如下表所示。

命令	说明
p	显示分区表
n	添加一个新的分区
d	删除分区
w	保存分区表并退出
q	退出而不保存分区表的更改
l	查看指定的分区类型
t	改变分区类型
x	进入高级操作模式
r	移至recovery&transformation菜单
?	显示命令列表
m	显示每个交互命令的详细含义
o	创建DOS分区表

交互命令有很多，其中比较常用的有p、n、m、d、l、q、w这几个选项。执行fdisk -l表示查看系统中所有设备的分区情况，如下图所示。结果中显示只有/dev/sda一块磁盘，包括两个主分区/dev/sda1和/dev/sda2。这是还没有进行磁盘分区的情况。

```
[root@centos ~]# fdisk -l
Disk /dev/sda: 8 GiB, 8589934592 字节, 16777216 个扇区
单元: 扇区 / 1 * 512 = 512 字节
扇区大小(逻辑/物理): 512 字节 / 512 字节
I/O 大小(最小/最佳): 512 字节 / 512 字节
磁盘标签类型: dos
磁盘标识符: 0x31ae00ee

设备        启动     起点     末尾     扇区 大小 Id 类型
/dev/sda1   *        2048  2099199  2097152   1G 83 Linux
/dev/sda2         2099200 16777215 14678016   7G 8e Linux LVM
```

fdisk /dev/sdb可以在sdb磁盘中显示、创建和删除分区。在命令提示符中输入p显示sdb磁盘的分区信息，可以看到这个磁盘大小为20G，如下图所示。

```
[root@centos ~]# fdisk /dev/sdb

欢迎使用 fdisk (util-linux 2.32.1)。
更改将停留在内存中，直到您决定将更改写入磁盘。
使用写入命令前请三思。

设备不包含可识别的分区表。
创建了一个磁盘标识符为 0x2a0317c4 的新 DOS 磁盘标签。

命令(输入 m 获取帮助): p
Disk /dev/sdb: 20 GiB, 21474836480 字节，41943040 个扇区
单元: 扇区 / 1 * 512 = 512 字节
扇区大小(逻辑/物理): 512 字节 / 512 字节
I/O 大小(最小/最佳): 512 字节 / 512 字节
磁盘标签类型: dos
磁盘标识符: 0x2a0317c4
```

想创建分区就输入n，表示在sdb磁盘中创建一个新的分区。分区类型默认选择p，表示创建一个主分区，分区号默认指定为1。选择默认的扇区2048，按下Enter键，指定新建分区的大小，这里我指定了3G。完成分区的创建后可以输入p查看新建分区/dev/sdb1的信息，如下图所示。

```
命令(输入 m 获取帮助): n
分区类型
   p   主分区 (0个主分区，0个扩展分区，4空闲)
   e   扩展分区 (逻辑分区容器)
选择 (默认 p):

将使用默认回应 p。
分区号 (1-4, 默认  1):
第一个扇区 (2048-41943039, 默认 2048):
上个扇区，+sectors 或 +size{K,M,G,T,P} (2048-41943039, 默认 41943039): +3G

创建了一个新分区 1，类型为“Linux”，大小为 3 GiB。

命令(输入 m 获取帮助): p
Disk /dev/sdb: 20 GiB, 21474836480 字节，41943040 个扇区
单元: 扇区 / 1 * 512 = 512 字节
扇区大小(逻辑/物理): 512 字节 / 512 字节
I/O 大小(最小/最佳): 512 字节 / 512 字节
磁盘标签类型: dos
磁盘标识符: 0x2a0317c4

设备        启动  起点    末尾    扇区 大小 Id 类型
/dev/sdb1         2048 6293503 6291456   3G 83 Linux
```

完成第一个主分区的创建后，可以继续输入n创建第二个主分区/dev/sdb2。分区号默认为2，然后指定默认扇区和大小，完成第二个分区的创建。这时输入p可以看到两个主分区的信息，如下图所示。

```
命令(输入 m 获取帮助): n
分区类型
   p   主分区 (1个主分区，0个扩展分区，3空闲)
   e   扩展分区 (逻辑分区容器)
选择 (默认 p):

将使用默认回应 p。
分区号 (2-4, 默认  2):
第一个扇区 (6293504-41943039, 默认 6293504):
上个扇区，+sectors 或 +size{K,M,G,T,P} (6293504-41943039, 默认 41943039):

创建了一个新分区 2，类型为“Linux”，大小为 17 GiB。

命令(输入 m 获取帮助): p
Disk /dev/sdb: 20 GiB, 21474836480 字节，41943040 个扇区
单元: 扇区 / 1 * 512 = 512 字节
扇区大小(逻辑/物理): 512 字节 / 512 字节
I/O 大小(最小/最佳): 512 字节 / 512 字节
磁盘标签类型: dos
磁盘标识符: 0x2a0317c4

设备        启动    起点     末尾     扇区 大小 Id 类型
/dev/sdb1           2048  6293503  6291456   3G 83 Linux
/dev/sdb2        6293504 41943039 35649536  17G 83 Linux
```

删除分区可以使用d命令，这里使用d命令删除/dev/sdb2分区。输入需要删除的分区号即可删除分区，输入p显示/dev/sdb磁盘中只有/dev/sdb1一个分区了，/dev/sdb2分区已被删除，输入w保存退出命令交互模式，如下图所示。

```
命令(输入 m 获取帮助): d
分区号 (1,2, 默认  2): 2

分区 2 已删除。

命令(输入 m 获取帮助): p
Disk /dev/sdb: 20 GiB, 21474836480 字节, 41943040 个扇区
单元: 扇区 / 1 * 512 = 512 字节
扇区大小(逻辑/物理): 512 字节 / 512 字节
I/O 大小(最小/最佳): 512 字节 / 512 字节
磁盘标签类型: dos
磁盘标识符: 0x2a0317c4

设备        启动  起点    末尾    扇区 大小 Id 类型
/dev/sdb1        2048 6293503 6291456   3G 83 Linux

命令(输入 m 获取帮助): w
分区表已调整。
将调用 ioctl() 来重新读分区表。
正在同步磁盘。
```

这就是使用fdisk命令创建和删除分区的过程。

原帖主 2#

系统中默认只有一个/dev/sda磁盘，我想添加一个新的磁盘练习磁盘分区的操作，应该如何添加？

鲤鱼馒头 3#

你得在关闭虚拟主机的情况下添加，在“Oracle VM VirtualBox管理器”界面单击“设置”按钮，选择“存储>控制器：SATA”选项，在右侧的两个按钮中选择“添加虚拟硬盘”按钮，在弹出的对话框中按照提示创建新的虚拟磁盘。完成磁盘创建后，启动虚拟机，再次使用fdisk -l命令可以看到新增了一个还没有分区的新磁盘/dev/sdb。

码字员 4#

第二个要介绍的分区工具就是gdisk，用于划分容量大于2T的磁盘，用户界面与fdisk命令相似，包括显示分区表，创建、删除、修改分区以及MBR和GPT分区的转换。

```
gdisk [选项] [设备名称]
```

使用-l选项执行gdisk命令时，显示指定的设备分区；不指定-l选项的情况下，设备分区管理以交互方式执行。在交互方式下有三种类型的菜单，如下表所示。

菜 单	命 令	说 明
main menu	-	主菜单模式，显示、创建和删除分区
	p	显示分区表
	l	列出分区类型
	n	创建一个新的分区
	d	删除分区
	w	保存分区表并退出
	q	退出而不保存分区表
	r	移至recovery&transformation菜单
	?	显示命令菜单
recovery & transformation menu	-	恢复和分区表转换模式、分区表备份，GPT到MBR转换等
	b	从备份GPT标头创建主GPT标头
	d	从主GPT标头创建备份GPT标头
	g	将GPT转换为MBR并退出
	m	返回主菜单
experts’ menu	-	专家模式，用于更改磁盘GUID和分区GUID，显示每个分区的详细信息等
	l	显示指定分区的详细信息
	g	更改磁盘GUID
	c	更改分区向导
	m	返回主菜单

在命令提示符中输入?或help可以显示命令列表。显示分区表、创建和删除分区的操作与fdisk命令相同。使用gdisk命令从MBR分区转换为GPT分区如下图所示。从执行结果中看，MBR：MBR only表示当前分区为MBR分区，GPT：not present表示当前不是GPT分区。

```
[root@centos ~]# gdisk /dev/sdb
GPT fdisk (gdisk) version 1.0.3

Partition table scan:
  MBR: MBR only
  BSD: not present
  APM: not present
  GPT: not present


***************************************************************
Found invalid GPT and valid MBR; converting MBR to GPT format
in memory. THIS OPERATION IS POTENTIALLY DESTRUCTIVE! Exit by
typing 'q' if you don't want to convert your MBR partitions
to GPT format!
***************************************************************
```

输入p命令和fdisk命令一样可以显示分区表。输入w命令写入分区信息时，分区信息将从MBR转换为GPT，在确认信息时输入Y，如下图所示。

```
Command (? for help): p
Disk /dev/sdb: 41943040 sectors, 20.0 GiB
Model: VBOX HARDDISK
Sector size (logical/physical): 512/512 bytes
Disk identifier (GUID): 54CD445D-DE71-4BFB-921D-2D60684B5425
Partition table holds up to 128 entries
Main partition table begins at sector 2 and ends at sector 33
First usable sector is 34, last usable sector is 41943006
Partitions will be aligned on 2048-sector boundaries
Total free space is 35651517 sectors (17.0 GiB)

Number  Start (sector)    End (sector)  Size       Code  Name
   1            2048         6293503   3.0 GiB     8300  Linux filesystem

Command (? for help): w

Final checks complete. About to write GPT data. THIS WILL OVERWRITE EXISTING
PARTITIONS!!

Do you want to proceed? (Y/N): Y
OK; writing new GUID partition table (GPT) to /dev/sdb.
The operation has completed successfully.
```

转换之后，执行gdisk -l /dev/sdb命令可以看到当前分区类型已经从MBR转换成GPT了。GPT:present表示已更改为GTP分区，如下图所示。

```
[root@centos ~]# gdisk -l /dev/sdb
GPT fdisk (gdisk) version 1.0.3

Partition table scan:
  MBR: protective
  BSD: not present
  APM: not present
  GPT: present

Found valid GPT with protective MBR; using GPT.
Disk /dev/sdb: 41943040 sectors, 20.0 GiB
Model: VBOX HARDDISK
Sector size (logical/physical): 512/512 bytes
Disk identifier (GUID): 54CD445D-DE71-4BFB-921D-2D60684B5425
Partition table holds up to 128 entries
Main partition table begins at sector 2 and ends at sector 33
First usable sector is 34, last usable sector is 41943006
Partitions will be aligned on 2048-sector boundaries
Total free space is 35651517 sectors (17.0 GiB)

Number  Start (sector)    End (sector)  Size       Code  Name
   1            2048         6293503   3.0 GiB     8300  Linux filesystem
[root@centos ~]#
```

使用gdisk命令可以从MBR分区转换为GPT分区，同样也可以从GPT分区转换为MBR分区。执行gdisk /dev/sdb命令显示当前分区为GPT分区，输入p命令显示分区表，如下图所示。

```
[root@centos ~]# gdisk /dev/sdb
GPT fdisk (gdisk) version 1.0.3

Partition table scan:
  MBR: protective
  BSD: not present
  APM: not present
  GPT: present

Found valid GPT with protective MBR; using GPT.

Command (? for help): p
Disk /dev/sdb: 41943040 sectors, 20.0 GiB
Model: VBOX HARDDISK
Sector size (logical/physical): 512/512 bytes
Disk identifier (GUID): 54CD445D-DE71-4BFB-921D-2D60684B5425
Partition table holds up to 128 entries
Main partition table begins at sector 2 and ends at sector 33
First usable sector is 34, last usable sector is 41943006
Partitions will be aligned on 2048-sector boundaries
Total free space is 35651517 sectors (17.0 GiB)

Number  Start (sector)    End (sector)  Size       Code  Name
   1            2048         6293503   3.0 GiB     8300  Linux filesystem
```

输入r命令将对话模式切换至Recovery/transformation菜单，在交互模式中输入?可以显示当前菜单中的交互命令，如下图所示。

```
Command (? for help): r

Recovery/transformation command (? for help): ?
b       use backup GPT header (rebuilding main)
c       load backup partition table from disk (rebuilding main)
d       use main GPT header (rebuilding backup)
e       load main partition table from disk (rebuilding backup)
f       load MBR and build fresh GPT from it
g       convert GPT into MBR and exit
h       make hybrid MBR
i       show detailed information on a partition
l       load partition data from a backup file
m       return to main menu
o       print protective MBR data
p       print the partition table
q       quit without saving changes
t       transform BSD disklabel partition
v       verify disk
w       write table to disk and exit
x       extra functionality (experts only)
?       print this menu
```

在转换分区之前，你还要确认指定的磁盘是否正确，否则会导致数据丢失。输入g命令就可以将GPT转换为MBR了，使用p命令再次显示分区表，然后输入w命令将分区信息写入磁盘，在确认提示中输入Y，更改分区，如下图所示。

```
Recovery/transformation command (? for help): g

MBR command (? for help): p

** NOTE: Partition numbers do NOT indicate final primary/logical status,
** unlike in most MBR partitioning tools!

** Extended partitions are not displayed, but will be generated as required.

Disk size is 41943040 sectors (20.0 GiB)
MBR disk identifier: 0x00000000
MBR partitions:

                                                  Can Be   Can Be
Number  Boot  Start Sector   End Sector   Status   Logical  Primary   Code
   1                 2048      6293503   primary     Y        Y       0x83

MBR command (? for help): w

Converted 1 partitions. Finalize and exit? (Y/N): Y
GPT data structures destroyed! You may now partition the disk using fdisk or
other utilities.
```

执行完上述转换操作之后，使用gdisk /dev/sdb命令可以看到分区已经从GPT转换为MBR了，如下图所示。

```
[root@centos ~]# gdisk /dev/sdb
GPT fdisk (gdisk) version 1.0.3

Partition table scan:
  MBR: MBR only
  BSD: not present
  APM: not present
  GPT: not present
```

如果小伙伴有这种磁盘分区格式转换的需要，可以试一试我说的这个命令。

调皮仔 5#

爬楼找到宝了！

丘丘糖 

再看看我！还有parted也是一种分区管理工具，支持MBR分区和GPT分区。parted比fdisk更加灵活，功能也更丰富，它可以创建分区、调整分区大小、移动和复制分区、删除分区等。在功能使用方面parted与fdisk类似，parted也有两种模式，分别是命令行模式和交互模式。在命令行模式执行命令时需要指定parted命令，如果未指定，则为交互模式，提示parted信息，等待命令的输入。

```
parted [选项] [设备名称 {子命令}]
```

和之前两种方式不同，parted命令需要指定子命令管理磁盘分区。

子命令	说　明
help或?	显示帮助信息
mklabel	指定分区表格式（msdos即MBR分区或GPT）
mkpart	创建一个新分区。使用格式为：mkpart [分区类型] [FS类型] [起始位置] [结束位置]
print	显示分区信息
rm	删除分区
select	选择设备
quit	结束
rescue	恢复丢失的分区，使用参数指定开始位置和结束位置
unit	指定位置和大小，显示单位

执行parted /dev/sda print显示sda分区的信息，如下图所示。

```
[root@centos ~]# parted /dev/sda print
Model: ATA VBOX HARDDISK (scsi)
Disk /dev/sda: 8590MB
Sector size (logical/physical): 512B/512B
Partition Table: msdos
Disk Flags:

Number  Start   End     Size    Type     File system  标志
 1      1049kB  1075MB  1074MB  primary  ext4         启动
 2      1075MB  8590MB  7515MB  primary               lvm
```

使用mklabel子命令指定GPT分区，输入确认信息Yes可以将分区指定为GPT。指定mkpart子命令可以在sdb磁盘中创建一个分区，执行print子命令显示分区信息，如下图所示。

```
[root@centos ~]# parted /dev/sdb mklabel gpt
警告: The existing disk label on /dev/sdb will be destroyed and all data on this disk
will be lost. Do you want to continue?
是/Yes/否/No? Yes
信息: You may need to update /etc/fstab.

[root@centos ~]# parted /dev/sdb mkpart Linux 1049kB 1GiB
信息: You may need to update /etc/fstab.

[root@centos ~]# parted /dev/sdb print
Model: ATA VBOX HARDDISK (scsi)
Disk /dev/sdb: 21.5GB
Sector size (logical/physical): 512B/512B
Partition Table: gpt
Disk Flags:

Number  Start   End     Size    File system  Name   标志
 1      1049kB  1074MB  1073MB               Linux
```

磁盘分区使用较多的工具是fdisk，但是fdisk工具对管理的分区大小有限制，只能划分小于2TB的磁盘，parted比fdisk更加灵活。要使用parted命令需要安装parted工具包，查看系统是否安装parted工具，如果没有安装，则执行yum -y install parted命令安装（CentOS）。

指定rm子命令删除分区，操作时需要指定分区编号将其删除，然后执行print子命令，结果显示之前在sdb中创建的分区已经删除，如下图所示。

```
[root@centos ~]# parted /dev/sdb rm 1
信息: You may need to update /etc/fstab.

[root@centos ~]# parted /dev/sdb print
Model: ATA VBOX HARDDISK (scsi)
Disk /dev/sdb: 21.5GB
Sector size (logical/physical): 512B/512B
Partition Table: gpt
Disk Flags:

Number  Start  End  Size  File system  Name  标志

[root@centos ~]#
```

以上都是在命令行模式中执行的分区创建、删除等操作，下面在命令交互模式中显示、创建和删除分区。执行parted /dev/sdb命令进入交互模式，输入mklabel msdos指定MBR分区，确认信息时输入Yes。输入mkpart可以创建一个主分区，执行print命令显示创建的分区表信息，如下图所示。

```
[root@centos ~]# parted /dev/sdb
GNU Parted 3.2
使用 /dev/sdb
Welcome to GNU Parted! Type 'help' to view a list of commands.
(parted) mklabel msdos
警告: The existing disk label on /dev/sdb will be destroyed and all data on this disk
will be lost. Do you want to continue?
是/Yes/否/No? Yes
(parted) mkpart primary 1049kB 1GiB
(parted) print
Model: ATA VBOX HARDDISK (scsi)
Disk /dev/sdb: 21.5GB
Sector size (logical/physical): 512B/512B
Partition Table: msdos
Disk Flags:

Number  Start   End     Size    Type     File system  标志
 1      1049kB  1074MB  1073MB  primary               lba
```

输入rm子命令并指定分区编号，可以删除已创建的分区。验证是否删除分区，可以使用print子命令显示分区信息，结果显示分区已删除，如下图所示。

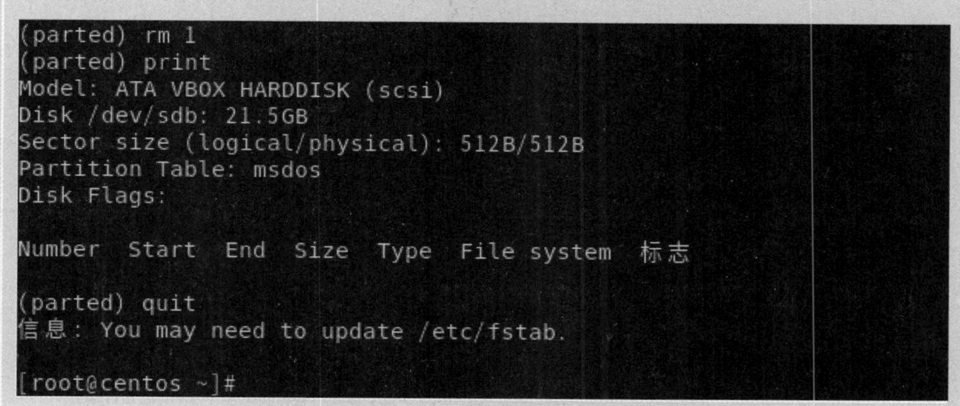

```
(parted) rm 1
(parted) print
Model: ATA VBOX HARDDISK (scsi)
Disk /dev/sdb: 21.5GB
Sector size (logical/physical): 512B/512B
Partition Table: msdos
Disk Flags:

Number  Start  End  Size  Type  File system  标志

(parted) quit
信息: You may need to update /etc/fstab.

[root@centos ~]#
```

万物互联 7#

当然还有其他的磁盘分区管理方式，比如图形化的工具gparted等。如果你有兴趣，建议你可以都尝试一下。

原帖主 8#

创建文件系统

Linux系统把每个硬件都当作是一个文件，这样用户就可以用读写文件的方式实现对硬件的访问了。文件系统基于操作系统，它可以管理和组织保存在磁盘驱动器上的数据。通过文件系统，实现了数据的完整性，保证了读写数据的一致性，同时也实现了读写数据的简单化。所以学会管理磁盘分区还不够，Linux中的文件系统同样也需要我们去了解。

扫码看视频

发帖：谁来科普一下Linux中主要的文件系统和创建方法？

最新评论

Shift789　　1#

使用fdisk之类的命令创建分区后，要想使分区可用，还需要在该分区中创建一个文件系统。Linux中有各种文件系统，CentOS的默认文件系统是xfs，Ubuntu的默认文件系统是ext4。

Linux系统支持多种文件系统，如DOS文件系统类型msdos、Windows中的FAT系列和NTFS、光盘文件系统ISO-9660、单一文件系统ext2和日志文件系统ext3等。Linux系统中可以同时存下不同的文件系统，不同的文件系统有不同的特点，根据存储设备的硬件特性、系统需求等有不同的应用场合。下面对常见的几种文件系统进行简单的说明。

- FAT：早期的文件系统。随着存储技术的发展，FAT已经不能满足用户的需求，后续又出现了FAT16、FAT32等。尽管FAT已经不是Windows的默认文件系统了，但是在U盘和嵌入式设备上还是比较常用的。
- NTFS：由微软开发的专用文件系统，相对于FAT，NTFS增加了许多高级功能，例如增强的安全控制、日志功能等。
- ext2/ext3/ext4：ext是Linux的标准文件系统，支持无限数量的子目录，改进了日志校验，支持更多的扩展属性。

Linux系统中可用的主要文件系统以及它们的最大文件系统值和最大文件值如下表所示。

文件系统	最大文件系统值	最大文件值
xfs	8EiB	8EiB
ext3	16TiB	2TiB
ext4	1EiB	16TiB
btrfs	16EiB	16EiB

比如CentOS的最大文件系统值是1EiB，最大文件值允许16TiB。这几个文件系统是Linux中比较常见的，你可以多多关注它们。

胡扯　　2#

嗨！我又来啦！我单独说一说CentOS的默认文件系统xfs吧！xfs是一种高级的文件系统，可以处理大容量的文件，并且可以与文件系统并行处理。xfs通过分布处理磁盘请求、定位数据和保存缓存的一致性来提供对文件系统数据的低延迟、高宽带的访问。xfs主要的特征如下。

- 日志记录功能：xfs使用一种高效的磁盘格式记录元数据的变动，它允许将日志存储在另外一块设备上。xfs优秀的结构算法，极大地缩小了日志记录对文件操作系统的影响，同时保证了性能和安全。

- 可扩展性强：xfs支持超大容量的存储空间，支持特大数量的目录，可以快速搜索和分配空间，文件系统的性能不受目录中文件数目的限制。
- 快速的写入性能：能以接近裸设备I/O的性能存储数据，具有高吞吐量。

xfs中的主要元素有分配组、超级块、i节点等，这些元素的含义如下。

- 分配组：可以将分配组看作是独立的文件系统，每个文件系统都有自己的空间和管理文件的信息。xfs文件系统通过将它们分成多个大小相等的分配组来创建，最小的分配组为16MB，最大的分配组为1TB。
- 超级块：管理与整个文件系统有关的信息，例如可用空间信息和索引节点的总数。第一个分配组的超级块是主要的，第二个及后续分配的超级块是备用的。
- 块：块是存储元数据的单元，元数据是文件管理信息，也可以作为文件实体的数据。一个块的默认大小为4096字节，空闲块由B+tree管理。
- i节点（索引节点）：i节点存储属性信息，例如文件的所有者、权限、创建日期和时间以及存储文件数据的块编号。一个索引节点管理一个块编号。i节点的默认大小为256字节，i节点由B+tree管理，每64个i节点的第一个i节点数是关键，后续创建文件系统时根据需要以64为增量进行添加。
- 扩展：扩展盘区是一个或多个连续的文件系统块，可以根据头块的数量和与其相邻的块的数量连续访问它们，从而提高文件系统的性能。对于使用扩展的文件，信息将写入到i节点。

这些主要元素之间的关系如下图所示。

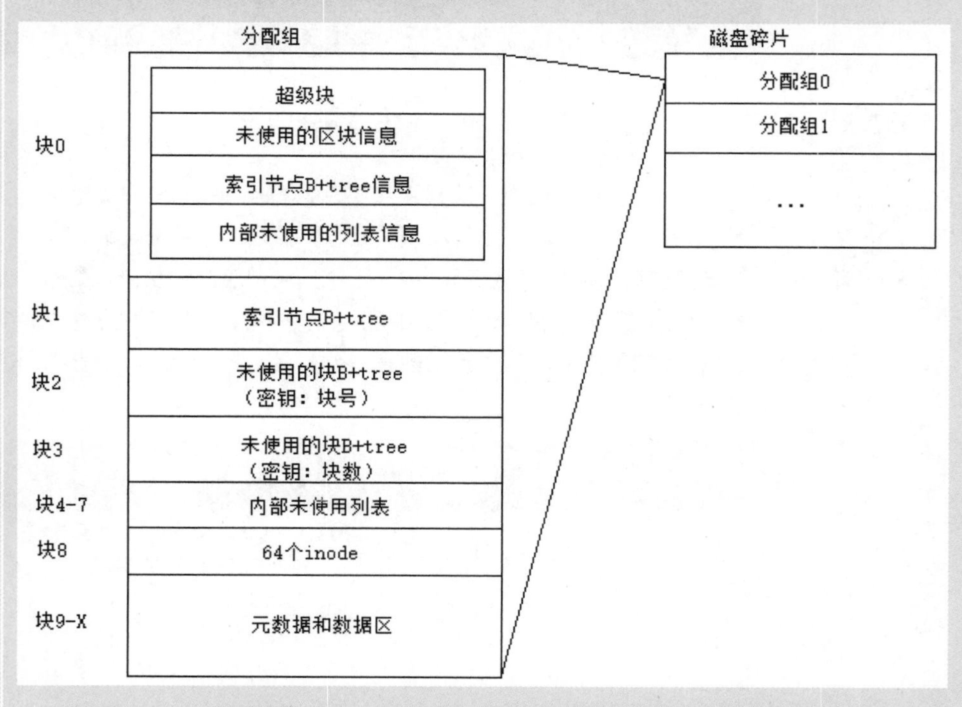

使用mkfs.xfs命令可以创建xfs文件系统，要学习创建文件系统喽！

```
mkfs.xfs [选项] 设备名称
```

mkfs.xfs命令的选项及说明如下表所示。

选　项	说　明
-b	指定块大小，默认值4096字节，最小值为512字节，最大值为65536字节
-d	指定数据参数。agcout=值：指定要创建的分配组数量 agsize=值：指定要创建的分配组大小 分配组最小值为16MiB，最大值为1TiB
-f	允许覆盖。当检测到现有文件系统时，不允许覆盖
-i	指定索引节点参数，例如要创建的索引节点的大小 size=value：指定索引节点的大小。默认值为256字节，最小值为256字节，最大值为2048字节
-L	创建后，可以使用xfs_admin命令设置文件系统标签规范，最多12个字符

使用mkfs.xfs命令创建xfs文件系统，如下图所示。指定-f选项后，即使已经创建了文件系统，也会被覆盖。创建文件系统时，命令行的执行会在短时间内完成，然后在需要i节点的时候，以64为增量追加i节点。

```
[root@centos ~]# mkfs.xfs -f /dev/sdb1
meta-data=/dev/sdb1              isize=512    agcount=4, agsize=327680 blks
         =                       sectsz=512   attr=2, projid32bit=1
         =                       crc=1        finobt=1, sparse=1, rmapbt=0
         =                       reflink=1
data     =                       bsize=4096   blocks=1310720, imaxpct=25
         =                       sunit=0      swidth=0 blks
naming   =version 2              bsize=4096   ascii-ci=0, ftype=1
log      =internal log           bsize=4096   blocks=2560, version=2
         =                       sectsz=512   sunit=0 blks, lazy-count=1
realtime =none                   extsz=4096   blocks=0, rtextents=0
[root@centos ~]#
```

工具人　　3#

ext也是Linux标准的文件系统，专门为Linux内核设计的第一个文件系统；接着是ext2，它是Linux系统中的标准文件系统；ext3是在ext2基础上增加日志形成的ext文件系统；ext4是Linux中第四代扩展日志文件系统，是ext3文件系统的后继版本。ext4有很多非常先进的功能，在ext4中，性能得到了极大的提升，包括对大文件操作的优化、快速检查扫描等。ext、ext2、ext3、ext4文件系统的具体说明如下表所示。

文件系统	最大文件值	最大文件系统值	说明
ext	2GiB	2GiB	带有扩展Minix文件系统的早期Linux文件系统，2.1.21之后的内核不支持
ext2	2TiB	32TiB	从ext扩展的功能： 可变块大小、3中时间戳（ctime、mtime、atime）、通过位图进行块和i节点管理、分组介绍
ext3	2TiB	32TiB	向ext2增加了日记功能，向后兼容ext2
ext4	16TiB	1EiB	从ext2/ ext3扩展的功能：通过extent改进性能、纳秒级时间戳、碎片整理功能。向后兼容ext2/ext3

ext2/ext3文件系统最大支持2TiB的文件大小，有直接映射、间接映射、双重间接映射、三重间接映射作为数据块指针。由于数据结构与ext2相同，ext3与ext2向后兼容。

ext2文件系统一般由超级块、块组、块组描述符组成，ext2使用i节点来记录信息。ext3是一种日志式文件系统，在ext2的基础上增加了一个特殊的i节点，即日志记录功能，用于记录文件系统元数据或各种操作变化。ext2和ext3文件系统结构如下图所示。

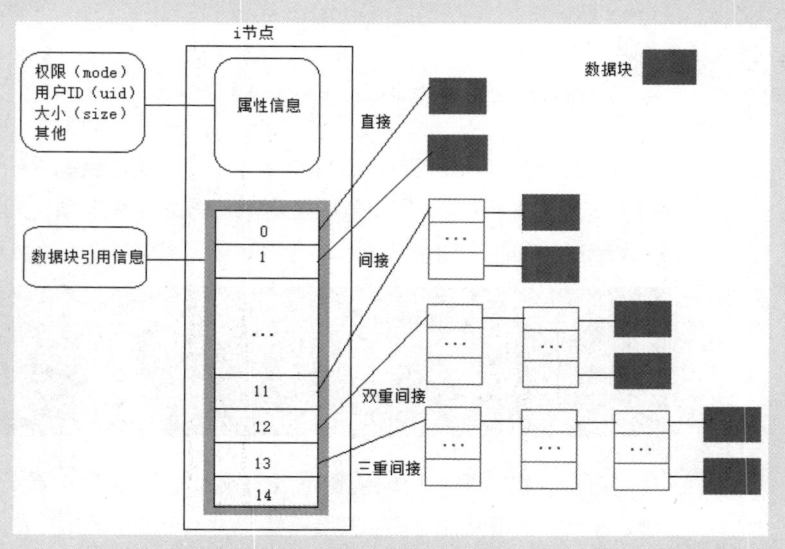

在ext2和ext3中，使用大文件间接映射块引用会降低性能。ext4使用扩展解决了这一问题，并且扩展区与第一个块相连。它允许访问有关块数的信息，而无需引用每个块的间接映射。ext4文件系统的结构如下图所示。

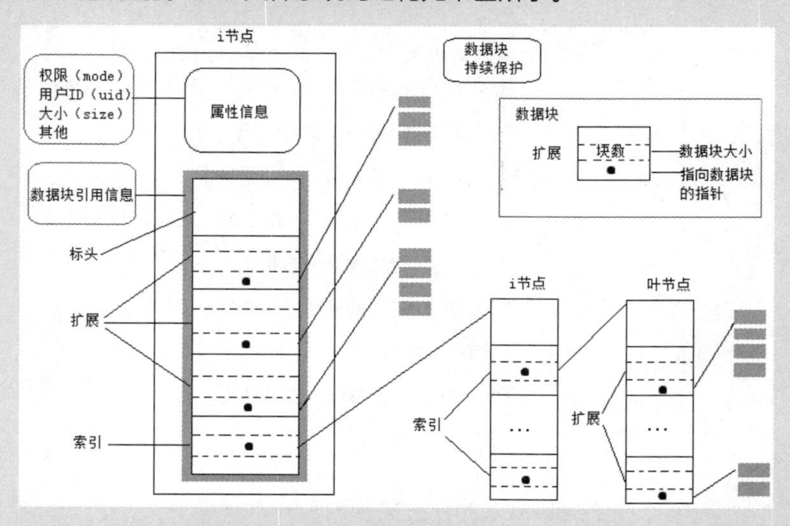

完成磁盘分区后，用户可以在分区中创建文件系统。Linux系统提供了mkfs或mke2fs命令创建ext2、ext3、ext4文件系统。

```
mkfs [选项] 设备名称
```

mkfs命令的常用选项是-t，用于指定文件系统的类型。如果在未指定-t选项的情况下，执行mkfs.ext2命令表示创建ext2文件系统。mkfs命令指定的文件系统的类型如下表所示。

命令行	命令执行	要创建的文件系统
mkfs	mkfs.ext2	ext2
mkfs -j	mkfs.ext2 -j	ext3
mkfs -t ext2	mkfs.ext2	ext2
mkfs -t ext3	mkfs.ext3	ext3
mkfs -t ext4	mkfs.ext4	ext4

mkfs.ext2、mkfs.ext3、mkfs.ext4被硬链接到mke2fs命令，用户可以通过指定-V选项执行mkfs命令来检查要执行的命令和选项，如下图所示。执行结果中显示要执行的命令为mkfs.ext2 -j /dev/sdb1。

```
[root@centos ~]# mkfs -V -j /dev/sdb1
mkfs, 来自 util-linux 2.32.1
mkfs.ext2 -j /dev/sdb1
mke2fs 1.44.3 (10-July-2018)
```

使用mke2fs命令可以创建ext2、ext3、ext4文件系统，如果用户想要在分区中创建一个ext3文件系统，需要指定-t ext3或-j选项。

```
mke2fs [选项] 设备名称
```

mke2fs命令的选项及说明如下表所示。

选　项	说　　明
-b	以字节为单位指定块大小，可以指定1024、2048、4096
-j	添加日志并创建ext3文件系统
-f	指定磁盘碎片的大小
-i	指定每个索引节点的字节数，默认在/etc/mke2fs.conf中设置
-t	指定要创建的文件系统的类型
-c	创建文件系统之前检查坏的块
-o	指定其他功能
-m	指定保留块的百分比，默认值为5%
-I	指定索引节点的大小

mke2fs命令的配置文件为/etc/mke2fs.conf，mke2fs命令引用该配置文件设置默认值并添加函数创建文件系统。使用more命令查看/etc/mke2fs.conf配置文件如下图所示。该文件主要配置了mke2fs命令的默认选项，在执行mke2fs命令时，如果没有指定某个选项，会从该文件中获取。

```
[root@centos ~]# more /etc/mke2fs.conf
[defaults]
        base_features = sparse_super,large_file,filetype,resize_inode,dir_index,ext_att
r
        default_mntopts = acl,user_xattr
        enable_periodic_fsck = 0
        blocksize = 4096
        inode_size = 256
        inode_ratio = 16384

[fs_types]
        ext3 = {
                features = has_journal
        }
        ext4 = {
                features = has_journal,extent,huge_file,flex_bg,metadata_csum,64bit,dir
_nlink,extra_isize
                inode_size = 256
        }
```

使用mke2fs命令在sdb1分区中创建ext3文件系统，如下图所示。其中包含1310720个块、327680个节点和超级块备份存储所在的块编号等信息。

```
[root@centos ~]# mke2fs -t ext3 /dev/sdb1
mke2fs 1.44.3 (10-July-2018)
创建含有 1310720 个块（每块 4k）和 327680 个inode的文件系统
文件系统UUID: a8b1d96a-e515-49a4-a730-520305a884b5
超级块的备份存储于下列块：
        32768, 98304, 163840, 229376, 294912, 819200, 884736

正在分配组表： 完成
正在写入inode表： 完成
创建日志（16384 个块）完成
写入超级块和文件系统账户统计信息： 已完成
```

现在Linux中主要的文件系统创建方法你都知道了，要多看多做，才能学会Linux系统。看好你哦！

原帖主	4#
	OK!

发帖：如何挂载文件系统？蹲回复！

最新评论

Yohe	1#
	当你完成磁盘分区并在分区中创建文件系统后，新的文件系统必须被挂载到Linux系统中才可以使用。挂载（mount）就是当使用系统中某个设备时，必须先将他们对应到Linux系统中的某个目录上，这个对应的目录叫做挂载点（mount_point）。通过这种对应操作，用户或程序才可以访问到这些设备。

传统的Linux系统使用/mnt目录作为临时挂载点，如果用户需要挂载一个文件系统，可以将其挂载到/mnt目录中。现在的Linux通常使用/media作为临时挂载点，挂载到/media目录下面的某个子目录中。除了系统提供的这些挂载点之外，用户也可以根据需要再新建一个目录，作为临时的挂载点。

当一个目录充当挂载点时，这个目录中的内容就是被挂载的文件系统的内容，而不是该目录本身的内容。

路人甲 2#

不要忘记在你执行挂载操作时，需要事先创建一个目录，即挂载点，进行连接并执行挂载命令。mount命令用于将某个文件系统挂载到Linux系统的某个挂载点上。

```
mount [选项] [设备名称] [挂载点]
```

mount命令常用的选项及说明如下表所示。

选　项	说　　明
-a	挂载/etc/fstab文件中配置的所有文件系统
-t	指定要挂载的文件系统的类型
-l	列出挂载的文件系统时列出卷标
-r	将文件系统以只读的方式挂载
-n	挂载文件系统，不写入/etc/mtab文件
-w	以读写的方式挂载文件系统
-o	指定挂载选项

另外df命令可以检查Linux系统中磁盘空间的占用情况。

```
df [选项] [文件]
```

df命令的选项及说明如下表所示。

选　项	说　　明
-i	列出文件系统分区的inode信息
-h	以易于理解的格式输出文件系统分区占用情况，例如64KB、120MB、1GB
-k	以KB为单位输出文件系统分区占用情况
-m	以MB为单位输出文件系统分区占用情况
-a	列出所有的文件系统分区
-T	显示磁盘分区的文件系统类型

du命令用于显示文件和目录所占用的磁盘空间情况。

```
du [选项] [文件]
```

du命令的选项及说明如下表所示。

选 项	说 明
-a	显示所有文件的容量，不仅仅是目录
-b	以字节为单位显示文件大小
-h	以易于理解的格式显示文件大小，例如K（千字节）、M（兆字节）、G（千兆字节）
-s	显示指定文件和目录的总体使用情况
-S	单独显示每个目录的已用容量，不包括子目录的已用容量

之前我们已经在sdb1分区中创建了ext3文件系统，现在使用mount命令将该分区挂载到Linux系统中，如下图所示。首先使用df -h显示当前系统中磁盘空间的占用情况；然后在根目录中创建挂载点，使用mount命令将/dev/sdb1挂载到/mtest目录中；最后再次使用df -h命令，执行结果中已显示/dev/sdb1的使用情况。

```
[root@centos ~]# df -h
文件系统              容量  已用  可用 已用% 挂载点
devtmpfs              397M     0  397M    0% /dev
tmpfs                 411M     0  411M    0% /dev/shm
tmpfs                 411M  6.6M  405M    2% /run
tmpfs                 411M     0  411M    0% /sys/fs/cgroup
/dev/mapper/cl-root   6.2G  4.2G  2.1G   67% /
/dev/sda1             976M  186M  724M   21% /boot
tmpfs                  83M   28K   83M    1% /run/user/42
tmpfs                  83M  3.5M   79M    5% /run/user/0
/dev/sr0              6.7G  6.7G     0  100% /run/media/root/CentOS-8-BaseOS-x86_64
[root@centos ~]# mkdir /mtest
[root@centos ~]# mount /dev/sdb1 /mtest
[root@centos ~]# df -h
文件系统              容量  已用  可用 已用% 挂载点
devtmpfs              397M     0  397M    0% /dev
tmpfs                 411M     0  411M    0% /dev/shm
tmpfs                 411M  6.6M  405M    2% /run
tmpfs                 411M     0  411M    0% /sys/fs/cgroup
/dev/mapper/cl-root   6.2G  4.2G  2.1G   67% /
/dev/sda1             976M  186M  724M   21% /boot
tmpfs                  83M   28K   83M    1% /run/user/42
tmpfs                  83M  3.5M   79M    5% /run/user/0
/dev/sr0              6.7G  6.7G     0  100% /run/media/root/CentOS-8-BaseOS-x86_64
/dev/sdb1             4.9G   11M  4.6G    1% /mtest
[root@centos ~]#
```

不指定任何选项执行mount命令，显示所有设备的挂载情况，结果显示/dev/sdb1分区是ext3文件系统。分别使用mount命令和df命令指定选项-t ext3仅显示/dev/sdb1分区的挂载信息，如下图所示。

```
/dev/sdb1 on /mtest type ext3 (rw,relatime)
[root@centos ~]# mount -t ext3
/dev/sdb1 on /mtest type ext3 (rw,relatime)
[root@centos ~]# df -t ext3
文件系统          1K-块  已用    可用 已用% 挂载点
/dev/sdb1       5095040 10300 4822596    1% /mtest
[root@centos ~]#
```

检查当前已挂载的文件系统和挂载选项，可以执行不带任何选项的mount命令。同时挂载信息也存储在/proc/mounts文件和/proc/self/mounts文件中，使用ls命令分别显示这两个文件的信息，如下图所示。其中/proc/mounts是/proc/self/mounts的符号链接。

```
[root@centos ~]# ls -l /proc/mounts
lrwxrwxrwx 1 root root 11 1月  16 10:55 /proc/mounts -> self/mounts
[root@centos ~]# ls -l /proc/self/mounts
-r--r--r-- 1 root root 0 1月  16 10:56 /proc/self/mounts
[root@centos ~]#
```

友情提示来啦！你在挂载文件系统时，作为挂载点的目录不要重复挂载多个文件系统，而且这个目录最好是空白目录。如果这个目录不是空白的，在你挂载文件系统之后，目录下的内容会暂时消失。

学到秃头 3#

学会了挂载，当然少不了卸载。卸载文件系统指将某个文件系统从Linux系统的根目录中移除。卸载文件系统后，应用程序便不可以对其进行读写操作。你可以学习使用umount命令卸载文件系统。

```
umount [选项] [挂载点|设备文件]
```

其中umount命令的选项及说明如下表所示。

选 项	说 明
-a	卸载/etc/fstab文件中列出的所有文件系统
-f	强制卸载文件系统
-r	当文件系统卸载失败时，尝试以只读的方式重新挂载该文件系统
-t	指定要卸载的文件系统的类型
-l	延迟卸载文件系统

卸载文件系统后，用户或应用程序无法从根文件系统中访问该文件系统中存在的文件和目录。使用umount命令卸载文件系统如下图所示。

```
[root@centos ~]# df /dev/sdb1
文件系统          1K-块   已用     可用  已用% 挂载点
/dev/sdb1       5095040 10300 4822596     1% /mtest
[root@centos ~]# ls /mtest
lost+found
[root@centos ~]# umount /mtest
[root@centos ~]# ls /mtest
[root@centos ~]#
```

在卸载文件系统时即使系统使用multi-user.target或graphical. target运行，只要不使用文件系统就可以卸载，文件系统正在使用则无法卸载。无法卸载文件系统的情况如下：

- 用户已移至文件系统目录中。
- 用户正在访问文件系统中的文件。
- 进程正在访问文件系统中的文件。

卸载文件系统之前必须停止对文件系统的读写，当前工作目录也不可以在要卸载的文件系统中。卸载文件系统通常是在要对文件系统进行完整备份或修复检测的时候，可以有效地防止系统中的其他进程对文件系统产生干扰。

泡泡冒泡 4#

大神，mount命令挂载文件系统是临时的，系统重新启动后就会释放。我想要在系统引导时自动挂载，应该怎么办？求解答。

mz_n2 5#

你可以在/etc/fstab文件中设置相关数据信息，如果不想在系统重新启动时挂载它，删除/etc/fstab文件中的相关数据信息即可。你可以在这个文件中设置要挂载的文件系统、挂载点等信息。

另外mount命令除了上述的选项之外，还支持许多挂载选项，如下表所示。

选 项	说 明
async	对该文件系统的所有读写操作都是异步进行的
auto	该文件系统可以在指定-a时挂载
noauto	该文件系统必须单独挂载
sync	对文件系统的读写必须以同步方式进行
dev	使存储在文件系统中的设备可用
nodev	存储在文件系统中的设备不可用
exec	允许执行该文件系统中的二进制文件
noexec	不允许执行该文件系统中的二进制文件
suid	允许suid或sgid标志位生效
nosuid	禁止suid或sgid标志位生效
rw	以读写模式挂载文件系统
ro	以只读模式挂载文件系统
user	允许普通用户挂载
users	允许任何用户挂载或卸载该文件系统
owner	允许设备的所有者挂载该文件系统
nouser	禁止普通用户挂载该文件系统
defaults	挂载文件系统时启用默认选项，即rw、suid等

哈哈哈哈！这么多挂载选项记不住没关系，需要用到的时候回来看看就行，或者使用man命令查看也可以。

原帖主 6#

谢谢啦！有问题还会再来请教的。

学到秃头 7#

常来常往。

发帖：如何管理Linux中的交换分区？

最新评论

plan007 1#

用户在使用Linux系统的过程中有可能会发生内存使用完的情况，因此可使用存储设备代替Linux上的内存。物理内存是系统硬件提供的内存大小，相对于物理内存，Linux系统中的虚拟内存是利用磁盘空间虚拟出的一块逻辑内存。用作虚拟内存的磁盘空间称为交换分区（swap）。用于创建和管理交换分区的命令如下表所示。

命　令	说　明
mkswap	初始化交换分区
swapon	激活交换分区
swapoff	禁用交换分区

创建交换分区所需的交换文件是一个普通文件，但是创建交换文件必须使用dd命令，同时该文件必须在本地硬盘中，不能在网络文件系统（NFS）中创建。Linux系统提供了mkswap命令初始化交换分区。

```
mkswap [选项] 设备或文件
```

其中mkswap命令的选项及说明如下表所示。

选　项	说　明
-c	建立交换分区之前，检查是否有损坏的区块
-L	指定一个label（标签），方便swapon使用

创建和初始化交换分区如下图所示。使用dd命令创建交换文件，这里if指定输入设备的名称为/dev/zero，表示一个输出永远为0的设备文件，使用它作为输入可以得到全为空的文件；of指定输出设备或文件的名称，这里指定为/swapfile；bs表示设置读写块的大小；count表示复制的块数。完成交换文件的创建后需要给该文件指定相应的权限，mkswap /swapfile表示初始化交换文件。更改权限后执行swapon /swapfile命令激活该交换分区。

```
[root@centos /]# dd if=/dev/zero of=/swapfile bs=1M count=1024
记录了1024+0 的读入
记录了1024+0 的写出
1073741824 bytes (1.1 GB, 1.0 GiB) copied, 4.13185 s, 260 MB/s
[root@centos /]# chmod 600 /swapfile
[root@centos /]# mkswap /swapfile
正在设置交换空间版本 1, 大小 = 1024 MiB (1073737728  个字节)
无标签, UUID=97919ebe-45d9-409c-a98f-132da23e2944
[root@centos /]# ls -la /swapfile
-rw------- 1 root root 1073741824 1月  16 13:57 /swapfile
[root@centos /]# swapon /swapfile
```

创建和初始化交换设备如下图所示。使用fdisk命令执行-l选项查看/dev/sdb设备的分区情况，将/dev/sdb1设置为交换分区。

```
[root@centos /]# fdisk -l /dev/sdb
Disk /dev/sdb: 20 GiB, 21474836480 字节, 41943040 个扇区
单元: 扇区 / 1 * 512 = 512 字节
扇区大小(逻辑/物理): 512 字节 / 512 字节
I/O 大小(最小/最佳): 512 字节 / 512 字节
磁盘标签类型: dos
磁盘标识符: 0x136a0677

设备        启动  起点      末尾      扇区 大小 Id 类型
/dev/sdb1         2048 10487807 10485760   5G 83 Linux
[root@centos /]# mkswap /dev/sdb1
mkswap: /dev/sdb1: 警告, 将擦除旧的 ext3 签名。
正在设置交换空间版本 1, 大小 = 5 GiB (5368705024  个字节)
无标签, UUID=e9af4fc6-8732-420d-92b5-176962177c02
```

创建交换文件之后，需要给该文件指定相应的权限。如果不更改该文件的默认权限，执行swapon /swapfile命令激活该交换分区时会出现无法读取的错误。

CoolLoser 2#

需要激活交换分区的话，Linux中提供了swapon命令可以使用。一步接一步，都是套路。

swapon [选项] 设备或文件

其中该命令的选项及说明如下表所示。

选　项	说　　明
-a	在/etc/fstab文件中启用所有带交换标记的设备
-L	激活具有指定标签的分区
-s	按设备显示交换分区的使用情况

激活交换分区之前通过free命令检查内存的使用情况，此时交换分区大小为1843。使用swapon -s命令显示交换分区的使用情况，由于之前已经激活了交换分区/swapfile，所以这里你可以看到它的使用信息。检查内存和交换分区如下图所示。

```
[root@centos ~]# free -m
              total        used        free      shared  buff/cache   available
Mem:            821         429          67           5         324         260
Swap:          1843         474        1369
[root@centos ~]# swapon -s
文件名                          类型            大小    已用    权限
/dev/dm-1                               partition       839676  485992  -2
/swapfile                               file            1048572 0       -3
```

使用swapon命令激活交换分区（/dev/sdb1）如下图所示。完成交换分区的激活操作后，再次查看交换分区的大小已经由原来的1843变成6963。

```
[root@centos ~]# swapon /dev/sdb1
[root@centos ~]# swapon -s
文件名                          类型            大小     已用     权限
/dev/dm-1                               partition       839676  485992  -2
/swapfile                               file            1048572 0       -3
/dev/sdb1                               partition       5242876 0       -4
[root@centos ~]# free -m
              total        used        free      shared  buff/cache   available
Mem:            821         433          63           5         324         255
Swap:          6963         474        6489
[root@centos ~]#
```

重启系统后新增的交换分区将不可用，如果想始终启用交换分区，需要在配置文件/etc/fstab中添加自动加载设置才可以。使用vi编辑器编辑该文件，添加“/swap swap swap defaults 0 0”和“/dev/sdb1 swap swap defaults 0 0”，重启系统后就可以实现自动加载交换分区了。

IT熊 3#

通过swapoff命令即可禁用指定设备或文件的交换分区。

```
swapoff [选项] 设备或文件
```

指定-a选项将禁用/proc/swap或/etc/fstab文件中的交换设备和文件交换区域。使用swapoff命令禁用交换文件（/swapfile）和交换分区（/dev/sdb1）如下图所示。完成禁用交换分区的操作后，执行swapon -s结果显示已没有之前设置的交换分区了。

```
[root@centos ~]# swapoff /swapfile
[root@centos ~]# swapoff /dev/sdb1
[root@centos ~]# swapon -s
文件名                          类型            大小     已用     权限
/dev/dm-1                               partition       839676  485552  -2
[root@centos ~]#
```

FreeLinux 4#

作为过来人，给大家分享一个学习心得：在学习Linux的初期，一定要通过大量的实践来巩固练习所学到的技能。遇到问题学着去寻找答案，在寻找答案的过程中，你会学到更多东西。

原帖主 5#

谢谢，为各位大神大打call！

发帖：关于文件系统还有哪些实用的命令？都推荐给我吧！

最新评论

等一等 1#

Linux系统中支持的文件系统有很多，这些文件系统中ext2适用于U盘，ext4文件系统中小文件较少，xfs文件系统中小文件较多。ext2、ext3、ext4文件系统和xfs文件系统的实用程序命令如下表所示。

ext2/ext3/ext4	xfs	说 明
fsck（e2fsck）	xfs_repair	文件系统不一致检查
resize2fs	xfs_growfs	调整文件系统大小
e2image	xfs_metadump、xfs_mdrestore	保存文件系统映像
tune2fs	xfs_admin	调整文件系统参数
dump、restore	xfsdump、xfsrestore	文件系统备份并列出

这些命令够了吗？

天涯刀客 2#

当Linux加载一个文件系统后，如果文件系统中的文件没有被改动过，就会标注为干净的。当文件系统受损时，用户应该对文件系统进行检查，否则会无法正常使用文件系统。Linux系统中文件系统不一致有可能是电源故障（突然断电、电源模块故障）、硬盘故障、强行关机等情况造成的。

fsck命令应用于每一个文件系统，这些文件系统用于检查和修复ext2、ext3、ext4文件系统的完整性。fsck命令用于检查文件系统的不一致性。

```
fsck [选项] [设备]
```

其中fsck命令的选项及说明如下表所示。

选 项	说 明
-l	指定要检查的文件系统类型
-s	fsck串行工作，用于交互检查多个文件系统
-A	检查/etc/fstab中列出的所有文件系统
-N	不执行命令，仅列出执行的操作
-P	同时检查所有文件系统（与-A一起使用）
-R	跳过根文件系统（与-A一起使用）
-t	指定要检查的文件系统的类型

文件系统的检查与修复使用e2fsck命令。

```
e2fsck [选项] 设备
```

e2fsck命令的选项及说明如下表所示。

选 项	说 明
-p	较小的错误将自动更正
-a	与-p效果相同，用于向后兼容的选项，建议使用-p
-n	用于检查不能修复文件系统的错误类型
-y	通过一致的操作纠正所有文件系统错误，可能会导致删除不一致的文件
-r	通过对检测到的错误询问，进行交互式修复兼容性选项，默认行为
-f	强制检查
-b	使用指定的超级块修复文件系统
-F	执行检查之前，先清空设备的缓冲区

执行fsck命令时如果没有指定设备和-a选项，将依次检查/etc/fstab文件中列出的文件系统。如果在当前运行的文件系统中执行fsck命令，则有可能会删除没有问题的文件。另外，在启动ext2、ext3、ext4文件系统时，将检查/etc/fstab文件中注册的文件系统的clean标志，如果设置了该标志，则不会执行fsck命令。另一方面，xfs不会在系统启动时进行检查或修复，如果要执行修复操作，需要使用xfs_repair命令。

```
xfs_repair [选项] 设备
```

xfs_repair命令的选项及说明如下表所示。

选 项	说 明
-n	仅检查，不进行修复
-L	元数据日志为零，无法挂载可能丢失数据的文件系统或设备时使用
-v	显示详细信息
-m	以MB为单位指定运行时要使用的最大内存量

-n选项在检查模式下读取文件系统而不对其进行任何更改，如无法正常卸载和挂载则指定-L选项，但是-L将导致元数据为零，这可能会使系统中某些文件丢失。

管理文件系统的命令也介绍不少了，现在你可以动动小手了。到时候别忘了把学习心得分享给大家。

原帖主 3#

容我先消化一下。

混个脸熟	4#
	这里是大神的天堂，小白的课堂。走过路过的小伙伴，过来看两眼吧！

认识LVM

扫码看视频

磁盘分区学会了，但是你可能会面临这样一个问题：有时不能确定分区需要的总空间。分区后，每个分区的大小已固定，如果该分区设置得过大，就会造成磁盘空间的浪费；分区设置过小，则会导致空间不够用的情况。可能你会觉得重新划分磁盘分区或者通过软链接将分区的目录链接到另一个分区也可以解决这个问题，但是这种方法只能临时解决问题，还会造成管理上的麻烦。如果你有这样的困扰，就到这里来吧！

发帖：如何学习LVM？新手提问。

最新评论

mzsoft_624 1#

LVM（Logical Volume Manager，逻辑卷管理器）是Linux下对磁盘分区进行管理的一种机制。LVM是建立在磁盘分区和文件系统之间的一个逻辑层，管理员利用LVM可以在磁盘不用重新分区的情况下动态调整分区的大小。通过LVM可以将系统中新增的硬盘空间扩展到原来的磁盘分区上。

通过LVM，我们可以在磁盘和分区之上建立一个抽象的逻辑层来屏蔽磁盘分区的底层差距。在正式创建和管理LVM之前，需要先了解有关LVM的几个基本概念。

- 物理存储设备（physical media）：指系统的存储设备文件，例如/dev/sda和/dev/hdb。
- 物理卷（Physical Volume，PV）：指硬盘分区或者从逻辑上看和硬盘分区类似的设备。物理卷是逻辑卷管理的基本存储单元，例如RAID设备。
- 卷组（Volume Group，VG）：由一个或多个物理卷组成。对于操作系统来说，卷组类似于物理磁盘，卷组上面可以创建虚拟分区，即逻辑卷。
- 逻辑卷（Logical Volume，LV）：卷组上面创建的虚拟分区，对于操作系统来说，逻辑卷类似于磁盘分区，在逻辑卷上可以创建文件系统。
- PE（Physical Extent，PE）：物理卷中可以分配的最小存储单元，大小可以指定，默认值为4MB。
- LE（Logical Extent，LE）：逻辑卷中可以分配的最小存储单元。在同一个卷组中，LE的大小和PE是一样的，且一一对应。

逻辑卷管理是Linux系统中非常有用的一个磁盘管理功能。通过逻辑卷，系统管理员可以灵活地调整磁盘分区的大小。当遇到磁盘分区空间不足的情况时，对于普通的计算机，用户可以重新分区和重新安装操作系统，但是对于服务器来说，这种情况比较麻烦。逻辑卷管理就是为了应对这种情况的发生。在逻辑卷管理中，用户可以将多个磁盘分区组合成一个存储池，管理员可以在存储池上面根据需求创建逻辑卷，之后再创建文件系统，挂载到系统中供用户使用。

大马猴 2#

不过在创建物理卷之前，首先需要在虚拟机中添加虚拟的SATA磁盘。在配置LVM之前，用户可通过命令确认LVM以及相关依赖包是否已经安装在系统中，如果有相关软件包的输出结果，说明系统中已经安装了LVM、e2fsprogs和xfsprogs工具；如没有任何输出，则表示系统中还没有安装这些软件包，可以使用yum命令安装相关软件包。现在默认的Linux发行版内核一般都支持LVM，所以你不用担心这方面的问题，可以直接使用LVM提供的强大功能。总之一句话，用它就对了！

原帖主 3#

好的，用它！

发帖：知道LVM相关的概念后，接下来要干什么？

最新评论

菜头哥 1#

相关概念都知道了吧！到了该动动小手的时候了。创建LVM分区的步骤与前面介绍的磁盘分区的步骤大致相同，只是在创建完成后，需要使用t命令将分区类型更改为8e（Linux LVM），如下图所示。将/dev/sdc2分区的类型更改为Linux LVM，输入命令t，指定分区号和分区类型。

```
命令(输入 m 获取帮助): t
分区号 (1,2, 默认  2): 2
Hex 代码(输入 L 列出所有代码): 8e

已将分区 "Linux"的类型更改为 "Linux LVM"。

命令(输入 m 获取帮助): p
Disk /dev/sdc: 15 GiB, 16106127360 字节, 31457280 个扇区
单元: 扇区 / 1 * 512 = 512 字节
扇区大小(逻辑/物理): 512 字节 / 512 字节
I/O 大小(最小/最佳): 512 字节 / 512 字节
磁盘标签类型: dos
磁盘标识符: 0x969b6683

设备        启动     起点      末尾     扇区 大小 Id 类型
/dev/sdc1            2048  6293503 6291456   3G 83 Linux
/dev/sdc2         6293504 10487807 4194304   2G 8e Linux LVM
```

执行同样的步骤将/dev/sdb中的分区更改为Linux LVM。使用fdisk -l命令查看/dev/sdb和/dev/sdc磁盘中的分区类型，如下图所示。

```
[root@centos ~]# fdisk -l /dev/sdb /dev/sdc
Disk /dev/sdb: 20 GiB, 21474836480 字节, 41943040 个扇区
单元: 扇区 / 1 * 512 = 512 字节
扇区大小(逻辑/物理): 512 字节 / 512 字节
I/O 大小(最小/最佳): 512 字节 / 512 字节
磁盘标签类型: dos
磁盘标识符: 0x136a0677

设备        启动     起点     末尾     扇区 大小 Id 类型
/dev/sdb1           2048 10487807 10485760   5G 8e Linux LVM
/dev/sdb2       10487808 18876415  8388608   4G 8e Linux LVM
/dev/sdb3       18876416 23070719  4194304   2G  5 扩展
/dev/sdb4       29362176 35653631  6291456   3G 8e Linux LVM

Disk /dev/sdc: 15 GiB, 16106127360 字节, 31457280 个扇区
单元: 扇区 / 1 * 512 = 512 字节
扇区大小(逻辑/物理): 512 字节 / 512 字节
I/O 大小(最小/最佳): 512 字节 / 512 字节
磁盘标签类型: dos
磁盘标识符: 0x969b6683

设备        启动     起点     末尾     扇区 大小 Id 类型
/dev/sdc1           2048  6293503  6291456   3G 83 Linux
/dev/sdc2        6293504 10487807  4194304   2G 8e Linux LVM
/dev/sdc4       10487808 20973567 10485760   5G  5 扩展
[root@centos ~]#
```

创建物理卷使用pvcreate命令，接收设备名作为参数。创建物理卷时可以一次指定一个或者多个设备。使用pvcreate命令创建物理卷如下图所示。

```
[root@centos ~]# pvcreate /dev/sdc2
  Physical volume "/dev/sdc2" successfully created.
[root@centos ~]#
```

创建完成之后，可以使用pvscan命令扫描所有的物理卷，如下图所示。

```
[root@centos ~]# pvscan
  PV /dev/sdb2   VG vgpool          lvm2 [<4.00 GiB / 3.31 GiB free]
  PV /dev/sdb4   VG vgpool          lvm2 [<3.00 GiB / <3.00 GiB free]
  PV /dev/sdc2   VG vgpool          lvm2 [<2.00 GiB / <2.00 GiB free]
  PV /dev/sda2   VG cl              lvm2 [<7.00 GiB / 0    free]
  PV /dev/sdb1                      lvm2 [5.00 GiB]
  Total: 5 [20.98 GiB] / in use: 4 [15.98 GiB] / in no VG: 1 [5.00 GiB]
[root@centos ~]#
```

这样物理卷就算是创建好了！接下来谁要继续介绍，我先开溜一会。

Lemon 2#

我来继续说！接下来就是创建卷组了，创建卷组就是把多个物理卷组成一个大的存储池。创建卷组使用vgcreate命令。

```
vgcreate [选项] 卷组名称 物理卷
```

如果有多个物理卷，要用空格分隔。使用vgcreate创建一个名为vgpool的卷组，如下图所示。将/dev/sdb2、/dev/sdb4、/dev/sdc2组成一个卷组。完成卷组的创建后，使用vgdisplay命令查看卷组信息。

```
[root@centos ~]# vgcreate vgpool /dev/sdb2 /dev/sdb4 /dev/sdc2
  Volume group "vgpool" successfully created
[root@centos ~]# vgdisplay
  --- Volume group ---
  VG Name               vgpool
  System ID
  Format                lvm2
  Metadata Areas        3
  Metadata Sequence No  1
  VG Access             read/write
  VG Status             resizable
  MAX LV                0
  Cur LV                0
  Open LV               0
  Max PV                0
  Cur PV                3
  Act PV                3
  VG Size               <8.99 GiB
  PE Size               4.00 MiB
  Total PE              2301
  Alloc PE / Size       0 / 0
  Free  PE / Size       2301 / <8.99 GiB
  VG UUID               MZxBLG-WYCm-seB5-iIKv-nlFq-aMh2-S9Rupw
```

我们来个接力赛吧！该到逻辑卷了，接下来谁说说创建逻辑卷的操作？

混个脸熟 3#

这种事情怎么能少得了我！创建逻辑卷使用lvcreate命令就好了。

lvcreate [选项] 卷组名称

其中lvcreate命令的选项及说明如下表所示。

选　项	说　　明
-a	创建完成后立即激活该逻辑卷
-L	指定逻辑卷的大小
-p	指定逻辑卷的访问权限
-i	指定要创建的条带数
-I	指定条带的大小
-r	读取头扇区
-n	指定逻辑卷名称
-T	指定块大小
-m	指定镜像
-l	指定逻辑扩展数

在之前创建的卷组vgpool上创建一个200MB的逻辑卷，如下图所示。完成创建后，使用vgdisplay命令查看vgpool的状态，从执行结果中可以看出vgpool已经被分配出200MB。逻辑卷的设备文件位于/dev目录下面的以卷组命名的目录中。

```
[root@centos ~]# lvcreate -L 200M vgpool
  Logical volume "lvol0" created.
[root@centos ~]# vgdisplay vgpool
  --- Volume group ---
  VG Name               vgpool
  System ID
  Format                lvm2
  Metadata Areas        3
  Metadata Sequence No  2
  VG Access             read/write
  VG Status             resizable
  MAX LV                0
  Cur LV                1
  Open LV               0
  Max PV                0
  Cur PV                3
  Act PV                3
  VG Size               <8.99 GiB
  PE Size               4.00 MiB
  Total PE              2301
  Alloc PE / Size       50 / 200.00 MiB
  Free  PE / Size       2251 / 8.79 GiB
  VG UUID               MZxBLG-WYCm-seB5-iIKv-nlFq-aMh2-S9Rupw
```

使用fdisk命令可以看到刚才创建的200MB的逻辑卷，如下图所示。

```
Disk /dev/mapper/vgpool-lvol0: 200 MiB, 209715200 字节，409600 个扇区
单元：扇区 / 1 * 512 = 512 字节
扇区大小(逻辑/物理)：512 字节 / 512 字节
I/O 大小(最小/最佳)：512 字节 / 512 字节
[root@centos ~]#
```

在新建的逻辑卷上创建ext4文件系统，然后挂载到操作系统中就可以使用了，如下图所示。

```
[root@centos ~]# mkfs.ext4 /dev/vgpool/lvol0
mke2fs 1.44.3 (10-July-2018)
创建含有 204800 个块（每块 1k）和 51200 个inode的文件系统
文件系统UUID: 88a19291-cc8a-4f9a-8a4b-0271d7c0172a
超级块的备份存储于下列块：
        8193, 24577, 40961, 57345, 73729

正在分配组表： 完成
正在写入inode表： 完成
创建日志（4096 个块）完成
写入超级块和文件系统账户统计信息： 已完成
```

下一个是谁？

ecloud 4#

我看你们已经介绍了不少内容，那我就说说扩展逻辑卷的命令吧！逻辑卷可以随用户的需求变大或变小，避免了移动所有数据到更大的硬盘中。Linux系统中使用lvextend命令扩展一个逻辑卷的大小。

```
lvextend [选项] 设备名
```

其中lvextend命令的选项及说明如下表所示。

选 项	说 明
-l	指定条带大小
-L	指定数字表示将逻辑卷的大小设置为指定的大小，+表示在原来的大小基础上再增加指定的值
-r	同时扩展文件系统的大小

将创建的逻辑卷的大小增加500MB，如下图所示。

```
[root@centos ~]# lvextend -L +500M /dev/vgpool/lvol0
  Size of logical volume vgpool/lvol0 changed from 200.00 MiB (50 extents) to 700.00 Mi
B (175 extents).
  Logical volume vgpool/lvol0 successfully resized.
[root@centos ~]#
```

使用fdisk命令查看磁盘设备，执行结果中/dev/vgpool/lvol0的大小已经由原来的200MB变成了现在的700MB，增加了500MB，如下图所示。

```
Disk /dev/mapper/vgpool-lvol0: 700 MiB, 734003200 字节, 1433600 个扇区
单元: 扇区 / 1 * 512 = 512 字节
扇区大小(逻辑/物理): 512 字节 / 512 字节
I/O 大小(最小/最佳): 512 字节 / 512 字节
[root@centos ~]#
```

将该文件系统挂载到/media目录中，然后使用df命令查看文件系统的大小，结果仍然是200MB，如下图所示。

```
[root@centos ~]# mount /dev/vgpool/lvol0 /media
[root@centos ~]# df -h
文件系统                   容量  已用  可用 已用% 挂载点
devtmpfs                   397M     0  397M    0% /dev
tmpfs                      411M     0  411M    0% /dev/shm
tmpfs                      411M  6.6M  405M    2% /run
tmpfs                      411M     0  411M    0% /sys/fs/cgroup
/dev/mapper/cl-root        6.2G  5.2G  1.1G   84% /
/dev/sda1                  976M  186M  724M   21% /boot
tmpfs                       83M   28K   83M    1% /run/user/42
tmpfs                       83M  3.5M   79M    5% /run/user/0
/dev/sr0                   6.7G  6.7G     0  100% /run/media/root/CentOS-8-BaseOS-x86_64
/dev/mapper/vgpool-lvol0   190M  1.6M  175M    1% /media
[root@centos ~]#
```

如果用户想要文件系统的大小也变成700MB，则需要使用resize2fs命令。使用resize2fs命令调整文件系统的大小，如下图所示。再次查看文件系统，执行结果中显示该文件系统已经被扩展了。

```
[root@centos ~]# resize2fs /dev/vgpool/lvol0
resize2fs 1.44.3 (10-July-2018)
/dev/vgpool/lvol0 上的文件系统已被挂载于 /media; 需要进行在线调整大小

old_desc_blocks = 2, new_desc_blocks = 6
/dev/vgpool/lvol0 上的文件系统现在为 716800 个块 (每块 1k) 。

[root@centos ~]# df -h
文件系统                   容量  已用  可用 已用% 挂载点
devtmpfs                   397M     0  397M    0% /dev
tmpfs                      411M     0  411M    0% /dev/shm
tmpfs                      411M  6.6M  405M    2% /run
tmpfs                      411M     0  411M    0% /sys/fs/cgroup
/dev/mapper/cl-root        6.2G  5.2G  1.1G   84% /
/dev/sda1                  976M  186M  724M   21% /boot
tmpfs                       83M   28K   83M    1% /run/user/42
tmpfs                       83M  3.5M   79M    5% /run/user/0
/dev/sr0                   6.7G  6.7G     0  100% /run/media/root/CentOS-8-BaseOS-x86_64
/dev/mapper/vgpool-lvol0   674M  2.5M  638M    1% /media
[root@centos ~]#
```

差不多就这些了。

原帖主 5#

这接力赛666啊！

混个脸熟 6#

小白加油站

认识磁盘阵列RAID

磁盘阵列是一种广泛应用的存储技术，使用它可以在很大程度上扩展存储容量，增强数据安全性，提高系统性能。磁盘阵列（RAID）是由多个独立磁盘构成的一个超大容量的磁盘组。相比较单个磁盘，磁盘阵列有着非常突出的优势。

- 超大容量：可以将多个磁盘组合起来形成一个巨大的磁盘阵列提供存储服务。
- 安全性得到保障：如果将数据存储在单个磁盘中，一旦磁盘损坏，就会导致数据丢失；而磁盘阵列会配置一块或多块磁盘作为冗余盘，即使磁盘阵列中的某一个磁盘损坏，冗余盘会立即替补上去。阵列中的数据通过冗余存储，分布在磁盘阵列的各处，即使一块数据有损坏，也可以从其他盘中恢复，除非发生阵列中多个磁盘同时损坏，否则数据不会丢失。
- 提升性能：可以同时存储和读取数据，从而提高系统数据的吞吐量。

磁盘阵列有不同的级别，常见的级别从RAID0到RAID6。

- RAID0是最早出现的磁盘阵列技术，通过将多个磁盘以阵列控制器联系在一起，组合成一个大的磁盘阵列。RAID0中的数据为条带分布，虽然RAID0可以提高磁盘的性能，但是它并不提供容错，也就是说当阵列中的某一块磁盘损坏后，数据会丢失。
- RAID1由两块磁盘组成，一块为主盘，一块为备份盘。当通过主盘写入数据时，同样也会写入备份盘，因此，RAID1数据安全性能最好。但是这也会导致一半容量的损失，写入性能也比较低下。
- RAID2与RAID0类似，只是以位作为条带单位。RAID2需要至少三块磁盘才可以组合。
- RAID3的数据存取方式与RAID2相同，把数据以位为单位，分散至磁盘各处。RAID3需要一个额外的校验盘。
- RAID4与RAID3相似，都是将数据存储在多个磁盘中。唯一的差异之处在于RAID3按位对数据访问，RAID4则以块为单位。
- RAID5应用相对广泛，它兼顾了存储性能、数据安全和存储成本等因素。RAID5至少需要3块磁盘。
- RAID6比RAID5新增加了一套独立的奇偶校验系统，两套奇偶校验系统使用不同的算法。RAID6在数据可靠性方面也得到了提升。

除了上述RAID之外还有混合RAID，例如RAID0+1，RAID1+0等，这种混合RAID结合了两种RAID的优点。

mdadm（multiple devices admin）命令是Linux下的一款标准的RAID管理工具，它可以诊断、监控和收集详细的阵列信息。它是一个单独集成化的程序，对不同的RAID管理命令都有共通的语法。mdadm可以执行几乎所有的功能而不需要配置文件，也没有默认的配置文件。mdadm命令是创建和管理Linux系统中的磁盘阵列工具的。Ubuntu中安装mdadm工具的命令为sudo apt install mdadm。

```
mdadm [模式] <raiddevice> [选项] <component-devices>
```

其中raiddevice为磁盘阵列设备名称，component-devices为组成磁盘阵列的各个磁盘设备。mdadm命令的模式及说明如下表所示。

模 式	说 明
Assemble	将原本属于同一阵列的设备重新组合成阵列
Build	创建或组装不需要元数据的阵列（每个设备没有超级块）
Create	创建一个新的阵列，每个设备具有超级块
Follow/Monitor	监控模式
Grow	更改阵列中设备的容量或数目；更改阵列属性，但不更改阵列级别
Mange	管理已经存在的阵列
Misc	混杂模式，可以删除磁盘中旧的超级块或收集阵列信息
Auto-detect	请求内核激活已有阵列

mdadm命令在不同模式下的选项及说明如下表所示。

工作模式	选项	说明
模式选择	-A	选择Assemble模式
	-B	选择Build模式
	-C	选择Create模式
	-F	选择Follow或Monitor模式
	-G	选择Grow模式
模式无关	-c	指定mdadm配置文件，默认为/etc/mdadm/mdadm.conf和/etc/mdadm/mdadm.conf.d
	-s	从配置文件或/proc/mdstat
	-e	定义磁盘上面的超级块格式，对于Create模式来说，默认为1.2
Create	-n	指定阵列中磁盘的数量，不包括冗余磁盘
	-x	指定阵列中冗余磁盘的数量
	-l	指定阵列级别，可取值：inear、raid0、0、stripe、raid1、1、mirror等
	-N	指定阵列名称
	-o	以只读方式启动阵列
	-auto	以默认选项创建阵列
	--add	向阵列中增加磁盘，用在Grow模式中
Assemble	-u	指定重组阵列的UUID
	-U	更新每个磁盘的超级块
	-a	在线添加新磁盘
	-R	重组后启动该阵列
	-N	指定重组阵列的名称

工作模式	选项	说明
Manage	-a	在线添加新磁盘
	-r	移除磁盘
	--re-add	重新添加原来移除的磁盘
Misc	-Q	查询一个阵列或一个阵列组间设备的信息
	-D	查询一个阵列的详细信息
	-S	停止阵列
	-o	使阵列进入只读状态
	-w	使阵列进入读写状态
Monitor	-m	发送报警邮件
	-p	当出现报警时，启动指定程序

下面使用mdadm命令创建一个RAID5阵列，创建阵列之前需要为Ubuntu主机添加SATA硬盘，本例中添加了3个硬盘，硬盘的大小用户可以自定义。使用fdisk -l命令查看新添加的4个硬盘信息，如下图所示。4个新增硬盘设备名分别是/dev/sdb、/dev/sdc、/dev/sdd、/dev/sde，大小都是500MB。

```
Disk /dev/sdb: 500 MiB, 524288000 bytes, 1024000 sectors
Units: sectors of 1 * 512 = 512 bytes
Sector size (logical/physical): 512 bytes / 512 bytes
I/O size (minimum/optimal): 512 bytes / 512 bytes


Disk /dev/sdc: 500 MiB, 524288000 bytes, 1024000 sectors
Units: sectors of 1 * 512 = 512 bytes
Sector size (logical/physical): 512 bytes / 512 bytes
I/O size (minimum/optimal): 512 bytes / 512 bytes


Disk /dev/sdd: 500 MiB, 524288000 bytes, 1024000 sectors
Units: sectors of 1 * 512 = 512 bytes
Sector size (logical/physical): 512 bytes / 512 bytes
I/O size (minimum/optimal): 512 bytes / 512 bytes


Disk /dev/sde: 500 MiB, 524288000 bytes, 1024000 sectors
Units: sectors of 1 * 512 = 512 bytes
Sector size (logical/physical): 512 bytes / 512 bytes
I/O size (minimum/optimal): 512 bytes / 512 bytes
```

使用mdadm命令创建磁盘阵列/dev/md11，如下图所示。其中--create表示使用Create模式，--auto=yes表示使用默认值，--level=5表示创建的阵列为RAID5，--raid-devices=3表示组成阵列的磁盘数，--spare-devices=1表示冗余热备盘为1块。

```
root@ubuntu:~# mdadm --create --auto=yes /dev/md11 --level=5 --raid-devices=3 -
-spare-devices=1 /dev/sdb /dev/sdc /dev/sdd /dev/sde
mdadm: Defaulting to version 1.2 metadata
mdadm: array /dev/md11 started.
```

创建成功后，mdadm命令会自动启动该阵列。再次使用fdisk -l命令查看磁盘列表，会发现执行结果中新增了一个名为/dev/md11的磁盘设备，如下图所示。新创建的阵列大小为996MB，因为RAID5会损失一块磁盘容量，另一块用作热备盘，所以可用容量为两块磁盘的容量。

```
Disk /dev/md11: 996 MiB, 1044381696 bytes, 2039808 sectors
Units: sectors of 1 * 512 = 512 bytes
Sector size (logical/physical): 512 bytes / 512 bytes
I/O size (minimum/optimal): 524288 bytes / 1048576 bytes
```

使用mdadm命令指定--detail选项查看磁盘阵列/dev/md11的信息，如下图所示。

```
root@ubuntu:~# mdadm --detail /dev/md11
/dev/md11:
           Version : 1.2
     Creation Time : Thu Feb  6 22:59:26 2020
        Raid Level : raid5
        Array Size : 1019904 (996.00 MiB 1044.38 MB)
     Used Dev Size : 509952 (498.00 MiB 522.19 MB)
      Raid Devices : 3
     Total Devices : 4
       Persistence : Superblock is persistent

       Update Time : Thu Feb  6 22:59:31 2020
             State : clean
    Active Devices : 3
   Working Devices : 4
    Failed Devices : 0
     Spare Devices : 1

            Layout : left-symmetric
        Chunk Size : 512K

Consistency Policy : resync

              Name : ubuntu.local:11  (local to host ubuntu.local)
              UUID : 1ab5a5ea:cea1f95a:75e4e977:d3993f74
            Events : 18
```

在Linux系统中，新创建的磁盘阵列与磁盘一样，用户可以在其中创建各种文件系统。使用mkfs.ext4命令在/dev/md11上创建ext4文件系统，如下图所示。完成创建文件系统后，磁盘阵列可以像普通文件系统一样被挂载使用。

```
root@ubuntu:~# mkfs.ext4 /dev/md11
mke2fs 1.44.1 (24-Mar-2018)
Creating filesystem with 254976 4k blocks and 63744 inodes
Filesystem UUID: b750f411-d229-4b51-9151-3d387ff95530
Superblock backups stored on blocks:
        32768, 98304, 163840, 229376

Allocating group tables: done
Writing inode tables: done
Creating journal (4096 blocks): done
Writing superblocks and filesystem accounting information: done
```

大神来总结

哈喽！来到这里说明你又解决了Linux学习之路上的一个难关。想回顾一下讨论的精华就看看本大神为你总结的下面几点内容吧！

- 掌握几种磁盘分区的方式（fdisk、gdisk、parted）。
- 学会挂载和卸载文件系统（mount和umount），当然创建文件系统也需要知道。
- 交换分区的管理方式（初始化、激活、禁用）要知道。
- 关于LVM要知道：物理卷、逻辑卷、卷组的创建方法。

工欲善其事，必先利其器。要掌握Linux，怎么能少得了磁盘管理呢！而且这也是系统管理员（也许就是将来的你）的重要任务之一。

Chapter

09

讨论方向——网络管理

公　告

大家好！欢迎来到“Linux初学者联盟讨论区”。有了前期的知识储备，恭喜你终于可以学习Linux的网络管理了。相信经过这一阶段的学习，会解决你之前的很多疑问。

这次讨论的主题是网络管理方面的问题，别再犹豫了，准备一下和大家一起探讨网络的世界吧！本次主要讨论方向是以下4点。

01 认识网络配置文件

02 NetworkManager

03 网络管理命令

04 路由管理

认识网络配置文件

之前你也了解过各种有关Linux系统的配置文件，但是有关网络方面的配置文件你知道得还不多吧！在对系统进行网络配置的时候，需要用到网络配置文件。一般情况下我们需要使用Linux提供的网络配置工具来进行网络的配置和维护。要想学习Linux网络，有关网络的一些主要配置文件是你必须要学会的。

发帖：求大神介绍几个Linux中的网络管理工具！

最新评论

FreeLinux 1#

之前在Linux中可能会使用各种脚本文件来管理网络，现在经过不断的发展，Linux大牛们开发了很多网络管理工具。CentOS和Ubuntu中有关网络管理的默认工具有一些不同。Linux系统的各个发行版默认使用的网络管理工具主要有下面这三个。

- NetworkManager：CentOS 8和Ubuntu桌面版（18.04 Desktop）中默认的网络管理工具。可以使用GUI或命令行工具nmcli进行设置，在设置的同时会自动生成配置文件，并且可以使用编辑器创建或编辑配置文件。
- systemd-networkd：Ubuntu服务器版本的网络管理工具。没有自动生成配置文件的工具，使用编辑器创建和编辑配置文件。
- netplan：Ubuntu服务器版本（18.04 Server）中默认的网络管理工具，对应的软件包是netplan.io。Ubuntu在使用netplan时，将不需要systemd-networkd或NetworkManager。CentOS中不提供这个管理工具。

当NetworkManager动态配置多个有线和无线网络环境时，systemd-networkd会像服务器一样配置网络环境。使用默认软件进行设置时，可以同时使用GUI和CUI进行操作。这些管理工具对应的配置文件是下面这几个。

- CentOS 8：默认网络管理工具NetworkManager，对应的网络配置文件是/etc/sysconfig/network-scripts/ifcfg-*。
- Ubuntu 18.04 Desktop：默认网络管理工具NetworkManager，对应的网络配置文件是/etc/NetworkManager/system-connections/*。
- Ubuntu 18.04 Server：默认网络管理工具systemd-networkd和netplan，对应的网络配置文件是/etc/netplan/*.yaml。

使用这几个工具设置网络的时候，一般需要编辑对应的配置文件，编辑文件可以使用vi或者vim编辑器。

小白很白	2#
	除了可以在配置文件中设置网络，如何在桌面环境下设置网络？比如设置IP地址之类的信息。

coolcat	3#
	CentOS中在GNOME桌面左上角单击“活动”按钮，在桌面左侧弹出的应用程序列表框中单击“显示应用程序”按钮，在列出的程序中单击“设置”应用程序启动它，如下图所示。

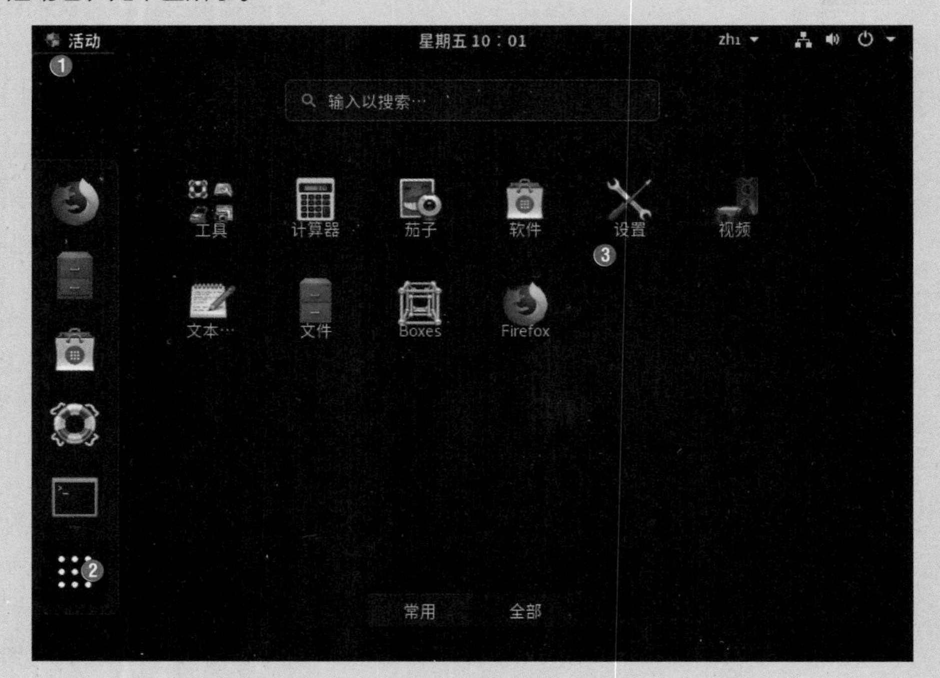

网络相关的内容需要在打开的“设置”对话框中配置。在左侧的列表中选择“网络”，然后在右侧的“网络”区域中单击“有线”右侧的“设置”按钮，如下左图所示。在打开的“有线”对话框中，可以查看和更改当前的网络设置，例如你可以在IPv4选项卡中手动设置IP地址，如下右图所示。

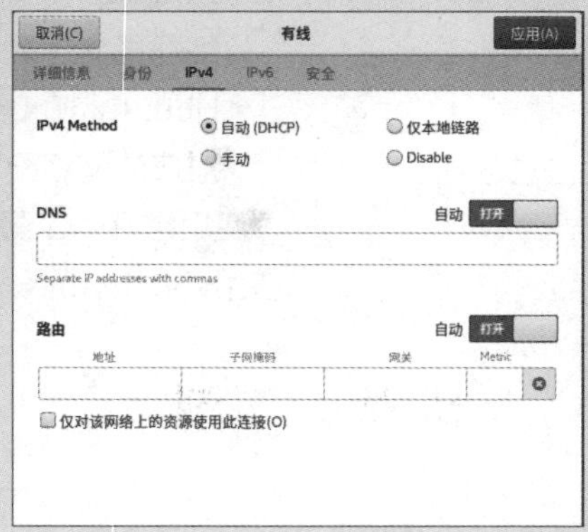

菜头哥 4#

其实Ubuntu中桌面环境下的操作步骤和CentOS中差不多。你学会在CentOS中设置网络后，自然也就会在Ubuntu中设置了。不信，你看！在左侧的应用程序显示列表中单击“显示应用程序”按钮，然后在列出的应用程序中找到“设置”应用程序单击启动它，如下图所示。

在打开的“设置”对话框中同样是选择“网络”，在右侧的“网络”区域中单击“有线连接”选项右侧的“设置”按钮，如下左图所示。在打开的“有线”对话框中，可以查看和更改当前的网络设置，例如你可以在“详细信息”选项卡中查看当前的网络设置信息，如下右图所示。

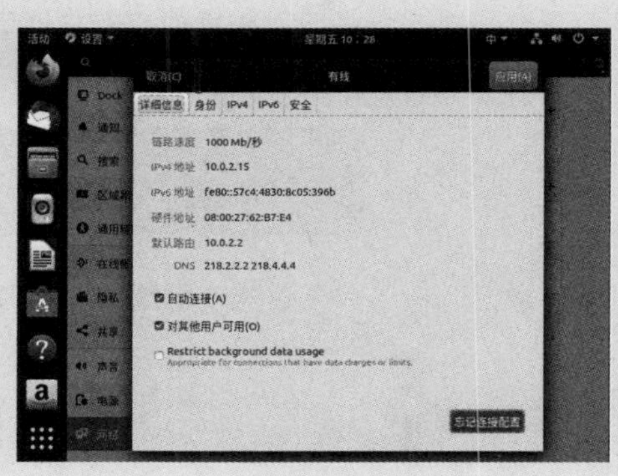

原帖主 5#

我要去试试这几种管理工具用起来是什么样的。谢谢啦！

发帖：大家知道的Linux中主要的网络配置文件都有哪些？

最新评论

IT小虾　　1#

关于网络的配置文件可不少，就拿这个/etc/hosts文件来说吧！这个配置文件里记录了主机的IP地址以及对应的主机名称或者别名，比如你使用ssh远程登录另外一台主机时，可以指定IP地址或者主机名。显然主机名称比数字更容易理解和记忆，如下图所示。

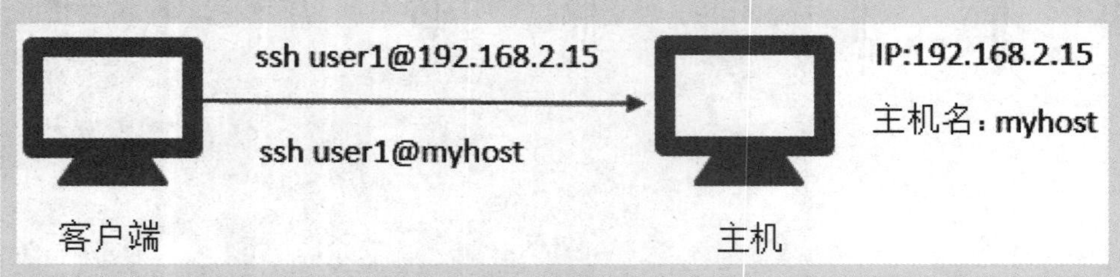

使用more命令查看/etc/hosts文件内容，如下图所示。

```
[root@centos ~]# more /etc/hosts
127.0.0.1   localhost localhost.localdomain localhost4 localhost4.localdomain4
::1         localhost localhost.localdomain localhost6 localhost6.localdomain6
```

/etc/hosts文件中第一部分表示网络IP地址；第二部分表示主机名和域名，它们之间使用半角句号分隔；第三部分表示主机别名。配置文件中的每一行内容为一个主机的相关信息，每个部分使用空格隔开。127.0.0.1是回环地址，与主机名localhost绑定，很多应用程序都会依赖这个绑定设置。当访问主机时，系统会从/etc/hosts文件中查找对应的IP地址。

还有/etc/networks文件，它可以用来指定网络名称和网络地址之间的对应关系。如果你好奇文件里记录的是什么，可以使用more命令查看。比如第一行的0.0.0.0网络名称就是default，如下图所示。

```
[root@centos ~]# more /etc/networks
default 0.0.0.0
loopback 127.0.0.0
link-local 169.254.0.0
```

这两个配置文件的内容比较简单，也比较好理解。

hello_yo　　2#

调节好兴奋期，学习一浪高一浪。如果你想知道Linux中的各种服务对应的端口号是什么，那就来看看我说的这个/etc/services文件吧！这个文件描述了服务器名称和端口号之间的对应关系。服务器端提供各种服务在主机中运行，如服务器端运行ssh服务和http服务。当客户端使用ssh远程登录到该主机时，指定ssh 登录名@主机名以清楚地指定对应的主机，如果找到了相应的主机，接收该服务器的主机则将通过与ssh服务有关的端口号进行发送和接收，如下图所示。

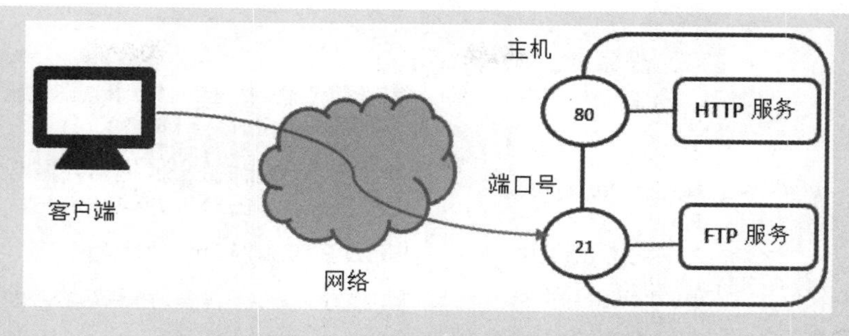

使用more命令查看/etc/services文件的内容，如下图所示。

```
# 21 is registered to ftp, but also used by fsp
ftp             21/tcp
ftp             21/udp          fsp fspd
ssh             22/tcp                          # The Secure Shell (SSH) Protocol
ssh             22/udp                          # The Secure Shell (SSH) Protocol
telnet          23/tcp
telnet          23/udp
```

你看，每一行都记录了服务和它对应的端口号。有的服务名称相同，却占用了两行的记录，这是因为使用的协议不同，有TCP协议和UDP协议。

三人行 3#

接下来我要说的这个配置文件很重要，设置IP地址之类的信息都要用到这个文件。而且，这个文件的名称在CentOS和Ubuntu中还不一样。在CentOS中进行网络配置时，需要在/etc/sysconfig/network-scripts/ifcfg-<device>文件中修改IP地址和子网掩码之类的设置。<device>表示网卡的名称，如果你的网卡是enp0s3，那么你就需要在/etc/sysconfig/network-scripts/ifcfg-enp0s3文件中设置信息。

如果你不知道网卡的名称是什么，可以先进入/etc/sysconfig/network-scripts/目录下使用ls命令查看一下，然后再使用cat、head之类的命令查看这个文件中的内容。

```
[root@centos ~]# cd /etc/sysconfig/network-scripts/
[root@centos network-scripts]# ls
ifcfg-enp0s3
[root@centos network-scripts]# cat ifcfg-enp0s3
TYPE=Ethernet
PROXY_METHOD=none
BROWSER_ONLY=no
BOOTPROTO=dhcp
DEFROUTE=yes
IPV4_FAILURE_FATAL=no
IPV6INIT=yes
IPV6_AUTOCONF=yes
IPV6_DEFROUTE=yes
IPV6_FAILURE_FATAL=no
IPV6_ADDR_GEN_MODE=stable-privacy
NAME=enp0s3
UUID=0cf59f58-5d6a-42b1-94fa-1463842104bf
DEVICE=enp0s3
ONBOOT=yes
```

这个文件里的字段含义也需要我们了解，我就以ifcfg-enp0s3文件中的字段解释一下吧！最后两个字段是在手动设置IP地址的时候需要用到的，具体字段的含义如下表所示。

字　段	说　　明
TYPE	指定网络设备的类型：Ethernet（有线Ethernet）、Wireless（无线LAN）、Bridge（网桥）
BOOTPROTO	指定启动网络的方式：none表示不启用协议，bootp表示使用BOOT协议，dhcp表示使用DHCP协议
DEFROUTE	指定是否使用此接口作为默认路由
IPV4_FAILURE_FATAL	指定在IPV4初始化失败时是否初始化此接口
IPV6INIT	指定是否启用IPV6设置
IPV6_AUTOCONF	指定是否启用IPV6自动配置
IPV6_DEFROUTE	指定IPV6是否使用此接口作为默认路由
IPV6_FAILURE_FATAL	指定在IPV6初始化失败时是否初始化此接口
NAME	指定此接口的名称
UUID	指定此接口的UUID（唯一标识符）
DEVICE	指定设备的物理名称
ONBOOT	指定是否在系统启动时启动此接口
IPV6_PEERDNS	在/etc/resolv.conf中指定是否映射通过IPV6获得的DNS服务器的IP地址
IPADDR	指定IP地址
PREFIX	指定网络掩码

这是CentOS中设置IP地址信息等网络配置的文件，再看看Ubuntu中的情况。在Ubuntu中，/etc/NetworkManager/system-connections/目录下的<device>文件中描述了IP地址和子网掩码等信息，如下图所示。要设置的信息会写入“有线连接 1”这个设备文件中，比如指定IP地址的方式是手动设置还是自动获取。

这个配置文件中的设置字段和CentOS中的差不多，包括连接信息、以太网信息、IPV4和IPV6等设置项，其中id可以指定设备名称，以太网中记录了MAC地址信息，method=auto表示指定IP地址的方式为自动获取，也就是DHCP的方式。

```
ubuntu@ubuntu:~$ cd /etc/NetworkManager/system-connections/
ubuntu@ubuntu:/etc/NetworkManager/system-connections$ ls
'有线连接 1'
ubuntu@ubuntu:/etc/NetworkManager/system-connections$ sudo cat '有线连接 1'
[sudo] ubuntu 的密码:
[connection]
id=有线连接 1
uuid=17fc6dc7-982c-385f-8cc5-b755dc75650e
type=ethernet
autoconnect-priority=-999
permissions=
timestamp=1579227822

[ethernet]
mac-address=08:00:27:62:B7:E4
mac-address-blacklist=

[ipv4]
dns-search=
method=auto

[ipv6]
addr-gen-mode=stable-privacy
dns-search=
method=auto
```

这两个配置文件中的内容差不多，只是文件路径和文件名称不同。学会配置其中一个，另一个自然也就会了。so easy！对吧！

丘丘糖 4#

我还知道其他几个有关网络的配置文件，如果有多个本地名称用于主机名解析，使用/etc/nsswitch.conf文件可以指定名称解析顺序。通过more命令查看/etc/nsswitch.conf文件的内容，如下图所示。

```
#      passwd: files
#      hosts: files dns
# the resulting generated nsswitch.conf will be:
#      passwd: sss files # from profile
#      hosts: files dns  # from user file

passwd:      sss files systemd
group:       sss files systemd
netgroup:    sss files
automount:   sss files
services:    sss files
```

再来看看这个/etc/protocols文件，它可以用于记录协议编号列表。使用more命令查看/etc/services文件内容，如下图所示。

```
ip      0       IP              # internet protocol, pseudo protocol number
hopopt  0       HOPOPT          # hop-by-hop options for ipv6
icmp    1       ICMP            # internet control message protocol
igmp    2       IGMP            # internet group management protocol
ggp     3       GGP             # gateway-gateway protocol
ipv4    4       IPv4            # IPv4 encapsulation
st      5       ST              # ST datagram mode
tcp     6       TCP             # transmission control protocol
cbt     7       CBT             # CBT, Tony Ballardie <A.Ballardie@cs.ucl.ac.uk>
egp     8       EGP             # exterior gateway protocol
igp     9       IGP             # any private interior gateway (Cisco: for IGRP)
```

第一列字段是协议的名称，第二列字段是协议编号，第三列字段是协议的别名，第四列字段是注释信息。

还有/etc/resolv.conf文件，可以设置DNS服务器的IP地址和DNS域名。使用more命令查看/etc/resolv.conf文件，如下图所示。使用nameserver关键字可以指定DNS服务器的IP地址。这个关键字很重要，如果不指定它，就找不到DNS服务器。

```
[root@centos ~]# more /etc/resolv.conf
# Generated by NetworkManager
search DHCP HOST localdomain
nameserver 218.2.2.2
nameserver 218.4.4.4
```

你可以先对这些配置文件有一个大概的了解，需要配置相关信息时，会很快记住这些配置的。我看大家介绍了不少配置文件，你记住了多少？脑子还够用不？

辣条君 5#

终于找到配置IP地址的配置文件了，原来CentOS和Ubuntu中的文件名不一样，怪不得我之前在Ubuntu中怎么也找不到。

我看到大家在谈到配置文件时有涉及到网卡的名称，而且它在CentOS和Ubuntu中不一样。我知道网卡NIC（Network Interface Card，网络接口卡）是连接计算机与网络的硬件设备，传统的Linux网卡命名为ethX形式，比如以前见到的eth0和eth1。但是这种形式不一定能准确对应网卡接口的物理顺序，后来就使用了enp0s3这种形式的网卡命名，en表示该网卡是以太网类型，p3s0代表PCI接口的物理位置为（3，0），其中横坐标代表bus，纵坐标代表slot。

原帖主 6#

NetworkManager

学习Linux网络管理，NetworkManager（网络管理器）是必须要知道的。NetworkManager服务是管理和监控网络设置的守护进程，由管理系统的网络连接程序和允许用户管理网络连接的客户端程序组成。无论是有线网络还是无线网络，用户都可以轻松地管理。对于无线网络设置，NetworkManager可以自动切换到最安全的无线网络。学会使用这个工具，我们可以自由地切换网络模式，简化网络的管理程序。总之，如果你想掌握管理Linux网络的技能，学它就对了。请想学NetworkManager的小伙伴火速到这里集合！

扫码看视频

发帖：使用NetworkManager管理网络时，nmtui和nmcli两种方式有什么区别？

最新评论

奇奇怪怪 1#

nmtui（NetworkManager Text User Interface）使用网络管理文本用户界面管理网络，nmcli（NetworkManager Command Line Interface）使用网络管理命令行界面管理网络。

先说说nmtui吧！它是Linux系统提供的一个文本配置工具，基于curses的TUI（Text User Interface），在终端执行nmtui命令可以启动这个工具。

nmtui设置界面如下左图所示。界面中的三个选项含义分别如下。

- 编辑连接：配置每个连接的接口设置。
- 启用连接：在启用和禁用每个连接的接口之间切换。
- 设置系统主机名：设置主机名。

"编辑连接"选项设置界面如下中图所示。"启用连接"选项设置界面如下右图所示。

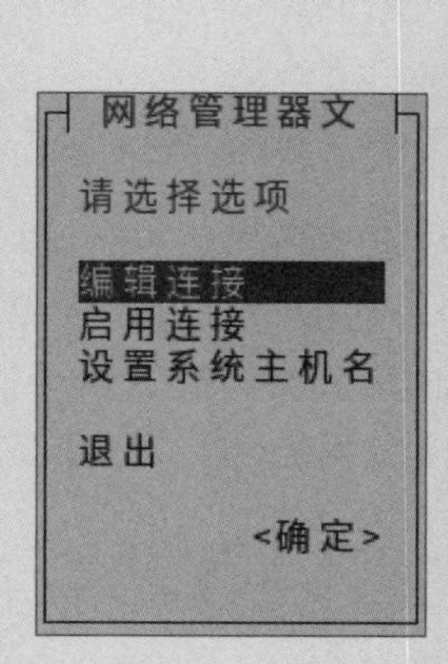

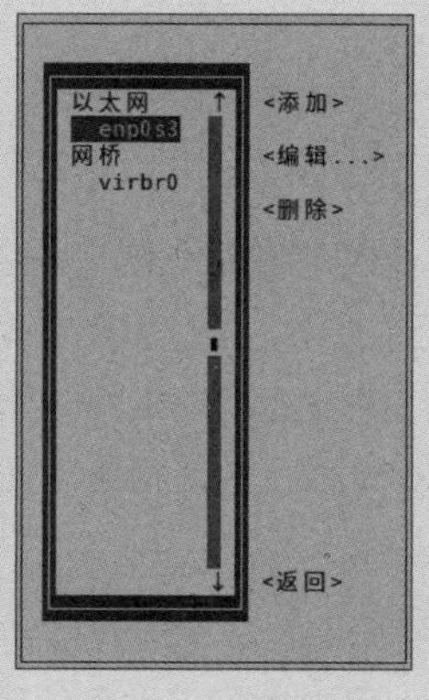

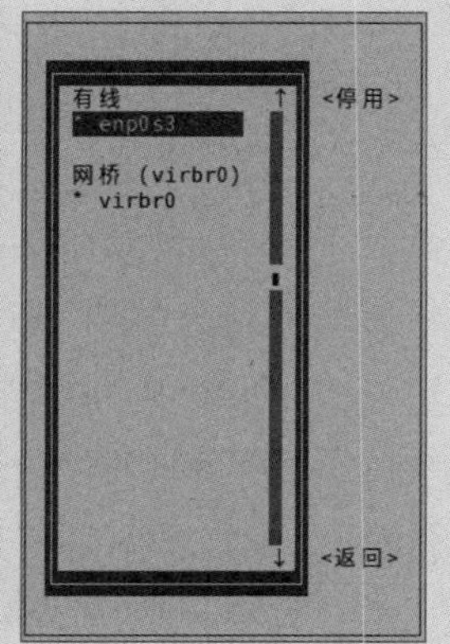

你可以通过nmtui设置功能对以太网和网桥进行添加、编辑、删除等操作，也可以启用或停用网络和网桥设置。

"设置系统主机名"选项设置界面如下图所示。你可以在这里为自己的主机设置新的名称。

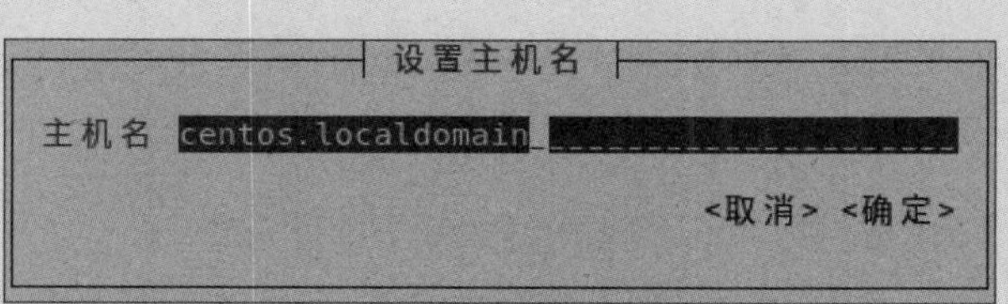

图形化的网络方式是不是更加直观?

大马猴  2#

nmtui是图形界面的设置方式，虽然操作直观，但是使用nmcli命令行的方式更好。nmcli是网络管理的命令行工具，通过控制台或终端管理NetworkManager。

```
nmcli [选项] 对象 {命令|帮助}
```

nmcli命令常用的选项及说明如下表所示。

选　项	说　明
-t、--terse	删除轨迹
-p、--pretty	以可读格式输出
-w、--wait<seconds>	设置超时时间，直到NetworkManager处理结束
-h、--help	显示帮助

也可以为nmcli命令指定对象，如下表所示。

对　象	说　　明
networking	管理整个网络
radio	部分网络管理
general	显示和管理NetworkManager
device	查看和管理设备
connection	管理连接
agent	NetworkManager代理和polkit代理操作

在执行nmcli时指定的对象和命令可以通过前缀匹配省略，例如指定networking为n也可以识别。指定的对象不同，后面对应的命令就会不同。比如我指定networking这个对象查询网络管理器的网络状态对应的命令就是nmcli networking。nmcli networking用于查询网络管理器的网络状态、启用或禁用整个网络。

```
nmcli networking {命令}
```

networking可以指定三种网络管理的命令，如下表所示。

命　令	说　　明
on	启用所有接口
off	禁用所有接口
connectivity	显示当前状态

networking可以简写为n，当然，connectivity也可以简写为c。通过简写这些命令的名称可以简化网络命令的管理操作。

使用nmcli命令启用或禁用整个网络如下图所示。使用nmcli n c（nmcli networking connectivity）命令显示当前网络的状态为full，意思是连接到可访问的网络；指定off表示关闭网络，这时的网络显示状态为limited，表示已连接到网络，但是不能上网；指定on开启网络后，网络状态再次显示为full。

指定connectivity命令显示的状态类型如下表所示。

状　态	说　　明
none	没有连接到任何网络
portal	认证前不能上网
limited	已连接到网络，但是不能上网
full	可以访问连接到的网络
unknown	无法确认网络连接

nmcli命令的networking对象的基本用法就是这样了，你学会了吗？

原帖主 3#

分分钟学会了，还请各位小伙伴讲讲其他对象的用法。

菜头哥 4#

我接着2楼的顺序继续说一说radio这个对象吧！nmcli radio用于显示、启用或禁用无线网络开关状态。

nmcli radio {命令}

radio对象的命令说明如下表所示。

命　令	说　明
wifi	启用/禁用Wi-Fi功能
wwan	启用/禁用无线广域网功能
wimax	启用/禁用WiMAX功能
all	同时启用/禁用Wi-Fi、WAN和WiMAX

还有general对象，nmcli general用于显示NetworkManager的状态和权限，允许获取并更改主机名、查看和更改日志级别和域。

nmcli general {命令}

general对象的命令如下表所示。

命　令	说　明
status	显示NetworkManager的整体状态
hostname	显示和设置主机名
permissions	显示当前用户对NetworkManager可允许的操作权限
logging	显示和更改日志级别和域

使用nmcli g ho（nmcli general hostname）命令显示当前主机名，在nmcli g ho命令后面直接指定新的主机名就可以更改主机名了，如下图所示。更改后的主机名称被写入/etc/hostname文件中。hostname和hostnamectl命令都可以用于显示主机名，只不过hostnamectl命令显示的信息会更详细一些。

```
[root@centos ~]# nmcli g ho
centos.localdomain
[root@centos ~]# nmcli g ho centos.host
[root@centos ~]# nmcli g ho
centos.host
[root@centos ~]# cat /etc/hostname
centos.host
[root@centos ~]# hostname
centos.host
[root@centos ~]# hostnamectl
   Static hostname: centos.host
         Icon name: computer-vm
           Chassis: vm
        Machine ID: a106787573984a10b5d272c89ed601bc
           Boot ID: 3a67b7d389764304818e2db498807af2
    Virtualization: oracle
  Operating System: CentOS Linux 8 (Core)
       CPE OS Name: cpe:/o:centos:centos:8
            Kernel: Linux 4.18.0-80.11.2.el8_0.x86_64
      Architecture: x86-64
[root@centos ~]#
```

指定status和permissions命令可以显示NetworkManager的状态和权限，如下图所示。nmcli g s（nmcli general status）命令显示NetworkManager的整体状态，包括WIFI、WWAN等状态；nmcli g p（nmcli general permissions）命令显示对NetworkManager可操作的权限。

```
[root@centos ~]# nmcli g s
STATE    CONNECTIVITY  WIFI-HW  WIFI     WWAN-HW  WWAN

[root@centos ~]# nmcli g p
PERMISSION                                                         VALUE
org.freedesktop.NetworkManager.enable-disable-network
org.freedesktop.NetworkManager.enable-disable-wifi
org.freedesktop.NetworkManager.enable-disable-wwan
org.freedesktop.NetworkManager.enable-disable-wimax
org.freedesktop.NetworkManager.sleep-wake
org.freedesktop.NetworkManager.network-control
org.freedesktop.NetworkManager.wifi.share.protected
org.freedesktop.NetworkManager.wifi.share.open
org.freedesktop.NetworkManager.settings.modify.system
org.freedesktop.NetworkManager.settings.modify.own
org.freedesktop.NetworkManager.settings.modify.hostname
org.freedesktop.NetworkManager.settings.modify.global-dns
org.freedesktop.NetworkManager.reload
org.freedesktop.NetworkManager.checkpoint-rollback
org.freedesktop.NetworkManager.enable-disable-statistics
org.freedesktop.NetworkManager.enable-disable-connectivity-check
[root@centos ~]#
```

如果你对这些对象和命令还不太熟悉，建议在执行命令的时候还是输入命令的全称比较好，熟悉之后可以使用简写的方式。

混个脸熟 5#

为了不破坏队形，我就接着楼上的顺序继续介绍device对象了。nmcli device可以用于显示和管理设备。

nmcli device {命令}

device对象的命令有很多功能，例如连接wifi、创建热点等，具体的说明如下表所示。

命　令	说　明
status	显示网络设备的状态
show	显示网络设备的详细信息
connect	连接到指定的网络设备
disconnect	断开指定的网络设备
delete	删除指定的网络设备
wifi	显示可用的接入点

如果你不确定当前系统有哪些设备，可以指定device对象查看一下。nmcli d（nmcli device）命令可以看到设备的状态和连接情况，如果想断开某一个设备，比如enp0s3，可以执行nmcli d d enp0s3（nmcli device disconnect enp0s3）命令断开这个设备的连接。默认显示已连接状态，执行断开操作后结果显示已断开。从颜色也可以很直观地看到断开连接的设备是红色，已经连接的设备是绿色。

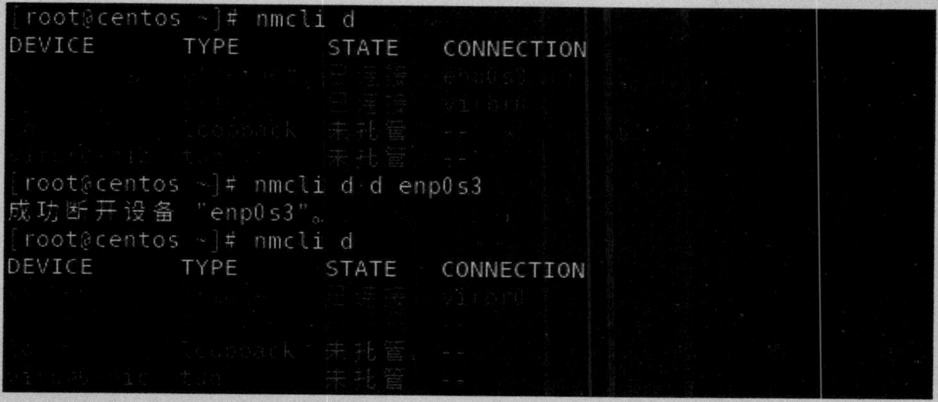

```
[root@centos ~]# nmcli d
DEVICE        TYPE        STATE    CONNECTION
                          已连接   enp0s3
                          已连接   virbr0
              loopback    未托管   --
              tun         未托管   --
[root@centos ~]# nmcli d d enp0s3
成功断开设备 "enp0s3"。
[root@centos ~]# nmcli d
DEVICE        TYPE        STATE    CONNECTION
                          已连接   virbr0

              loopback    未托管   --
              tun         未托管   --
```

重新连接设备，可以指定device对象的connect命令nmcli d c enp0s3（nmcli device connect）重新连接网络，如下图所示。执行nmcli d show enp0s3（nmcli device show enp0s3）命令显示连接网络的详细信息。

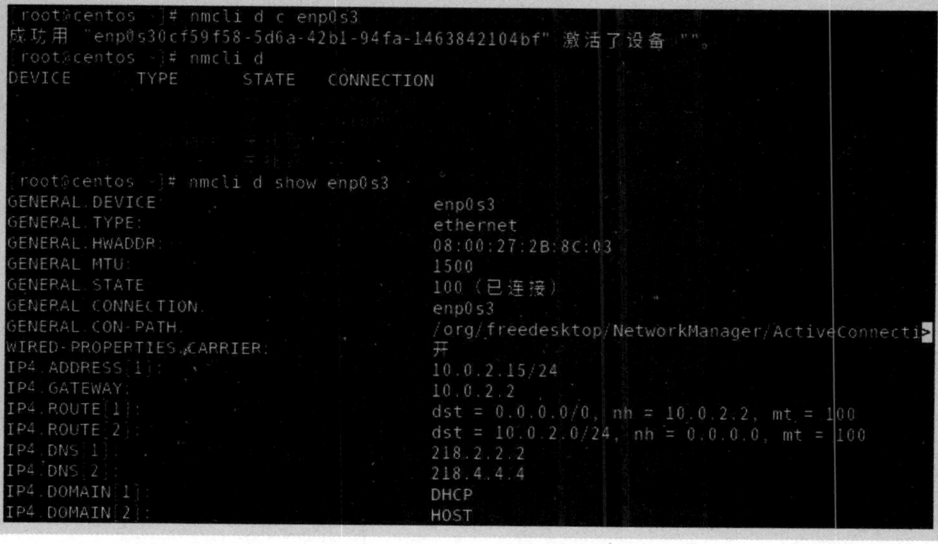

```
[root@centos ~]# nmcli d c enp0s3
成功用 "enp0s30cf59f58-5d6a-42b1-94fa-1463842104bf" 激活了设备 ""。
[root@centos ~]# nmcli d
DEVICE        TYPE        STATE    CONNECTION

[root@centos ~]# nmcli d show enp0s3
GENERAL.DEVICE:                      enp0s3
GENERAL.TYPE:                        ethernet
GENERAL.HWADDR:                      08:00:27:2B:8C:03
GENERAL.MTU:                         1500
GENERAL.STATE:                       100（已连接）
GENERAL.CONNECTION:                  enp0s3
GENERAL.CON-PATH:                    /org/freedesktop/NetworkManager/ActiveConnecti>
WIRED-PROPERTIES.CARRIER:            开
IP4.ADDRESS[1]:                      10.0.2.15/24
IP4.GATEWAY:                         10.0.2.2
IP4.ROUTE[1]:                        dst = 0.0.0.0/0, nh = 10.0.2.2, mt = 100
IP4.ROUTE[2]:                        dst = 10.0.2.0/24, nh = 0.0.0.0, mt = 100
IP4.DNS[1]:                          218.2.2.2
IP4.DNS[2]:                          218.4.4.4
IP4.DOMAIN[1]:                       DHCP
IP4.DOMAIN[2]:                       HOST
```

还有一个比较常用的对象connection，nmcli connection用于连接的添加、修改和删除等管理操作。

nmcli connection {命令}

connection对象的命令如下表所示。

命令	说明
show	列出连接信息
up	启用指定的连接
down	禁用指定的连接
add	添加新的连接
edit	交互式编辑现有连接
modify	编辑现有连接
delete	删除现有连接
reload	重新加载现有连接
load	重新加载指定的文件

通过指定connection对象的show命令查看连接，如下图所示。nmcli con show命令用于显示连接信息列表，在该命令后指定--active表示仅显示已启用的连接，在该命令后面指定连接的网络设备会显示更加详细的信息。

```
[root@centos ~]# nmcli con show
NAME    UUID                                  TYPE      DEVICE
enp0s3  0cf59f58-5d6a-42b1-94fa-1463842104bf  ethernet  enp0s3
virbr0  0c47b274-4eed-4676-8d89-b98bc54ba7f5  bridge    virbr0
[root@centos ~]# nmcli con show --active
NAME    UUID                                  TYPE      DEVICE
enp0s3  0cf59f58-5d6a-42b1-94fa-1463842104bf  ethernet  enp0s3
virbr0  0c47b274-4eed-4676-8d89-b98bc54ba7f5  bridge    virbr0
[root@centos ~]# nmcli con show enp0s3
connection.id:                          enp0s3
connection.uuid:                        0cf59f58-5d6a-42b1-94fa-1463842104bf
connection.stable-id:                   --
connection.type:                        802-3-ethernet
connection.interface-name:              enp0s3
connection.autoconnect:                 是
connection.autoconnect-priority:        0
connection.autoconnect-retries:         -1 (default)
connection.multi-connect:               0 (default)
connection.auth-retries:                -1
```

分别指定down和up命令禁用或启用连接，如下图所示。如果在启用连接时更改了连接信息，就不会按原样显示该信息并重新加载设置。

```
[root@centos ~]# nmcli con d enp0s3
成功停用连接 "enp0s3"（D-Bus 活动路径：/org/freedesktop/NetworkManager/ActiveConnection/5）

[root@centos ~]# nmcli con u enp0s3
连接已成功激活（D-Bus 活动路径：/org/freedesktop/NetworkManager/ActiveConnection/6）
[root@centos ~]#
```

connection对象的modify命令用于更改现有连接的状态，如下图所示。这里将默认的连接状态由“是”（yes）更改为“否”（no）再更改为“是”（yes）。

```
[root@centos ~]# nmcli con show enp0s3 | grep connection.autoconnect
connection.autoconnect:                 是
connection.autoconnect-priority:        0
connection.autoconnect-retries:         -1 (default)
connection.autoconnect-slaves:          -1 (default)
[root@centos ~]# nmcli con mod enp0s3 connection.autoconnect no
[root@centos ~]# nmcli con show enp0s3 | grep connection.autoconnect
connection.autoconnect:                 否
connection.autoconnect-priority:        0
connection.autoconnect-retries:         -1 (default)
connection.autoconnect-slaves:          -1 (default)
[root@centos ~]# nmcli con mod enp0s3 connection.autoconnect yes
[root@centos ~]# nmcli con show enp0s3 | grep connection.autoconnect
connection.autoconnect:                 是
connection.autoconnect-priority:        0
connection.autoconnect-retries:         -1 (default)
connection.autoconnect-slaves:          -1 (default)
[root@centos ~]#
```

如果想查看IP地址和网关等网络信息，可以通过connection对象的show命令。比如执行nmcli con show enp0s3 | grep ipv4命令可以看到所有和ipv4有关的网络配置信息，如下图所示。从结果中可以看到IP状态为自动获取（auto），其他参数都是默认设置状态。

```
[root@centos ~]# nmcli con show enp0s3  | grep ipv4
ipv4.method:                            auto
ipv4.dns:                               --
ipv4.dns-search:                        --
ipv4.dns-options:                       ""
ipv4.dns-priority:                      0
ipv4.addresses:                         --
ipv4.gateway:                           --
ipv4.routes:                            --
```

查看了IP地址之后，想修改的话就用connection对象的modify命令。在修改IP地址的时候需要指定网卡，如果是enp0s3，需要在modify命令后面指定。需要修改哪一项就指定对应的设置项，比如指定ipv4.address可以设置IP地址，指定ipv4.gateway可以设置网关信息。修改后IP地址会从自动获取（auto）变成手动获取（manual）。

```
[root@centos ~]# nmcli con modify enp0s3 ipv4.method manual ipv4.addresses 172.16.0.10/
16 ipv4.gateway 172.16.255.254
[root@centos ~]# nmcli con show enp0s3 | grep ipv4
ipv4.method:                            manual
ipv4.dns:                               --
ipv4.dns-search:                        --
ipv4.dns-options:                       ""
ipv4.dns-priority:                      0
ipv4.addresses:                         172.16.0.10/16
ipv4.gateway:                           172.16.255.254
ipv4.routes:                            --
ipv4.route-metric:                      -1
ipv4.route-table:                       0 (unspec)
ipv4.ignore-auto-routes:                否
ipv4.ignore-auto-dns:                   否
ipv4.dhcp-client-id:                    --
ipv4.dhcp-timeout:                      0 (default)
ipv4.dhcp-send-hostname:                是
ipv4.dhcp-hostname:                     --
ipv4.dhcp-fqdn:                         --
ipv4.never-default:                     否
ipv4.may-fail:                          是
ipv4.dad-timeout:                       -1 (default)
[root@centos ~]#
```

其实我们也可以使用+为已设置的字段添加IP地址，如下图所示。手动方式指定添加IP地址，为同一设备添加多个IP地址。enp0s3已经有一个IP地址了，使用+新增的IP地址为172.16.0.20。

```
[root@centos ~]# nmcli con modify enp0s3 ipv4.method manual +ipv4.addresses 172.16.0.20/16
[root@centos ~]# nmcli con show enp0s3 | grep ipv4
ipv4.method:                            manual
ipv4.dns:                               --
ipv4.dns-search:                        --
ipv4.dns-options:                       ""
ipv4.dns-priority:                      0
ipv4.addresses:                         172.16.0.10/16, 172.16.0.20/16
ipv4.gateway:                           172.16.255.254
ipv4.routes:                            --
```

既然+可以增加IP地址，那么-当然可以删除之前添加的IP地址了。删除之前添加的IP地址172.16.0.20，从执行结果中可以看出IP地址删除成功。

```
[root@centos ~]# nmcli con modify enp0s3 ipv4.method manual -ipv4.addresses 172.16.0.20/16
[root@centos ~]# nmcli con show enp0s3 | grep ipv4
ipv4.method:                            manual
ipv4.dns:                               --
ipv4.dns-search:                        --
ipv4.dns-options:                       ""
ipv4.dns-priority:                      0
ipv4.addresses:                         172.16.0.10/16
ipv4.gateway:                           172.16.255.254
ipv4.routes:                            --
```

这个connection对象还是比较常用的，不要辜负我打的这些字，快拿出小本本记下来。

新手上路 7#

插嘴问一句，怎么使用connection对象的edit命令实现交互式编辑？

ecloud 8#

你直接在终端输入nmcli con edit enp0s3，就可以进入交互式编辑界面为enp0s3设置IP地址之类的信息了。进入交互式编辑界面后，会显示nmcli >的提示符。输入print all命令用于显示所有设置信息，例如connection对象的id为enp0s3，autoconnect（自动连接）设置为“是”。

```
[root@centos ~]# nmcli con edit enp0s3

===| nmcli 交互式连接编辑器 |===

正在编辑已有的连接 "802-3-ethernet": "enp0s3"

输入 "help" 或 "?" 查看可用的命令。
输入 "print" 来显示所有的连接属性。
输入 "describe [<设置>.<属性>]" 来获得详细的属性描述。

您可编辑下列设置: connection, 802-3-ethernet (ethernet), 802-1x, dcb, sriov, ethtool, match, ipv4, ipv6, tc, proxy
nmcli> print all
===============================================================================
                        连接配置集详情 (enp0s3)
===============================================================================
connection.id:                          enp0s3
connection.uuid:                        0cf59f58-5d6a-42b1-94fa-1463842104bf
connection.stable-id:                   --
connection.type:                        802-3-ethernet
connection.interface-name:              enp0s3
connection.autoconnect:                 是
connection.autoconnect-priority:        0
connection.autoconnect-retries:         -1 (default)
connection.multi-connect:               0 (default)
```

在print后面指定打印的项目名称ipv4，只会显示和ipv4的相关信息，这与之前执行nmcli con show enp0s3 | grep ipv4命令的结果相同。goto ipv4表示跳转到和ipv4相关的属性中，并且可以编辑这些相关的属性，如下图所示。

```
nmcli> print ipv4
["ipv4" 设置值]
ipv4.method:                            auto
ipv4.dns:                               --
ipv4.dns-search:                        --
ipv4.dns-options:                       ""
ipv4.dns-priority:                      0
ipv4.addresses:                         --
ipv4.gateway:                           --
ipv4.routes:                            --
ipv4.route-metric:                      -1
ipv4.route-table:                       0 (unspec)
ipv4.ignore-auto-routes:                否
ipv4.ignore-auto-dns:                   否
ipv4.dhcp-client-id:                    --
ipv4.dhcp-timeout:                      0 (default)
ipv4.dhcp-send-hostname:                是
ipv4.dhcp-hostname:                     --
ipv4.dhcp-fqdn:                         --
ipv4.never-default:                     否
ipv4.may-fail:                          是
ipv4.dad-timeout:                       -1 (default)
nmcli> goto ipv4
您可以编辑下列属性: method, dns, dns-search, dns-options, dns-priority, addresses, gate
way, routes, route-metric, route-table, ignore-auto-routes, ignore-auto-dns, dhcp-clien
t-id, dhcp-timeout, dhcp-send-hostname, dhcp-hostname, dhcp-fqdn, never-default, may-fa
il, dad-timeout
```

跳转至ipv4项目中后，提示符变成了nmcli ipv4>。如果想要返回nmcli>中，输入back命令即可。

```
nmcli ipv4> print
["ipv4" 设置值]
ipv4.method:                            auto
ipv4.dns:                               --
ipv4.dns-search:                        --
ipv4.dns-options:                       ""
ipv4.dns-priority:                      0
ipv4.addresses:                         --
ipv4.gateway:                           --
ipv4.routes:                            --
ipv4.route-metric:                      -1
ipv4.route-table:                       0 (unspec)
ipv4.ignore-auto-routes:                否
ipv4.ignore-auto-dns:                   否
ipv4.dhcp-client-id:                    --
ipv4.dhcp-timeout:                      0 (default)
ipv4.dhcp-send-hostname:                是
ipv4.dhcp-hostname:                     --
ipv4.dhcp-fqdn:                         --
ipv4.never-default:                     否
ipv4.may-fail:                          是
ipv4.dad-timeout:                       -1 (default)
nmcli ipv4> back
```

在交互模式中更改设置后，执行save命令可以保存设置，执行quit命令可以退出交互模式。

Jobs@AE 9#

一个接口可以有多个连接（connection），但是只允许一个连接处于激活（active）状态。一个连接就是/etc/sysconfig/network-scripts/目录下的一个配置文件。接口是物理设备，一个物理设备可以拥有多个配置文件。

想添加新的设备可以使用add命令，比如添加enp0s4可以这样写命令：nmcli con add type ethernet con-name enp0s4 ifname enp0s4。type后面指定添加的设备类型是以太网类型，con-name表示指定连接的设备名称，ifname表示接口的名称。执行nmcli con show命令显示已成功添加enp0s4。

```
[root@centos ~]# nmcli con show
NAME     UUID                                  TYPE      DEVICE
enp0s3   0cf59f58-5d6a-42b1-94fa-1463842104bf  ethernet  enp0s3
virbr0   0c47b274-4eed-4676-8d89-b98bc54ba7f5  bridge    virbr0
[root@centos ~]# nmcli con add type ethernet con-name enp0s4 ifname enp0s4
连接 "enp0s4" (86fdca2f-0605-4384-91ee-15ca12338d97) 已成功添加。
[root@centos ~]# nmcli con show
NAME     UUID                                  TYPE      DEVICE
enp0s3   0cf59f58-5d6a-42b1-94fa-1463842104bf  ethernet  enp0s3
virbr0   0c47b274-4eed-4676-8d89-b98bc54ba7f5  bridge    virbr0
enp0s4   86fdca2f-0605-4384-91ee-15ca12338d97  ethernet  --
```

我们可以检查ifcfg-enp0s4文件是否在/etc/sysconfig/network-scripts/目录下。进入这个目录后，可以看到有两个网卡设备的文件，其中enp0s4生成的文件是/etc/sysconfig/network-scripts/ifcfg-enp0s4文件，如下图所示。

```
[root@centos ~]# ls /etc/sysconfig/network-scripts/ifcfg-*
/etc/sysconfig/network-scripts/ifcfg-enp0s3
/etc/sysconfig/network-scripts/ifcfg-enp0s4
[root@centos ~]# cat /etc/sysconfig/network-scripts/ifcfg-enp0s4
TYPE=Ethernet
PROXY_METHOD=none
BROWSER_ONLY=no
BOOTPROTO=dhcp
DEFROUTE=yes
IPV4_FAILURE_FATAL=no
IPV6INIT=yes
IPV6_AUTOCONF=yes
IPV6_DEFROUTE=yes
IPV6_FAILURE_FATAL=no
IPV6_ADDR_GEN_MODE=stable-privacy
NAME=enp0s4
UUID=86fdca2f-0605-4384-91ee-15ca12338d97
DEVICE=enp0s4
ONBOOT=yes
```

想删除这个设备可以指定delete命令，执行nmcli con del enp0s4命令可以直接删除网卡设备enp0s4。成功删除后，/etc/sysconfig/network-scripts/目录下的ifcfg-enp0s4文件也会被删除，如下图所示。

```
[root@centos ~]# nmcli con del enp0s4
成功删除连接 "enp0s4" (86fdca2f-0605-4384-91ee-15ca12338d97)。
[root@centos ~]# nmcli con show
NAME     UUID                                  TYPE      DEVICE
enp0s3   0cf59f58-5d6a-42b1-94fa-1463842104bf  ethernet  enp0s3
virbr0   0c47b274-4eed-4676-8d89-b98bc54ba7f5  bridge    virbr0
[root@centos ~]# ls /etc/sysconfig/network-scripts/ifcfg-*
/etc/sysconfig/network-scripts/ifcfg-enp0s3
[root@centos ~]#
```

上面介绍的这些命令的用法都是在CentOS中实现的，如果有伙伴感兴趣，可以在Ubuntu中试试这些设置。

arm2016 10#

说试咱就试，这是我在Ubuntu中添加和删除设备的操作，分享给大家。在Ubuntu中添加enp0s4设备时，需要在执行命令中再加上一个sudo命令授予管理员权限才可以。然后执行nmcli con show命令可以看到我已经成功添加了enp0s4设备，如下图所示。

```
ubuntu@ubuntu:~$ nmcli con show
NAME         UUID                                  TYPE      DEVICE
有线连接 1   17fc6dc7-982c-385f-8cc5-b755dc75650e  ethernet  --
ubuntu@ubuntu:~$ sudo nmcli con add type ethernet con-name enp0s4 ifname enp0s4
[sudo] ubuntu 的密码:
连接“enp0s4”(f2ab1226-e4e1-45e0-887c-00075053b487) 已成功添加。
ubuntu@ubuntu:~$ nmcli con show
NAME         UUID                                  TYPE      DEVICE
enp0s4       f2ab1226-e4e1-45e0-887c-00075053b487  ethernet  --
有线连接 1   17fc6dc7-982c-385f-8cc5-b755dc75650e  ethernet  --
```

在Ubuntu中确认时需要在/etc/NetworkManager/system-connections/目录下确认是否存在enp0s4文件，如下图所示。Ubuntu中的配置文件不同于CentOS，它是在/etc/NetworkManager/system-connections/目录下生成的，不要忘记这一点。

```
ubuntu@ubuntu:~$ ls /etc/NetworkManager/system-connections/
 enp0s4  '有线连接 1'
ubuntu@ubuntu:~$ sudo cat /etc/NetworkManager/system-connections/enp0s4
[connection]
id=enp0s4
uuid=f2ab1226-e4e1-45e0-887c-00075053b487
type=ethernet
interface-name=enp0s4
permissions=

[ethernet]
mac-address-blacklist=

[ipv4]
dns-search=
method=auto

[ipv6]
addr-gen-mode=stable-privacy
dns-search=
method=auto
```

之后删除enp0s4设备，在/etc/NetworkManager/system-connections/目录下的enp0s4文件也会被删除，如下图所示。

```
ubuntu@ubuntu:~$ sudo nmcli con del enp0s4
成功删除连接 'enp0s4' (f2ab1226-e4e1-45e0-887c-00075053b487)。
ubuntu@ubuntu:~$ nmcli con show
NAME         UUID                                  TYPE      DEVICE
有线连接 1   17fc6dc7-982c-385f-8cc5-b755dc75650e  ethernet  --
ubuntu@ubuntu:~$ ls /etc/NetworkManager/system-connections/
'有线连接 1'
ubuntu@ubuntu:~$
```

我还发现CentOS和Ubuntu中的配置文件显示的一些字段的区别。

- CentOS：NAME=连接名称，DEVICE=接口名称。
- Ubuntu：id=连接名称，interface-name=接口名称。

欢迎更多小伙伴参与“在CentOS和Ubuntu中找不同”的游戏！

胡扯 11#

还有reload命令和load命令，可以重新加载配置文件。通常使用modify或者edit更改连接信息，然后执行nmcli connection up命令。直接编辑连接设置时可以使用reload命令和load命令，如下图所示。

```
[root@centos ~]#
[root@centos ~]# nmcli con reload
[root@centos ~]# nmcli con load /etc/sysconfig/network-scripts/ifcfg-enp0s3
[root@centos ~]#
```

你也是见过大风大浪的人了，掌握这两个命令应该不成问题。看好你哦！

辣条君 12#

这和之前设置IP地址的方式不一样了，我要去研究一下nmcli命令的connection对象了。

原帖主 13#

我也要去好好研究研究。

发帖：听说NetworkManager还有WiFi接口管理功能？

最新评论

大圣 1#

NetworkManager-wifi就是NetworkManager的WiFi插件程序包，如果你有配置WiFi的需求，这个NetworkManager-wifi是必需的。使用yum install命令可以安装NetworkManager-wifi软件包，如下图所示。

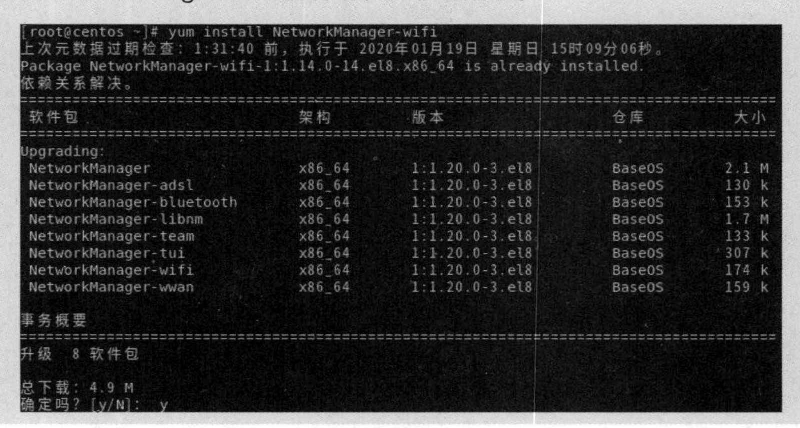

iwlist命令用于扫描无线网络接口，检查附近接入点的ESSID。iwlist指定scan参数可以搜索可接入的热点列表信息，例如iwlist wlp2s0 scan | grep ESSID。iwlist命令是wireless-tools提供的，如果系统中没有安装相关软件包，需要执行安装命令进行安装。安装wireless-tools软件包的命令为：yum install epel-release和yum install wireless-tools。如果在执行yum install wireless-tools命令时出现错误，说明系统中没有指定的安装包，需要在线下载并解压缩软件包才能在本地安装。

nmcli d wifi connect [访问点] password命令可以指定连接的访问点和密码，连接到指定的访问点后，可以通过nmcli d show [wifi名称]确认接入点连接的状态。

原帖主　　2#

谢谢啦！

网络管理命令

现在你了解了很多有关网络的配置文件，也学会了如何使用网络管理工具Network-Manager，接下来就可以学习网络管理命令了。Linux系统中提供了许多用于网络管理的命令，比如ip命令、ifconfig等等。利用这些命令，我们可以有效地管理网络，当网络出现故障时可以通过这些命令快速诊断出现问题的原因。

扫码看视频

发帖：请教ip命令是如何实现网络管理的？

最新评论

怀挺_Go　　1#

在说ip命令之前我先来科普一下net-tools和iproute2这两个管理工具，方便不清楚背景的小伙伴了解一下。早先Linux系统管理员进行网络配置时主要使用net-tools管理工具，包括ifconfig、route等命令。随着Linux的不断发展，一些Linux发行版已经弃用了net-tools，而改用iproute2这个管理工具。iproute2程序的软件包名称为iproute，包括ip命令。

iproute2是另一个系列的网络配置工具，用户界面比net-tools更直观，而且很多功能可以用iproute2实现，却无法用net-tools来实现。使用net-tools这个管理工具需要安装net-tools软件包，在CentOS和Ubuntu中的安装方式如下。

- CentOS：yum install net-tools。
- Ubuntu：apt install net- tools。

如果你想使用ip命令，先来了解一下这两个管理工具的区别吧！命令net-tools和iproute2的区别如下表所示。表格中的网卡接口、IP地址、MAC地址等参数可以作为参考。

net-tools	iproute2
ifconfig -a	ip addr
ifconfig enp0s3 down	ip link set enp0s3 down
ifconfig enp0s3 up	ip link set enp0s3 up
ifconfig enp0s4 192.168.10.15 netmask 255.255.255.0	ip addr add 192.168.10.15/24 dev enp0s4
ifconfig enp0s3 mtu 5000	ip link set enp0s3 mtu 5000
arp -a	ip neigh
arp -v	ip -s neigh
arp -i enp0s3 -d 172.16.0.10	ip neigh del 172.16.0.10 dev enp0s3
netstat	ss
netstat -g	ip maddr

通过这个表格，你可以直观地看到在实现一项相同的功能时，这两个管理工具的区别。ip命令用于显示和设置网络接口、路由、ARP缓存、网络名称空间等，代替了常规的ifconfig命令，并且具有更多的功能。使用ip命令的格式如下。

```
ip [选项] 对象 {命令}
```

ip命令常用的选项和相关说明如下表所示。

选　项	说　明
-s	显示详细信息
-h	输出可读的信息
-f	指定协议族，可取值为：inet、inet6、bridge、ipx、dnet
-r	显示DNS名称

ip命令将操作的目标指定为对象，并指定对象对应的命令。ip命令的主要对象及说明如下表所示。

对　象	说　明
address	显示IP地址和属性信息并更改
link	查看和管理网络接口状态
maddress	组播IP地址管理
neighbour	显示和管理相邻的arp表
help	显示每个对象的帮助信息

这就是ip命令的用法，知道了这些内容，再来学习ip命令就不会稀里糊涂啦！欢迎其他小伙伴晒图说明。

智人001 2#

文字说明多少会让人有一些困惑，我来演示一下如何使用ip命令的address对象显示IP地址和属性信息并进行更改。在这里输入对象时也是可以简写的，我输入的ip addr命令其实就是ip address命令，可以显示IP地址的详细信息，如下图所示。

```
[root@centos ~]# ip addr
1: lo: <LOOPBACK,UP,LOWER_UP> mtu 65536 qdisc noqueue state UNKNOWN group default qlen
1000
    link/loopback 00:00:00:00:00:00 brd 00:00:00:00:00:00
    inet 127.0.0.1/8 scope host lo
       valid_lft forever preferred_lft forever
    inet6 ::1/128 scope host
       valid_lft forever preferred_lft forever
2: enp0s3: <BROADCAST,MULTICAST,UP,LOWER_UP> mtu 1500 qdisc fq_codel state UP group def
ault qlen 1000
    link/ether 08:00:27:2b:8c:03 brd ff:ff:ff:ff:ff:ff
    inet 10.0.2.15/24 brd 10.0.2.255 scope global dynamic noprefixroute enp0s3
       valid_lft 81128sec preferred_lft 81128sec
    inet6 fe80::f04e:bb31:be10:a4a3/64 scope link noprefixroute
       valid_lft forever preferred_lft forever
3: virbr0: <NO-CARRIER,BROADCAST,MULTICAST,UP> mtu 1500 qdisc noqueue state DOWN group
default qlen 1000
    link/ether 52:54:00:ae:f5:47 brd ff:ff:ff:ff:ff:ff
    inet 192.168.122.1/24 brd 192.168.122.255 scope global virbr0
       valid_lft forever preferred_lft forever
```

再来看看使用ifconfig命令显示IP地址等详细信息的用法。指定ifconfig -a命令同样可以显示IP地址、网络掩码、MAC等详细信息，如下图所示。

```
[root@centos ~]# ifconfig -a
enp0s3: flags=4163<UP,BROADCAST,RUNNING,MULTICAST>  mtu 1500
        inet 10.0.2.15  netmask 255.255.255.0  broadcast 10.0.2.255
        inet6 fe80::f04e:bb31:be10:a4a3  prefixlen 64  scopeid 0x20<link>
        ether 08:00:27:2b:8c:03  txqueuelen 1000  (Ethernet)
        RX packets 1040777  bytes 904067668 (862.1 MiB)
        RX errors 0  dropped 0  overruns 0  frame 0
        TX packets 427812  bytes 25784190 (24.5 MiB)
        TX errors 0  dropped 0 overruns 0  carrier 0  collisions 0

lo: flags=73<UP,LOOPBACK,RUNNING>  mtu 65536
        inet 127.0.0.1  netmask 255.0.0.0
        inet6 ::1  prefixlen 128  scopeid 0x10<host>
        loop  txqueuelen 1000  (Local Loopback)
        RX packets 0  bytes 0 (0.0 B)
        RX errors 0  dropped 0  overruns 0  frame 0
        TX packets 0  bytes 0 (0.0 B)
        TX errors 0  dropped 0 overruns 0  carrier 0  collisions 0

virbr0: flags=4099<UP,BROADCAST,MULTICAST>  mtu 1500
        inet 192.168.122.1  netmask 255.255.255.0  broadcast 192.168.122.255
        ether 52:54:00:ae:f5:47  txqueuelen 1000  (Ethernet)
        RX packets 0  bytes 0 (0.0 B)
        RX errors 0  dropped 0  overruns 0  frame 0
        TX packets 0  bytes 0 (0.0 B)
        TX errors 0  dropped 0 overruns 0  carrier 0  collisions 0
```

想单独看enp0s3接口的信息，可以直接指定设备显示详细信息，如下图所示。通过ip addr show dev enp0s3命令可以指定显示enp0s3的详细信息，包括IP地址和MAC等信息。

```
[root@centos ~]# ip addr show dev enp0s3
2: enp0s3: <BROADCAST,MULTICAST,UP,LOWER_UP> mtu 1500 qdisc fq_codel state UP group def
ault qlen 1000
    link/ether 08:00:27:2b:8c:03 brd ff:ff:ff:ff:ff:ff
    inet 10.0.2.15/24 brd 10.0.2.255 scope global dynamic noprefixroute enp0s3
       valid_lft 81047sec preferred_lft 81047sec
    inet6 fe80::f04e:bb31:be10:a4a3/64 scope link noprefixroute
       valid_lft forever preferred_lft forever
```

通过ifconfig -v enp0s3命令也可以显示指定设备enp0s3的详细信息，如下图所示。

```
[root@centos ~]# ifconfig -v enp0s3
enp0s3: flags=4163<UP,BROADCAST,RUNNING,MULTICAST>  mtu 1500
        inet 10.0.2.15  netmask 255.255.255.0  broadcast 10.0.2.255
        inet6 fe80::f04e:bb31:be10:a4a3  prefixlen 64  scopeid 0x20<link>
        ether 08:00:27:2b:8c:03  txqueuelen 1000  (Ethernet)
        RX packets 1040780  bytes 904067908 (862.1 MiB)
        RX errors 0  dropped 0  overruns 0  frame 0
        TX packets 427815  bytes 25784430 (24.5 MiB)
        TX errors 0  dropped 0 overruns 0  carrier 0  collisions 0

[root@centos ~]#
```

address对象的add命令和del命令可以实现添加和删除IP地址的功能。为接口enp0s3指定IP地址，如下图所示。

```
[root@centos ~]# ip addr add 172.16.0.20/16 dev enp0s3
[root@centos ~]# ip addr show dev enp0s3
2: enp0s3: <BROADCAST,MULTICAST,UP,LOWER_UP> mtu 1500 qdisc fq_codel state UP group def
ault qlen 1000
    link/ether 08:00:27:2b:8c:03 brd ff:ff:ff:ff:ff:ff
    inet 10.0.2.15/24 brd 10.0.2.255 scope global dynamic noprefixroute enp0s3
       valid_lft 80521sec preferred_lft 80521sec
    inet 172.16.0.20/16 scope global enp0s3
       valid_lft forever preferred_lft forever
    inet6 fe80::f04e:bb31:be10:a4a3/64 scope link noprefixroute
       valid_lft forever preferred_lft forever
[root@centos ~]# ip addr del 172.16.0.20/16 dev enp0s3
```

ip命令的address对象介绍完毕，新一轮的接龙游戏开始啦！想加入的小伙伴赶快过来吧！

混个脸熟 3#

来喽！过来凑个热闹！接下来要出场的是link对象，指定ip命令的link对象可以显示和管理网络接口状态。ip link show dev enp0s3显示enp0s3的接口状态为UP（开），这里将enp0s3的接口状态由UP（开）更改为DOWN（关）再更改为UP（开），如下图所示。

```
[root@centos ~]# ip link show dev enp0s3
2: enp0s3: <BROADCAST,MULTICAST,UP,LOWER_UP> mtu 1500 qdisc fq_codel state UP mode DEFA
ULT group default qlen 1000
    link/ether 08:00:27:2b:8c:03 brd ff:ff:ff:ff:ff:ff
[root@centos ~]# ip link set enp0s3 down
[root@centos ~]# ip link show dev enp0s3
2: enp0s3: <BROADCAST,MULTICAST> mtu 1500 qdisc fq_codel state DOWN mode DEFAULT group
default qlen 1000
    link/ether 08:00:27:2b:8c:03 brd ff:ff:ff:ff:ff:ff
[root@centos ~]# ip link set enp0s3 up
[root@centos ~]# ip link show dev enp0s3
2: enp0s3: <BROADCAST,MULTICAST,UP,LOWER_UP> mtu 1500 qdisc fq_codel state UP mode DEFA
ULT group default qlen 1000
    link/ether 08:00:27:2b:8c:03 brd ff:ff:ff:ff:ff:ff
[root@centos ~]#
```

在net-tools中，使用ifconfig命令显示并指定网络接口的状态。ifconfig enp0s3命令可以显示enp0s3接口的当前状态，指定down和up可以切换设备的状态，如下图所示。

```
[root@centos ~]# ifconfig enp0s3
enp0s3: flags=4163<UP,BROADCAST,RUNNING,MULTICAST>  mtu 1500
        inet 10.0.2.15  netmask 255.255.255.0  broadcast 10.0.2.255
        ether 08:00:27:2b:8c:03  txqueuelen 1000  (Ethernet)
        RX packets 1040788  bytes 904069008 (862.1 MiB)
        RX errors 0  dropped 0  overruns 0  frame 0
        TX packets 427842  bytes 25787974 (24.5 MiB)
        TX errors 0  dropped 0 overruns 0  carrier 0  collisions 0

[root@centos ~]# ifconfig enp0s3 down
[root@centos ~]# ifconfig enp0s3
enp0s3: flags=4098<BROADCAST,MULTICAST>  mtu 1500
        inet 10.0.2.15  netmask 255.255.255.0  broadcast 10.0.2.255
        ether 08:00:27:2b:8c:03  txqueuelen 1000  (Ethernet)
        RX packets 1040790  bytes 904069158 (862.1 MiB)
        RX errors 0  dropped 0  overruns 0  frame 0
        TX packets 427844  bytes 25788124 (24.5 MiB)
        TX errors 0  dropped 0 overruns 0  carrier 0  collisions 0

[root@centos ~]# ifconfig enp0s3 up
[root@centos ~]# ifconfig enp0s3
enp0s3: flags=4163<UP,BROADCAST,RUNNING,MULTICAST>  mtu 1500
        inet 10.0.2.15  netmask 255.255.255.0  broadcast 10.0.2.255
        ether 08:00:27:2b:8c:03  txqueuelen 1000  (Ethernet)
        RX packets 1040792  bytes 904069808 (862.1 MiB)
        RX errors 0  dropped 0  overruns 0  frame 0
        TX packets 427854  bytes 25789910 (24.5 MiB)
```

指定link对象的set命令设置mtu的值，如下图所示。mtu是一帧中可以发送数据的最大值的发送单位，本例中将mtu由默认的1500更改为1400。

```
[root@centos ~]# ip link show dev enp0s3
2: enp0s3: <BROADCAST,MULTICAST,UP,LOWER_UP> mtu 1500 qdisc fq_codel state UP mode DEFA
ULT group default qlen 1000
    link/ether 08:00:27:2b:8c:03 brd ff:ff:ff:ff:ff:ff
[root@centos ~]# ip link set enp0s3 mtu 1400
[root@centos ~]# ip link show dev enp0s3
2: enp0s3: <BROADCAST,MULTICAST,UP,LOWER_UP> mtu 1400 qdisc fq_codel state UP mode DEFA
ULT group default qlen 1000
    link/ether 08:00:27:2b:8c:03 brd ff:ff:ff:ff:ff:ff
[root@centos ~]#
```

继续接力！下一个出场的是哪一个对象？

学到秃头 4#

当然是maddress对象了！指定ip命令的maddress对象可以管理组播IP地址。除了一对一通信外，还有很多通信类型，主要的通信类型如下。

- 单播：指定单台计算机进行数据通信，通常普通的计算机通信都是单播。
- 组播：通过指定由多个终端组成的组来传输数据的类型，用于视频分发等。组播地址的范围是d类IP地址：224.0.0.0-239.255.255.255。
- 广播：数据被传送到属于同一网络的所有计算机，广播通常被计算机用来通知网络上其他计算机自己的存在或进行信息搜索等。

指定ip maddr命令显示所有设备的多播信息，如下图所示。

```
[root@centos ~]# ip maddr
1:      lo
        inet  224.0.0.1
        inet6 ff02::1
        inet6 ff01::1
2:      enp0s3
        link  01:00:5e:00:00:01
        link  01:00:5e:00:00:fb
        link  33:33:00:00:00:01
        inet  224.0.0.251
        inet  224.0.0.1
        inet6 ff02::1
        inet6 ff01::1
3:      virbr0
        link  01:00:5e:00:00:01
        link  01:00:5e:00:00:fb
        inet  224.0.0.251
        inet  224.0.0.1
        inet6 ff02::1
        inet6 ff01::1
4:      virbr0-nic
        inet6 ff02::1
        inet6 ff01::1
```

使用maddr对象的add或del命令添加或删除多播地址，如下图所示。指定设备enp0s3显示、添加和删除该设备的多播信息。

```
[root@centos ~]# ip maddr show dev enp0s3
2:      enp0s3
        link  01:00:5e:00:00:01
        link  01:00:5e:00:00:fb
        link  33:33:00:00:00:01
        inet  224.0.0.251
        inet  224.0.0.1
        inet6 ff02::1
        inet6 ff01::1
[root@centos ~]# ip maddr add 33:33:00:00:00:01 dev enp0s3
[root@centos ~]# ip maddr show dev enp0s3
2:      enp0s3
        link  01:00:5e:00:00:01
        link  01:00:5e:00:00:fb
        link  33:33:00:00:00:01 users 2 static
        inet  224.0.0.251
        inet  224.0.0.1
        inet6 ff02::1
        inet6 ff01::1
[root@centos ~]# ip maddr del 33:33:00:00:00:01 dev enp0s3
```

还有需要介绍的对象吗？

IT熊 5#

别忘了还有neighbour对象，指定ip命令的neighbour对象可以显示和管理arp表。ip neigh用于显示arp表，其中主机（IP地址为192.168.0.111）中的STALE表示已通过地址解析，并且暂未与其他主机通信。通过ping 192.168.0.111，使该主机与网络上的其他主机通信。再次显示arp表，状态已由STALE变为REACHABLE，如下图所示。

```
[root@centos ~]# ip neigh
192.168.0.1 dev enp0s3 lladdr 20:6b:e7:c6:91:79 REACHABLE
192.168.0.111 dev enp0s3 lladdr 08:00:27:23:68:98 STALE
[root@centos ~]# ping 192.168.0.111
PING 192.168.0.111 (192.168.0.111) 56(84) bytes of data.
64 bytes from 192.168.0.111: icmp_seq=1 ttl=64 time=0.220 ms
64 bytes from 192.168.0.111: icmp_seq=2 ttl=64 time=0.271 ms
^C
--- 192.168.0.111 ping statistics ---
2 packets transmitted, 2 received, 0% packet loss, time 26ms
rtt min/avg/max/mdev = 0.220/0.245/0.271/0.029 ms
[root@centos ~]# ip neigh
192.168.0.1 dev enp0s3 lladdr 20:6b:e7:c6:91:79 REACHABLE
192.168.0.111 dev enp0s3 lladdr 08:00:27:23:68:98 REACHABLE
[root@centos ~]# arp
Address                  HWtype  HWaddress           Flags Mask            Iface
192.168.0.1              ether   20:6b:e7:c6:91:79   C                     enp0s3
192.168.0.111            ether   08:00:27:23:68:98   C                     enp0s3
[root@centos ~]#
```

添加和删除arp表记录，如下图所示。执行ip neigh add命令向arp表中添加一条记录；使用ip neigh显示arp表中已添加新的记录；使用ip neigh del命令可以删除添加的记录。

```
[root@centos ~]# ip neigh
192.168.0.1 dev enp0s3 lladdr 20:6b:e7:c6:91:79 STALE
192.168.0.111 dev enp0s3 lladdr 08:00:27:23:68:98 STALE
192.168.0.101 dev enp0s3 lladdr 08:00:27:19:3c:cd REACHABLE
[root@centos ~]# ip neigh add 192.168.20.2 lladdr 00:1b:a9:bb:f1:52 dev enp0s3
[root@centos ~]# ip neigh
192.168.20.2 dev enp0s3 lladdr 00:1b:a9:bb:f1:52 PERMANENT
192.168.0.1 dev enp0s3 lladdr 20:6b:e7:c6:91:79 REACHABLE
192.168.0.111 dev enp0s3 lladdr 08:00:27:23:68:98 STALE
192.168.0.101 dev enp0s3 lladdr 08:00:27:19:3c:cd STALE
[root@centos ~]# ip neigh del 192.168.20.2 dev enp0s3
```

对象也介绍的差不多了，剩下的就需要你自己去练习了。

泡泡冒泡 6#

我发现涉及删除和添加的操作时，都需要指定del和add命令。聪明如我，又发现了一个套路。

原帖主 7#

新手心得：每次学习一个新的命令，多次上机练习总会有新的收获。听我的准没错！

发帖：除了ip命令，Linux还提供了哪些用于网络管理的命令？

最新评论

辣条君 1#

网络配置信息除了IP地址之外，还有网络连接、路由信息等，关于这类信息可以使用netstat命令来查看。netstat命令可以显示网络接口状态、网络连接、路由表和套接字等信息。

```
netstat [选项]
```

netstat命令的选项倒是不少，如下表所示。

选 项	说 明
-a	显示所有协议，包括套接字
-e	显示更详细的信息
-l	列出处于监听状态的套接字
-r	显示路由表信息
-s	显示每个协议的统计信息
-t	显示所有TCP协议的套接字
-u	显示所有UDP协议的套接字
-n	显示IP地址，不解析主机、端口和用户名等
-g	显示有关组的组播信息
-i	列出所有的网络接口
-x	显示UNIX套接字

不指定任何选项直接执行netstat命令，会显示除了TCP端口的LISTEN（等待）和UNIX套接字状态以外的ESTABLISHED（连接建立）之类的状态信息。使用netstat命令显示网络信息如下图所示。

```
[root@centos ~]# netstat
Active Internet connections (w/o servers)
Proto Recv-Q Send-Q Local Address           Foreign Address         State
tcp        0      1 centos.host:46106       10.15.61.66:http        SYN_SENT
tcp        0      0 centos.host:55470       151.101.230.49:https    ESTABLISHED
tcp        0      0 centos.host:60772       108-43-236-85.rev.:http TIME_WAIT
Active UNIX domain sockets (w/o servers)
Proto RefCnt Flags       Type       State         I-Node   Path
unix  2      [ ]         DGRAM                    24129    /var/run/chrony/chronyd.sock
unix  2      [ ]         DGRAM                    28237    /run/user/42/systemd/notify
unix  2      [ ]         DGRAM                    43858    /run/user/0/systemd/notify
```

从上图的执行结果中可以看出netstat命令的输出分为TCP/IP网络部分和UNIX套接字部分。其中TCP/IP网络部分字段说明如下表所示。

选 项	说 明
Proto	套接字使用的协议，主要是TCP/UDP协议
Recv-Q	不是由程序连接而产生的数据字节数
Send-Q	从远程主机传送来的数据字节数
Local Address	本地端的IP地址和端口号等，通过名称解析将其转换为主机名和服务名并显示
Foreign Address	远程主机的IP地址与端口
State	套接字的状态。ESTABLISHED为建立连接；LISTEN为等待状态；CLOSE_WAIT为等待套接字由远程关闭

我们使用netstat命令一般是检验本机各端口的网络连接情况，它在内核中访问网络和相关的程序。利用netstat命令可以让你了解Linux系统的整体网络情况。

万物互联	2#

咳咳！听好了，我要说的这个ping命令应该是常用的网络测试命令了。它可以用于测试主机之间的连通性，执行该命令会向目标主机发送ICMP数据包。如果可以收到响应，表示网络在物理连接上是连通的，否则可能会出现物理故障。ICMP协议用于在数据传输过程中测试网络的连通性，ping命令将ICMP数据包发送到另一台主机，通过其他主机响应的数据包检查连通性。

```
ping [选项] 目标主机
```

目标主机可以是IP地址，也可以是域名。ping命令常用的选项有两个，如下表所示。

选　项	说　明
-c	指定要发送的数据包的数量
-i	指定传输间隔，以秒为单位，默认为1秒

执行ping命令检查主机的通信，如下图所示。不指定选项的情况下ping主机的IP地址，默认情况下，数据包传输将持续到Ctrl+C结束。对主机执行ping命令后，发送3个数据包，接收3个数据包，丢失0个数据包。指定-c 1表示仅发送1个数据包，如果ping不知名的主机IP地址，会显示100%数据包丢失。

```
[root@centos ~]# ping 10.0.2.15
PING 10.0.2.15 (10.0.2.15) 56(84) bytes of data.
64 bytes from 10.0.2.15: icmp_seq=1 ttl=64 time=0.035 ms
64 bytes from 10.0.2.15: icmp_seq=2 ttl=64 time=0.068 ms
64 bytes from 10.0.2.15: icmp_seq=3 ttl=64 time=0.027 ms
^C
--- 10.0.2.15 ping statistics ---
3 packets transmitted, 3 received, 0% packet loss, time 38ms
rtt min/avg/max/mdev = 0.027/0.043/0.068/0.018 ms
[root@centos ~]# ping -c 1 10.0.2.15
PING 10.0.2.15 (10.0.2.15) 56(84) bytes of data.
64 bytes from 10.0.2.15: icmp_seq=1 ttl=64 time=0.024 ms

--- 10.0.2.15 ping statistics ---
1 packets transmitted, 1 received, 0% packet loss, time 0ms
rtt min/avg/max/mdev = 0.024/0.024/0.024/0.000 ms
[root@centos ~]# ping 10.0.2.17
PING 10.0.2.17 (10.0.2.17) 56(84) bytes of data.
From 10.0.2.15 icmp_seq=1 Destination Host Unreachable
From 10.0.2.15 icmp_seq=2 Destination Host Unreachable
From 10.0.2.15 icmp_seq=3 Destination Host Unreachable
^C
--- 10.0.2.17 ping statistics ---
6 packets transmitted, 0 received, +3 errors, 100% packet loss, time 110ms
pipe 4
```

一定要学会ping命令，在进行网络配置时会经常用它来测试网络的连通性。

查无此人	3#

如果你在ping目标主机的时候，发现网络连接出现故障，显示网络100%数据包丢失，常见的几种原因分别是IP地址设置失败、默认网关设置不完整、物理网络故障或者不能进行名称解析。你可以根据这几个思路寻找解决办法。

origin20	4#

还有一个nmap命令是Linux下的网络扫描和嗅探工具包，可以检查网络主机开放的端口并显示其状态。这个命令的格式比较简单：

```
nmap [选项] 主机名或IP地址
```

如果你的Linux系统里没有安装这个命令的软件包，我这里提供了CentOS和Ubuntu中的安装方式。

- CentOS：yum install nmap。
- Ubuntu：apt install nmap。

nmap命令的选项及说明如下表所示。

选　项	说　　明
-sT	TCP端口扫描
-sU	UDP端口扫描，需要root权限
-p	指定检查的端口范围
-O	执行操作系统检测

执行nmap命令显示端口状态，如下图所示。指定IP地址表示扫描指定IP地址的端口，显示打开了22、80、111三个端口。通过指定-sU和-P检查指定端口的状态，执行结果中显示50号端口和112号端口的状态为closed。

```
[root@centos ~]# nmap 10.0.2.15
Starting Nmap 7.70 ( https://nmap.org ) at 2020-01-20 13:46 CST
Nmap scan report for 10.0.2.15
Host is up (0.000011s latency).
Not shown: 997 closed ports
PORT    STATE SERVICE
22/tcp  open  ssh
80/tcp  open  http
111/tcp open  rpcbind

Nmap done: 1 IP address (1 host up) scanned in 1.75 seconds
[root@centos ~]# nmap -sU -p 50,112 10.0.2.15
Starting Nmap 7.70 ( https://nmap.org ) at 2020-01-20 13:47 CST
Nmap scan report for 10.0.2.15
Host is up (0.000030s latency).

PORT    STATE  SERVICE
50/udp  closed re-mail-ck
112/udp closed mcidas

Nmap done: 1 IP address (1 host up) scanned in 0.29 seconds
[root@centos ~]#
```

nmap命令是网络安全渗透测试中经常会用到的强大扫描器，扫描器是一种可以自动检测关于主机安全漏洞的程序，它可以发送特殊的数据包来收集目标主机的各种信息。在各种扫描器中，功能最强大的就是nmap了。

来自火星 5#

arp命令用于显示ARP缓存中的信息并编辑。arp通过广播的方式查询与指定IP地址对应的MAC地址，主机通过返回MAC地址解析该IP地址，并得到IP地址与MAC地址之间的映射。

```
arp [选项]
```

arp命令的选项及说明如下表所示。

选　项	说　　明
-n	以IP地址的形式显示
-v	显示详细信息
-a	显示指定主机名或IP地址的缓存信息，如果未指定则显示所有缓存信息
-d	删除指定主机名或IP地址的缓存信息
-f	从指定文件中读入文件名和MAC信息
-s	添加一个缓存信息，指定IP地址和MAC地址之间的映射

执行arp命令显示缓存中所有的信息，指定-d选项删除指定IP的缓存信息，如下图所示。

```
[root@centos ~]# arp
Address                  HWtype  HWaddress           Flags Mask            Iface
_gateway                 ether   52:54:00:12:35:02   C                     enp0s3
10.0.2.17                        (incomplete)                              enp0s3
[root@centos ~]# arp -d 10.0.2.17
[root@centos ~]# arp
Address                  HWtype  HWaddress           Flags Mask            Iface
_gateway                 ether   52:54:00:12:35:02   C                     enp0s3
```

arp命令可以用在RedHat、Ubuntu、CentOS、openSUSE等Linux发行版中来管理系统的arp缓冲区。

Losoft 6#

或许你见过Windows中的ipconfig命令，我要说的这个命令和它很形似。ifconfig命令用于配置网络或显示当前网络的接口状态，必须以root身份执行。

```
ifconfig [选项] [网络接口] [子命令]
```

ifconfig命令的选项及说明如下表所示。

选　项	说　　明
-a	显示所有的网络接口信息
-s	仅显示每个接口的摘要数据
-v	返回接口错误信息，用以处理故障

Linux中的网络接口名类似于enp0s1（第一块网卡）、enp0s2（第二块网卡）和lo（回环接口）等。如果不指定网络接口，就会显示系统中所有的网卡信息。ifconfig命令的子命令及说明如下表所示。

子命令	说　明
up	激活网络接口
down	使指定的网络接口无效
netmask	为网络接口指定子网掩码
addr	为网络接口指定IP地址
broadcast	为指定的接口设置广播地址

执行ifconfig命令显示当前系统所有的网络接口信息，如下图所示。enp0s3中的UP表示网卡开启，RUNNING表示网络处于连接状态。

```
[root@centos ~]# ifconfig
br0: flags=4099<UP,BROADCAST,MULTICAST>  mtu 1500
        inet 172.16.0.1  netmask 255.255.0.0  broadcast 172.16.255.255
        ether ee:5a:e0:06:8d:08  txqueuelen 1000  (Ethernet)
        RX packets 0  bytes 0 (0.0 B)
        RX errors 0  dropped 0  overruns 0  frame 0
        TX packets 6  bytes 543 (543.0 B)
        TX errors 0  dropped 0 overruns 0  carrier 0  collisions 0

enp0s3: flags=4163<UP,BROADCAST,RUNNING,MULTICAST>  mtu 1500
        inet 10.0.2.15  netmask 255.255.255.0  broadcast 10.0.2.255
        inet6 fe80::f04e:bb31:be10:a4a3  prefixlen 64  scopeid 0x20<link>
        ether 08:00:27:8f:93:02  txqueuelen 1000  (Ethernet)
        RX packets 14726  bytes 14311813 (13.6 MiB)
        RX errors 0  dropped 0  overruns 0  frame 0
        TX packets 5764  bytes 387654 (378.5 KiB)
        TX errors 0  dropped 0 overruns 0  carrier 0  collisions 0

lo: flags=73<UP,LOOPBACK,RUNNING>  mtu 65536
        inet 127.0.0.1  netmask 255.0.0.0
        inet6 ::1  prefixlen 128  scopeid 0x10<host>
        loop  txqueuelen 1000  (Local Loopback)
        RX packets 0  bytes 0 (0.0 B)
        RX errors 0  dropped 0  overruns 0  frame 0
        TX packets 0  bytes 0 (0.0 B)
        TX errors 0  dropped 0 overruns 0  carrier 0  collisions 0
```

使用这个命令配置的网卡信息，重启后就不存在了。如果想长期保存配置的信息，需要修改网卡的配置文件。是不是发现只要涉及长期有效的配置，一般情况下都需要在配置文件中修改？这也算是一个套路。

等一等

7#

tcpdump命令通过将其转储到标准输出来监视网络流量，通过选项指定主机名和协议显示相关的数据。

```
tcpdump [选项]
```

如果你的系统中还没有安装这个命令，那么在CentOS和Ubuntu中的安装方式分别如下，你可以安装一下。

- CentOS：yum install tcpdump。
- Ubuntu：apt install tcpdump。

tcpdump命令的一些选项如下表所示。

选 项	说 明
-n	将每个监听到的数据包中的域名转换成IP地址显示
-nn	以数字形式显示地址和端口号，无需转换
-v	输出详细信息
-e	显示数据链路层协议的头部信息
-c	收到指定数量的数据包后停止
-i	监视指定的网络接口
-l	使标准输出变成缓冲行形式

使用tcpdump命令指定主机IP地址，获取主机收到和发送的所有数据包监视网络流量，如下图所示。

```
[root@centos ~]# tcpdump host 192.168.0.112
tcpdump: verbose output suppressed, use -v or -vv for full protocol decode
listening on enp0s3, link-type EN10MB (Ethernet), capture size 262144 bytes
09:59:11.810826 IP 192.168.0.112.mdns > 224.0.0.251.mdns: 0 [3q] [4n] ANY (QM)? 3.a.4.a
.0.1.e.b.1.3.b.b.e.4.0.f.0.0.0.0.0.0.0.0.0.0.0.0.0.8.e.f.ip6.arpa. ANY (QM)? centos-141
.local. ANY (QM)? 112.0.168.192.in-addr.arpa. (212)
09:59:11.836269 IP 192.168.0.112.36589 > 192.168.1.1.domain: 53195+ PTR? 251.0.0.224.in
-addr.arpa. (42)
```

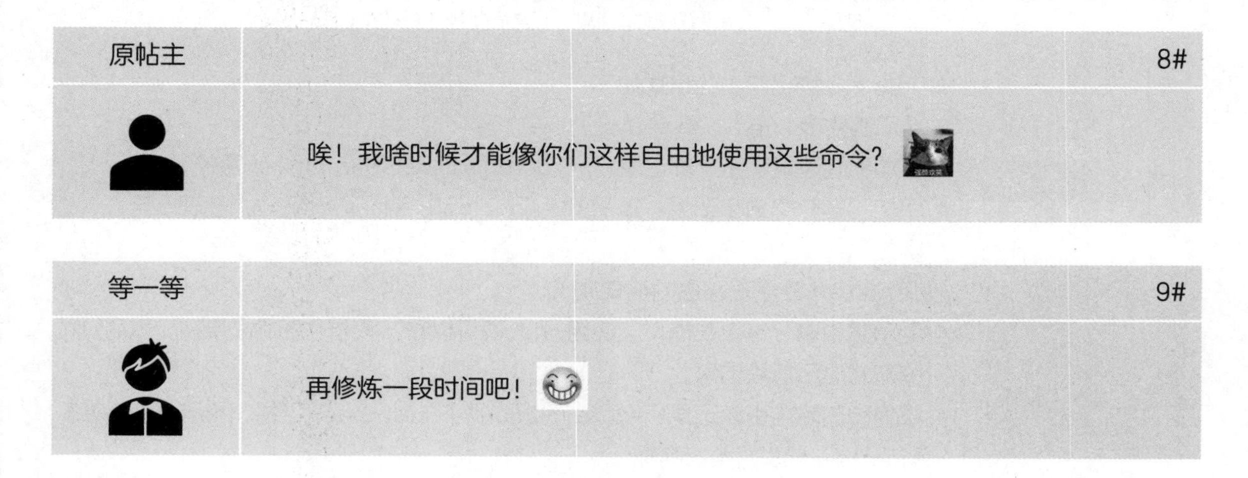

原帖主
8#
唉！我啥时候才能像你们这样自由地使用这些命令？
等一等
9#
再修炼一段时间吧！

路由管理

扫码看视频

“路由”这个词大家熟悉吗？主机之间通过网络进行数据传输，网络由若干个节点组成。源主机通过网络节点将数据传送到目标主机中，每一个节点就是一个路由，根据路由规则进行数据传输。如果没有路由，数据的传输将无法高效、快速地完成。在数据传输的过程中，通过对路由的控制管理，可以提高主机之间的数据传输效率。路由管理是成为Linux大神的必备技能，掌握了路由管理的方法，你距离大神级别会更进一步。快来看看大家又说了什么吧！

发帖：如何使用ip命令和route命令管理路由？

最新评论

Lemon 1#

使用这两个命令管理路由之前，你得明白什么是路由？在网络数据传输中，发送数据包到另一台主机，需要通过多个路由器最终到达目的地，路由器进行的数据包传输就称为路由。在管理路由时，通常使用ip命令，不过另一个网络管理工具net-tools中的命令route也需要了解一下。下面是net-tools和iproute2中路由命令的对比，如下表所示。

net-tools	iproute2
netstat -r	ip route show
route	ip route show
route add default gw 192.168.0.254	ip route add default via 192.168.0.254
route add -net 172.17.0.0 netmask 255.255.0.0 gw 172.16.0.254	ip route add 172.17.0.0/24 via 172.16.0.254
route del -net 172.17.0.0	ip route delete 172.17.0.0/24

使用ip命令管理路由的格式如下。

- 显示路由表：ip route show。
- 添加和删除默认路由表记录：ip route {add|del} default via 网关。
- 添加和删除路由表记录：ip route {add|del} 目标 via 网关。可以省略“via 网关”。

使用route命令管理路由的格式如下。

- 显示路由表：route [-n]。使用-n选项可以在不解析主机名的情况下以数字的形式显示地址信息。
- 添加和删除路由表记录：route [add|del] [-net|-host] 目标 [netmask 网络掩码] [gw 网关] [接口名称]。

route命令的选项及说明如下表所示。

选　项	说　明
add	添加路由记录
del	删除路由记录
-net	指定目标是网络
-host	指定目标是主机
目标	目标网络或主机，与路由表显示中的目标对应
netmask	指定目标网络的子网掩码
gw	设置默认网关
接口名称	要使用的网络接口，通常由网关地址自动确定，可以省略

分别执行ip命令和route命令显示主机的路由表，如下图所示。ip命令的执行结果中显示了默认网关的IP地址和路由表记录；route命令的执行结果中显示了目的网络、网关、网络掩码等信息。

```
[root@centos ~]# ip r
default via 192.168.0.1 dev enp0s3 proto dhcp metric 100
192.168.0.0/24 dev enp0s3 proto kernel scope link src 192.168.0.112 metric 100
192.168.122.0/24 dev virbr0 proto kernel scope link src 192.168.122.1 linkdown
[root@centos ~]# route
Kernel IP routing table
Destination     Gateway         Genmask         Flags Metric Ref    Use Iface
default         192.168.0.1     0.0.0.0         UG    100    0        0 enp0s3
192.168.0.0     0.0.0.0         255.255.255.0   U     100    0        0 enp0s3
192.168.122.0   0.0.0.0         255.255.255.0   U     0      0        0 virbr0
[root@centos ~]#
```

执行route命令时，执行结果中的路由表字段含义如下表所示。

字　段	说　　明
Destination	目标网络或目标主机
Gateway	网关
Genmask	网络掩码
Flags	主要标志有：U表示路由有效（Up），H表示目的地为主机（Host），G表示网关（Gateway），!表示路由被拒绝（Reject）
Metric	到目的地的跳数（经过的路由器数）
Ref	此路由的引用数（Linux内核中未使用）
Use	已引用此路由的次数
Iface	此路由中使用的网络接口

这么一解释，route命令显示的路由表信息就一目了然了吧！

鲤鱼馒头　　2#

使用ip命令删除和添加主机的默认网关，如下图所示。通过ip r（ip route）命令可知该主机的默认网关为172.16.255.254，执行删除和添加命令配置默认网关信息。

```
[root@centos ~]# ip r
default via 172.16.255.254 dev enp0s3 proto static metric 100
172.16.0.0/16 dev enp0s3 proto kernel scope link src 172.16.0.20 metric 100
192.168.122.0/24 dev virbr0 proto kernel scope link src 192.168.122.1 linkdown
[root@centos ~]# ip route del default via 172.16.255.254 dev enp0s3
[root@centos ~]# ip r
172.16.0.0/16 dev enp0s3 proto kernel scope link src 172.16.0.20 metric 100
192.168.122.0/24 dev virbr0 proto kernel scope link src 192.168.122.1 linkdown
[root@centos ~]# ip route add default via 172.16.255.254 dev enp0s3
[root@centos ~]# ip r
default via 172.16.255.254 dev enp0s3
172.16.0.0/16 dev enp0s3 proto kernel scope link src 172.16.0.20 metric 100
192.168.122.0/24 dev virbr0 proto kernel scope link src 192.168.122.1 linkdown
```

使用route命令删除和添加主机的默认网关，如下图所示。先通过route -n命令查看网关信息，Gateway字段记录了网关信息；然后指定del和add命令管理网关配置。

```
[root@centos ~]# route -n
Kernel IP routing table
Destination     Gateway         Genmask         Flags Metric Ref    Use Iface
0.0.0.0         172.16.255.254  0.0.0.0         UG    0      0        0 enp0s3
172.16.0.0      0.0.0.0         255.255.0.0     U     100    0        0 enp0s3
192.168.122.0   0.0.0.0         255.255.255.0   U     0      0        0 virbr0
[root@centos ~]# route del default gw 172.16.255.254
[root@centos ~]# route -n
Kernel IP routing table
Destination     Gateway         Genmask         Flags Metric Ref    Use Iface
172.16.0.0      0.0.0.0         255.255.0.0     U     100    0        0 enp0s3
192.168.122.0   0.0.0.0         255.255.255.0   U     0      0        0 virbr0
[root@centos ~]# route add default gw 172.16.255.254
[root@centos ~]# route -n
Kernel IP routing table
Destination     Gateway         Genmask         Flags Metric Ref    Use Iface
0.0.0.0         172.16.255.254  0.0.0.0         UG    0      0        0 enp0s3
172.16.0.0      0.0.0.0         255.255.0.0     U     100    0        0 enp0s3
192.168.122.0   0.0.0.0         255.255.255.0   U     0      0        0 virbr0
```

使用ip r命令可以看到主机通过网关172.16.255.254进行路由。使用ip命令删除（delete）和添加（add）172.17.0.0/16的路由，如下图所示。

```
[root@centos ~]# ip r
default via 172.16.255.254 dev enp0s3 proto static metric 100
172.16.0.0/16 dev enp0s3 proto kernel scope link src 172.16.0.10 metric 100
172.17.0.0/16 via 172.16.255.254 dev enp0s3
192.168.122.0/24 dev virbr0 proto kernel scope link src 192.168.122.1 linkdown
[root@centos ~]# ip route delete 172.17.0.0/16
[root@centos ~]# ip r
default via 172.16.255.254 dev enp0s3 proto static metric 100
172.16.0.0/16 dev enp0s3 proto kernel scope link src 172.16.0.10 metric 100
192.168.122.0/24 dev virbr0 proto kernel scope link src 192.168.122.1 linkdown
[root@centos ~]# ip route add 172.17.0.0/16 via 172.16.255.254
[root@centos ~]# ip r
default via 172.16.255.254 dev enp0s3 proto static metric 100
172.16.0.0/16 dev enp0s3 proto kernel scope link src 172.16.0.10 metric 100
172.17.0.0/16 via 172.16.255.254 dev enp0s3
```

使用route命令删除和添加172.17.0.0/16的路由，如下图所示。按照惯例，在添加或删除路由之前需要先确认路由表中的信息。确认没有172.17.0.0/16的路由信息，然后使用之前介绍的路由命令添加route add -net 172.17.0.0 netmask 255.255.0.0 gw 172.16.255.254路由信息。删除路由时直接指定del命令删除路由信息。

```
[root@centos ~]# route -n
Kernel IP routing table
Destination     Gateway         Genmask         Flags Metric Ref    Use Iface
0.0.0.0         172.16.255.254  0.0.0.0         UG    100    0        0 enp0s3
172.16.0.0      0.0.0.0         255.255.0.0     U     100    0        0 enp0s3
192.168.122.0   0.0.0.0         255.255.255.0   U     0      0        0 virbr0
[root@centos ~]# route add -net 172.17.0.0 netmask 255.255.0.0 gw 172.16.255.254
[root@centos ~]# route -n
Kernel IP routing table
Destination     Gateway         Genmask         Flags Metric Ref    Use Iface
0.0.0.0         172.16.255.254  0.0.0.0         UG    100    0        0 enp0s3
172.16.0.0      0.0.0.0         255.255.0.0     U     100    0        0 enp0s3
172.17.0.0      172.16.255.254  255.255.0.0     UG    0      0        0 enp0s3
192.168.122.0   0.0.0.0         255.255.255.0   U     0      0        0 virbr0
[root@centos ~]# route del -net 172.17.0.0 netmask 255.255.0.0
[root@centos ~]# route -n
Kernel IP routing table
Destination     Gateway         Genmask         Flags Metric Ref    Use Iface
0.0.0.0         172.16.255.254  0.0.0.0         UG    100    0        0 enp0s3
```

这就是使用route和ip命令管理路由的基本操作了，现在主要使用ip命令来管理各种网络操作。

辣条君 3#

你必须要弄清楚路由、路由器、路由表、静态路由、默认路由的概念，这些都是Linux路由的基础知识。如果你看不懂路由表，就没有办法设置路由。

原帖主	4#
	之前一直听说有关路由的一些介绍，现在终于学会路由管理的方法了。

发帖：如何实现包转发？

最新评论

路人甲  1#

如果使用Linux主机作为路由器，除了设置路由表之外，还需要配置允许从一个网络接口到另一个网络接口转发数据包的设置。通过设置内核变量ip_forward的值为1打开转发，将值设置为0关闭转发。设置该值需要在配置文件/proc/sys/net/ipv4/ip_forward中对ip_forward的值进行更改。如果该值为0，就使用echo命令将值更改为1，开启转发，如下图所示。

```
[root@centos ~]# cat /proc/sys/net/ipv4/ip_forward
0
[root@centos ~]# echo 1 > /proc/sys/net/ipv4/ip_forward
[root@centos ~]# cat /proc/sys/net/ipv4/ip_forward
1
[root@centos ~]#
```

设置启用从主机centos.host01（IP：172.16.0.10/16）到主机centos.host02（IP：172.17.0.20/16）的通信，如下图所示。使用ping命令验证不同网段主机之间的连通性。

```
[root@centos ~]# hostname
centos.host01
[root@centos ~]# ip address show enp0s3
2: enp0s3: <BROADCAST,MULTICAST,UP,LOWER_UP> mtu 1500 qdisc fq_codel state UP group def
ault qlen 1000
    link/ether 08:00:27:2b:8c:03 brd ff:ff:ff:ff:ff:ff
    inet 172.16.0.10/16 brd 172.16.255.255 scope global noprefixroute enp0s3
       valid_lft forever preferred_lft forever
    inet6 fe80::f04e:bb31:be10:a4a3/64 scope link noprefixroute
       valid_lft forever preferred_lft forever
[root@centos ~]# ping 172.16.0.20
PING 172.16.0.20 (172.16.0.20) 56(84) bytes of data.
64 bytes from 172.16.0.20: icmp_seq=1 ttl=64 time=0.316 ms
64 bytes from 172.16.0.20: icmp_seq=2 ttl=64 time=0.275 ms
64 bytes from 172.16.0.20: icmp_seq=3 ttl=64 time=0.290 ms
^C
--- 172.16.0.20 ping statistics ---
3 packets transmitted, 3 received, 0% packet loss, time 67ms
rtt min/avg/max/mdev = 0.275/0.293/0.316/0.026 ms
[root@centos ~]#
```

使用sysctl net.ipv4.ip_forward命令可显示ip_forward的值。如该值为0，则使用sysctl net.ipv4.ip_forward=1将值更改为1。使用这种方法在系统重启后，ip_forward的值还是会恢复为0。不过你可以在/etc/sysctl.conf文件中指定net.ipv4.ip_forward=1。

原帖主	2#
	原来设置好路由之后还需要设置转发信息，怪不得我之前一直不成功。谢谢你的指点。

认识traceroute命令

traceroute命令用于跟踪并显示IP数据包到最终目标主机的路由。重复数据包传输的同时增加TTL（生存时间）值，如果路由器的数量超过TTL值，路由中的路由器或主机将跟踪错误数据包的源地址，返回ICMP错误的TIME_EXCEEDED，通过依次追踪错误分组的源地址来确定路径。traceroute命令用于发送数据包的默认协议是UDP，每次发送消息时，目标UDP端口号都会增加1，默认初始值为33434。

```
traceroute [选项] 目标主机
```

如果系统中没有安装这个命令，可以参考CentOS和Ubuntu中的安装方式。

- CentOS：yum install tcpdump。
- Ubuntu：apt install tcpdump。

traceroute命令的选项及说明如下表所示。

选　项	说　　明
-I	发送ICMP ECHO数据包，默认为UDP数据包
-f TTL 初始值	指定TTL（生存时间）的初始值，默认值为1
-i	指定网络接口发送数据包
-n	直接指定IP地址
-w	设置等待远程主机回应的时间

与traceroute命令相似的是tracepath命令，但是该命令的功能比traceroute命令的功能少。tracepath命令用于发送数据包的协议是UDP，该命令的格式和traceroute相同。tracepath命令的选项及说明如下表所示。

选　项	说　　明
-n	不查看主机名
-l	设置初始化的数据包长度

在centos.host01中执行tracepath命令显示路径，如下图所示。

```
[root@centos ~]# tracepath 192.168.0.112
 1?: [LOCALHOST]                     pmtu 1500
 1:  192.168.0.106                                        3055.356ms !H
     Resume: pmtu 1500
```

通过traceroute这个命令，我们可以知道数据从计算机的一端到另一端走的是什么路径，而tracepath命令可以追踪数据到达目标主机的路由信息。

大神来总结

嗨！大家好！经过这个主题的讨论学习，大家是不是感觉在Linux上有了一个很大的提升？网络管理在Linux中是非常重要的一项技能，下面是本大神帮大家整理的主要讨论点：

- 了解Linux中的一些重要的网络配置文件，比如/etc/resolv.conf、/etc/services、/etc/hosts、/etc/hosts /etc/sysconfig/network-scripts/ifcfg-<device>文件等。
- 掌握NetworkManager的nmcli这种网络管理方式，比如nmcli命令的一些常用对象的用法。
- 学会使用ip命令配置IP地址和路由信息。

人生难得几回搏，此时不搏待何时！从前对Linux一无所知的你，现在已经学会网络管理了。现在回头看看，是不是觉得Linux也没有那么难?

Chapter

10

讨论方向——系统维护

公　告

嗨！各位小伙伴，欢迎来到“Linux初学者联盟讨论区”。学习了Linux网络管理之后，相信你已经对Linux有了更深的认识，接下来将会教你如何更好地维护自己的系统。

本次讨论的主题是系统维护，如果你有更好的维护系统的方法，欢迎在这里留言。本次主要讨论方向是以下5点。

01 检查系统状态

02 无法登录系统时的处理方式

03 无法连接网络时的处理方式

04 应用程序响应缓慢的处理方式

05 无法访问文件的处理方式

检查系统状态

系统和网络安全是系统维护的重要部分，对于系统的管理，我们不能仅仅是让系统运行起来或者不同网络之间相互连通就可以，而是应该重视系统和网络的设置、维护系统的稳定性。学会检查系统的状态，可以帮助我们更好地认识Linux。

发帖：系统启动时如何检查它的状态？

最新评论

都这么熟 1#

你应该还记得GRUB2吧！对，就是你想的那个GRUB2，它是一个系统启动程序。一般情况下，为了维护系统的稳定性，我们有必要每天检查系统的状态。一旦发现问题，就可以及时了解原因并采取应对措施。你可以在系统启动时使用以下命令，如下表所示。

命　令	说　明
grub	在Linux启动时的GRUB界面中按下Ctrl+c组合键显示grub命令提示符，可以进行GRUB的配置和管理
CentOS:grub2-install	网关
Ubuntu:grub-install	安装GRUB，GRUB损坏时将GRUB写入指定的设备
CentOS:grub2-mkconfig	主要标志有：U表示路由有效（Up），H表示目的地为主机（Host），G表示网关（Gateway），!表示路由被拒绝（Reject）
Ubuntu:grub-mkconfig	生成配置文件grub.cfg
systemctl	进行系统管理，启动和停止服务，更改systemd目标等

可能表格里面有一部分命令是你之前学过的，这里相当于做了一个总结。GRUB2这个工具提供了非常多的命令，你可以通过help命令查看都有哪些命令。

hello_yo 2#

其实你还可以根据ISO镜像、CD-ROM、DVD等方法进行系统的维护，以便引导加载程序修复、文件系统修复、修改根密码等。如果上面的方法行不通，可以尝试一下我说的这种方式哦！

原帖主 3#

感觉GRUB是一个非常实用的程序，2楼说的这种方式我还没有尝试过，我得去试试。谢啦！

发帖：应该使用哪些命令检查系统的状态？

最新评论

IT小虾 1#

如果你需要检查网络的话，可以看看我推荐的这些命令，它们可以在系统网络出现问题时派上用场。你可以选择使用这些命令根据网络接口、路由、名称解析的顺序进行检查。有关网络的命令如下表所示。

命　令	说　　明
nmcli、ip、ifconfig、iwconfig、iwlist	显示网络接口的状态，将网络接口设置为活动状态，显示网络接口的IP地址
ping	检查与远程主机的通信状况
nmap	显示主机上的端口状态
ss、netstat	显示与远程主机的连接状态
ip、route、traceroute	可以显示和设置路由表，显示到远程主机的路由信息
dig、host	显示主机名到IP地址的映射

网络状态是否稳定会直接影响应用程序对外提供服务的稳定性和可靠性。如果在执行程序的时候发现网络反应速度慢或者连接中断，可以通过ping命令测试网络的连通情况。

当网络传输存在问题时，可以检测网卡设备是否存在故障、升级网络、使用ip命令检查网络部署环境是否合理。排除网络问题经常用到的命令还有traceroute，这个命令主要用于跟踪数据包的传输路径。

这些命令也算是处理网络的“老熟人”了，基本上常见的网络问题都可以用它们排查解决。

零度冰水 2#

除了网络状态，还有CPU、内存以及磁盘I/O活动等资源的状态影响系统的性能。我这里也有好东西要分享给你，别忘了给我点个赞再走。下面是和系统状态、活动有关的命令，如下表所示。

命　令	说　　明
ps、top	显示进程状态、CPU和内存的使用情况，比如CPU的使用率
vmstat	周期性地实时显示系统状态和活动
free	显示内存容量、使用情况和可用空间；显示swap的状态
swapon	显示swap（交换分区）的使用情况

是不是感觉这些命令很眼熟？这就对了，这些命令都是之前已经介绍过的。如果有不熟悉的命令，你可以在相关的讨论主题中爬楼找找。即使找不到也可以使用man命令查一下，总会有办法解决你的问题。

TheKing 3#

还有关于文件系统的命令呢！你可以使用下面这几个命令检查和修复文件系统，如下表所示。

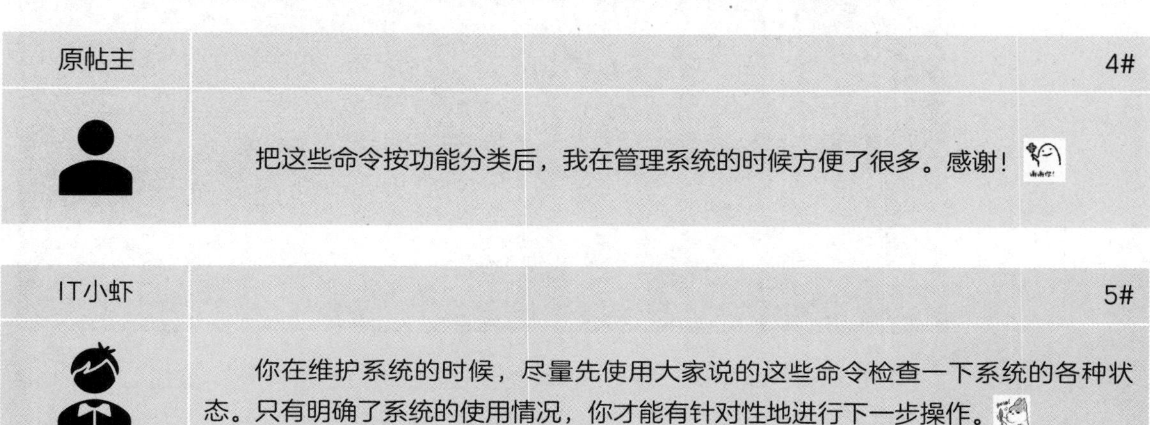

命　令	说　明
df	显示文件系统的状态，包括文件系统的容量、使用情况和可用空间
du	显示目录下的总容量和文件大小
fsck	文件系统的检查与修复

一般情况下，文件系统常见的问题就是容量不够用，所以平时要注意文件系统的可用空间。

原帖主 4#

把这些命令按功能分类后，我在管理系统的时候方便了很多。感谢！

IT小虾 5#

你在维护系统的时候，尽量先使用大家说的这些命令检查一下系统的各种状态。只有明确了系统的使用情况，你才能有针对性地进行下一步操作。

无法登录系统时的处理方式

在登录系统时，如果从打开电源到登录系统的顺序出现问题，就不会显示用户登录界面或登录提示信息，即使你在登录界面或登录提示中输入了用户名和密码，也不会登录成功。如果你遇到了这种情况，就没有办法登录系统进行系统的修复工作。解决这种问题就需要从DVD/CD-ROM或ISO镜像中启动安装程序，然后再执行修复工作。

扫码看视频

发帖：在CentOS中，忘记密码无法登录了怎么办？在线等！

最新评论

辣条君　　1#

又把密码忘了吧！没事，这种事情我也干过！这是新手经常会遇到的问题。其实除了忘记密码无法登录系统之外，如果引导加载程序GRUB2已损坏无法启动系统，也是无法登录系统的。你可以使用ISO镜像文件启动Linux系统，在Linux启动安装程序界面选择Troubleshooting（故障排除）选项，如下图所示。

```
                CentOS Linux 8.0.1905


Install CentOS Linux 8.0.1905
Test this media & install CentOS Linux 8.0.1905

Troubleshooting                                          >



  Press Tab for full configuration options on menu items.
```

在启动时，GRUB会显示一个菜单列表以供用户选择，你可以通过上下箭头键来选择需要的菜单项，按回车键即可引导操作系统。在Troubleshooting界面选择Rescue a CentOS Linux system选项进入救援模式，如下图所示。之后会有四种选项供你选择，这里你需要选择第一个，即Continue选项。

```
                    Troubleshooting

  Install CentOS Linux 8.0.1905 in basic graphics mode
  Rescue a CentOS Linux system
  Run a memory test

  Boot from local drive


  Return to main menu                                   <

    Press Tab for full configuration options on menu items.

Try this option out if you're having trouble installing
CentOS Linux 8.0.1905.
```

在提示输入行中输入数字1表示选择Continue选项，然后按下Enter键进入Shell提示界面，如下图所示。

```
The rescue environment will now attempt to find your Linux installation and
mount it under the directory : /mnt/sysimage.  You can then make any changes
required to your system.  Choose '1' to proceed with this step.
You can choose to mount your file systems read-only instead of read-write by
choosing '2'.
If for some reason this process does not work choose '3' to skip directly to a
shell.

1) Continue
2) Read-only mount
3) Skip to shell
4) Quit (Reboot)

Please make a selection from the above: 1

================================================================================
================================================================================
Rescue Shell

Your system has been mounted under /mnt/sysimage.

If you would like to make the root of your system the root of the active system,
run the command:

        chroot /mnt/sysimage
When finished, please exit from the shell and your system will reboot.
Please press ENTER to get a shell: sh-4.4#
```

救援模式是一种在紧急情况下使用的系统救援方式。你可以通过这种方法对系统中因意外而丢失或被意外删除的系统文件进行修复找回，但是非系统文件不能通过这种方式找回。Linux系统的救援模式是一种特殊的系统模式，它是一个简略的系统，具有正常系统的大部分功能，也可以执行正常系统的大部分命令。

原帖主 2#

我要怎么样才能进入这种系统启动界面？

胡扯 3#

调整启动顺序就好了。首先你要保证你的虚拟机是关闭状态，选择要修复的虚拟机；然后单击“设置”按钮，并选择“系统>主板”选项，在启动顺序中把光驱作为第一启动顺序；如果你没有添加虚拟光驱的话，还需要单击“存储”按钮，并选择“控制器：IDE”选项，添加CentOS虚拟光驱，之后保存并关闭设置界面；最后启动虚拟机，在Linux安装界面选择Troubleshooting，进入救援模式，执行修复工作就可以了。

辣条君 4#

你看到Shell提示后，需要使用chroot命令将根目录更改为/mnt/sysimage目录，如下图所示。经过chroot操作后，系统读取到的目录和文件将不再是之前系统下的根目录，而是新指定位置中的目录和文件。这种操作增加了系统的安全性，方便用户开发引导Linux系统的启动及紧急救援等。

```
sh-4.4# df
Filesystem          1K-blocks    Used Available Use% Mounted on
devtmpfs               470788       0    470788   0% /dev
tmpfs                  502644      12    502632   1% /dev/shm
tmpfs                  502644   13072    489572   3% /run
tmpfs                  502644       0    502644   0% /sys/fs/cgroup
/dev/sr0              6967726 6967726         0 100% /run/install/repo
/dev/mapper/live-rw   3030800 1827148   1187268  61% /
tmpfs                  524288     924    523364   1% /tmp
/dev/mapper/cl-root   6486016 5046308   1439708  78% /mnt/sysimage
/dev/sda1              999320  189516    740992  21% /mnt/sysimage/boot
tmpfs                  502644       0    502644   0% /mnt/sysimage/dev/shm
sh-4.4# chroot /mnt/sysimage
bash-4.4# pwd
/
bash-4.4# ls
bin   dev   etc   lib    media  opt   root  sbin  sys  usr
boot  dir1  home  lib64  mnt    proc  run   srv   tmp  var
```

在Linux系统中，系统默认的目录结构都是以/（根目录）开始的。在使用chroot命令后，系统的目录结构将以指定的位置作为/的位置。chroot命令用于将根目录更改为参数指定的目录，将根目录从安装程序的根目录更改为硬盘的根目录后，用户仍然可以使用与通常相同的目录路径。

进行到这一步就可以重置root密码了。在文件/etc/shadow中检查当前的加密密码，然后通过passwd命令设置新的密码，正确输入两次新密码即可成功重置密码。完成密码的重置后，再次检查文件/etc/shadow中的加密密码，显示加密密码已更新，如下图所示。

```
bash-4.4# head -1 /etc/shadow
root:$6$HApE7ipCHL8GqFFo$c71UDBq/vAIyeJh6C/GHggGmDhV90QHehiXH8zQ3VmsrzkYGekYkZIusWaa19RZIZi0iTH.CA40
Ds/.AInzn21::0:99999:7:::
bash-4.4# passwd
Changing password for user root.
New password:
BAD PASSWORD: The password fails the dictionary check - it is based on a dictionary word
Retype new password:
passwd: all authentication tokens updated successfully.
bash-4.4# head -1 /etc/shadow
root:$6$FLRHAVVGNGfV341f$PVSFAj94cFZeWwp59LTKLeGwPC3B8mjzpZoAUL1o6jdG0n1IJVcc4CSzQAdmhrvCm.Bk8q1jZJL
FVEGQfJiCc.:18283:0:99999:7:::
```

密码的问题解决了，再给你介绍一下如何重新安装GRUB2。首先你需要执行cat /proc/partitions命令检查分区的情况，然后使用grub2-install /dev/sda命令在损坏的磁盘/dev/sda上重新安装GRUB2。当提示Installation finished.No error reported信息时表示成功安装了GRUB2，如下图所示。

```
bash-4.4# cat /proc/partitions
major minor  #blocks  name

  11        0    6968320 sr0
  11        1    1048575 sr1
   8        0    8388608 sda
   8        1    1048576 sda1
   8        2    7339008 sda2
   7        0     459540 loop0
   7        1    3145728 loop1
   7        2   33554432 loop2
 253        0    3145728 dm-0
 253        1    3145728 dm-1
 252        0    1005288 zram0
 253        2    6496256 dm-2
 253        3     839680 dm-3
bash-4.4# grub2-install /dev/sda
Installing for i386-pc platform.
Installation finished. No error reported.
```

完成修复工作后，退出Shell并关闭虚拟主机，然后再试试重启系统。这些都是我的经验之谈，希望对你有用。

原帖主	5#
	试过了，有用。各位都是高手，佩服。

 发帖：Ubuntu上遇到无法登录的情况怎么办？

最新评论

怀挺_Go 1#

Ubuntu中解决无法登录的问题也需要ISO镜像文件，设置步骤和CentOS一样。启动Ubuntu，进入安装程序界面，如下图所示。在启动界面选择“中文（简体）”选项，你也可以选择其他语言。然后单击“试用Ubuntu”按钮，启动终端。

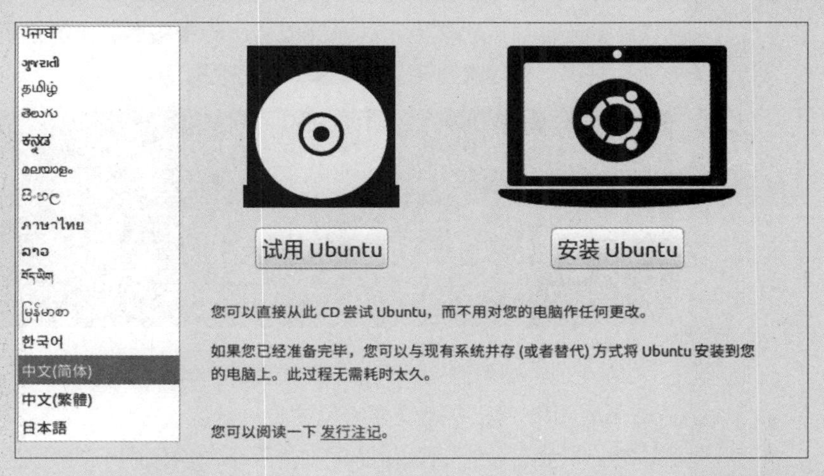

这种操作是需要root权限的。切换到root权限下使用df命令检查文件系统的安装状态，如下图所示。

```
ubuntu@ubuntu:~$ sudo su
root@ubuntu:/home/ubuntu# df | grep -v snap
文件系统          1K-块     已用     可用 已用% 挂载点
udev            994652        0   994652    0% /dev
tmpfs           203880     1340   202540    1% /run
/dev/sr0       2034000  2034000        0  100% /cdrom
/dev/loop0     1941248  1941248        0  100% /rofs
/cow           1019400   428364   591036   43% /
tmpfs          1019400        0  1019400    0% /dev/shm
tmpfs             5120        8     5112    1% /run/lock
tmpfs          1019400        0  1019400    0% /sys/fs/cgroup
tmpfs          1019400        0  1019400    0% /tmp
tmpfs           203880       44   203836    1% /run/user/999
tmpfs           203880        0   203880    0% /run/user/0
```

执行cat /proc/partitions检查要修复的磁盘分区，然后创建挂载点/mnt/sysimage来挂载修复的文件系统。使用chroot命令切换根目录至/mnt/sysimage，如下图所示。

```
root@ubuntu:/home/ubuntu# cat /proc/partitions
major minor  #blocks  name

   7        0    1941228 loop0
   7        1      90604 loop1
   7        2      55732 loop2
   7        3      43828 loop3
   7        4     153500 loop4
   7        5       4120 loop5
   7        6      15100 loop6
   7        7       1008 loop7
  11        0    2034000 sr0
  11        1    1048575 sr1
   8        0   10485760 sda
   8        1   10483712 sda1
   7        8       3736 loop8
root@ubuntu:/home/ubuntu# mkdir /mnt/sysimage
root@ubuntu:/home/ubuntu# mount /dev/sda1 /mnt/sysimage
root@ubuntu:/home/ubuntu# chroot /mnt/sysimage
root@ubuntu:/# ls
bin     dev   initrd.img      lib64       mnt   root  snap      sys  var
boot    etc   initrd.img.old  lost+found  opt   run   srv       tmp  vmlinuz
cdrom   home  lib             media       proc  sbin  swapfile  usr
```

之后你就可以重置密码了，执行grep ubuntu /etc/shadow命令表示检查ubuntu这个用户当前的加密密码，然后通过passwd命令设置新的密码，正确输入两次新密码即可成功重置密码。完成密码的重置后，再次检查文件/etc/shadow中的加密密码，显示加密密码已更新，如下图所示。

```
root@ubuntu:/# grep ubuntu /etc/shadow
ubuntu:$6$UpthqplC$PTt9dutXn/x4P60x9eUmajQu8zKsASms1TkaqbMqx.MMh9nBeHfqYv6vKnVb
jbRVPO96np/ZxTHwss3JFBmC2.:18247:0:99999:7:::
root@ubuntu:/# passwd ubuntu
输入新的 UNIX 密码:
重新输入新的 UNIX 密码:
passwd: 已成功更新密码
root@ubuntu:/# grep ubuntu /etc/shadow
ubuntu:$6$NE5VLqtx$LBVjblqlQfjCcCwmjkaLkp6d4wrWfOQBgQWbQkd1qc4EoiMFPPebj2UDMgxl
q7w7YGq1P/kuGQNpHEzgwv9/51:18283:0:99999:7:::
```

Ubuntu中重新安装GRUB2的方法和CentOS中差不多，第一步也是通过cat /proc/partitions命令检查要修复的磁盘分区。差别在第二步，Ubuntu从安装程序启动时，不会在chroot磁盘的根文件系统中创建用于访问磁盘和分区的设备文件，因此需要使用mknod命令创建设备文件。操作系统与外部设备通过设备文件进行通信，我们都知道设备文件存放在/dev目录下，这个mknod命令可以创建设备文件。

```
mknod 设备文件名 {b|c} 主设备号 次设备号
```

其中b表示块设备，c表示字符设备。之后使用Ubuntu中的grub-install命令在损坏的磁盘上重新安装GRUB2就可以了。

关于无法登录系统的解决方式，加上我介绍的这种方法，我们讨论区现在已经有CentOS和Ubuntu这两种Linux发行版的介绍了。欢迎补充其他版本的介绍。

原帖主　　2#

一会儿的功夫又学了一招，没有白来一趟。必须来个360度的赞。

无法连接网络时的处理方式

Linux系统提供了非常强大的网络服务器功能，比如Web服务器、DNS服务器、FTP服务器等，但是也会因此产生很多网络问题。如果你在使用Linux系统时出现了网络问题而无法自行解决，赶快来这里吧！这里有小伙伴提出的各种有关网络的问题和解决方法，你也可以在这里发帖留下你的问题，自会有大神为你解答。

扫码看视频

发帖：系统网络接口出现了问题，应该从哪里入手解决？

最新评论

丘丘糖 1#

用户更改系统的网络设置或者连接到其他网络环境时，可能会导致无法访问局域网中的服务器或Internet上的服务器。通常这种情况，网络层次中的上层会依赖下层，按顺序从网络层次的下层到上层依次检查网络问题是排除网络故障比较好的方法。网络层次模型如下图所示。

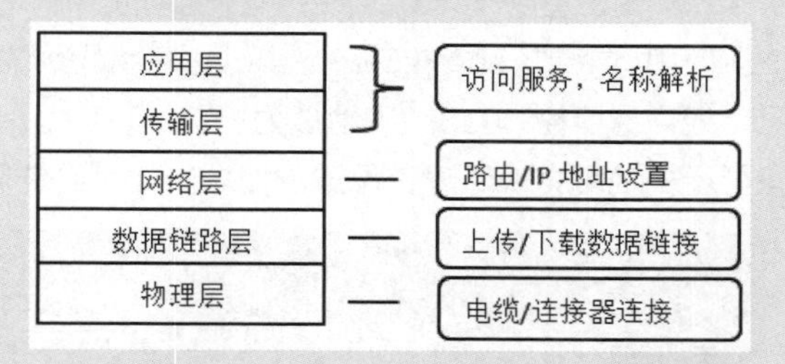

你可以根据这5个层次由下至上依次检查以下几点：

- 检查电缆或连接器是否已经连接（物理层）。
- 检查网络接口的数据链接是否已经上传（数据链路层）。
- 检查网络接口是否已经正确设置了IP地址和子网掩码（网络层）。

如果不知道问题出现在哪，你可以使用排除法，想当初我就是用排除法解决了我的问题。首先要排查的就是物理层，确保网线接口、各种电源插头之类的连接没有问题，再依次向上排查。

Shift789 2#

如果确定是网络接口出现了问题，可以先使用ip link show命令检查网络接口的数据链接状态，如下表所示。

状　态	说　　明
UP	接口状态设定为UP
LOWER_UP	物理层已连接，载波已检测，链路已建立（UP）
NO-CARRIER	物理层未连接，未检测到载波，链路已断开（DOWN）

状　态	说　　明
state UP	接口已启动（链接UP，配置UP）
state DOWN	接口已关闭（链接DOWN，配置DOWN）
BROADCAST	启用广播
MULTICAST	启用组播

我就以enp0s3接口为例来说明网络接口的检查顺序好了。检查网络接口enp0s3的链接状态，如下图所示。当前接口状态显示为UP、LOWER_UP、state UP，表示接口正在运行中。如果显示为NO-CARRIER、UP、state DOWN，表示停止接口（设定为UP，但是链接为DOWN）；如果不显示UP，只显示state DOWN表示当前接口处于停止状态；如果显示NO-CARRIER表示未检测到载波，需要检查电缆或连接器是否断开。

```
[root@centos ~]# ip link show enp0s3
2: enp0s3: <BROADCAST,MULTICAST,UP,LOWER_UP> mtu 1500 qdisc fq_codel state UP mode DEFA
ULT group default qlen 1000
    link/ether 08:00:27:2b:8c:03 brd ff:ff:ff:ff:ff:ff
[root@centos ~]#
```

如果你的接口没有显示UP，这是由于该接口已设置关闭，需要使用ip link set enp0s3 up检查enp0s3接口是否已经启动。

使用ip addr show或ip a show命令检查网络接口enp0s3的IP地址，如下图所示。结果显示enp0s3的IP地址为172.16.0.10，网络掩码为255.255.0.0。如果没有显示IP地址，表示没有设置IP地址，你可以使用之前学过的网络命令设置IP地址。

```
[root@centos ~]# ip a show enp0s3
2: enp0s3: <BROADCAST,MULTICAST,UP,LOWER_UP> mtu 1500 qdisc fq_codel state UP group def
ault qlen 1000
    link/ether 08:00:27:2b:8c:03 brd ff:ff:ff:ff:ff:ff
    inet 172.16.0.10/16 brd 172.16.255.255 scope global noprefixroute enp0s3
       valid_lft forever preferred_lft forever
    inet6 fe80::f04e:bb31:be10:a4a3/64 scope link noprefixroute
       valid_lft forever preferred_lft forever
```

设置网络接口的IP地址可以通过动态（DHCP）获取或静态引用配置文件的方式进行。CentOS和Ubuntu中使用NetworkManager的配置文件路径如下。

- CentOS：/etc/sysconfig/networkscript/ifcfg-*。
- Ubuntu：/etc/NetworkManager/system-connections/*。

执行nmcli con show命令显示接口连接列表。通过指定接口enp0s3查看该接口IP地址相关配置信息，manual表示手动设置IP地址（静态），auto表示自动获取IP地址（动态），如下图所示。IP地址为172.16.0.10，网络掩码为255.255.0.0，网关为172.16.255.254。

```
[root@centos ~]# nmcli con show
NAME      UUID                                  TYPE      DEVICE
br0-con1  8bc18d88-2cf8-4b5b-b35c-8b7f0ab807a3  bridge    br0
enp0s3    0cf59f58-5d6a-42b1-94fa-1463842104bf  ethernet  enp0s3
virbr0    9a51003f-ed52-48f2-ac83-73b313a356af  bridge    virbr0
[root@centos ~]# nmcli con show enp0s3 | grep ipv4
ipv4.method:                            manual
ipv4.dns:                               --
ipv4.dns-search:                        --
ipv4.dns-options:                       ""
ipv4.dns-priority:                      0
ipv4.addresses:                         172.16.0.10/16
ipv4.gateway:                           172.16.255.254
```

接下来查看enp0s3接口的连接状态，连接状态connection.autoconnect为是表示接口在系统启动时自动启动运行，如下图所示。如果connection.autoconnect为否，表示除非使用ip命令将网络接口设置为UP，否则接口将不会启动。

```
[root@centos ~]# nmcli con show enp0s3
connection.id:                          enp0s3
connection.uuid:                        0cf59f58-5d6a-42b1-94fa-1463842104bf
connection.stable-id:                   --
connection.type:                        802-3-ethernet
connection.interface-name:              enp0s3
connection.autoconnect:                 是
```

这些命令在我们的讨论区里都有相关的介绍，你对它们应该不陌生吧！如果忘记了用法，赶快看看你的小本本里都记了啥东西。

原帖主 3#

小本本里都是精华，😊我都还记得。我按照大家的建议先排除了物理层的问题，然后查看了接口的配置，发现是接口的IP地址设置出现了问题。

发帖：网络接口没有问题，接下来应该排查哪里？

最新评论

码字员 1#

如果网络接口设置了正确的IP地址也无法访问目标主机，你需要检查是否正确设置了路由表。另外，如果你没有为网络接口设置正确的网络掩码，也无法正确识别网络。检查路由表的命令还记得吗？可以通过ip route show或route命令检查路由表的设置，如下图所示。如果正确设置了默认路由，就可以访问指定目标的主机。如果未正确设置默认路由，则无法访问。

```
[root@centos ~]# ip route show
default via 172.16.255.254 dev enp0s3 proto static metric 100
172.16.0.0/16 dev enp0s3 proto kernel scope link src 172.16.0.10 metric 100
172.16.0.0/16 dev br0 proto kernel scope link src 172.16.0.1 metric 425 linkdown
192.168.122.0/24 dev virbr0 proto kernel scope link src 192.168.122.1 linkdown
[root@centos ~]# traceroute 172.16.0.20
traceroute to 172.16.0.20 (172.16.0.20), 30 hops max, 60 byte packets
 1  172.16.0.20 (172.16.0.20)  0.426 ms  0.343 ms  0.334 ms
[root@centos ~]# traceroute 172.17.0.20
traceroute to 172.17.0.20 (172.17.0.20), 30 hops max, 60 byte packets
 1  centos.host01 (172.16.0.10)  3058.790 ms !H  3058.727 ms !H  3058.718 ms !H
[root@centos ~]# traceroute 172.17.0.10
traceroute to 172.17.0.10 (172.17.0.10), 30 hops max, 60 byte packets
 1  centos.host01 (172.16.0.10)  3051.850 ms !H  3051.776 ms !H  3051.764 ms !H
```

如果没有正确设置默认路由，需要使用ip route命令再次进行正确的设置。重新配置默认路由如下图所示。路由需要根据你自己的IP地址和目标主机的IP地址设置。

```
[root@centos network-scripts]# ip route delete default
[root@centos network-scripts]# ip route add default via 172.16.255.254
[root@centos network-scripts]#
```

正确设置路由之后，按照以下步骤重新配置。

- 如果使用DHCP自动获取了接口的IP地址，且DHCP服务器提供了默认的路由信息，需要检查DHCP服务器的设置。
- 如果使用静态IP地址，需要使用nmcli命令设置正确的默认路由，例如nmcli con modify enp0s3 ipv4.method manual ipv4.gateway 192.168.110.1。

根据我的经验来看，如果你的IP地址没有问题，不能访问目标主机多半是因为路由。听我的，没错！

二米粥　2#

如果指定了IP地址，即使可访问目标主机，也无法解析从本地主机发送的数据包中的主机名，还需要进行名称解析才可以。进行名称解析时，需要检查/etc/hosts文件中是否已经注册IP地址与主机名的解析记录，如没有注册则需要进行注册。使用vi编辑器在/etc/hosts文件中添加主机解析记录，例如添加172.16.0.20 ubuntu.host01，然后通过ping命令指定主机名，检测主机之间的连通性，如下图所示。

```
[root@centos ~]# vi /etc/hosts
[root@centos ~]# ping -c 2 ubuntu.host01
PING ubuntu.host01 (172.16.0.20) 56(84) bytes of data.
64 bytes from ubuntu.host01 (172.16.0.20): icmp_seq=1 ttl=64 time=0.225 ms
64 bytes from ubuntu.host01 (172.16.0.20): icmp_seq=2 ttl=64 time=0.258 ms

--- ubuntu.host01 ping statistics ---
2 packets transmitted, 2 received, 0% packet loss, time 9ms
rtt min/avg/max/mdev = 0.225/0.241/0.258/0.022 ms
[root@centos ~]#
```

通过DNS执行名称解析时，必须在/etc/resolv.conf文件中注册要使用的DNS服务器的IP地址，例如nameserver 8.8.8.8。如果使用DHCP服务器，则DNS客户端守护程序会自动将其写入/etc/resolv.conf文件中；如果未写入正确的IP地址，需要检查DNS服务器的设置是否正确；如果未使用DHCP服务器，则需要编辑/etc/resolv.conf文件。但即使在该文件中设置了正确的DNS服务器的IP地址，也无法访问DNS服务器，除非正确设置了网络接口和路由。

Jobs@AE　3#

如果要访问的目标主机的服务端口没有打开，也是不可以访问目标主机的。你可以在客户端执行nmap命令检查服务器端是否提供了服务，确认服务端口是否已打开。如使用nmap命令检查服务器是否提供ssh服务（端口号22）和http服务（端口号80），可执行nmap -p 22,80 centos.host02，其中centos.host02为服务器名称。

网络出现问题常见的情况就是接口的IP地址、子网掩码、路由信息等设置得不正确。如果再遇到类似的问题，可以先检查这几个方面的信息。

原帖主　4#

从这几个方面入手，排查范围就小很多了。谢谢各位！

应用程序响应缓慢的处理方式

作为一名Linux系统管理员，需要处理应用程序遇到的各种问题，优化系统配置。硬件问题、软件问题、网络问题等都会导致系统中应用程序的响应速度变得缓慢，优化应用程序、提高系统资源利用率是系统管理员应该掌握的技能之一。即使你不想成为一名系统管理员，这也是一项非常实用的技能。

扫码看视频

发帖：最近感觉程序有点卡，如何检查应用程序的资源占用情况？

最新评论

菜头哥　　1#

Linux系统中处理应用程序的速度主要取决于CPU、内存和磁盘等资源的使用情况。用户可以通过查看系统中应用程序进程的资源使用情况处理系统资源分配的方式。ps、top这些命令可以检查每个进程的状态，vmstat命令可以检查内存和CPU使用率等信息，hdparm命令可以检查磁盘性能。其实还有更多这方面的命令，不过我想说的主要是ps和top这两个命令，很眼熟吧！

ps命令可以检查每个进程的CPU使用率、内存使用率，其中ps命令的-o选项可以指定的参数如下表所示。

参　数	说　　明
pid	进程ID
comm	命令名称
nice	nice值。设置在-20（最高优先级）和19（最低优先级）之间，只有root可以设置负数，默认值为0
pri	ps命令显示的操作系统优先级139（最高优先级）至0（最低优先级）
%cpu	CPU使用率（百分比）
%mem	内存使用率（百分比）
rss	进程占用的固定内存，以千字节为单位
vsize	虚拟内存大小（单位KiB）

通过这些参数，我们可以判断这个应用程序到底占用了多少资源。以Firefox浏览器为例，使用ps命令检查Firefox的状态，指定了上述八个参数，如下图所示。

```
[root@centos ~]# ps -eo pid,comm,nice,pri,%cpu,%mem,rss,vsize | grep firefox
30762 firefox          0  19  0.3 13.8 116500 2954472
[root@centos ~]#
```

Firefox浏览器进程的pid为30762，命令名称为firefox，nice值为0（默认值），pri值为19，CPU的利用率为0.3%，内存使用率为13.8%，尚未使用的区域大小为116500MB，虚拟内存大小为2954472MB。随着Firefox浏览器显示的网页数量增多，该进程的数据区域也会不断地扩大。

如果想通过CPU的使用率查看进程信息，可以使用top命令。top命令会在显示结果的顶部列出一个五行摘要的信息区域，该区域显示系统的总体利用率等统计信息。摘要信息下面是任务区域，该区域列出正在运行中的进程信息，默认情况下是按CPU使用率降序显示，也可通过执行过程中按键输入以内存使用率等顺序显示。

- 更改显示顺序字段：按下f键进入选择字段的界面，按下s键选择字段，按下q键退出。
- 突出显示选中的字段：按下b键黑白翻转选中的字段，按下x键执行黑白翻转。
- 更改显示的行数：按下n键输入指定显示的行数。

设置top命令的显示结果为10行，如下图所示。在top命令的执行结果界面中按下n键，会出现输入行数的提示界面，在此界面输入10即可。

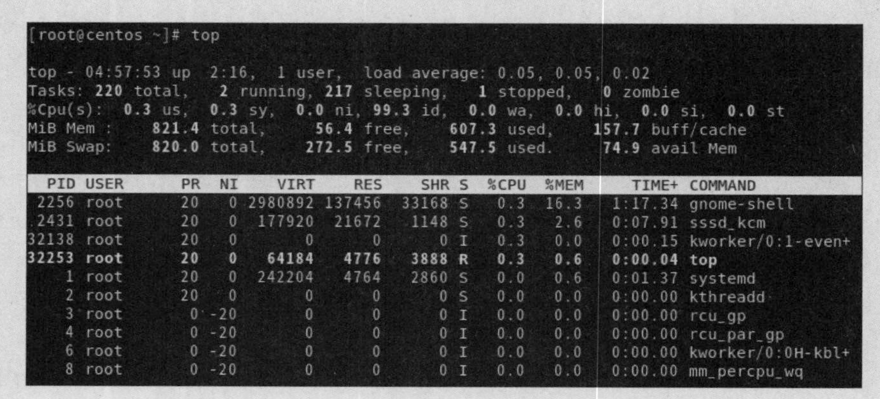

你可以从执行结果中看到各种应用程序的资源占用对比情况，谁多谁少，一目了然。如果无关的程序占用了太多的资源，直接kill它。

路人甲 2#

系统的容量和磁盘性能也得了解一下吧！free命令用于显示系统内存和交换空间的使用情况，如果指定-h选项，则会以MB或GB为单位显示系统容量的使用情况。使用free命令指定-h选项显示内存和交换空间的使用情况如下图所示。内存大小总计（total）821MB，已用（used）603MB，可用（available）79MB，交换空间的大小总计（total）819MB，已用（used）541MB。

```
[root@centos ~]# free -h
              total        used        free      shared  buff/cache   available
Mem:          821Mi       603Mi        65Mi        13Mi       152Mi        79Mi
Swap:         819Mi       541Mi       278Mi
[root@centos ~]#
```

还有hdparm命令可以检查磁盘性能，指定-t选项检查磁盘传输速度，如下图所示。想看哪个磁盘就指定哪个磁盘。

```
[root@centos ~]# hdparm -t /dev/sda

/dev/sda:
 Timing buffered disk reads: 396 MB in  3.01 seconds = 131.69 MB/sec
[root@centos ~]#
```

你可以用这些命令测试磁盘的读写性能和缓存性能，还可以用它设置IDE或SCSI硬盘的参数。

origin20 3#

还可以将应用程序作为系统性能的测试对象。以bc为例，它是Linux系统下的计算器工具，在终端执行bc命令可以进行四则运算，还可以使用数学函数执行计算。我们以计算所需的时间来衡量，进行性能评估。使用bc命令指定-l选项加载math函数库进行计算，计算8888的1000次幂（输出结果太长，这是截取的部分结果），如下图所示。

```
[root@centos ~]# bc -l
bc 1.07.1
Copyright 1991-1994, 1997, 1998, 2000, 2004, 2006, 2008, 2012-2017 Free Software Founda
tion, Inc.
This is free software with ABSOLUTELY NO WARRANTY.
For details type `warranty'.
8888^10^4
1097638491085345235016117901425706325532620954125780981323086360912 2\
7598442014698881260835875546232135979052828774091415393829659581835 0\
8888021648341367229307614344389218003278681495998521074809289960525 1\
2724844765953724640392492867234767550047304514030652777227643952444 7\
0689612093375494703101265199086091282415843340727421006775558933934 9\
```

测量计算次幂所需的时间，通过管道将计算公式传递给bc命令，并使用time命令评估执行时间，然后将显示结果重定向到/dev/null。通过time命令测量的计算所需时间为0.136秒，如下图所示。

```
[root@centos ~]# time echo "8888^10^4" | bc > /dev/null

real    0m0.136s
user    0m0.120s
sys     0m0.000s
```

time命令显示的字段含义如下。

- real：从开始到结束的时间。
- user：用户模式下的CPU执行时间。
- sys：内核模式下的CPU执行时间。

执行上述操作后，再重新打开另一个终端，使用ps命令检查bc进程资源使用情况，如下图所示。结果显示有三个关于bc的进程，最后一个进程号为2749的bc进程是计算8888的1000次幂的进程。该进程的rss和vsize分别为2836和13964，这种面向计算的进程性能主要取决于CPU的分配时间，并且几乎不受内存使用情况的影响。

```
[root@centos ~]# ps -eo pid,comm,%mem,rss,vsize | grep bc
 2654 bc              2.1 17980  29416
 2714 bc              1.6 14284  25480
 2749 bc              0.3  2836  13964
```

除了通过次幂的计算评估性能之外，还可以通过计算圆周率来检查性能。数学函数a()就是arctan，用于计算π。根据tan(n/4)=1以及arctan(1)=π/4，计算4*a(1)即arctan(1)的4倍。计算圆周率如下图所示。在计算圆周率之前可以使用scale指定计算到小数点后的位数。

```
[root@centos ~]# bc -l
bc 1.07.1
Copyright 1991-1994, 1997, 1998, 2000, 2004, 2006, 2008, 2012-2017 Free Software Founda
tion, Inc.
This is free software with ABSOLUTELY NO WARRANTY.
For details type `warranty'.
scale=100
4*a(1)
3.141592653589793238462643383279502884197169399375105820974944592307\
8164062862089986280348253421170676
scale=1000
4*a(1)
3.141592653589793238462643383279502884197169399375105820974944592307\
8164062862089986280348253421170679821480865132823066470938446095505 8\
2231725359408128481117450284102701938521105559644622948954930381964 4\
2881097566593344612847564823378678316527120190914564856692346034861 0\
```

然后执行time命令评估计算π所需的时间，如下图所示。计算π的小数点后1000位数字所用的时间为0.289秒。

```
[root@centos ~]# time echo "scale=1000;4*a(1)" | bc -l > /dev/null

real	0m0.289s
user	0m0.247s
sys	0m0.000s
```

即使你每次执行相同的命令，需要花费的时间也是不一样的，这个时间和系统运行情况相关。从这些时间上可以很直观地感受应用程序的处理速度，如果其他的参数看不懂，就看这个吧！

原帖主 4#

我要看看到底是哪些无关的应用程序占了我那么多的内存。谢谢各位兄弟姐妹！太感谢了！

发帖：应该如何降低基于计算的应用程序的处理时间？

最新评论

Lemon 1#

你想降低它的处理时间，首先你得知道Linux系统是一个分时处理系统（TSS，Time-sharing System），系统中的多个进程分别叫做时间片，并且在分配的极短的CPU时间内执行处理（时间通常以几十毫秒到几百毫秒为单位）。

你可以通过如下方式分配更多的CPU处理时间来缩短整体的处理时间。

- 终止不必要的进程。
- 增加进程优先级。
- 降低其他进程的优先级。

更改优先级测试bc命令的次幂计算时间，如下图所示。不指定nice值时以系统默认优先级运行；nice值为0，运行时间为0.294秒；指定nice默认值为10，运行时间为0.398秒；指定nice值为-19，运行时间为0.166秒。由此可以看出在这三个进程中nice值为10时，运行速度最慢；nice值为-19时，运行速度最快。

```
[root@centos ~]# (time echo "8888^10^4" | bc > /dev/null &);\
> (time echo "8888^10^4" |nice  bc > /dev/null &);\
> (time echo "8888^10^4" |nice --19 bc > /dev/null &);\
> ps -eo pid,comm,nice,pri | grep bc
 2626 bc               0  19
 2665 bc              10   9
 2690 bc             -19  38
 2736 bc               0  19

real	0m0.166s
user	0m0.113s
sys	0m0.001s
[root@centos ~]#
real	0m0.294s
user	0m0.114s
sys	0m0.001s

real	0m0.398s
user	0m0.115s
sys	0m0.001s
```

从这个例子中可以验证我说的第二种方式，优先级越高，处理时间越快。还有另外两种方式就让你自己来体会一下吧！nice命令修改进程优先级你也会，方法也告诉你了，去试试吧！

喷了个嚏 2#

如果你还想知道磁盘存储的处理速度，我推荐使用hdparm -T命令。基于磁盘I/O程序的性能取决于磁盘的处理速度，用户可以使用高速存储在较短的时间内处理磁盘。使用parted命令可以显示内置磁盘的信息。通过磁盘内置高速缓存时，大容量读写或小容量频繁读写不能达到高速缓存的效果。

原帖主 3#

没想到还有意外收获。谢谢啦！

无法访问文件的处理方式

我们在访问文件系统的过程中可能会遇到无法读取、无法修改或者无法创建文件的问题。如果现在你还在被这样的问题困扰，希望这里有你需要的答案。当文件系统的可用空间变少时，应用程序的运行速度会变得十分缓慢，这也会影响我们访问文件的速度。联盟里的小伙伴将在这里讨论这些常见的问题和对应的处理方法，想知道的话，赶快过来吧！

扫码看视频

发帖：文件系统的可用空间用完或者文件系统损坏了怎么办？

最新评论

ecloud 1#

如果你在使用文件系统的过程中发生文件系统可用空间不足或空间已经使用完的情况，系统会显示没有剩余空间的信息，并且无法创建或扩展文件。此时你可以尝试按照下面的顺序操作。

- 使用tar命令或你知道的其他命令，将没有空间区域的文件系统中的内容复制到有足够空间容量的文件系统中。
- 删除源文件夹。
- 创建原始目录作为文件名的符号链接，并链接到复制目的地目录中。

你还可以使用tar命令将文件系统的一部分数据复制到另一个文件系统中，并在其中创建符号链接。

zplinux 2#

如果你的磁盘出现故障，文件系统可能会变得不一致，或文件可能会丢失。这个时候可以通过fsck命令检查并更正文件系统，指定-f选项可以更正文件系统不一致的地方。如果目录出现损坏的现象，则目录条目中注册的索引节点号将丢失，任何目录中未引用的没有命名的文件都将保留，只是用户看起来像是文件丢失了。

你在访问文件系统时，如果出现输入输出错误就说明文件系统已经损坏或者出现了硬件故障。当外部USB磁盘的连接器被断开时也会发生这种情况，在连接器接触不良的情况下，即使访问相同的位置，也可能无法访问。如果发生硬件故障，控制台会显示错误消息，这些消息也会记录在/var/log/messages文件中。

关于磁盘的相关命令我们已经在讨论磁盘管理的时候说明了。如果当时你没有参与，可以现在回去爬楼找找。爬楼有益身心健康，多锻炼一下也是好的。

原帖主 3#

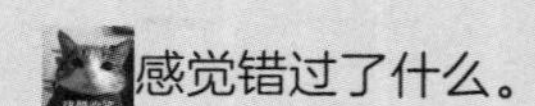感觉错过了什么。

发帖：如何共享文件？

最新评论

mz_n2 1#

使用NFS服务器共享文件时，用户可以像操作本地文件系统一样操作远程服务器共享出来的文件系统。此处通过Ubuntu配置NFS服务，默认情况下，Ubuntu没有安装该服务。用户安装NFS服务及相关组件的命令为sudo apt install nfs-common nfs-kernel-server。安装完成后，通过以下命令启动并查看NFS服务状态，如下图所示。

```
ubuntu@ubuntu:~$ sudo systemctl enable nfs-server
ubuntu@ubuntu:~$ sudo systemctl start nfs-server
ubuntu@ubuntu:~$ systemctl status nfs-server
●nfs-server.service - NFS server and services
   Loaded: loaded (/lib/systemd/system/nfs-server.service; enabled; vendor pres
   Active: active (exited) since Wed 2020-02-05 11:00:14 EST; 1min 45s ago
 Main PID: 6792 (code=exited, status=0/SUCCESS)
    Tasks: 0 (limit: 2329)
   CGroup: /system.slice/nfs-server.service
```

以NFS发布共享文件或文件系统时，可以通过/etc/exports文件和exportfs命令实现。/etc/exports文件是NFS服务的重要配置文件，文件中定义了各种共享资源以及相关访问权限。exportfs命令用于发布或撤销共享资源以及监控共享资源的状态。

共享本地目录，首先需要创建本地目录/nfstest及子目录dir1和dir2以供客户端用户共享。然后编辑文件/etc/exports，导出共享目录，如下图所示。

```
ubuntu@ubuntu:/nfstest$ ls
dir1  dir2
ubuntu@ubuntu:/nfstest$ sudo vi /etc/exports
ubuntu@ubuntu:/nfstest$ sudo exportfs -a
```

使用vi编辑器编辑文件/etc/exports，新增内容如下图所示。下面两行内容表示分别把目录dir1和dir2共享出去，dir1目录的访问权限为读写（rw），dir2目录的访问权限为只读（ro）。

```
/nfstest/dir1 *(rw,sync,no_subtree_check,root_squash)
/nfstest/dir2 172.16.0.10(ro,sync,no_subtree_check,no_root_squash)
```

通过exportfs命令导出目录后，用户可以从客户端访问该共享目录。执行showmount命令查看NFS服务器共享的资源，如下图所示。

```
ubuntu@ubuntu:~$ showmount -e 10.0.2.15
Export list for 10.0.2.15:
/nfstest/dir1 *
/nfstest/dir2 172.16.0.10
```

mzsoft　2#

如果你在Ubuntu中使用vi编辑器时出现vi编辑模式下不能正常使用方向键和退格键的问题，首先使用sudo apt-get remove vim-common命令卸载vim-tiny，然后执行sudo apt-get install vim命令安装vim-full。成功执行指定命令后，就可以正常使用方向键和退格键了。这是我之前遇到过的问题，解决方法分享给你。给个小心心再走吧！

原帖主　3#

谢谢大家！

优化系统性能的分析工具

用户可以通过Linux系统中提供的常用性能分析工具发现系统中存在的问题。vmstat命令可以对系统的内存信息、进程、CPU等进行监控，但是不能对某个进程进行深入分析。

```
vmstat [-V] [-n] [delay [count]]
```

vmstat命令的各个选项及说明如下表所示。

选　项	说　明
-n	周期性循环输出时，输出的头部信息仅显示一次
-V	表示输出版本信息，可选
delay	两次输出之间的间隔时间
count	按照delay的间隔时间统计次数

执行vmstat 3表示通过vmstat命令每3秒钟更新一次输出信息，如下图所示。在按下Ctrl+c组合键停止输出之前信息会一直循环输出。

```
[root@centos ~]# vmstat
procs -----------memory---------- ---swap-- -----io---- -system-- ------cpu-----
 r  b   swpd   free   buff  cache   si   so    bi    bo   in   cs us sy id wa st
 2  0 321024  57912     88 166932   78  971  6018  1216  446  734  8  4 71 17  0
[root@centos ~]# vmstat 3
procs -----------memory---------- ---swap-- -----io---- -system-- ------cpu-----
 r  b   swpd   free   buff  cache   si   so    bi    bo   in   cs us sy id wa st
 2  0 321024  55280     88 169556   77  954  5916  1194  441  726  8  4 72 17  0
 0  0 322304  70740     88 155832    0  389    28   389  234  301  4  1 94  1  0
 3  0 322304  70728     88 155840    0    0     0     7  878  856 16  2 82  0  0
 0  0 322304  70728     88 155840    0    0     0     0  306  378  5  0 95  0  0
 0  0 322304  70728     88 155840    0    0     0     1  115  191  1  1 98  0  0
 0  1 322304  69400     88 157040    0    0   409     0  132  208  1  0 97  2  0
 0  0 322304  67064     88 159492    5    0   664     0  153  256  1  1 95  3  0
 0  0 322304  67004     88 159492    0    0     0     0  120  199  1  0 99  0  0
 0  0 322304  67004     88 159496    0    0     1     0  130  205  1  0 98  1  0
 0  0 322304  67068     88 159496    0    0     0     0  149  234  1  1 98  0  0
 0  0 322304  67008     88 159496    0    0     0     0  127  192  1  1 98  0  0
 0  0 322816  57356     88 158400  129  260  3276   856  341  436  6  3 81 10  0
 0  0 322816  57420     88 158400    0    0     0     0  209  306  2  1 98  0  0
 0  0 324096  65496     88 152564    3  461  5851   852  302  436  5  2 79 13  0
 0  0 324096  65436     88 152556   11    0    12    17  120  193  2  0 97  1  0
```

执行vmstat命令后，在生成的执行结果中，各个字段的含义如下表所示。

选　项	说　明
r	表示运行队列
b	表示阻塞的进程
swap	虚拟内存已使用的大小，大于0表示物理内存不足
free	空闲的物理内存的大小
buff	Linux系统用于存储目录、权限等的缓存

选　项	说　　明
cache	用于文件缓冲
si	每秒从磁盘读入虚拟内存的大小
so	每秒虚拟内存写入磁盘的大小
bi	块设备每秒接收的块数量，默认块大小是1024byte
bo	块设备每秒发送的块数量
in	每秒CPU的中断次数，包括时间中断
cs	每秒上下文切换次数
us	用户CPU时间
sy	系统CPU时间，如果太高，表示系统调用时间长
id	空闲CPU时间
wa	等待IO、CPU时间

iostat命令用于监控系统的磁盘I/O操作，主要显示磁盘读写操作的统计信息。iostat命令同样不可以对某个进程深入分析，仅对系统整体情况进行分析。

```
iostat [-c|-d] [-k] [-t] [-x [device]] [interval [count]]
```

iostat命令的选项及说明如下表所示。

选　项	说　　明
-c	显示CPU的使用情况
-d	显示磁盘的使用情况
-t	输出统计信息开始执行的时间
-x	指定要统计的磁盘设备名称
interval	指定两次统计间隔的时间
count	按照interval的间隔时间统计次数

如果当前系统中没有iostat软件包，需要执行yum install sysstat命令进行安装，如下图所示。安装过程中出现提示信息，输入y继续安装。

```
[root@centos ~]# yum install sysstat
上次元数据过期检查: 0:04:16 前，执行于 2020年02月09日 星期日 19时37分16秒。
依赖关系解决。
================================================================================
 软件包              架构       版本                               仓库         大小
================================================================================
Installing:
 sysstat             x86_64     11.7.3-2.el8                       AppStream    426 k
安装依赖关系:
 lm_sensors-libs     x86_64     3.4.0-20.20180522git70f7e08.el8    BaseOS        59 k

事务概要
================================================================================
安装  2 软件包

总下载: 484 k
安装大小: 1.5 M
确定吗? [y/N]:  y
```

不加任何选项执行iostat命令显示磁盘读写操作的统计信息，如下图所示。

```
[root@centos ~]# iostat
Linux 4.18.0-80.11.2.el8_0.x86_64 (centos.host01)       2020年02月09日  _x86_64_       (
1 CPU)

avg-cpu:  %user   %nice %system %iowait  %steal   %idle
           4.03    0.88    2.11   10.20    0.00   82.78

Device             tps    kB_read/s    kB_wrtn/s    kB_read    kB_wrtn
sda              73.78      3436.27       660.51    3324348     638996
sdb               0.25        10.45         0.00      10114          0
scd0              0.04         1.10         0.00       1066          0
dm-0             58.17      3335.63       200.25    3226987     193732
dm-1            130.45        59.87       463.84      57920     448732
```

执行iostat命令，指定-c选项表示显示CPU的统计信息，“interval 2 3”表示指定3次的统计间隔时间为2秒，如下图所示。

```
[root@centos ~]# iostat -c  2 3
Linux 4.18.0-80.11.2.el8_0.x86_64 (centos.host01)       2020年02月09日  _x86_64_       (
1 CPU)

avg-cpu:  %user   %nice %system %iowait  %steal   %idle
           1.47    0.21    0.67    2.67    0.00   94.98


avg-cpu:  %user   %nice %system %iowait  %steal   %idle
           2.01    0.00    0.00    0.00    0.00   97.99


avg-cpu:  %user   %nice %system %iowait  %steal   %idle
           1.00    0.00    0.50    0.00    0.00   98.50
```

执行iostat命令后，会生成CPU报告，其中各个字段的含义如下表所示。

字　段	说　　明
%user	显示在用户级别执行时CPU的利用率
%nice	以良好的优先级在用户级别执行时显示CPU利用率
%system	显示在系统执行时出现的CPU利用率百分比
%iowait	显示CPU或CPU空闲时的百分比
%steal	显示虚拟管理程序为另一个虚拟处理器服务时，虚拟CPU或CPU在非自愿等待中花费的时间百分比。
%idle	显示CPU空闲的时间百分比（系统没有未执行的磁盘I/O请求）

执行iostat命令，统计磁盘读写信息。指定-d显示磁盘的使用情况，使用-x指定要统计的磁盘设备名称/dev/sda，执行3次的间隔时间为2秒，如下图所示。

```
[root@centos ~]# iostat -d -x /dev/sda 2 3
Linux 4.18.0-80.11.2.el8_0.x86_64 (centos.host01)       2020年02月09日  _x86_64_       (
1 CPU)

Device            r/s     w/s     rkB/s     wkB/s   rrqm/s   wrqm/s  %rrqm  %wrqm r_awa
it w_await aqu-sz rareq-sz wareq-sz  svctm  %util
sda             15.90    2.92    853.21    154.08     1.25    25.78   7.29  89.83   19.
31   10.86    0.33    53.66    52.82   0.57   1.08

Device            r/s     w/s     rkB/s     wkB/s   rrqm/s   wrqm/s  %rrqm  %wrqm r_awa
it w_await aqu-sz rareq-sz wareq-sz  svctm  %util
sda              0.00    0.00      0.00      0.00     0.00     0.00   0.00   0.00    0.
00    0.00    0.00     0.00     0.00   0.00   0.00

Device            r/s     w/s     rkB/s     wkB/s   rrqm/s   wrqm/s  %rrqm  %wrqm r_awa
it w_await aqu-sz rareq-sz wareq-sz  svctm  %util
sda              0.00    0.00      0.00      0.00     0.00     0.00   0.00   0.00    0.
00    0.00    0.00     0.00     0.00   0.00   0.00
```

sar命令可以全面地获取系统的CPU、运行队列、磁盘I/O、内存、网络等性能数据。

```
sar [选项] [-o 文件名] [interval [count]]
```

sar命令会将命令结果以二进制的形式存放在文件中。sar命令的选项及说明如下表所示。

选　项	说　　明
-u	显示系统所有CPU在采样时间内的负载状态
-d	显示系统所有硬盘设备在采样时间内的使用情况
-v	显示进程、文件等状态
-n	显示网络运行状态
-w	显示系统交换活动在采样时间内的状态
-A	显示系统所有资源设备的运行情况
-P	显示当前系统指定的CPU使用情况

执行sar命令查看CPU的整体负载情况，每3秒统计一次，共统计5次，如下图所示。

```
[root@centos ~]# sar -u 3 5
Linux 4.18.0-80.11.2.el8_0.x86_64 (centos.host01)       2020年02月09日  _x86_64_        (
1 CPU)

19时47分37秒     CPU     %user     %nice   %system   %iowait    %steal     %idle
19时47分40秒     all      1.33      0.00      0.33      0.00      0.00     98.33
19时47分43秒     all      1.34      0.00      0.33      0.00      0.00     98.33
19时47分46秒     all      4.71      0.00      0.00      0.00      0.00     95.29
19时47分49秒     all      2.69      0.00      0.67      0.00      0.00     96.63
19时47分52秒     all      0.67      0.00      0.33      0.00      0.00     99.00
平均时间:     all      2.14      0.00      0.34      0.00      0.00     97.52
```

sar命令的CPU输出字段的含义如下表所示。

选　项	说　　明
CPU	all表示统计信息为所有CPU的平均值
%user	显示在用户级别（application）运行占用CPU总时间的百分比
%nice	显示在用户级别，用于nice的操作所占用CPU总时间的百分比
%system	在核心级别（kernel）运行所占用CPU总时间的百分比
%iowait	显示用于等待I/O操作占用CPU总时间的百分比
%steal	管理程序（hypervisor）为另一个虚拟进程提供服务而等待虚拟CPU的百分比
%idle	显示CPU空闲时间占用CPU总时间的百分比

执行sar命令查看磁盘的读写性能，如下图所示。每3秒统计一次，共统计5次。

```
[root@centos ~]# sar -d 3 5
Linux 4.18.0-80.11.2.el8_0.x86_64 (centos.host01)       2020年02月09日  _x86_64_
1 CPU)

19时49分09秒       DEV       tps     rkB/s     wkB/s   areq-sz    aqu-sz     await
svctm     %util
19时49分12秒    dev8-0      0.33      1.33      0.00      4.00      0.00      0.00
  1.00      0.03
19时49分12秒   dev8-16      0.00      0.00      0.00      0.00      0.00      0.00
  0.00      0.00
19时49分12秒   dev11-0      0.00      0.00      0.00      0.00      0.00      0.00
  0.00      0.00
19时49分12秒  dev253-0      0.00      0.00      0.00      0.00      0.00      0.00
  0.00      0.00
19时49分12秒  dev253-1      0.33      1.33      0.00      4.00      0.00      0.00
  1.00      0.03
```

sar命令的磁盘输出字段的含义如下表所示。

字　段	说　　明
await	表示平均每次设备I/O操作的等待时间（以毫秒为单位）
svctm	表示平均每次设备I/O操作的服务时间（以毫秒为单位）
%util	表示一秒中有百分之几的时间用于I/O操作

执行sar命令查看系统内存使用情况，如下图所示。每5秒统计一次，共统计2次。

```
[root@centos ~]# sar -r 5 2
Linux 4.18.0-80.11.2.el8_0.x86_64 (centos.host01)       2020年02月09日   _x86_64_        (
1 CPU)

19时50分01秒  kbmemfree   kbavail kbmemused  %memused kbbuffers  kbcached  kbcommit   %c
ommit  kbactive   kbinact   kbdirty
19时50分06秒      70348    175164    770772     91.64        84    210312   6150580     3
65.93    258468    321748         0
19时50分11秒      70288    175104    770832     91.64        84    210312   6150580     3
65.93    258548    321756         0
平均时间:      70318    175134    770802     91.64        84    210312   6150580    365.
93    258508    321752         0
```

sar命令的内存输出字段的含义如下表所示。

字　段	说　　明
kbmemfree	该值和free命令中的free值基本一致，不包括buffer和cache的空间
kbmemused	该值和free命令中的used值基本一致，包括buffer和cache的空间
%memused	该值是kbmemused和内存总量（不包括swap）的一个百分比
kbbuffers、kbcached	这两个值就是free命令中的buffer和cache
kbcommit	保证当前系统所需要的内存，即为了确保不溢出而需要的内存（RAM+swap）
%commit	该值是kbcommit与内存总量（包括swap）的一个百分比

执行sar命令查看网络运行状态，如下图所示。每5秒统计一次，共统计3次。

```
[root@centos ~]# sar -n DEV 5 3
Linux 4.18.0-80.11.2.el8_0.x86_64 (centos.host01)       2020年02月09日   _x86_64_        (
1 CPU)

19时51分21秒     IFACE   rxpck/s   txpck/s    rxkB/s    txkB/s   rxcmp/s   txcmp/s  rxm
cst/s   %ifutil
19时51分26秒        lo      0.00      0.00      0.00      0.00      0.00      0.00
 0.00      0.00
19时51分26秒    virbr0      0.00      0.00      0.00      0.00      0.00      0.00
 0.00      0.00
19时51分26秒       br0      0.00      0.00      0.00      0.00      0.00      0.00
 0.00      0.00
19时51分26秒    enp0s3      0.00      0.00      0.00      0.00      0.00      0.00
 0.00      0.00
19时51分26秒 virbr0-nic      0.00      0.00      0.00      0.00      0.00      0.00
  0.00      0.00
```

sar命令的网络输出字段的含义如下表所示。

字段	说明
IFACE	网络设备的名称
rxpck/s	每秒钟接收到的包数目
txpck/s	每秒钟发送出去的包数目
rxkB/s	每秒钟接收到的字节数
txkB/s	每秒钟发送出去的字节数
rxcmp/s	每秒钟接收到的压缩包数目
txcmp/s	每秒钟发送出去的压缩包数目
rxmcst/s	每秒钟接收到的多播包的包数目

当你想要优化系统性能时，可以试试这几个命令。

大神来总结

哈喽！通过本次主题的讨论学习，你又学到了哪些实用的技能？如果还想回顾一下小伙伴讨论的经典名场面，过来看看本大神的总结吧！

- 学会查看系统的状态，比如查看网络接口状态可以用nmcli、ip等命令。
- 要知道忘记密码时的解决办法。
- 如果系统出现网络问题，要知道排查的方法和解决的办法。
- 学会分析进程的资源使用情况，通过调整优先级合理分配系统资源。

操千曲而后晓声，观千剑而后识器。此次大家在一起讨论了很多系统维护方面的常见问题和解决方法，希望各位小伙伴可以一一实践起来。

Chapter

11

讨论方向——安全策略

公　告

大家好！欢迎来到“Linux初学者联盟讨论区”。恭喜你经过重重考验来到本次的讨论区，一路走来，你已经从一无所知的小白成长为可以维护系统安全的Linux初学者了。

本次讨论的主题是安全策略方面的问题，经过此次的讨论学习之后，你可以升级到Linux中级学者了。本次主要讨论方向是以下5点。

01 攻击和防御

02 数据加密与身份验证

03 通过SSH进行安全通信

04 了解防火墙的限制规则

05 了解与安全相关的软件

攻击和防御

Linux系统的开源导致了系统安全性问题，经常会遭遇来自系统底层的攻击。系统管理员需要清楚地了解Linux系统可能会遇到的攻击类型和对应的防范措施，一旦发现系统中存在安全漏洞，我们应该立即采取措施修复漏洞，保护系统安全、加强防御。计算机中的安全问题主要是针对信息泄露与窃听的对策、入侵防御、入侵检测和入侵后的对策这几个方面，因此，关于Linux系统的攻击和防御策略是我们必须要知道的内容。

发帖：我平时要怎么做才能防御入侵？

最新评论

FreeLinux 1#

看来你已经有安全防范意识了，给你点个赞！其实防止信息泄露和窃听的措施主要包括文件访问限制和加密等，入侵检测和入侵防御主要针对防火墙、IDS（入侵检测系统）和IPS（入侵防御系统）的入侵检测和防御系统。另外你还需要了解由于不完整的系统设置或安全漏洞而被突破防御遭受入侵的应对办法。

如果你想防止信息泄露和窃听，可以从下面这两个方面入手。

- 本地信息泄露的应对方法：不管是系统管理员还是普通用户都必须要学会正确设置文件的访问权限和ACL（访问控制列表），还可以通过SELinux设置访问控制策略。
- 网络数据被窃听的应对方法：我们在网络上进行通信的时候，由于http、telnet和ftp都是未加密的通信，就容易遭到窃听；而Web服务器和客户端之间的通信是通过https（超文本传输安全协议）传输的，保证了安全性。主机之间通信可以通过ssh，而不是telnet，这样也可以增加安全性。

从我说的这两个方面入手，可以防御常见的网络入侵。

御用闲人 2#

其实我们所针对的主要是来自网络的入侵，简直防不胜防。通过防御网络入侵和管理系统权限来加强系统的安全性有如下几个注意事项需要你了解一下。

- 经常更新软件：一般情况下，我们为了避免他人通过软件中存在的漏洞入侵系统，必须更新软件到最新版本。
- 下载数据的注意事项：在网络上意外下载或安装了不知名的软件都可能造成系统被入侵。为防止这种情况发生，我们需要从标准或受信任的存储库中下载软件包。注意欺诈性的电子邮件，不要随意打开电子邮件中的附件或链接。
- 防止启动不必要的服务：服务中的软件也会存在漏洞，有时候系统也会受到这些软件中的漏洞攻击，因此我们需要防止启动不必要的服务。
- 合理设置防火墙：使用Netfilter等拒绝未授权的访问，并合理地设置每个服务器的访问控制列表。

- 使用身份验证：为了防止暴力破解密码，我们需要使用高度安全的身份验证方法，禁止使用密码认证，而是改用公钥认证。
- 禁止root登录：平时登录系统的时候只允许以普通用户的身份登录系统，只有在需要管理员权限时才能通过su命令获取root权限，用户需要输入私钥和密码，以提高系统的安全性。

还需要注意文件/var/log/secure，它负责记录安全相关的信息。如果这个文件很大，那么很有可能是有人在破解你的root密码。划重点，小本本记起来！

原帖主 3#

网络上的套路真复杂，小白不容易啊！谢谢大家的提醒。

发帖：如何检测和防止外来入侵？

最新评论

奇奇怪怪 1#

平时我们在使用系统的过程中虽然采用了不少的措施防止外来入侵，但还是避免不了软件中的漏洞，系统仍然有被入侵的可能。这种情况下，必须以最快的速度检测到入侵，最大程度地减少损害。不管任何时候，只要发现系统中存在可疑的情况，都应该监视进程、内存、磁盘和网络活动，发现潜在的危害。

你可以使用一些监控命令来监视系统的运行状况，包括top、ps、vmstat、netstat、lsof、tcpdump等，比如使用tail -f命令实时监控Web服务器日志，也就是文件/var/log/httpd/access_log；还可以通过图形化的工具实时监视系统资源，在应用程序中找到“系统监视器”并启动，实时监视系统资源，包括CPU、内存等信息，如右图所示。

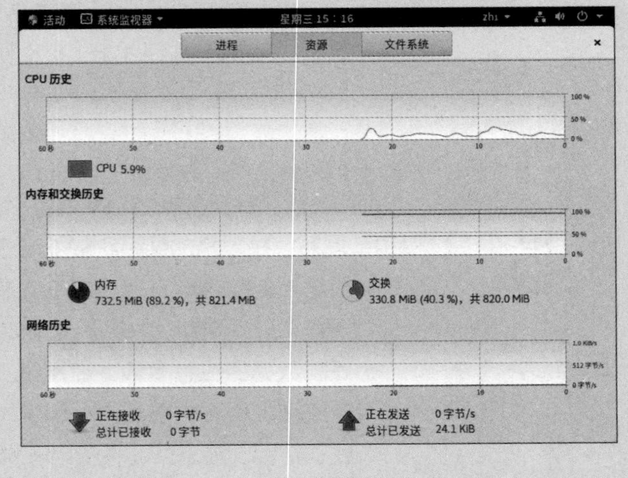

从系统监视器中你可以看到CPU的使用情况、内存、交换分区的可用空间以及正在接收和发送的字节速度。有这样一个好帮手，你是不是放心多了？

辣条君

2#

你还可以通过last命令查看用户登录系统的记录，包括用户名、登录的远程名称或IP地址以及登录时间。last命令显示的内容来自于/var/log/wtmp日志文件，这是一个二进制文件，它会永久记录每个用户登录、注销及系统的启动、停机的事件。因此随着系统正常运行时间的增加，这个文件的大小也会越来越大。使用last命令查看登录记录如下图所示。

```
[root@centos ~]# last
root     tty2         tty2                 Wed Feb  5 13:59   still logged in
reboot   system boot  4.18.0-80.11.2.e Wed Feb  5 12:19   still running
root     tty2         tty2                 Wed Feb  5 10:17 - down   (02:01)
reboot   system boot  4.18.0-80.11.2.e Wed Feb  5 10:16 - 12:18  (02:02)
root     tty2         tty2                 Tue Feb  4 22:04 - crash  (12:11)
reboot   system boot  4.18.0-80.11.2.e Tue Feb  4 22:03 - 12:18  (14:15)
root     tty2         tty2                 Tue Feb  4 19:47 - crash  (02:15)
reboot   system boot  4.18.0-80.11.2.e Tue Feb  4 19:46 - 12:18  (16:32)
root     tty2         tty2                 Tue Feb  4 19:11 - crash  (00:34)
```

通过这种方法可以监控异常登录的情况，你还可以通过less /var/log/secure命令查看不同身份的用户登录访问系统的状态。

大爆炸

3#

发现系统被入侵之后，有什么应对的办法？虽然我的系统还没有被入侵过，但是未雨绸缪总是没错的。求大神指教！感谢！

辣条君

4#

如果你的系统被入侵了，并且对方获得了你的root权限，那么入侵者可以执行任何操作。一旦发生这种情况，你必须重新安装操作系统。另外系统中的身份验证信息也有可能被窃取，因此有必要重新创建所有用户的身份验证信息。

如果对方获取了系统中某个应用程序的使用权，在应用程序有权访问的文件系统和数据库中，有可能已经创建了非法侵入的后门。在这种情况下，你不仅需要更新版本修复应用程序的漏洞，原则上也有必要重新安装应用程序并重建数据库。

原帖主

5#

系统被人入侵确实是一件很麻烦也很可怕的事情，不过我平时会多加防范，让这种几率降低。

数据加密与身份验证

系统和网络安全始终是系统维护中最重要的部分，为了避免这些安全隐患，有效的数据加密和用户身份验证是必不可少的。虽然这样做并不能免除系统面临的所有隐患，但是可以解决大部分的问题，增强系统的安全性。在Linux系统中通过对密码加密和身份验证保证系统的安全，因此，我们有必要了解系统是如何进行数据加密和身份验证的。

扫码看视频

发帖：Linux系统中使用什么样的认证方法?

最新评论

御用闲人 1#

Linux系统中使用的主要加密和身份验证方法有密码验证、密码加密、可插入身份验证模块以及基本身份验证和摘要身份验证。

密码验证是一种使用用户名和密码的认证方式。从终端登录本地系统或者通过网络登录到各种服务器时，会参照文件/etc/passwd和/etc/shadow，这种认证方法通过PAM（Pluggable Authentication Modules，可插入认证模块）的pam_unix.so模块实现。

还记得/etc/shadow文件中的第二个字段记录的是什么吗？没错，就是加密过的用户登录密码。PAM根据用户输入的密码计算出哈希值与/etc/shadow文件中存储的哈希值进行比较，如果相同，则对用户进行身份验证并允许登录。PAM配置文件中指定了使用的哈希算法类型，默认情况下，CentOS和Ubuntu都使用sha512，它可以对给定的数据执行哈希函数。哈希函数可以对输入的数据执行特定的处理并返回与输入数据相对应的值，它可以用于以下这几个方面。

- 数据加密：通过散列函数对输入的数据进行加密，其特点是很难从散列值中得到输入的数据。
- 查询记录：从输入键快速查询需要的记录。
- 修改检测：计算数据的哈希值。如果值正确，就不会更改；如果值不同，则更改。

用于密码加密的哈希算法如下表所示。

哈希算法	说　明
MD5	Message-Digest Algorithm 5，信息摘要算法，可以输出128位散列值
SHA256	Secure Hash Algorithm 256，安全散列算法。由NIST发布的标准哈希函数，可以输出256位散列值
SHA512	Secure Hash Algorithm 512，安全散列算法。由NIST发布的标准哈希函数，可以输出512位散列值
Blowfish	是一种对称分组加密算法，算法执行效率较高，流程简介清晰

我们现在再来看看/etc/shadow文件中的第二个字段，用于加密的哈希算法的

类型存储为/etc/shadow的第二个字段开头的一个字符或两个字符的ID，包含在$符号中。/etc/shadow文件中的加密记录信息如下图所示。

```
[root@centos ~]# grep user /etc/shadow
rpcuser:!!:18243::::::
userA:$6$Mp0i6HZBARTlnB//$hZlRA6gmDK7GJ8MVVbdaKQ3otVrGmajDPzrI8PRQBYc71x2pxgn91v7HiMAh8
vUUZsaxGt9oqGu6P9XYa5L0t.:18262:0:99999:7:::
user11:$6$1CfqUgyFhnXE230A$PpuuXjR.epHNpU8JNRdeZM7rHd437TbFZweytYX3J5eopUTc4QwW.uq.EEXS
ysa.RI3JurckHBAmxfcQfCwUU0:18262:0:99999:7:::
user1:!!:18262:0:99999:7:::
```

这种加密密码相信你之前在学习创建用户和密码的时候已经看到过好多次了，现在知道它是怎么回事了吧！这一段你看起来可能会觉得很枯燥无聊，算法、加密、函数听起来很难理解，其实你只要知道Linux有自己的一套安全认证方式，不会轻易让入侵者得逞就行了。

如果你觉得这些算法实在太无聊，也可以快速跳过这部分，反正这些算法就在这儿，😂 也不会跑，等你需要的时候再回来看看也是可以的。

都这么熟 2#

我来和大家聊聊PAM这个东西吧！虽然它比较枯燥，不过我还是希望你能了解一下它，说不定就看对眼了。😊

PAM（可插入认证模块）是一种对应用程序执行用户身份验证的机制。它是独立于每个应用程序的身份验证机制，所设置的身份验证方法可用于每个应用程序。PAM提供了支持不同身份验证的模块，用户可以通过编写PAM配置文件来选择身份验证的方法。PAM的认证方式和模块如下表所示。

认证方式	认证模块	说　明
密码认证	pam_unix.so	本地系统登录和网络登录的默认身份验证方法
LDAP认证	pam_ldap.so	使用LDAP验证服务器时的身份认证方法
Winbind认证	pam_winbind.so	使用Winbind作为验证服务器时的身份认证方法

PAM配置文件引用/etc/pam.conf或/etc/pam.d目录下的文件，如果存在/etc/pam.d目录，则会忽略/etc/pam.conf。每个使用PAM的应用程序的配置文件都位于/etc/pam.d中，使用ls命令可看到/etc/pam.d目录中的文件，如下图所示。

```
[root@centos ~]# ls -F /etc/pam.d
atd                 gdm-fingerprint          password-auth@      su
chfn                gdm-launch-environment   polkit-1            sudo
chsh                gdm-password             postlogin@          sudo-i
cockpit             gdm-pin                  remote              su-l
config-util         gdm-smartcard            runuser             system-auth@
crond               liveinst                 runuser-l           systemd-user
cups                login                    smartcard-auth@     vlock
fingerprint-auth@   other                    sshd                vmtoolsd
gdm-autologin       passwd                   sssd-shadowutils    xserver
```

这是在CentOS中的执行结果，如果有小伙伴使用的是Ubuntu，可以对比去看看。我们系统中的配置文件由安装每个应用的程序包配置，配置文件的格式为“类型 控制标志 模块 参数”。PAM函数有4种类型，类型在配置文件的第一个字段中指定，这4种类型如下表所示。

类　型	说　　明
account	检查用户的属性，比如是否允许登录
password	设置用户密码
auth	实现用户身份认证，比如提示用户输入密码
session	负责认证后的处理，包括日志记录

控制标志可以用来标记处理和判断不同模块的返回值，并且该字段还指定是否引用其他文件。PAM控制标志如下表所示。

控制标志	说　　明
sufficient	如果用户通过了这个模块的验证，PAM会返回认证成功的信息
requisite	如果这个模块是success，会执行相同类型的下一个模块；如果是failure，则不执行相同类型的模块
required	即使某个模块对用户的验证失败，也要等所有的模块都执行完毕后，PAM才返回错误信息
optional	只有它是唯一的模块时，模块返回才有意义
include	包括第三个字段中指定的文件

模块指定要动态链接和执行文件，主要模块如下表所示。

模　块	说　　明
pam_unix.so	通过/etc/passwd和/etc/shadow执行UNIX身份验证
pam_ldap.so	执行LDAP身份验证
pam_rootok.so	允许root用户访问
pam_securetty.so	仅允许从/etc/securetty文件中注册的设备访问
pam_nologin.so	如果/etc/nologin文件存在，则拒绝非root用户登录
pam_wheel.so	检查用户是否属于wheel组
pam_cracklib.so	检查密码安全性
pam_permit.so	允许访问，始终是success
pam_deny.so	拒绝访问，始终是failure

通过向模块添加参数可以指定模块的处理和行为，下面是大多数应用程序的配置文件中包含的系统身份验证文件，查看/etc/pam.d/system-auth文件，如下图所示。文件中的第一个字段是类型，第二个字段是控制标志，第三个字段是各种模块，第四个字段是参数。你可以和上面表格里介绍的内容对比一下，看看每一行表达了什么含义。可能里面有一些模块我没有介绍到，不过这并不影响你理解这个文件的内容。

```
[root@centos ~]# cat /etc/pam.d/system-auth
# Generated by authselect on Fri Dec 13 01:54:15 2019
# Do not modify this file manually.

auth        required                                    pam_env.so
auth        required                                    pam_faildelay.so delay=2000000
auth        sufficient                                  pam_fprintd.so
auth        [default=1 ignore=ignore success=ok]        pam_succeed_if.so uid >= 1000
quiet
auth        [default=1 ignore=ignore success=ok]        pam_localuser.so
```

在/etc/pam.d目录下，有用于切换用户的su命令的配置文件。我们来看一下/etc/pam.d/su文件中的内容，如下图所示。

```
[root@centos ~]# cat /etc/pam.d/su
#%PAM-1.0
auth            sufficient      pam_rootok.so
# Uncomment the following line to implicitly trust users in the "wheel" group.
#auth           sufficient      pam_wheel.so trust use_uid
# Uncomment the following line to require a user to be in the "wheel" group.
#auth           required        pam_wheel.so use_uid
auth            substack        system-auth
auth            include         postlogin
account         sufficient      pam_succeed_if.so uid = 0 use_uid quiet
account         include         system-auth
password        include         system-auth
session         include         system-auth
session         include         postlogin
session         optional        pam_xauth.so
```

关于PAM的内容我先介绍这么多，如果你来了兴致想要更深入地探究它，可以去PAM的官方网站http://www.linux-pam.org了解更多。等你哦！

zplinux 3#

在Linux中，http服务器用于客户端身份验证的方法是通过基本身份验证和摘要身份验证来实现的。基本认证中的http密码认证指客户端访问Web服务器时，Web服务器将参考存储用户名和密码的文件来认证客户端；摘要认证使用http进行密码身份验证，与基本身份验证相同，但是当服务器和客户端交换密码时，密码将使用md5加密并发送，因此不存在窃听密码的风险。基本身份验证和摘要身份验证都是通过http进行密码身份验证，并且存在受到暴力攻击的风险。

泡泡 4#

如果系统受到暴力攻击怎么办？我可招架不住啊！

zplinux 5#

对于通过网络传输信息的主机来说，在进行身份验证时可能会受到来自网络的暴力攻击。暴力攻击中所有的密码模式由计算机程序自动测试并解密。教你几招防止暴力攻击的措施：

- 限制输入密码的次数。
- 设置两次输入密码的间隔时间。
- 如果超过了尝试输入密码的次数限制，需要阻止访问源IP地址。

你可以检查一下系统中有没有设置这些内容。

泡泡 6#

限制密码输入的次数这招不错！就算是自己不小心忘记密码了，我也有办法找回。

原帖主 7#

我要研究一下这个算法到底是何方神圣。

发帖：什么是公钥加密？感觉涉及到的算法很复杂！

最新评论

CoolLoser 1#

当数据被加密存储在文件中或通过网络传输时，将使用加密密钥传输数据，它们分别称为公用密钥加密和公钥加密。由于很难在发送者和接收者之间传递密钥，因此密钥不会被盗（不会被窃听）。此加密主要用于由同一人或在同一主机上执行加密和解密时，例如在存储加密文件时。在网络上使用公共密钥加密时，使用密钥交换方法生成共享公用密钥。DES和AES是典型的用于密钥加密的算法，DES（数据加密标准）作为密码安全性较弱，被AES取代。AES（高级加密标准）是一种取代DES的新标准密码，安全性方面有保障。通用密钥加密算法可以大致分为块密码和流密码，DES和AES是块密码。块密码将要加密的文本划分为一定大小的块，并加密每个块。块密码的主要算法及说明如下表所示。

算　法	说　　明
AES	AES是取代DES的新标准加密，运算速度快，安全性高
CAST-128	由两位开发者在1996年开发的块密码CAST5
Blowfish	1993年开发的块密码，可以与ssh密码配合使用
DES	1976年在美国建立的加密标准，安全性较弱
3DES	进行三次DES加密

在通过网络加密通信时，每个会话都会使用公用密钥。使用加密密钥交换方法生成并共享一个公共密钥，并使用该公共密钥对数据进行加密，该公共密钥称为会话密钥。会话密钥是会话中的服务器进程和客户端进程，它仅存在于内存中，并在会话结束时消失。公钥加密算法包括RSA、DSA、ECDSA、Ed25519等，HTTPS/TLS和OpenSSH通信中率先使用了椭圆曲线的算法并从此开始广泛使用。公钥加密算法及说明如下表所示。

加密算法	说　　明
RSA	基于素数分解问题的难度而进行的公钥加密，它执行加密和数字签名
DSA	基于离散对数问题难度的电子签名方法
ECDSA	基于椭圆曲线上离散对数问题的电子签名方法
EdDSA	基于椭圆曲线的爱德华兹曲线上离散对数问题的难点的电子签名方法

公钥加密不同于加密密钥和解密密钥，它使用公钥加密私钥解密。公钥加密是使用私钥和公钥进行加密、数字签名和身份验证、密钥交换方法的总称。

简单来说公钥和私钥是成对的，公钥负责加密，私钥负责解密，它俩相互解密。像不像一对互补的好朋友？

大马猴 2#

说了这么多算法，我介绍几个加密的命令吧！Linux系统中提供了zip、7zip、openssl、gpg等作为加密的命令，用户可以使用这些命令来加密文件。zip命令是一个压缩和存档的命令，可以使用密码进行加密，用于多个操作系统中。如果密码强度较弱且安全性很重要，建议使用其他加密程序。zip命令的版本5或更高版本使用了强大的加密算法，例如AES。

```
zip [选项] 存档文件名 文件名
```

有加密就有解密，解密的命令是unzip，它可以解密也可以解压缩。

```
unzip [选项] 存档文件名 文件名
```

使用zip命令对文件进行加密的操作，如下图所示。指定-e选项对文件samp.txt进行加密，加密后的文件名为samp.txt.zip，注意要输入两次密码。

```
[root@centos dirl]# vi samp.txt
[root@centos dirl]# zip -e samp.txt.zip samp.txt
Enter password:
Verify password:
  adding: samp.txt (stored 0%)
[root@centos dirl]# ls -l
总用量 8
-rw-r--r-- 1 root root  26 2月   5 21:07 samp.txt
-rw-r--r-- 1 root root 220 2月   5 21:08 samp.txt.zip
[root@centos dirl]# mv samp.txt samp.txt.orig
[root@centos dirl]# unzip samp.txt.zip
```

然后再使用unzip命令进行解密操作，如下图所示。

```
[root@centos dirl]# zip -e samp.txt.zip samp.txt
Enter password:
Verify password:
  adding: samp.txt (stored 0%)
[root@centos dirl]# ls -l
总用量 8
-rw-r--r-- 1 root root  26 2月   5 21:07 samp.txt
-rw-r--r-- 1 root root 220 2月   5 21:08 samp.txt.zip
[root@centos dirl]# mv samp.txt samp.txt.orig
[root@centos dirl]# unzip samp.txt.zip
Archive:  samp.txt.zip
[samp.txt.zip] samp.txt password:
 extracting: samp.txt
[root@centos dirl]# ls -l
总用量 12
-rw-r--r-- 1 root root  26 2月   5 21:07 samp.txt
-rw-r--r-- 1 root root  26 2月   5 21:07 samp.txt.orig
-rw-r--r-- 1 root root 220 2月   5 21:08 samp.txt.zip
[root@centos dirl]# cat samp.txt
this
is
a
test
file
by au
```

7zip是一种高压缩率的文件存档创建使用程序，可以通过添加密码进行加密。7zip执行命令的名称为7z，加密方法是块密码256位AES密码，通过指定a子命令从存档中提取文件，指定e子命令从存档中提取文件。

```
7z {子命令} [切换] 存档文件名 文件名
```

openssl命令的功能有生成私钥/公钥、发布证书签名请求、发布数字证书以及使用公共密钥加密等。openssl命令指定enc子命令进行加密的命令格式如下：

```
openssl enc [选项]
```

也可以直接指定加密方法，其格式如下：

```
openssl 加密方式 [选项]
```

openssl命令的选项及说明如下表所示。

选 项	说 明
-e	加密（默认）
-d	解密
-a、-base64	加密后，更改为base64
-in	输入文件规范，否则为标准输入
-out	输出文件规范，否则为标准输出
-rc4	流密码rc4，用于加密方法

GPG是OpenPGP的GUN实现，OpenPGP是公共密钥密码PGP的标准规范，并且是加密和签名的工具。在Linux上，GPG还用于签名和验证软件包，这些软件包可以使用公共密钥密码进行加密。

```
gpg [选项] 文件
```

在CentOS中，/usr/bin/gpg指向/usr/bin/gpg2文件的符号链接，这些命令可以在gpg和gpg2中使用。gpg命令的选项及说明如下表所示。

选 项	说 明
-c、--symmetric	使用对称密钥密码加密。CentOS上的默认密码是CAST5，Ubuntu上的默认密码是AES-128
--version	显示gpg版本、许可证、支持的加密算法等信息。支持的加密算法有IDEA、3DES、CAST5等
--cipher-algo	密码算法规范
-o、--output	指定输出文件
--pinentry-mode	指定PIN输入模式，共有5种类型：default、ask、cancel、error、loopback
-a、--armor	以ASCII码格式加密

当执行gpg命令时，gpg-agent守护程序会自动启动。gpg-agent是用于管理gpg私钥的守护程序，它针对每个用户启动，并且执行gpg命令的用户是有效用户。gpg-agent使用gpg命令加密时会将gpg生成的私钥保存在自己的内存中；使用gpg命令解密时会将gpg-agent持有的私钥传递给gpg命令。使用gpg命令显示gpg版本、许可证和算法，如下图所示。

```
[root@centos ~]# gpg --version
gpg (GnuPG) 2.2.9
libgcrypt 1.8.3
Copyright (C) 2018 Free Software Foundation, Inc.
License GPLv3+: GNU GPL version 3 or later <https://gnu.org/licenses/gpl.html>
This is free software: you are free to change and redistribute it.
There is NO WARRANTY, to the extent permitted by law.

Home: /root/.gnupg
支持的算法：
公钥：RSA, ELG, DSA, ECDH, ECDSA, EDDSA
对称加密：IDEA, 3DES, CAST5, BLOWFISH, AES, AES192, AES256,
     TWOFISH, CAMELLIA128, CAMELLIA192, CAMELLIA256
散列：SHA1, RIPEMD160, SHA256, SHA384, SHA512, SHA224
压缩：不压缩, ZIP, ZLIB, BZIP2
```

通过gpg -c命令对samp.txt文件加密，设置对称密码加密，输入密码生成gpg加密文件samp.txt.gpg，如下图所示。

```
[root@centos dir3]# vi samp.txt
[root@centos dir3]# gpg -c samp.txt
gpg: directory '/root/.gnupg' created
gpg: keybox '/root/.gnupg/pubring.kbx' created
[root@centos dir3]# ls -l
总用量 8
-rw-r--r-- 1 root root 15 2月   5 23:02 samp.txt
-rw-r--r-- 1 root root 91 2月   5 23:03 samp.txt.gpg
```

执行gpg -o命令解密，指定--cipher-algo选项用AES256算法加密，如下图所示。

```
[root@centos dir3]# gpg -o samp.txt.decrypted samp.txt.gpg
gpg: WARNING: no command supplied.  Trying to guess what you mean ...
gpg: AES 加密过的数据
gpg: 以 1 个密码加密
[root@centos dir3]# ls -l
总用量 12
-rw-r--r-- 1 root root 15 2月   5 23:02 samp.txt
-rw-r--r-- 1 root root 15 2月   5 23:05 samp.txt.decrypted
-rw-r--r-- 1 root root 91 2月   5 23:03 samp.txt.gpg
[root@centos dir3]# gpg --cipher-algo AES256 -c samp.txt
File 'samp.txt.gpg' exists. 是否覆盖？(y/N)y
[root@centos dir3]# ls -l
总用量 12
-rw-r--r-- 1 root root 15 2月   5 23:02 samp.txt
-rw-r--r-- 1 root root 15 2月   5 23:05 samp.txt.decrypted
-rw-r--r-- 1 root root 92 2月   5 23:07 samp.txt.gpg
[root@centos dir3]# gpg -o samp.txt.decrypted -d samp.txt.gpg
gpg: AES256 加密过的数据
gpg: 以 1 个密码加密
File 'samp.txt.decrypted' exists. 是否覆盖？(y/N)y
[root@centos dir3]# ls -l
总用量 12
-rw-r--r-- 1 root root 15 2月   5 23:02 samp.txt
-rw-r--r-- 1 root root 15 2月   5 23:08 samp.txt.decrypted
-rw-r--r-- 1 root root 92 2月   5 23:07 samp.txt.gpg
```

虽然我一向很低调，但是这次我可是亮出了自己知道的大招了！

原帖主 3#

感谢分享！我会尽量消化吸收大神的大招。

通过SSH进行安全通信

对于Linux系统来说，系统管理员可以通过SSH协议远程管理Linux进行安全通信。通常情况下，Linux系统管理员会同时管理多台Linux主机。通过SSH协议，用户就可以在一台主机上远程管理所有的Linux系统。

发帖：ssh是如何进行安全通信的?

最新评论

山顶洞人 1#

关于ssh，相信你在进行远程登录的时候已经有所了解。我们使用ssh命令登录到远程主机中并在远程主机上执行命令，还有scp命令可以将文件在远程主机之间来回传输。ssh和scp是OpenSSH客户端，命令服务器是sshd，由OpenBSD项目开发。

使用ssh命令登录到远程主机或在远程主机上执行该命令，然后使用scp命令将文件复制到远程主机中。当用户安装了Linux后首次引导（CentOS中）或在安装openssh-server软件包（Ubuntu中）时执行ssh-keygen命令来更改主机的私钥和公钥对。该密钥对在ssh默认设置中使用，因此用户可以通过密码进行身份验证登录系统并使用ssh。OpenSSH的主要用户身份验证方法如下:

- 基于主机的身份验证。
- 公钥认证。
- 密码认证。

根据客户端请求的优先级依次尝试服务器端提供的方法，客户端的默认优先级为基于主机的身份验证、公钥身份认证和密码身份认证。基于主机的身份验证是一种公用密钥身份验证，它使用在/etc/ssh目录下生成的主机私钥和公用密钥的密钥对，基于主机的身份验证和公用密钥身份验证均在客户端执行。这种方式需要对每个用户使用基于主机的身份验证和公钥身份验证进行设置，因此在安装过程中只能将密码验证用作默认设置。

ssh客户端的公开文件~/.ssh/hosts存储ssh服务器的主机名、IP地址和公共密钥。客户端对ssh服务器进行身份验证的过程中ssh登录显示公钥。用户可以在/etc/ssh/sshd_config文件中指定服务器sshd守护程序使用的公用密钥加密方法的优先级，client ssh命令使用的加密方法的优先级可以在/.ssh/config文件或者配置文件/etc/ssh/ssh_config中指定。加密通信路径的顺序如下:

- 客户端通过ssh命令连接到服务器（sshd守护程序）。
- 服务器将其在/etc/ssh下的主机公钥发送给客户端。
- 客户端通过将其存储在~/.ssh/know_hosts文件中的服务器公钥进行比较来验证服务器的公钥。在服务器和客户端之间生成并共享临时公用密钥。
- 使用服务器和客户端之间约定的通用密钥加密方法对通信路径加密。

● 客户端用基于主机的身份验证、公钥身份验证或密码身份验证登录服务器。

ssh服务器和ssh客户端都使用/etc/ssh目录，ssh客户端引用的该目录下的文件ssh_known_hosts存储了本地系统所有用户使用的ssh服务器的公钥。由于/etc/ssh目录下的ssh_known_hosts文件是所有用户执行的ssh命令所引用的文件，因此它必须具有所有用户的读取权限。

SSH是建立在应用层基础上的安全协议，可靠性还是有保障的，毕竟是专门为远程登录和其他网络服务提供的安全协议。因此，使用SSH进行远程登录还是比较靠谱的，信它！

原帖主 2#

原来通过SSH通信的加密方式这么复杂！谢谢小伙伴指教！

发帖：ssh服务器和客户端有哪些默认的配置？

最新评论

查无此人 1#

ssh服务器的配置文件是/etc/ssh/sshd_config，通过目录指定公共密钥认证、密码认证等认证方式的设置以及root的登录许可和拒绝等重要设置。sshd_config文件中的主要指令如下表所示。

指　令	说　明
AuthorizedKeysFile	用于用户身份验证的公钥存储文件
PasswordAuthentication	密码认证
PermitRootLogin	根登录
Port	备用端口号
PubkeyAuthentication	公钥认证

sshd_config文件在安装时的主要默认设置（CentOS），如下表所示。

指令和设定值	说　明
#Port 22	默认端口号是22
#PermitRootLogin yes	yes表示允许root直接登录，默认
#PubkeyAuthentication yes	Yes表示允许公钥认证
AuthorizedKeysFile	备用端口号
.ssh/authorized_keys	在CentOS中从默认值变更为仅.ssh/authorized_keys
#PasswordAuthentication yes	允许密码验证
#PermitEmptyPasswords no	不允许密码登录

看过了CentOS中的默认配置，再来看看Ubuntu中的默认配置是什么样子的。/etc/ssh/sshd_config文件的默认设置如下表所示。

指令和设定值（Ubuntu）	说　明
#Port 22	默认端口号是22
#PermitRootLogin prohibit-password	prohibit-password表示不允许通过输入密码进行root登录
#PubkeyAuthentication yes	Yes表示允许公钥认证
#AuthorizedKeysFile	备用端口号
.ssh/authorized_keys	公钥认证
.ssh/authorized_keys2	使用默认值
#PasswordAuthentication yes	允许密码验证
#PermitEmptyPasswords no	不允许密码登录

在Internet上设置ssh服务器时，更改以下设置可以增强安全性：

- #PermitRootLogin yes更改为PermitRootLogin no。
- #PasswordAuthentication yes更改为PasswordAuthentication no。

ssh服务器上面的默认配置比客户端要复杂得多，有关客户端的配置文件谁来说一下？这么好的机会，不展示一下吗？那几个熟脸人物可以出来了。

混个脸熟　　2#

是在说我吗？那我来说说ssh客户端的配置情况。我们可以在用户配置文件/.ssh/config或系统配置文件/etc/ssh/ssh_config中设置执行ssh命令时的用户名、端口号和协议等信息。ssh配置文件不仅可以设置与ssh命令选项相对应的目录，还可以设置在登录中使用的各种目录。config文件目录信息如下表所示。

指　令	选　项	说　明
IdentityFile	-i	身份文件
Port	-p（scp命令是-P）	端口号
Protocol	-1或-2	协议版本
User	-l	用户名

客户端上的用户通过ssh命令远程登录时，ssh命令会和服务器那边取得联系验证密钥是否正确，只有在正确的情况下才会允许用户登录。

原帖主　　3#

之前一直以为使用ssh命令远程登录很容易，原来客户端和服务器之间还有这么复杂的认证步骤。领教了！

了解防火墙的限制规则

系统中的防火墙可以限制从外部到内部的访问，让用户只能访问特定的服务，这样可以防止他人非法入侵系统内部。Linux系统提供了由IP分组的过滤和地址转换（NAT）的ip_tables、iptable_filter等多个Linux内核模块组成的Netfilter。防火墙可以在内外网之间建立一道保护屏障，确保系统中用户的信息安全。学会设置一些简单的规则就能保护我们的系统，赶快加入我们吧！

扫码看视频

发帖：在CentOS中如何设置防火墙规则？

最新评论

原味烧饼 1#

在CentOS中，firewalld包含在任何类型的安装中；在Ubuntu中，firewalld不包括在安装过程中，需要运行apt install firewalld命令安装firewalld软件包。ufw（非复杂防火墙）命令是在缺省情况下提供的一个防火墙命令，它是iptables命令的前端。这两种情况下，都是通过内部执行iptables命令来设置Netfilter的。

CentOS具有firewalld、firewalld-cmd和iptables作为Netfilter配置应用程序。使用firewalld时，执行systemctl命令启用firewalld.service；使用iptables时，执行systemctl命令启用iptables.service。配置应用程序如下表所示。

应用程序	RPM包	服务名称
firewalld	firewalld	firewalld.service
iptables	iptables-service	iptables.service

Ubuntu中，ufw命令本身并不是一个功能完备的防火墙，而是一个为了添加和删除简单规则提供的防火墙配置工具。

一般情况下，你在CentOS和Ubuntu中使用的防火墙程序是不一样的。如果你用的是CentOS，那你可以通过firewalld这个应用程序管理防火墙；如果是Ubuntu的话，可以使用它默认提供的ufw应用程序。

丐中盖 2#

我对firewalld比较了解，所以我只能给你介绍有关firewalld的内容。firewalld通过守护进程（/usr/sbin/firewalld）、配置文件（/usr/lib/firewalld、/etc/firewalld）、配置命令firewall-cmd（/usr/sbin/firewall-cmd）和GUI配置应用程序firewall-config（/usr/sbin/firewall-config）来提供服务。

在firewalld服务中，有几种类型的典型配置模板具有不同的安全强度，称为区域。通过选择与要连接的网络可靠性相匹配的区域完成设置，选择区域后，将自动进行适当的设置。此外，用户还可以通过向所选区域的设置中添加或删除服务来定制相匹配的设置区域。区域说明如下表所示。

区　域	说　　明	允许的连接
drop	丢弃所有外部数据包，不返回ICMP消息	仅内部到外部的连接
block	拒绝所有传入的连接，返回ICMP消息	从内部启动的连接允许双向
public	公共场所	ssh、dhcpv6-client
external	对于外部网络，启用伪装	ssh
dmz	用于DMZ	ssh
work	对于工作区域	ssh、dhcpv6-client、ipp-client
home	家用	ssh、dhcpv6-client、ipp-client、mdns、samba-client
internal	对于内部网络	ssh、dhcpv6-client、ipp-client、mdns、samba-client
trusted	允许所有网络连接	所有网络连接

根据firewall-cmd命令选择添加或删除区域服务。设置分为两种情况，一种是不写入配置文件的运行设置，另一种是写入配置文件的永久设置。如果要设置永久生效，在firewall-cmd命令中添加—permanent选项执行命令。

```
firewall-cmd [选项]
```

该命令的选项及说明如下表所示。

选　项	说　　明
--list-all-zone	显示所有区域及其配置信息的列表
--get-default-zone	显示默认区域
--zone=区域	执行命令时指定区域
--list-services	显示区域中允许的服务
--add-service=服务名称	添加区域中允许的服务
--delete-service=服务名称	拒绝区域中允许的服务
--permanent	指定持久性

在CentOS中，以root权限执行命令。设置防火墙之前，查看防火墙状态，看到active(running)就表示防火墙是运行状态，如下图所示。

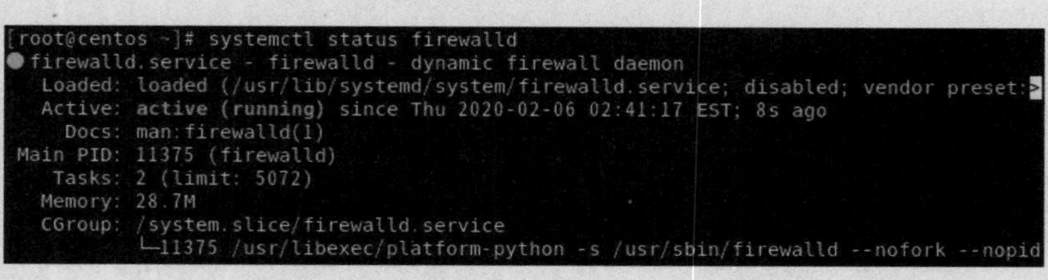

```
[root@centos ~]# systemctl status firewalld
● firewalld.service - firewalld - dynamic firewall daemon
   Loaded: loaded (/usr/lib/systemd/system/firewalld.service; disabled; vendor preset:>
   Active: active (running) since Thu 2020-02-06 02:41:17 EST; 8s ago
     Docs: man:firewalld(1)
 Main PID: 11375 (firewalld)
    Tasks: 2 (limit: 5072)
   Memory: 28.7M
   CGroup: /system.slice/firewalld.service
           └─11375 /usr/libexec/platform-python -s /usr/sbin/firewalld --nofork --nopid
```

执行firewall-cmd命令指定--list-all-zone选项，显示所有区域及其设置信息的列表，如下图所示。

```
[root@centos ~]# firewall-cmd --list-all-zones
block
  target: %%REJECT%%
  icmp-block-inversion: no
  interfaces:
  sources:
  services:
  ports:
  protocols:
  masquerade: no
  forward-ports:
  source-ports:
  icmp-blocks:
  rich rules:


dmz
  target: default
  icmp-block-inversion: no
  interfaces:
  sources:
  services: ssh
```

显示所有区域和允许的服务，如下图所示。指定--list-all-zone选项显示所有的区域，然后通过管道命令和grep命令显示区域中的服务。

```
[root@centos ~]# firewall-cmd --list-all-zones | grep -e "^[a-z]" -e services
block
  services:
dmz
  services: ssh
drop
  services:
external
  services: ssh
home
  services: cockpit dhcpv6-client mdns samba-client ssh
internal
  services: cockpit dhcpv6-client mdns samba-client ssh
libvirt (active)
  services: dhcp dhcpv6 dns ssh tftp
public (active)
  services: cockpit dhcpv6-client ssh
trusted
  services:
work
  services: cockpit dhcpv6-client ssh
```

指定选项--zone的值为public，显示公共区域允许的服务；指定选项--get-services显示已定义服务的列表，如下图所示。

```
[root@centos ~]# firewall-cmd --list-services --zone=public
cockpit dhcpv6-client ssh
[root@centos ~]# firewall-cmd --get-services
RH-Satellite-6 amanda-client amanda-k5-client amqp amqps apcupsd audit bacula bacula-cl
ient bgp bitcoin bitcoin-rpc bitcoin-testnet bitcoin-testnet-rpc ceph ceph-mon cfengine
 cockpit condor-collector ctdb dhcp dhcpv6 dhcpv6-client distcc dns docker-registry doc
ker-swarm dropbox-lansync elasticsearch etcd-client etcd-server finger freeipa-ldap fre
eipa-ldaps freeipa-replication freeipa-trust ftp ganglia-client ganglia-master git gre
high-availability http https imap imaps ipp ipp-client ipsec irc ircs iscsi-target isns
 jenkins kadmin kerberos kibana klogin kpasswd kprop kshell ldap ldaps libvirt libvirt-
```

指定--add-service选项添加http服务，指定--permanent选项指定永久允许在公共区域访问http服务，如下图所示。

```
[root@centos ~]# firewall-cmd --add-service=http
success
[root@centos ~]# firewall-cmd --list-services --zone=public
cockpit dhcpv6-client http ssh
[root@centos ~]# firewall-cmd --add-service=http --permanent
success
[root@centos ~]# firewall-cmd --list-services --zone=public --permanent
cockpit dhcpv6-client http ssh
```

查看安装时的配置文件未更改（/usr/lib/firewalld/zones/public.xml），使用cat命令查看配置文件/etc/firewalld/zones/public.xml，显示http服务已经添加至该文件中，如下图所示。

```
[root@centos ~]# cat /usr/lib/firewalld/zones/public.xml
<?xml version="1.0" encoding="utf-8"?>
<zone>
  <short>Public</short>
  <description>For use in public areas. You do not trust the other computers on network
s to not harm your computer. Only selected incoming connections are accepted.</descript
ion>
  <service name="ssh"/>
  <service name="dhcpv6-client"/>
  <service name="cockpit"/>
</zone>
[root@centos ~]# cat /etc/firewalld/zones/public.xml
<?xml version="1.0" encoding="utf-8"?>
<zone>
  <short>Public</short>
  <description>For use in public areas. You do not trust the other computers on network
s to not harm your computer. Only selected incoming connections are accepted.</descript
ion>
  <service name="ssh"/>
  <service name="dhcpv6-client"/>
  <service name="cockpit"/>
  <service name="http"/>
</zone>
```

你还可以试着在指定的区域添加允许访问或者拒绝访问的服务，这样一来，是不是感觉系统安全了很多？

原帖主 3#

之前不会用防火墙，我就直接关闭了。现在终于可以尝试设置一下防火墙的规则了。

发帖：Ubuntu中如何使用ufw设置防火墙？

最新评论

码字员 1#

Ubuntu中默认提供ufw和iptables命令作为Netfilter配置应用程序。在不使用ufw的情况下使用firewalld，执行以下命令禁用ufw并启用firewalld：

- ufw disable;systemctl reboot。
- systemctl enable firewalld;systemctl start firewalld。

ufw是一个易于使用的用户界面，用于简单地进行Netfilter配置，并且是复杂iptables命令的前端。

```
ufw [选项]
```

使用主要选项的ufw命令的语法格式如下。

- 使用ufw命令启用、禁用、重新加载设置：ufw [enable|disable|reload]。
- 默认策略设置：ufw default [allow|deny|reject] [incoming|outgoing|routed]。
- 重置为安装默认值：ufw reset。
- 状态显示：ufw status [verbose|numbered]。
- 通过指定规则号删除：ufw delete 规则编号。

● 在指定的规则编号之前插入规则：ufw insert 规则编号 规则。

Ubuntu中使用sudo apt install ufw命令安装ufw，通常情况下已安装。sudo ufw status确认ufw的状态，如下图所示。

```
ubuntu@ubuntu:~$ sudo apt install ufw
正在读取软件包列表... 完成
正在分析软件包的依赖关系树
正在读取状态信息... 完成
ufw 已经是最新版 (0.36-0ubuntu0.18.04.1)。
下列软件包是自动安装的并且现在不需要了：
  zsh-common
使用'sudo apt autoremove'来卸载它(它们)。
升级了 0 个软件包，新安装了 0 个软件包，要卸载 0 个软件包，有 133 个软件包未被
升级。
ubuntu@ubuntu:~$ sudo ufw status
状态：不活动
```

通过指定端口或服务器名称添加新的规则，如下图所示。分别指定端口号22和服务名称ssh添加新的规则。

```
ubuntu@ubuntu:~$ sudo su
root@ubuntu:/home/ubuntu# ufw allow 22
防火墙规则已更新
规则已更新(v6)
root@ubuntu:/home/ubuntu# ufw allow ssh
防火墙规则已更新
规则已更新(v6)
```

查看文件/etc/ufw/user.rules确认已经添加的规则，如下图所示。文件中确认已经添加了允许访问端口22/tcp的规则和22/udp的规则。

```
root@ubuntu:/home/ubuntu# cat /etc/ufw/user.rules
*filter
:ufw-user-input - [0:0]
:ufw-user-output - [0:0]
:ufw-user-forward - [0:0]
:ufw-before-logging-input - [0:0]
:ufw-before-logging-output - [0:0]
:ufw-before-logging-forward - [0:0]
:ufw-user-logging-input - [0:0]
:ufw-user-logging-output - [0:0]
:ufw-user-logging-forward - [0:0]
:ufw-after-logging-input - [0:0]
:ufw-after-logging-output - [0:0]
:ufw-after-logging-forward - [0:0]
:ufw-logging-deny - [0:0]
:ufw-logging-allow - [0:0]
:ufw-user-limit - [0:0]
:ufw-user-limit-accept - [0:0]
### RULES ###

### tuple ### allow any 22 0.0.0.0/0 any 0.0.0.0/0 in
-A ufw-user-input -p tcp --dport 22 -j ACCEPT
-A ufw-user-input -p udp --dport 22 -j ACCEPT
```

使用命令ufw enable启动和激活防火墙，然后通过ufw status verbose命令显示设定状态，结果显示为激活状态，如下图所示。

```
root@ubuntu:/home/ubuntu# ufw enable
在系统启动时启用和激活防火墙
root@ubuntu:/home/ubuntu# ufw status verbose
状态：激活
日志： on (low)
默认：deny (incoming), allow (outgoing), disabled (routed)
新建配置文件：skip

至                          动作          来自
-                           --          --
22                          ALLOW IN    Anywhere
22/tcp                      ALLOW IN    Anywhere
22 (v6)                     ALLOW IN    Anywhere (v6)
22/tcp (v6)                 ALLOW IN    Anywhere (v6)
```

过来看看Ubuntu中是如何设置防火墙规则的，这里我演示一下如何新增两个允许访问的规则。新增规则，允许来自网络172.16.0.0/16的访问；新增规则，允许从192.168.1.1访问80端口；然后显示详细的设置信息，新增规则已确认添加，如下图所示。

```
root@ubuntu:/home/ubuntu# ufw allow from 172.16.0.0/16
规则已添加
root@ubuntu:/home/ubuntu# ufw allow to any port 80 from 192.168.1.1
规则已添加
root@ubuntu:/home/ubuntu# ufw status verbose
状态: 激活
日志:  on (low)
默认: deny (incoming), allow (outgoing), disabled (routed)
新建配置文件: skip

至                          动作          来自
-                           --            --
22                          ALLOW IN      Anywhere
22/tcp                      ALLOW IN      Anywhere
Anywhere                    ALLOW IN      172.16.0.0/16
80                          ALLOW IN      192.168.1.1
22 (v6)                     ALLOW IN      Anywhere (v6)
22/tcp (v6)                 ALLOW IN      Anywhere (v6)
```

执行ufw status numbered命令用数字显示规则，然后删除规则3，确认已删除规则，如下图所示。

```
root@ubuntu:/home/ubuntu# ufw status numbered
状态:  激活

     至                          动作          来自
     -                           --            --
[ 1] 22                          ALLOW IN      Anywhere
[ 2] 22/tcp                      ALLOW IN      Anywhere
[ 3] Anywhere                    ALLOW IN      172.16.0.0/16
[ 4] 80                          ALLOW IN      192.168.1.1
[ 5] 22 (v6)                     ALLOW IN      Anywhere (v6)
[ 6] 22/tcp (v6)                 ALLOW IN      Anywhere (v6)

root@ubuntu:/home/ubuntu# ufw delete 3
将要删除:
allow from 172.16.0.0/16
要继续吗 (y|n)?  y
规则已删除
root@ubuntu:/home/ubuntu# ufw status numbered
状态:  激活

     至                          动作          来自
     -                           --            --
[ 1] 22                          ALLOW IN      Anywhere
[ 2] 22/tcp                      ALLOW IN      Anywhere
[ 3] 80                          ALLOW IN      192.168.1.1
[ 4] 22 (v6)                     ALLOW IN      Anywhere (v6)
[ 5] 22/tcp (v6)                 ALLOW IN      Anywhere (v6)
```

可以通过ufw insert 3 allow from 172.16.0.0/16命令在第三条规则之前再次插入规则，确认规则插入成功，如下图所示。

```
root@ubuntu:/home/ubuntu# ufw insert 3 allow from 172.16.0.0/16
规则已插入
root@ubuntu:/home/ubuntu# ufw status numbered
状态:  激活

     至                          动作          来自
     -                           --            --
[ 1] 22                          ALLOW IN      Anywhere
[ 2] 22/tcp                      ALLOW IN      Anywhere
[ 3] Anywhere                    ALLOW IN      172.16.0.0/16
[ 4] 80                          ALLOW IN      192.168.1.1
[ 5] 22 (v6)                     ALLOW IN      Anywhere (v6)
[ 6] 22/tcp (v6)                 ALLOW IN      Anywhere (v6)
```

重新设置安装时的默认规则，执行ufw reset命令重置为默认设置。ufw状态变为不活动状态，执行ufw enable启用激活防火墙，如下图所示。

```
root@ubuntu:/home/ubuntu# ufw reset
所有规则将被重设为安装时的默认值。要继续吗 (y|n)?  y
备份 "user.rules" 至 "/etc/ufw/user.rules.20200206_040933"
备份 "before.rules" 至 "/etc/ufw/before.rules.20200206_040933"
备份 "after.rules" 至 "/etc/ufw/after.rules.20200206_040933"
备份 "user6.rules" 至 "/etc/ufw/user6.rules.20200206_040933"
备份 "before6.rules" 至 "/etc/ufw/before6.rules.20200206_040933"
备份 "after6.rules" 至 "/etc/ufw/after6.rules.20200206_040933"

root@ubuntu:/home/ubuntu# ufw status
状态: 不活动
root@ubuntu:/home/ubuntu# ufw enable
在系统启动时启用和激活防火墙
```

重新启用防火墙后，查看文件/etc/ufw/user.rules中的规则已经删除，如下图所示。

```
root@ubuntu:/home/ubuntu# cat /etc/ufw/user.rules
*filter
:ufw-user-input - [0:0]
:ufw-user-output - [0:0]
:ufw-user-forward - [0:0]
:ufw-before-logging-input - [0:0]
:ufw-before-logging-output - [0:0]
:ufw-before-logging-forward - [0:0]
:ufw-user-logging-input - [0:0]
:ufw-user-logging-output - [0:0]
:ufw-user-logging-forward - [0:0]
:ufw-after-logging-input - [0:0]
:ufw-after-logging-output - [0:0]
:ufw-after-logging-forward - [0:0]
:ufw-logging-deny - [0:0]
:ufw-logging-allow - [0:0]
:ufw-user-limit - [0:0]
:ufw-user-limit-accept - [0:0]
### RULES ###

### END RULES ###
```

你看，现在你也是可以设置防火墙规则的人了！是不是觉得设置防火墙也没有那么复杂？

调皮仔	2#
	并没有，我拖大家后腿了。我还需要多研究一下这些规则。

原帖主	3#
	这就非常尴尬了！

发帖：有人可以说说Netfilter和iptables的实现机制吗？

最新评论

万物互联 1#

研究Netfilter也有一段时间了，在这里写出来和大家分享一下，欢迎小伙伴和我一起讨论。Netfilter是集成到Linux内核协议栈中的一套防火墙系统，它有4种类型，包括filter、nat、mangle和raw，具体选择哪一种表，取决于数据包的处理方式。4种类型分别如下表所示。

表类型	说　明	包含的链接
filter	显示所有区域及其配置信息的列表	INPUT、FORWARD、OUTPUT
nat	显示默认区域	PREROUTING、OUTPUT、POSTROUTING
mangle	将默认区域更改为指定区域	PREROUTING、OUTPUT（2.4.18版本以后，新增INPUT、FORWARD、POSTROUTING）
raw	执行命令时指定区域	PREROUTING、OUTPUT

每个表都有不同类型的链接，称为规则集。链接种类的选择取决于数据包的访问点。链接类型及说明如下表所示。

链接类型	说　明
INPUT	应用于传入的数据包到本地主机的链接
OUTPUT	应用于从本地主机输出数据包的链接
FORWARD	应用于通过本地主机转发数据包的链接
PREROUTING	在路由决定之前应用的链接
POSTROUTING	在路由决定之后应用的链接

要转发（FORWARD）数据包，必须将内核参数net.ipv4.ip_forward的值设置为1。用户可以为链接指定规则，在规则中也可以使用“指定地址以外的地址”这种“否定”方式。可以为链接中设置的规则指定的字段有：协议、源地址、目标地址、源端口、目标端口、TCP标志、接收接口、传输接口和状态。数据包与链接中设置的规则匹配时的处理方法有目标指定，可以指定的目标根据表和链接的不同而不同。主要目标如下表所示。

指令和设定值	指令和设定值	指令和设定值	说　明
ACCEPT	全部	全部	权限
REJECT	全部	INPUT、OUTPUT、FORWARD	拒绝，返回ICMP错误消息
DROP	全部	全部	丢弃，不返回ICMP错误消息
DNAT	nat	PREROUTING、OUTPUT	重写目标地址
SNAT	nat	POSTROUTING	重写源地址
MASQUERADE	nat	POSTROUTING	重写源地址，动态设置地址

指令和设定值	指令和设定值	指令和设定值	说　明
LOG	全部	全部	记录日志，继续转到下一条规则而不结束
用户定义链	全部	全部	—

Netfilter可以让用户完全控制防火墙配置和信息包过滤，也就是说我们可以定制自己的规则来满足需求。

cool6　　2#

请问iptables和Netfilter是什么关系？

此颜差矣　　3#

iptables是应用层的，其实质是一个定义规则的配置工具，而核心的数据包拦截和转发是Netfiler负责的。iptables命令可以指定一个表和一个链接，并且可以在链接中设置一个或多个规则。Netfilter顺序地将链中设置的多个规则应用于数据包来执行过滤。如果规则匹配，则该规则中设置的目标（ACCEPT、REJECT、DROP等）进行处理；如果规则不匹配，则进行下一个规则。对于不符合任何规则的分组，都适用于链接的默认策略（ACCEPT、DROP）。

```
iptables [-t 表] {子命令} 链接规则 -j 目标
```

iptables命令的子命令如下表所示。

子命令	说　明
--append -A	追加到现有规则末尾
--insert -I	指定要添加到现有规则开头的规则编号时，将其插入到指定编号处
--list -L	显示规则。如果指定了链接，则显示该链接规则；如果未指定链接，则显示所有链接的规则
--delete -D	删除指定链接的规则
--policy -P	指定连接的默认策略；指定ACCEPT或DROP

规则匹配条件说明如下表所示。

指定项目	指定匹配条件的选项	说　明
协议	[!]-p、--protocol 协议	指定tcp、udp、icmp、all
源地址	[!]-s、--source源地址	指定源地址，如果未指定则指定所有地址
目标地址	[!]-d、--destination目标地址	指定目标地址，如果未指定则指定所有地址

指定项目	指定匹配条件的选项	说　明
源端口	[!]--sport 端口号 -m multiport	PREROUTING、OUTPUT
[!]--source-ports、--sports 端口号	指定源端口，如果未指定则指定所有端口	INPUT、FORWARD、OUTPUT
目标端口	[!]--dport 端口号 -m multiport	PREROUTING、OUTPUT、POSTROUTING
[!]--destination-ports、--sports 端口号列表	指定目标端口或所有端口（如果未指定）	PREROUTING、OUTPUT（2.4.18版本以后，新增INPUT、FORWARD、POSTROUTING）
TCP标志	[!]--tcp-flags 参数1 参数2	PREROUTING、OUTPUT
[!]--syn	--tcp-flags指定参数1评估的标志，以逗号分隔，参数2设置标志	PREROUTING、OUTPUT
接收接口	[!]-i、--in-interface网络接口	可以在INPUT、FORWARD、PREROUTING中指定
传输接口	[!]-o、--out-interface网络接口	可以在OUTPUT、FORWARD、POSTROUTING中指定
状态	[!]--state 状态	连接跟踪机制可以确定连接状态

CentOS中单独设置iptables命令的方法如下。

- 安装iptables.service软件包：yum install iptables.service。
- 禁用firewalld.service：systemctl disable firewalld。
- 启用iptables.service：systemctl enable iptables。
- 重启系统：systemctl reboot。

Ubuntu中单独设置iptables命令的方法如下。

- 安装iptables.service软件包：apt install iptables-persistent。
- 禁用ufw：ufw disable。
- 重启系统：systemctl reboot。

以Ubuntu系统为例，设置iptables规则，如下图所示。指定22号端口表示允许项目的端口22号发送分组；指定80端口表示接收人允许端口的数据包到80号；指定iptables -P INPUT DROP命令将默认策略设置为丢弃，拒绝22和80以外的数据包；使用iptables -L命令指定-v选项可以显示详细的设置状态。

在右图的最后两条记录中可以看到允许接收来自ssh和http的数据包，说明之前设置的iptables规则已成功。

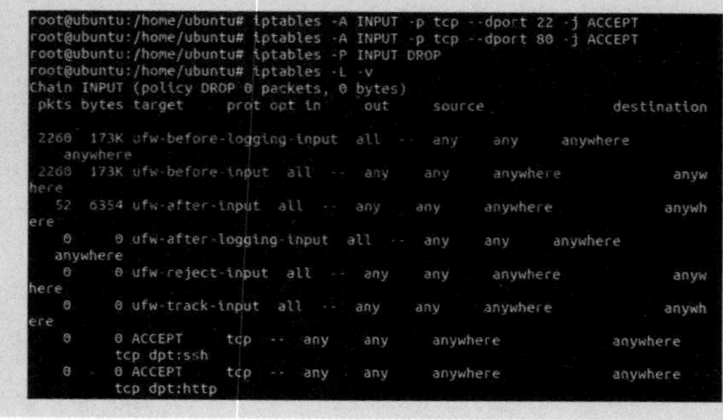

在CentOS7以后，系统使用firewalld服务替代了iptables服务，但是依然可以使用iptables来管理内核的Netfiler。其实iptables服务和firewalld服务都不是真正的防火墙，只是用来定义防火墙规则的管理工具，将定义好的规则交由内核中的Netfiler（网络过滤器）来读取，从而实现真正的防火墙功能。

原帖主 4#

看来有必要好好研究一下Netfiler了。

了解与安全相关的软件

保障系统安全不是靠一两个设备就能完成的，而是需要一系列的网络安全和软件安全规则共同完成。前面我们已经讨论过防火墙的规则了，这里主要和大家一起了解一些与安全相关的软件来维护和保障系统的安全。不管是对于初学者还是大神，这些都是很有必要了解一下的。

扫码看视频

发帖：常见的恶意软件有哪些？有没有推荐的监测工具？

最新评论

大马猴 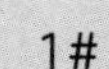 1#

有些软件可以增强系统的安全性，例如网络入侵检测和恶意软件检测；有些软件可能会导致计算机系统出现故障，窃取机密信息。这些恶意软件根据其特性可以进行分类，其种类如下表所示。

种　类	说　　明
Virus	它不是一个独立程序，本身无法运行。这种病毒会通过重写另一个程序并感染自身来非法工作
Worm	它是一个独立程序，不需要其他任何程序即可感染自身，通过网络还可以传播到其他计算机中
Trojan horse	寄宿在计算机里的一种非授权的远程控制程序，会窃取密码等机密信息并下载恶意程序
Rootkit	是一种特殊的恶意软件，可以隐藏自身的入侵痕迹，一般和木马等恶意程序结合使用
Backdoor	可以对系统非法远程控制，用户无法通过正常的操作禁止其运行
Ransomware	勒索病毒，主要以邮件、程序木马等形式传播，病毒利用加密算法对用户系统中的文件加密使用户无法解密，必须通过解密的私钥才可以破解
Spyware	秘密收集用户的信息，并将信息发送到第三方的软件中

虽然有恶意软件，但是我们也可以通过安全监测工具对系统中的流量监控、入侵检测和漏洞检查，排查系统的安全隐患。安全监测工具如下表所示。

工 具	说 明
tcpdump	基于命令行的流量监控器
Wireshark	基于GUI的流量监控器
ntopng	基于Web的流量监控器
Cacti	基于Web的网络设备监视工具
Snort	网络入侵防护（IPS）和入侵检测（IDS）
nmap	端口扫描仪
OpenVAS	网络漏洞检查

这些工具可以从系统的各个方面进行检测，防范病毒软件的入侵。

原帖主 2#

我觉得如果系统中的文件被篡改，是一件很可怕的事情。有没有好用的文件检测工具?

天涯刀客 3#

我知道一个aide（Advanced Intrusion Detection Environment）命令，可以用来检测文件是否被篡改。

```
aide [选项] {子命令}
```

aide命令会初始化数据库中存储的文件属性与实际文件进行比较，以检查篡改。而需要在数据库中存储的文件属性有UID、GID、权限、文件大小、inode、ACL、扩展属性、摘要信息等。

aide命令的子命令及说明如下表所示。

子命令	说 明
--init	初始化数据块
--update	检查数据库并更新
--check	通过参考数据库，检查文件是否被篡改
--compare	比较更新前后的数据库

/etc/aide.conf是aide（/usr/sbin/aide）命令的辅助配置文件。/etc/aide.conf文件中包括MACRO LINES、CONFIG LINES和SELECTION LINES三种设定行。如果你的系统中没有这个检测工具，需要运行yum install aide或者apt install aide命令安装。

原帖主	4#
	有大神在就是好，什么都可以问。

发帖：Linux系统中有哪些常用的安全策略？

最新评论

工具人	1#
	Linux是一个开源的操作系统，这会带来系统安全性问题。下面我从Linux系统安全的角度，介绍一些常用的安全策略和防范措施。 就从升级软件开始说吧！Linux系统中软件的升级、更新使软件始终处于最新状态。Linux系统的升级分为自动升级和手动升级，自动升级一般在有授权的Linux发行版或免费的发行版中进行，用户只要输入升级命令，系统就会自动完成升级工作。 yum是Linux下的一个软件包安装工具，同时也是一个软件升级工具。使用yum命令在连接网络的情况下可以实现软件的自动升级安装。通过yum进行升级其实就是借助yum命令下载指定的远程互联网主机上的PRM软件包，自动安装并解决软件之间的依赖关系。 手动升级就是针对某个系统软件的升级，例如SSH登录工具、GCC编译工具。手动升级通过RPM软件包工具来实现软件的更新，因此升级软件时可能会遇到软件之间的依赖关系。相对来说，手动升级比较麻烦。 再来说说端口和服务。在Linux系统中，系统定义了多个可用的端口，这些端口分为只有root用户可以启用的端口和客户端端口。只有root用户可以启用的端口范围是0-1023，这些端口主要用于常见的系统通信服务中。一般情况下，这些端口是预留给预设服务的，例如21号端口是预留给ftp服务的、80端口是预留给www服务的、23号端口是预留给telnet服务的。 1024以上的端口（包括1024）主要是供客户端软件使用的，这些端口由软件随机分配。例如通过浏览器访问网页时，浏览器会在本地随机分配一个1024以上的端口号，通过该端口号与网页的80端口（www服务）建立连接。 使用netstat命令查看当前服务器的端口监听状态，如下图所示。当前系统中启用的端口有53、22、80等，这些端口处于监听联机的状态。

```
[root@centos ~]# netstat -tunl
Active Internet connections (only servers)
Proto Recv-Q Send-Q Local Address           Foreign Address         State
tcp        0      0 192.168.122.1:53        0.0.0.0:*               LISTEN
tcp        0      0 0.0.0.0:22              0.0.0.0:*               LISTEN
tcp        0      0 127.0.0.1:631           0.0.0.0:*               LISTEN
tcp        0      0 0.0.0.0:111             0.0.0.0:*               LISTEN
tcp6       0      0 :::22                   :::*                    LISTEN
tcp6       0      0 ::1:631                 :::*                    LISTEN
tcp6       0      0 :::111                  :::*                    LISTEN
tcp6       0      0 :::80                   :::*                    LISTEN
udp        0      0 127.0.0.1:323           0.0.0.0:*
udp        0      0 0.0.0.0:36793           0.0.0.0:*
udp        0      0 192.168.122.1:53        0.0.0.0:*
udp        0      0 0.0.0.0:67              0.0.0.0:*
udp        0      0 10.0.2.15:68            0.0.0.0:*
udp        0      0 0.0.0.0:111             0.0.0.0:*
```

执行netstat -antlp命令查看端口对应的服务名称，如下图所示。从执行结果中可以看出，当前系统中启用的端口22对应的服务是sshd，systemd服务对应的端口号为111，同时还可以看出每个服务在系统中对应的PID。

```
[root@centos ~]# netstat -antlp
Active Internet connections (servers and established)
Proto Recv-Q Send-Q Local Address           Foreign Address         State       PID/Pro
gram name
tcp        0      0 192.168.122.1:53        0.0.0.0:*               LISTEN      1233/dn
smasq
tcp        0      0 0.0.0.0:22              0.0.0.0:*               LISTEN      855/ssh
d
tcp        0      0 127.0.0.1:631           0.0.0.0:*               LISTEN      856/cup
sd
tcp        0      0 0.0.0.0:111             0.0.0.0:*               LISTEN      1/syste
md
tcp6       0      0 :::22                   :::*                    LISTEN      855/ssh
d
tcp6       0      0 ::1:631                 :::*                    LISTEN      856/cup
```

为了保障系统的安全，一般情况下会在系统中关闭一些不必要的端口，系统管理员经常使用这种策略来保证系统的稳定运行。其实真正影响安全的并不是端口，而是与端口对应的服务。通过systemctl命令判断服务的状态，active(running)表示服务是开启状态，如下图所示。

```
[root@centos ~]# systemctl status sshd
● sshd.service - OpenSSH server daemon
   Loaded: loaded (/usr/lib/systemd/system/sshd.service; enabled; vendor preset: enabl>
   Active: active (running) since Thu 2020-02-06 10:46:48 EST; 6h ago
     Docs: man:sshd(8)
           man:sshd_config(5)
 Main PID: 855 (sshd)
    Tasks: 1 (limit: 5072)
   Memory: 440.0K
   CGroup: /system.slice/sshd.service
           └─855 /usr/sbin/sshd -D -oCiphers=aes256-gcm@openssh.com,chacha20-poly1305@>
```

通常只要是系统本身用不到的服务都可以认为是不必要的服务。为了系统可以正常稳定的运行，下面列出了系统运行必须的服务，如下表所示。

服务名称	说　明
acpid	用于电源管理，该服务对于笔记本和台式机比较重要
Apmd	用于监视系统电源状态，通过syslog将相关信息写入日志
Kudzu	检测硬件是否变化
crond	为Linux下自动安装的进程提供运行服务
atd	与crond类似，提供在指定时间内做指定事情的服务
keytables	用于装载镜像键盘

服务名称	说　　明
iptables	Linux内置的防火墙软件
xinetd	支持多种网络服务的核心守护进程
xfs	使用X Window桌面系统必需的服务
network	激活已配置网络接口的脚本程序
sshd	提供远程登录Linux的服务
syslog	记录系统日志的服务

服务和端口是一一对应、相互依赖的关系，没有服务运行也就没有端口，端口的开启和关闭就是软件服务的开启和关闭，用户可以指定这些服务的端口号，例如www服务的默认端口号为80，用户在访问的地址后面加上“：81”，表示www服务器运行在非默认的81端口下。

此颜差矣 2# 

还有安全设置方面，对于密码的设置，一般情况下是至少6个字符，要包含数字、字母、下划线、特殊字符等。这种设置密码的方式确实给系统带来了一些安全保障，但还是存在安全漏洞，例如密码丢失、密码泄露。太复杂的密码也会对系统管理员维护系统造成负担，因此，用户可以选择密钥认证的方式登录系统。

一般需要禁止系统响应任何从外部或者内部来的ping请求。攻击者会先通过ping命令检测此主机或者IP是否处于活动状态，如果能够ping通某个主机或IP地址，攻击者会认为此系统处于活动状态，从而进行攻击和破坏；如果没有ping通并收到响应，那么就可以大大增强服务器的安全性了。通过echo “1” > /proc/sys/net/ipv4/icmp_echo_ignore_all命令可以禁止ping请求，默认情况下icmp_echo_ignore_all的值为0，表示响应ping的请求操作。

Linux系统提供了各种账户，在系统安装完毕后，如果不需要一些用户或者用户组，应该立即删除，以免系统遭遇攻击，引发系统的安全问题。删除系统默认不用的账户使用命令userdel，删除不必要的组使用groupdel命令。

SELinux是一种内核强制访问控制的安全系统。由于SELinux和现有Linux应用程序及内核模块的兼容性还存在一些问题，因此建议初学者先关闭SELinux，等到深入了解了Linux系统后，再深入研究SELinux。

原帖主 3#

Linux为了应对外来攻击真是下了很多功夫啊！多谢大神解惑。

Snort入侵防御

Snort是1998年Martin Roesch开发的开源网络的IPS（入侵防御系统）和IDS（入侵检测系统）。IPS用于监视网络及网络设备，可以即时中断、调整或隔离不正常的行为；IDS通过软硬件对网络和系统的运行状况进行监视，尽可能发现各种攻击行为，保证网络系统资源的安全。由于Snort为大部分的Linux发行版提供了软件包，用户在安装snort软件包时非常方便。在CentOS中安装Snort时，需要使用yum install命令指定最新版本的Snort。在Ubuntu中可以使用apt install snort命令安装Snort。

下面是根据systemctl命令进行Snort的启动和停止的操作。

- 启动Snort：systemctl start snortd。
- 停止Snort：systemctl stop snortd。
- Snort的有效化：systemctl enable snortd。
- Snort的无效化：systemctl disable snortd

Snort默认的配置文件是/etc/snort/snort.conf，该配置文件定义了网络变量、解码器、基础检测引擎、预处理器、自定义规则等。rules目录中记录了Snort的规则文件。snort目录的内容如下图所示。

```
root@ubuntu:~# cd /etc/snort
root@ubuntu:/etc/snort# ls
classification.config  reference.config  snort.debian.conf
community-sid-msg.map  rules             threshold.conf
gen-msg.map            snort.conf        unicode.map
```

查看rules目录中Web相关的规则文件，如下图所示。

```
root@ubuntu:/etc/snort# ls
classification.config  reference.config  snort.debian.conf
community-sid-msg.map  rules             threshold.conf
gen-msg.map            snort.conf        unicode.map
root@ubuntu:/etc/snort# ls rules/web*
rules/web-attacks.rules  rules/web-coldfusion.rules  rules/web-misc.rules
rules/web-cgi.rules      rules/web-frontpage.rules   rules/web-php.rules
rules/web-client.rules   rules/web-iis.rules
```

在使用Snort之前需要更改配置文件/etc/snort/snort.conf中规则不匹配的情况，Ubuntu中不需要修改。在CentOS中修改配置文件时需要提前备份，避免造成配置文件出错。在CentOS中备份配置文件的命令为：cp /etc/snort/snort.conf /etc/snort/snort.conf.install。配置文件中的路径修改如下图所示。

```
var RULE_PATH
var SO_RULE_PATH
var PREPROC_RULE_PATH

# If you are using reputation preprocessor set these
# Currently there is a bug with relative paths, they are relative to where snor
t is
# not relative to snort.conf like the above variables
# This is completely inconsistent with how other vars work, BUG
# Set the absolute path appropriately
var WHITE_LIST_PATH
var BLACK_LIST_PATH
```

通过vi编辑器打开配置文件/etc/snort/snort.conf，检查文件预处理器的设置。检查HTTP中的http_inspect预处理器和http_inspect_server预处理器，如下图所示。

```
# HTTP normalization and anomaly detection.  For more information, see README.h
ttp_inspect
preprocessor http_inspect: global iis_unicode_map unicode.map        compress_dep
th       decompress_depth       max_gzip_mem
preprocessor http_inspect_server: server         \
    http_methods { GET POST PUT SEARCH MKCOL COPY MOVE LOCK UNLOCK NOTIFY POLL
BCOPY BDELETE BMOVE LINK UNLINK OPTIONS HEAD DELETE TRACE TRACK CONNECT SOURCE
SUBSCRIBE UNSUBSCRIBE PROPFIND PROPPATCH BPROPFIND BPROPPATCH RPC_CONNECT PROXY
_SUCCESS BITS_POST CCM_POST SMS_POST RPC_IN_DATA RPC_OUT_DATA RPC_ECHO_DATA } \
    chunk_length        \
    server_flow_depth    \
    client_flow_depth    \
    post_depth       \
    oversize_dir_length      \
    max_header_length      \
    max_headers      \
    max_spaces      \
    small_chunk_length {        } \
    ports {
                                                                        } \
    non_rfc_char {                                                } \
    enable_cookie \
```

检查FTP中的ftp_telnet预处理器、ftp_telnet_protocol预处理器（telnet）和ftp_telnet_protocol预处理器（ftp server default），如下图所示。

```
# FTP / Telnet normalization and anomaly detection.  For more information, see
README.ftptelnet
preprocessor ftp_telnet: global inspection_type stateful encrypted_traffic     c
heck_encrypted
preprocessor ftp_telnet_protocol: telnet \
    ayt_attack_thresh    \
    normalize ports {    } \
    detect_anomalies
preprocessor ftp_telnet_protocol: ftp server         \
    def_max_param_len      \
    ports {            } \
    telnet_cmds      \
    ignore_telnet_erase_cmds      \
    ftp_cmds { ABOR ACCT ADAT ALLO APPE AUTH CCC CDUP } \
    ftp_cmds { CEL CLNT CMD CONF CWD DELE ENC EPRT } \
    ftp_cmds { EPSV ESTA ESTP FEAT HELP LANG LIST LPRT } \
    ftp_cmds { LPSV MACB MAIL MDTM MIC MKD MLSD MLST } \
    ftp_cmds { MODE NLST NOOP OPTS PASS PASV PBSZ PORT } \
    ftp_cmds { PROT PWD QUIT REIN REST RETR RMD RNFR } \
    ftp_cmds { RNTO SDUP SITE SIZE SMNT STAT STOR STOU } \
    ftp_cmds { STRU SYST TEST TYPE USER XCUP XCRC XCWD } \
    ftp_cmds { XMAS XMD5 XMKD XPWD XRCP XRMD XRSQ XSEM } \
    ftp_cmds { XSEN XSHA1 XSHA256 } \
    alt_max_param_len    { ABOR CCC CDUP ESTA FEAT LPSV NOOP PASV PWD QUIT REIN
STOU SYST XCUP XPWD } \
```

检查SMTP中的smtp预处理器，如下图所示。

```
# SMTP normalization and anomaly detection.  For more information, see README.S
MTP
preprocessor smtp: ports {               } \
    inspection_type stateful \
    b64_decode_depth    \
    qp_decode_depth    \
    bitenc_decode_depth    \
    uu_decode_depth    \
    log_mailfrom \
    log_rcptto \
    log_filename \
    log_email_hdrs \
    normalize cmds \
    normalize_cmds { ATRN AUTH BDAT CHUNKING DATA DEBUG EHLO EMAL ESAM ESND ESO
M ETRN EVFY } \
    normalize_cmds { EXPN HELO HELP IDENT MAIL NOOP ONEX QUEU QUIT RCPT RSET SA
ML SEND SOML } \
    normalize_cmds { STARTTLS TICK TIME TURN TURNME VERB VRFY X-ADAT X-DRCP X-E
RCP X-EXCH50 } \
```

检查SSH中的预处理器ssh，如下图所示。

```
# SSH anomaly detection.  For more information, see README.ssh
preprocessor ssh: server_ports { 22 } \
                  autodetect \
                  max_client_bytes 19600 \
                  max_encrypted_packets 20 \
                  max_server_version_len 100 \
                  enable_respoverflow enable_ssh1crc32 \
                  enable_srvoverflow enable_protomismatch
```

snort-stat命令是Debian和Ubuntu提供的一个小的Perl脚本，基于Snort输出的日志生成检测到的数据包统计信息，并将生成的统计信息通过电子邮件发送给用户。Ubuntu中需要安装snort-common安装包，安装命令为：apt install snort-common，如下图所示。

```
root@ubuntu:/etc/snort# apt install snort-common
Reading package lists... Done
Building dependency tree
Reading state information... Done
snort-common is already the newest version (2.9.7.0-5build1).
snort-common set to manually installed.
```

生成数据包统计信息的命令格式如下：

```
cat <snort日志> | snort-stat [选项]
```

其中snort-stat命令的选项及说明如下表所示。

选　项	说　明
-d	调试（debug）
-r	执行IP地址名称解析并转换为域名
-h	以HTML形式（html）输出

目前，Snort已发展成为一个具有多平台和实时流量分析等特性的网络入侵检测和防御系统。下载好之后，只需要几分钟就可以完成安装并开始使用。

大神来总结

Hi，各位小伙伴，你在这次的主题讨论中又学到了哪些知识呢？想不想再看看本大神特意为你总结的主题精华呢？过来看看吧！

- 学会使用几个常用的监测命令和工具，比如tail、ps、top和系统监视器。
- 了解一些常见的算法和PAM的认证模块。
- 要知道公钥加密是怎么一回事，学会几个常用的加密命令，如zip、7zip等。
- 了解SSH是如何进行安全通信的。
- 学会设置简单的防火墙规则。

合抱之木，生于毫末；九层之台，起于累土；千里之行，始于足下。参与了这么多主题的学习，相信你收获不小。做事总要从基础开始，现在你已经具备了Linux基础知识，准备好升级吧！